建设工程招标投标案例解析

张利江　陈建新　王彦芳　倪剑龙　著

赵　路　吕冰瑶　李荣欣　李志磊　审稿

中国建筑工业出版社

图书在版编目（CIP）数据

建设工程招标投标案例解析 / 张利江等著 . — 北京：中国建筑工业出版社，2024.5

ISBN 978-7-112-29728-3

Ⅰ . ①建… Ⅱ . ①张… Ⅲ . ①建筑工程 — 招标 — 案例 ②建筑工程 — 投标 — 案例 Ⅳ . ① TU723

中国国家版本馆 CIP 数据核字（2024）第 070521 号

本书针对建设工程招标投标常见的问题，以案释法，以法释理，从剖析实务中的典型案例入手，结合常用的法条，提示法律风险，提炼实务操作经验，提出风险防范建议，化解招标采购难题。共收录案例 122 篇，按招标、投标、开标、评标、定标、异议与投诉编排；帮助读者理解重点法条内涵，掌握解决实务问题的思路和方法。

本书适用于高等院校招标投标及政府采购相关课程教学，也适用于招标投标与政府采购相关从业者、行政监督部门及研究学者参考借鉴。

责任编辑：徐仲莉　王砾瑶
责任校对：姜小莲

建设工程招标投标案例解析

张利江　陈建新　王彦芳　倪剑龙　著
赵　路　吕冰瑶　李荣欣　李志磊　审稿

*

中国建筑工业出版社出版、发行（北京海淀三里河路 9 号）
各地新华书店、建筑书店经销
北京点击世代文化传媒有限公司制版
廊坊市海涛印刷有限公司印刷

*

开本：787 毫米 × 1092 毫米　1/16　印张：25¼　字数：537 千字
2024 年 5 月第一版　2024 年 5 月第一次印刷
定价：**88.00** 元
ISBN 978-7-112-29728-3
（42793）

如有内容及印装质量问题，请与本社读者服务中心联系
电话：（010）58337283　QQ：2885381756
（地址：北京海淀三里河路 9 号中国建筑工业出版社 604 室　邮政编码：100037）

前言

FORWARD

招标投标作为竞争机制实现市场配置资源的一种有效方式，法律对交易过程要求严格，规范性强，既有程序性要求，又有实体性要求，从招标、投标、开标、评标、定标到签订合同的所有环节均必须严格按照法律规定和招标文件确定的程序、规则执行。

近年来，随着优化营商环境力度加强和市场主体维护自身权益的意识提高，招标投标的争议逐年递增。为进一步指导招标投标的争议解决，经过一年多的打磨，《建设工程招标投标案例解析》终于与大家见面了。本书作者根据多年从事实务工作的经验，结合司法裁判实践，对各类建设工程招标投标的焦点予以解读。具有以下特点：

一是坚持问题导向。招标投标涉及问题庞杂，本书不求面面俱到，仅针对作者发现的问题进行讨论。针对招标投标实践中常见的争议事项，依据国家有关法律和最新的政策文件，以案释法，以法释理，从发现争议焦点入手，揭示争议产生的根源，研究争议处理对策，提出风险防范建议，供实务工作者学习、参考与借鉴。

二是偏重实践。具体表现在三个方面，第一，本书主要针对实务工作者，所以在讨论问题时，注重问题的实务解决路径，尽量避免过于学术化的概念、术语以及长篇大论的理论阐释，对于一些必要的基础理论知识，也是力争做到能简则简，不追求理论深度。第二，注意实务中的司法实践。“实践出真知”，争议处理的尽头是司法裁判，因此本书力求从司法裁判中寻求答案。第三，本书立足于实务操作，收集的案例一部分源自裁判文书网的生效判决，一部分源自作者工作中直接参与或指导的异议、投诉案例改编。通过“基本案情”“问题引出”“案例分析”“启示”“思考题”与大家一起探求处理问题的方法和思路，为实务操作指明方向。

三是注重实效性。本书出版前出台的相关政策调整与变化，在书中均有体现，特别是在司法实践中出现判决不一的问题，力争按层级最高、裁判时间最新的裁判规则予以解读。

本书在编写过程中，得到了李小林副会长、陈川生、张作智、黄敏、张志军、李德华、尹俊斌、余寅同、雷金辉等众多专家老师以及招采一家亲网友的大力支持与帮助，在此一并表示感谢。

由于作者能力有限，本书疏漏在所难免，而且争议之所以成为争议，往往是因为潜藏着“公说公有理，婆说婆有理”的视角问题，因此本书中有些观点可能仍有待商榷。以上问题，也请读者批评、见谅，并将修改意见一并反馈至591861845@qq.com，我们将会在修订本书时一并吸纳进来，谢谢。

目录
CONTENTS

第三部分 开标评标定标案例

第一部分

招标案例

【案例 1】

国有企业中标的专业工程分包引发的争议

关键词 专业分包 / 自主经营权

案例要点

已经经过竞争的，不需要重复竞争。

【基本案情】

2019 年 12 月 5 日，某国有企业 A 建筑公司中标 B 市政府投资的城关中学教学大楼新建工程，中标金额 13658.3 万元，其中装饰装修工程 4120 万元。经建设单位同意，拟将项目的装饰装修工程实行分包，A 建筑公司就如何分包形成两种意见：

第一种意见认为：因为中标企业是国有企业，拟分包工程超过依法必须进行招标的项目规模标准，因此分包也应当招标。

第二种意见认为：因为 A 建筑公司取得项目已经通过招标投标程序，专业工程分包可不再招标，可采用竞争性谈判等非招标方式或直接发包方式分包。

【问题引出】

问题：国有企业中标的工程分包属于依法必须进行招标的项目吗？

【案例分析】

一、依法必须进行招标的工程建设项目仅适用于建设单位

《招标投标法》第八条规定，招标人是依照本法规定提出招标项目、进行招标的法人或者其他组织。结合《招标投标法实施条例》第七条关于招标条件的规定，可以看出，对工程建设项目而言，依法必须进行招标的工程施工招标人就是办理工程项目审批、核准或备案，且履行初步设计和概算审批手续、落实项目资金的建设单位。工程承包单位分包既不需要办理上述手续，也不是建设单位委托授权的招标人。因此，《招标投标法》中依法必须进行招标的工程建设项目，是针对发包人设定的义务，而不是针对承包人的要求。

二、非暂估价的专业工程已经经过竞争

招标的本质是竞争，强制招标的目的之一就是利用竞争机制提高投资效率。对建设单位而言，该分包项目已经经过招标竞争，分包范围的价格包含在总价合同中，因此该分包项目不属于依法必须进行招标的工程项目。

《招标投标法实施条例》第二十九条规定，以暂估价形式包括在总承包范围内的工程、货物、服务属于依法必须进行招标的项目范围且达到国家规定规模标准的，应当依法进行招标。其根本原因在于，包括在总承包招标范围之内的暂估价事实上并没有经过竞争，如果属于依法必须进行招标的项目范围且达到国家规定规模标准，应当招标而不招标，将在事实上构成规避招标。

三、国有企业经营活动这类民商事行为适用“法无禁止即可为”的法治原则

（一）分包属于企业经营自主权

《中华人民共和国宪法》第十六条规定，国有企业在法律规定的范围内有权自主经营。《优化营商环境条例》第十一条规定，市场主体依法享有经营自主权。对依法应当由市场主体自主决策的各类事项，任何单位和个人不得干预。因此，国有企业中标后的分包属于企业的经营活动，即私权利，除国家法律明确规定依法必须进行招标外，国有企业有权自主决定分包方式。

施工总承包已经包含分包部分，在施工总承包已经经过竞争的情况下，工程质量和经济效益等相关权益已得到保障。总包单位选择分包单位属于自主经营事项，实践中一些总包单位已积累了自己的优质分包商和战略合作伙伴，不必然需要通过必须招标选择不确定的合作对象。强制总包单位以招标投标方式选择分包人需消耗一定时间，可能会影响工期，同时分包人的不确定性也有可能给项目带来极大的质量管理、安全管理难度，增加工程履约风险。

（二）除法律明确规定外，工程分包不属于依法必须进行招标的项目

除《招标投标法实施条例》第二十九条第一款规定，以暂估价形式包括在总承包范围内的工程、货物、服务属于依法必须进行招标的项目范围且达到国家规定规模标准的，应当依法进行招标。对依法必须进行招标的工程项目，施工总承包单位承揽工程以后进行专业分包、劳务分包、采购设备材料是否也需要招标，我国《招标投标法》《招标投标法实施条例》等没有明确的强制性规定。

四、专业分包不属于依法必须进行招标的项目更符合《招标投标法》的立法精神及司法实践

（一）立法精神

《国务院办公厅关于促进建筑业持续健康发展的意见》（国办发〔2017〕19 号）规定，除以暂估价形式包括在工程总承包范围内且依法必须进行招标的项目外，工程总承包单位可以直接发包总承包合同中涵盖的其他专业业务。《房屋建筑和市政基础设施项目工程总承包管理办法》作了进一步解答，工程总承包单位可以采用直接发包的方式进行分包，但以暂估价形式包括在总承包范围内的工程、货物、服务分包时，属于依法必须进行招标的项目范围且达到国家规定规模标准的，应当依法招标。尽管上述文件仅规定了工程总承包的分包，工程总承包单位可以直接发包，但该意见也从侧面说明施工分包必须采用招标方式不具备必要性。

（二）司法实践

来自司法实践的生效判例也从侧面印证了上述分析结论。武汉地质勘察基础工程有限公司与福建中森建设有限公司湖北分公司、福建中森建设有限公司建设工程施工合同纠纷一案［案号（2014）鄂民一初字第00015号］，关于案涉基础工程专业分包合同的效力问题，湖北省高级人民法院认为："国家设立招标投标制度，其目的在于保护国家利益、社会公共利益和招标投标活动当事人的合法权益，提高经济效益，保证工程质量。工程总承包在涉及社会公共安全等情形时，应当按照《中华人民共和国招标投标法》的规定进行招标投标。但工程分包法律并未明示必须经过招标投标。由于工程总承包已经包含分包部分,在工程总承包已设置招标投标制度的情况下，工程质量和经济效益等相关法益已得到保障，分包部分无须再次进行招标投标，故武汉地质勘察基础工程有限公司主张分包未招标投标而无效的理由不能成立"。

最高人民法院［（2018）最高法民终153号］、最高人民法院［（2018）最高法民终1108号］等裁判文书亦有相同观点。

综上所述,施工承包单位中标后对工程分包如果再强制要求必须履行招标程序，不符合立法及国家"放管服"改革的精神，一定程度上也干涉了承包人的经营自主权。因此，施工总承包单位的分包工程（暂估价项目属于依法必须进行招标的范围且达到规模标准的除外）不论其工程性质、规模，也不论其使用资金是否为国有或财政资金，都不属于依法必须进行招标的项目之列，施工总承包人可以自行决定采用招标方式或竞争性谈判等非招标采购方式确定工程分包单位。

【启示】

总承包单位依法承揽必须进行招标的工程总承包项目后，根据需要进行工程分包、劳务分包或自行采购设备材料的，优先基于总承包合同约定来判断是否应当采取招标的方式进行对外分包。在总承包合同中未作明确约定的情况下，总承包单位可以自行决定采购方式，但依法必须进行招标的项目中的暂估价项目达到国家规定规模标准的，应当依法进行招标。除总承包合同中约定的分包外，经建设单位认可，总承包单位可以将必须进行招标的暂估价项目之外的非主体工程依法分包给具有相应资质条件的分包单位。

总承包单位是国有企业时，当该企业的规章制度要求在进行分包采购时应采用招标、谈判、询比等竞争方式的，应根据实际情况执行相关规定并采取合适的采购程序，否则容易引发审计风险。

思考题

1. 总承包范围内的暂估价部分是否需要二次招标？
2. 总承包范围内暂估价部分如需招标，应由谁负责组织招标？

【案例2】

规划变更引发的争议

关 键 词 法律关系 / 影响施工

案例要点

合同法律关系以及是否影响施工。

【基本案情】

某文体局投资 2 亿元建三馆综合大楼工程，该项目已取得当地发展和改革委员会（以下简称“发改委”）立项批文。A 建筑公司通过公开招标程序中标该项目，并签订建设工程施工合同。在准备进场施工前，由于规划调整，招标人另行选定了项目建设地点，项目的建筑面积、总投资额、建设工程量均发生重大变化。

政府相关主管部门审批项目变更的相关手续后，因 A 建筑公司仍具备施工能力，关于本项目是否需要重新招标，形成两种意见：

第一种意见认为：A 建筑公司已中标，且具备施工能力，因此根据《招标投标法实施条例》规定，可以不进行招标，由招标人与原中标人 A 建筑公司签订变更协议即可。

第二种意见认为：本工程已经发生实质性变更，且建筑面积、总投资额、建设工程量均远超原项目规划的规模，应当重新招标。

【问题引出】

问题一：因规划发生调整，合同尚未履行，是否需要重新招标？

问题二：如果需要重新招标，原中标单位是否可以追究招标人的违约责任？

【案例分析】

案涉项目，规划调整后涉及两个方面的变化，一是需办理规划许可变更手续或新的规划许可证；二是需办理发改委的立项批文的变更手续或获取新的立项批文。因此本案例需要具体情况具体分析，规划调整、施工图变更并不必然导致原合同终止。

一、规划调整后，项目的立项批文文号不变的处理方式

工程建设项目招标，开展招标活动的载体是项目，而项目的外部表现之一是项目立项批文。如果立项批文文号不变，则项目没变，原合同依然有效。那么规划调整后，施工图及施工范围均发生重大变化，发包人应如何处理呢？

情形一：施工图变更影响原合同施工的

根据《招标投标法实施条例》第九条第一款第四项规定，施工图变更后，新增工程影响施工的，则由中标人A建筑公司与发包人协商合同变更。协商不成的，根据《民法典》第五百三十三条规定，合同成立后，合同的基础条件发生了当事人在订立合同时无法预见的、不属于商业风险的重大变化，继续履行合同对于当事人一方明显不公平的，受不利影响的当事人可以与对方重新协商；在合理期限内协商不成的，当事人可以请求人民法院或者仲裁机构变更或者解除合同。人民法院或者仲裁机构应当结合案件的实际情况，根据公平原则变更或者解除合同。例如某项目原本设计为建八层楼，现在修改设计为建十层楼，如原中标人具备施工能力，双方协商变更合同即可。但如果就变更后的价格等无法达成一致，双方可以向人民法院或仲裁机构申请变更或解除合同。

需要注意的是：（1）由于符合以上条件的追加采购没有竞争性，有可能增加采购成本，形成规避招标，产生腐败交易。例如，招标人故意将原招标项目化整为零，先招小项目，后送大项目，或不具备条件即启动招标等，形成追加采购的事实等。为此，必须加强监督，严格本项规定的适用。（2）可以不招标不等于不能重新招标，考虑到合同变更非常复杂且争议较多，发包人也可以终止原中标合同并就原中标合同给予违约赔偿，并将规划调整后的工程重新招标。

情形二：施工图变更不影响原合同施工的

对施工图变更部分属于追加单位工程的，根据《招标投标法实施条例》第九条规定，因不影响施工，如果达到依法必须进行招标的规模和标准，应当单独招标。以原来拟建三栋楼，现在改为建设五栋楼为例，新增加的两栋楼如果达到依法必须进行招标的规模标准，且这两栋楼的施工对原三栋楼的施工不产生影响或者影响很小，则追加工程应当依法招标。这样做的目的也是防止招标人利用规则“小招大建”从而达到变相规避招标、明招暗定等违法目的。

《招标投标法实施条例释义》指出：原中标项目可以不进行招标而继续追加采购的情形，应当正确把握以下三个方面：一是原项目是通过招标确定了中标人，因客观原因需要向原合同中标人追加采购工程、货物或者服务。追加采购的内容必须是原项目招标时不存在，或因技术经济客观原因不可能包括在原项目中一并招标采购，而是在原项目合同履行中产生的新增或变更需求，或者是原项目合同履行结束后产生的后续追加项目。二是如果不向项目原中标人追加采购，必将影响工程项目施工或者产品使用功能的配套要求。例如，原建设工程变更用途需要追加供热管道安装，或需要追加其他附属配套设施或主体工程需要加层等，因受技术、管理、施工场地等限制，只能由原中标人施工承包。再如，原生产机电设备需要追加非通用的备品备件或消耗材料，或原生产控制信息系统功能需要改进和升级等，为保证与原货物和服务的一致配套，只能向原中标人追加采购。因实际需求情况复杂，本项目没有对追加采购的数量作出规定，实践中应当从严掌握，合理界定范围，而不能无限制地追加。三是原项目中标人必须具有依法继续履行新增项目合同的资格能力。如果是原中标人破产、违约、涉案等造成终止或无法继续履行新增项目合同的，应按规定重新组织招标选择原有项目或新增项目的中标人。

二、规划调整后，项目的立项批文文号改变的处理方式

规划调整后，如果立项批文发生变化的，皮之不存毛将焉附！原合同基于立项批文失效而无法继续履行，鉴于双方对合同无法履行均无过错，某文体局与 A 建筑公司应协商解除合同，并给予 A 建筑公司一定的补偿。

同时必须指出，基于新的立项批文、原中标合同与新项目没有法律上的关联关系，该项目使用财政性资金且达到了依法必须进行招标的规模和标准，属于依法必须进行招标的工程建设项目，如不招标将承担相应的法律责任。

【启示】

判定一个项目是否依法必须进行招标，必须具体情况具体分析，不可一概而论。

思考题

1. 在原中标合同的基础上向原中标人采购工程可以超原合同金额的 10% 吗?
2. 何为影响配套功能?

【案例 3】

县级人民政府批准省级政府确定的地方重点项目邀请招标引发的争议

关 键 词 地方重点项目 / 邀请招标

案例要点

省、自治区、直辖市人民政府确定的地方重点项目（以下简称省级地方重点项目）不适宜公开招标的，经国务院发展计划部门或者省、自治区、直辖市人民政府批准，可以进行邀请招标。

【基本案情】

某县级市跨江大桥建设项目，总投资约 3 亿元，资金来自中央和省级财政拨款共 1 亿元和地方自筹 2 亿元，经省人民政府确定为省级重点项目。为了缓解地方财政自筹资金压力，县人民政府以招商引资为名，以县政府会议纪要形式直接邀请本省有经济实力的 5 家国有企业参与投标。投标人资格条件为承诺中标后垫资 2 亿元施工。工程验收合格后，县人民政府分 5 年还清。

【问题引出】

问题一：省级地方重点项目采用邀请招标，应当由谁批准？

问题二：政府投资工程能否要求施工方垫资施工？

问题三：应当公开招标的，采用邀请招标是否有效？

【案例分析】

一、县级人民政府无权批准省级地方重点项目采用邀请招标方式

（一）省级地方重点项目不适宜公开招标情形

适宜招标但不适宜公开招标的项目仅包括两类：一是《招标投标法》第六十六条规定的涉及国家安全、国家秘密、抢险救灾等特殊情况；二是符合《招标投标法实施条例》第八条规定的适宜邀请招标的技术复杂、有特殊要求或者受自然环境限制，只有少量潜在投标人可供选择项目或采用公开招标方式的费用占项目合同金额的比例过大的项目。

（二）省级地方重点项目采用邀请招标方式应由省、自治区、直辖市人民政府批准

根据《招标投标法》第十一条“国务院发展计划部门确定的国家重点项目和省、自治区、直辖市人民政府确定的地方重点项目不适宜公开招标的，经国务院发展计划部门或者省、自治区、直辖市人民政府批准，可以进行邀请招标”的规定，省、自治区、直辖市人民政府确定的地方重点项目采用邀请招标必须符合两个必要条件，一是必须是不适宜公开招标的项目；二是必须经省、自治区、直辖市人民政府批准。

案涉项目为省级地方重点项目，在未经省人民政府批准的情况下仅由县人民政府以会议纪要形式确定采用邀请招标，违反相关法律规定。

需要注意的是：并不是所有的省、自治区、直辖市人民政府确定的地方重点项目都必须经批准后才能邀请招标。理由是《招标投标法》第十一条的适用有一个隐含的前提条件就是仅针对依法必须进行招标的项目，对非依法必须进行招标的项目，连招标都不是必须的，当然可以不经省、自治区、直辖市人民政府批准而自愿采用邀请招标。

二、政府投资工程禁止要求施工方垫资施工

《招标投标法》第九条规定，招标人应当有进行招标项目的相应资金或者资金来源已经落实，并应当在招标文件中如实载明；《政府投资条例》第二十二条规定，政府投资项目所需资金应当按照国家有关规定确保落实到位。政府投资项目不得由施工单位垫资建设。本案例要求中标人必须垫资 2 亿元，违反上述规定。

三、应当公开招标的采用邀请招标，合同有效性有争议

依法应当公开招标而采用邀请招标的，《招标投标法实施条例》第六十四条规定了对招标人的相关行政责任，包括责令改正、罚款、对单位直接负责的主管人员和其他直接责任人员依法给予处分等。但法律、行政法规并没有直接规定此类情形下双方签订的施工合同效力如何，在司法实践中也存在支持“合同有效”及“合同无效”两种类型的判决。

支持“合同有效”的观点认为，该行为并未违反法律的效力性强制性规定，公开招标和邀请招标只是不同的招标方式，采用不同方式招标不构成“建设工程必须进行招标而未招标”的情形，亦不构成“中标无效”的情形，故不影响建设工程施工合同的效力。如最高人民法院［（2018）最高法民申 2048 号］、［（2019）最高法民终 794 号］等裁判文书。

支持“合同无效”的观点认为，根据《最高人民法院关于印发〈全国法院民商事审判工作会议纪要〉》第三十条“下列强制性规定，应当认定为‘效力性强制性规定’：……交易方式严重违法的，如违反招标投标等竞争性缔约方式订立的合同……”的规定，将公开招标项目采用邀请招标方式招标，应属交易方式严重违法，故合同无效。如四川省高级人民法院［（2019）川民申 4578 号］、海南省高级人民法院［（2017）琼民终 225 号］等裁判文书。

笔者认为，上述观点均具有一定的片面性，应当具体情况具体分析。

情形一：2012年《招标投标法实施条例》出台前的项目。《招标投标法实施条例》出台前的项目，除国家重点、地方重点，需要公开招标（《招标投标法》第十一条）外，国资占控股或主导地位的项目并没有强制要求必须公开招标，因此多数法院按照法不溯继往的原则，认可合同有效。

情形二：合同在2018年前签订的，原属于依法必须进行招标的项目，但2018年6月1日起《必须招标的工程项目规定》执行后不再属于依法必须进行招标的项目。从现阶段最高人民法院的主流观点来看，基本上倾向于合同有效，即属于法不溯继往的例外原则。

情形三：尽管属于依法必须公开招标，但符合《招标投标法》第六十六条不适宜公开招标情形或符合《招标投标法实施条例》第八条可以邀请招标情形，只是未履行审批手续的，应当认定合同有效，因为没有履行审批手续只是违反行政审批的管理性规定，但不影响合同效力。

情形四：属于依法必须进行招标，但不符合邀请招标情形，却采用邀请招标的，此类情形应当结合《招标投标法实施条例》第八十一条去理解，属于影响中标结果且无法采取补救措施予以更正情形的，中标无效、合同无效。

虽然在《招标投标法实施条例》第六十四条第一款第一项中，仅规定对于依法应当公开招标的项目，招标人采用邀请招标的，由有关行政监督部门责令改正并可处以罚款，但并未明确相关合同效力应如何认定。但《招标投标法实施条例》第八十一条进一步规定，依法必须进行招标的项目的招标投标活动违反招标投标法和本条例的规定，对中标结果造成实质性影响，且不能采取补救措施予以纠正的，招标、投标、中标无效，应当依法重新招标或者评标。因此，案涉项目应当公开招标项目采用邀请招标的，属于违反法律法规规定，对中标结果造成实质影响且不能采取补救措施予以纠正的情形，中标无效。在中标无效的情况下，合同当然也应当无效。

从《招标投标法》立法目的来看，法律明确限定了应当公开招标的项目，其根本目的是国家规范招标投标活动，保护国家利益、社会公共利益和招标投标活动当事人的合法权益。实践中当事人为规避法律责任，将公开招标项目采用邀请招标方式，该行为往往伴随明招暗定、相互串通、为骗取中标借用他人名义或弄虚作假、支解项目或违规划分标段以规避法定程序等情况，因此如果仍认为合同有效，将严重扰乱招标投标的市场秩序。最高人民法院在《全国法院民商事审判工作会议纪要》第三十条汇总列举了应当认定为“效力性强制性规定”的强制性规定类型，其中明确，交易方式严重违法的，如违反招标投标等竞争性缔约方式订立的合同，应属于违反“效力性强制性规定”订立的合同。根据《民法典》第一百五十三条规定，违反法律、行政法规的强制性规定的民事法律行为无效。

【启示】

学习《招标投标法》《招标投标法实施条例》时不能孤立地看个别法条的文义解析，而应当联系到与这一法条相关的其他法条，乃至其他法律法规的关系来考察这一法条的含义，也就是说应当将被解释的法律条文放在整部法律中乃至整个法律体系中，联系此法条与其他法条的相互关系来系统解释法律。

思考题

1. 某民营企业投资大型商业开发项目，被列为省级重点项目，投资额约100亿元，问该重点项目必须公开招标吗?
2. 市、县级地方重点工程项目，需要省级人民政府批准才能采用邀请招标吗?
3. 招标的条件有哪些?
4. 哪些项目可以邀请招标?

【案例 4】

施工图预算低于 400 万元邀请招标引发的争议

关 键 词 合同估算价 / 招标方式核准

案例要点

当合同估算价不再符合依法必须进行招标的标准时，应当依法办理核准手续变更。政府投资工程依法不进行招标的，应当采用非招标方式采购。

【基本案情】

某中学使用财政性资金新建教学楼，投资估算价 420 万元，经发改委审批的采购方式为公开招标。2020 年 6 月，该中学以施工图预算只有 380 万元，未达到依法必须进行招标的项目规模标准 400 万元为由，采用邀请招标方式采购。

关于本次招标是否合法，有两种观点：

观点一：合法，本项目施工图预算只有 380 万元，低于 400 万元，属于非依法必须进行招标的项目。对非依法必须进行招标的项目，实行采购人自治原则，因此采用邀请招标合理合法。

观点二：不合法，理由是该项目经发改委审批为应采用公开招标方式采购，招标人采用邀请招标方式，属于擅自修改招标方式，违法。

【问题引出】

问题一：已经批准的采购方式可以擅自更改吗？

问题二：政府投资项目，依法可以不招标的，发包人可以直接发包吗？

【案例分析】

一、施工图预算低于 400 万元，可以不招标，但应当履行变更手续

根据《必须招标的工程项目规定》第五条第一款第一项规定，本规定第二条至第四条规定范围内的项目，施工单项合同估算价在 400 万元人民币以上的必须招标。其中，施工合同估算价在项目的不同时期有不同的表现形式；项目可行性研究立项阶段，对应的是投资估算价；在初步设计阶段，对应的是投资概算价；在施工图阶段，对应的是施工图预算。结合本案例可以得出，当施工图预算低于 400 万元时，不属于依法必须进行招标的工程建设项目。

《工程建设项目申报材料增加招标内容和核准招标事项暂行规定》（2013 年修订）第三条规定，本规定第二条包括的工程建设项目，必须在报送的项目可行性研究报告或者资金申请报告、项目申请报告中增加有关招标的内容。第八条规定，项目审批、核准部门在批准项目可行性研究报告时，应依据法律、法规规定的权限，对项目建设单位拟定的招标范围、招标组织形式、招标方式等内容提出核准或者不予核准的意见。从两个法律条文中可以得出一个结论，项目审批部门核准招标方式时，判定合同估算价的依据是可行性研究报告中的投资估算价。就本案例而言，在项目可行性研究审批阶段，项目审批部门根据本项目的投资估算价 420 万元核准为公开招标，但在施工图预算缩减为 380 万元后，建设单位应主动向项目审批部门申请核准变更为不招标。国家发展改革委等部门《关于严格执行招标投标法规制度进一步规范招标投标主体行为的若干意见》规定，严格执行强制招标制度。依法经项目审批、核准部门确定的招标范围、招标方式、招标组织形式，未经批准不得随意变更。因此当符合可以不招标情形时，应当报原审批、核准部门审批或核准。

需要注意的是，实践中经常出现施工图预算 380 万元，采用非招标方式采购，但最终合同结算价却超 400 万元。对于建设单位而言，可能涉嫌规避招标，面临巡视审计问责的风险，因此建议建设单位在此类项目中应当谨慎，考虑到施工合同金额小，且一般情况下施工图变动较小，宜采用固定总价合同，前期的勘察设计应当尽可能考虑充分，减少由此引发的变更。建设单位切不可利用减少施工图预算规避招标后，再通过变更方式增加合同金额达到规避招标的目的。《招标投标法》第四条规定，任何单位和个人不得将依法必须进行招标的项目化整为零或者以其他任何方式规避招标。建设单位不可利用减少施工图预算规避招标后，再变更实际工程量增加合同金额达到非法目的。

二、非依法必须进行招标的政府采购工程，应当采用竞争性谈判、竞争性磋商或单一来源方式采购

《政府采购法实施条例》第二十五条规定，政府采购工程依法不进行招标的，应当依照政府采购法和本条例规定的竞争性谈判或者单一来源采购方式采购。《政府采购法实施条例释义》在对此条文进行解释时进一步指出，依法必须进行招标的工程建设项目具体范围以内规模标准以上的政府采购工程适用《招标投标法》及其《招标投标法实施条例》，其他政府采购工程适用《政府采购法》及《政府采购法实施条例》。在《政府采购法实施条例（草案）》上报国务院常务会议审议过程中，为适应党中央、国务院加快推进政府购买服务工作与推广政府和社会资本合作模式的需要，财政部于 2014 年底制定发布了《政府采购竞争性磋商采购方式管理暂行办法》，认定了竞争性磋商采购方式的合法地位，并明确该方式可以适用于依法不进行招标的政府采购工程。因此，目前依法不进行招标的政府采购工程可以适用的采购方式应包括竞争性谈判、竞争性磋商和单一来源三种采购方式。同时，《政府采购法实施条例》第二十五条属于强制性规定，即依法不进行招标的政府采购工程，按照本条的规定，采购人亦不得采用招标方式进行采购。

针对《政府采购法实施条例释义》中增加非依法必须进行招标的政府采购工程的采购方式（竞争性磋商），禁止采用招标方式的表述，很多人表示无法理解。

笔者认为，首先，根据《政府采购法》第二十六条第一款第六项，国务院政府采购监督管理部门可以认定其他采购方式。竞争性磋商正是财政部认可的非招标采购方式之一，《政府采购竞争性磋商采购方式管理暂行办法》属于对《政府采购法》的细化和补充，《政府采购竞争性磋商采购方式管理暂行办法》依法认定了竞争性磋商采购方式，并明确该方式可以适用于依法不进行招标的政府采购工程。因此《政府采购法实施条例释义》增加该非招标采购方式是将《政府采购法实施条例》第二十五条放到整个政府采购的法律体系中去理解，而不是仅就文字进行文义解析。其次，竞争性磋商和竞争性谈判、单一来源采购均属非招标采购方式。从提升采购效率的角度看，非依法必须进行招标的政府采购工程采用非招标方式采购比采用招标方式采购效率更高，也有利于降低采购成本。

【启示】

审批核准类项目，其审批核准有相应的法定程序并具有法律效力，当情况发生变化不再适用时，建设单位应当及时申请核准变更，不得擅自更改采购方式。

思考题

对于固定资产投资项目，如何区分审批类项目、核准类项目、备案类项目？

【案例 5】

未在指定媒介发布招标公告引发的争议

关 键 词 依法必须进行招标 / 指定媒介 / 影响中标结果 / 无法补救

案例要点

依法必须进行招标的项目的招标投标活动违反招标投标法和本条例的规定，对中标结果造成实质性影响，且不能采取补救措施予以纠正的，招标无效。

【基本案情】

某依法必须进行招标的工程监理服务招标，招标人仅于 2018 年 10 月 9 日在某省政府采购网发布招标公告，经开标评标，A 被推荐为第一中标候选人。中标候选人公示期间，第二中标候选人 B 提出异议，认为招标人未在规定的媒介发布公告，因此招标无效，招标人对此形成两种意见：

第一种意见认为：招标有效，但应当接受行政监督部门处罚。理由是《招标公告和公示信息发布管理办法》第十八条规定“招标人或其招标代理机构有下列行为之一的，由有关行政监督部门责令改正，并视情形依照《中华人民共和国招标投标法》第四十九条、第五十一条及有关规定处罚：（一）依法必须公开招标的项目不按照规定在发布媒介发布招标公告和公示信息”。从该规定来看，除行政处罚外，不依法在指定媒介发布公告并不必然导致招标无效的法律后果。

第二种意见认为：招标无效，且应当接受行政监督部门处罚。《招标投标法实施条例》第八十一条规定，依法必须进行招标的项目的招标投标活动违反招标投标法和本条例的规定，对中标结果造成实质性影响，且不能采取补救措施予以纠正的，招标、投标、中标无效，应当依法重新招标或者评标。本案例中，因招标人没有在指定媒介发布招标公告，导致部分潜在投标人无法参加投标，影响中标结果且无法更正，因此应当重新招标。

【问题引出】

问题一：异议是否应当受理？

问题二：本次招标是否有效？

【案例分析】

一、公示期对招标公告提出异议，应当受理

本案例中，投标人异议事项为招标公告未在指定媒介发布，不属于《招标投标法实施条例》第二十二条、第四十四条、第五十四条规定异议事项，故该异议无异议时效的限制，招标人应当受理。

根据《招标投标法实施条例》第六十条，潜在投标人认为招标公告未在指定媒介发布违反法律、行政法规规定，损害自身合法权益的，也可以直接提起投诉，不需要异议前置，但投诉有时效限制。

二、招标无效，应重新招标

《招标投标法实施条例》第十五条第三款规定，依法必须进行招标的项目的资格预审公告和招标公告，应当在国务院发展改革部门依法指定的媒介发布。《招标公告和公示信息发布管理办法》第八条规定，依法必须进行招标的项目的招标公告和公示信息应当在“中国招标投标公共服务平台”或者项目所在地省级电子招标投标公共服务平台（以下简称“发布媒介”）发布。本案例属依法必须进行招标的工程建设项目有关的监理服务，理应在指定的发布媒介发布公告，招标人仅在某省政府采购网上发布招标公告属程序违法。

《招标投标法实施条例》第六十三条第一款第一项规定，招标人有下列限制或者排斥潜在投标人行为之一的，由有关行政监督部门依照招标投标法第五十一条的规定处罚：（一）依法应当公开招标的项目不按照规定在指定媒介发布资格预审公告或者招标公告。《招标投标法》第五十一条规定，招标人以不合理的条件限制或者排斥潜在投标人的，对潜在投标人实行歧视待遇的，强制要求投标人组成联合体共同投标的，或者限制投标人之间竞争的，责令改正，可以处一万元以上五万元以下的罚款。

必须指出，就本案而言，除了追究招标人行政处罚法律责任外，还涉及是否应当重新招标的问题。由于本次招标已经到了定标阶段，结合《招标投标法实施条例》第八十一条规定，依法必须进行招标的项目的招标投标活动违反招标投标法和本条例的规定，对中标结果造成实质性影响，且不能采取补救措施予以纠正的，招标、投标、中标无效，应当依法重新招标或者评标。案涉项目应适用《招标投标法》等相关法律规定，其招标公告和公示信息应当在“中国招标投标公共服务平台”或者项目所在地省级电子招标投标公共服务平台发布。招标人未在指定媒介发布公告客观上造成排斥潜在投标人，导致部分潜在投标人因无法及时获取信息而不能参与竞争，因此应当重新招标。

【知识拓展】

为提升招标采购效率，《招标投标法》（修订草案送审稿）对异议相关规定作了修改。

第五十七条　潜在投标人、投标人或者其他利害关系人认为招标投标活动违反法律、行政法规规定，损害自身合法权益的，有权向招标人提出异议。依法必须进行招标的项目，下列异议应当按规定的时间提出：

（一）潜在投标人或者其他利害关系人对资格预审公告或者资格预审文件有异议的，应当在提交资格预审申请文件截止时间两日前提出；对招标公告、投标邀请书或者招标文件有异议的，应当在投标截止时间七日前提出，其中符合第二十七条第二款规定的情形的，应当在投标截止时间三日前提出；

（二）投标人对开标有异议的，应当在开标当场提出；

（三）投标人或者其他利害关系人对评标、定标结果有异议的，应当在中标人公示期间提出。

对前款第一、三项规定的异议，招标人应当自收到异议之日起三日内作出答复，必要时应当在作出答复前暂停招标投标活动；需要检验、检测、鉴定、专家评审的，所需时间不计算在内。对评标结果的异议，必要时可以组织原评标委员会重新评标并推荐中标候选人。对前款第二项规定的异议，招标人应当当场作出答复，并制作记录。

【启示】

学习法条时不能孤立地看单个法条，应当将该法条放在法律全文中去看，结合其他法条去理解，防止一叶障目。

思考题

依法必须进行招标的项目未在指定媒介发布招标公告属于以其他方式规避招标还是排斥潜在投标人？

【案例6】

文件发售截止时间何时起算引发的争议

关 键 词 招标文件获取截止时间

案例要点

按照年、月、日计算期间的，开始的当日不计入，自下一日开始计算；期间的最后一日是法定休假日的，以法定休假日结束的次日为期间的最后一日。

【基本案情】

某建设工程招标，6 月 3 日下午 14:25 发出招标公告，招标公告规定招标文件发售日期为 6 月 3 日 15:00 至 6 月 8 日 15:00，潜在投标人 A 公司于 6 月 8 日 15:05 到达指定地点购买文件，招标代理机构以发售文件时间截止为由拒绝，潜在投标人 A 公司以发售招标文件时间不足 5 日为由向招标人提起异议后同时向行政监督部门提起投诉。

【问题引出】

问题一：潜在投标人 A 公司异议是否成立？

问题二：在招标人对异议未作出答复情况下提起的投诉是否应当受理？

【案例分析】

一、潜在投标人 A 公司异议成立

《招标投标法实施条例》第十六条规定，招标文件的发售期不得少于 5 日；《民法典》第二百零一条规定，按照年、月、日计算期间的，开始的当日不计入，自下一日开始计算；第二百零三条规定，有业务时间的，停止业务活动的时间为截止时间。本案例 6 月 3 日 15：00 起发售招标文件，则招标文件发售截止时间应为从 6 月 4 日开始起算的 5 日内，即 6 月 8 日的正常下班时间。潜在投标人提出购买文件时间为 6 月 8 日 15：05，未到下班时间，因此潜在投标人 A 异议成立。

需要强调两点：一是招标人不得故意利用节假日，尤其是类似于“黄金周”的长假发售资格预审文件或者招标文件，特别是发售期最后一天为节假日的应当顺延至工作日，否则将在事实上构成限制或者排斥潜在投标人，并且有违招标投标活动应当遵循的诚实信用原则；二是文件发售期不仅是针对公开招标项目的资格预审文件的发售，对于邀请招标或者公开招标但已经进行资格预审的项目、非依法必须进行招标的项目，其招标文件的发售期也应当遵守不得少于 5 日的规定。

实践中还有一种观点，认为发售文件包括当日是行业惯例，且本案例招标文件中已有明确的规定，符合《民法典》“第二百零四条期间的计算方法依照本法的规定，但是法律另有规定或者当事人另有约定的除外”。笔者认为该观点不正确，理由是：第一，行业惯例不属于法律另有规定；第二，招标文件中规定不等于当事人另有约定，约定需要双方真实意思表示，但事实上对招标文件中关于发售文件时间的规定，潜在投标人只能是被动接受，因此只能算规定而不能算约定。

二、潜在投标人 A 公司投诉应当受理

招标人或招标代理机构是否作出异议答复不是投诉的前置条件，本案不属于《招标投标法实施条例》第二十二条、第四十四条、第五十四条规定的应当先向招标人提出异议的事项，因此，招标人或招标代理机构作出异议答复不是投诉的前置条件。根据《工程建设项目招标投标活动投诉处理办法》第十二条规定，无论招标人或招标代理机构作出异议答复与否，潜在投标人 A 的投诉均应当受理。

需要注意的是，有些地区对于投诉受理条件作出了不同规定。例如，福建省颁布《转发住房和城乡建设部〈关于进一步加强房屋建筑和市政工程项目招标投标监督管理工作的指导意见〉的通知》中规定“投标人及其利害关系人就《实施条例》第二十二条、第四十四条、第五十四条规定事项向招标投标行政监督部门提出的投诉，应当提供招标人的异议答复复印件。未提供招标人异议答复复印件，或已向招标人提出异议但招标人尚未答复前，或没有明确请求或必要证明材料的投诉，招标投标行政监督部门可不予受理”。这里的“可不予受理”应理解为可以受理，可以不受理。

【启示】

为了保证潜在投标人有足够的时间获取资格预审文件和招标文件，吸引更多的潜在投标人参与投标，保证招标投标的竞争效果，招标人应当综合考虑节假日、文件发售地点、交通条件和潜在投标人的地域范围等情况，在资格预审公告或者招标公告中规定一个不少于 5 日的合理期限。

思考题

1. 本案例中，对发售文件时间的投诉必须首先向招标人或招标代理机构提起异议吗？
2. 招标代理机构可否直接受理异议并作出异议答复？
3. 行政监督部门处理投诉时，哪些情况下必须暂停招标投标活动？

【案例 7】

开标当天澄清修改招标文件引发的争议

关 键 词 信赖利益 / 公平原则 / 招标文件澄清

案例要点

在投标截止前，澄清修改招标文件是招标人的权利，但基于公平原则，因招标人的澄清修改导致投标人信赖利益受损，应当予以适当补偿。

【基本案情】

某建设工程招标项目招标文件规定，投标文件采用现场纸质递交方式，开标时间为 2021 年 10 月 12 日上午 9：00；10 月 12 日上午 8：30 A 公司到达投标文件递交现场后被告知因招标文件评分标准及评分办法需要澄清修改，本项目延期 15 日开标。

因招标人在开标当天才通知延期，A 公司向招标人要求补偿损失 28000 元，其中投标文件制作费用 5000 元，交通费差旅费 3000 元，投标文件编制人工成本 20000 元。招标人认为因投标截止时间延期导致投标人的投标文件制作费用、差旅费增加属于投标人的投标风险，该风险按惯例理当由投标人承担。A 公司不服，向法院提起诉讼。

【问题引出】

问题一：招标人是否构成缔约过失责任？

问题二：如果招标人不构成缔约过失责任，要求补偿是否合理？

【案例分析】

一、缔约过失责任构成要件

《民法典》第五百条规定，当事人在订立合同过程中有下列情形之一，造成对方损失的，应当承担赔偿责任：（一）假借订立合同，恶意进行磋商；（二）故意隐瞒与订立合同有关的重要事实或者提供虚假情况；（三）有其他违背诚信原则的行为。

一般来讲，缔约过失责任需同时满足以下构成要件：一是缔约一方当事人违反了先合同义务。二是当事人一方违反先合同义务具有可归责性。“违反先合同义务”是客观要素，“过失”才是表明行为人有主观过错，违反先合同义务是一种客观事实，只有当事人主观上有过错才具有可归责性，仅有客观事实即仅有当事人违反义务的行为不足以课以其责任。三是缔约相对人有利益损失。民事责任一般以损害事实为基础，如果没有损害一般很难产生责任，根据民法的一般原理，请求权就失去意义，缔约过失责任也将无从产生。四是当事人一方违反先合同义务与相对人损失间存在因果关系。在缔约过程中常表现为，一方当事人未尽到通知、协助、告知、照顾和保密等义务而造成对方当事人人身或财产损失的情形。

二、招标人不构成缔约过失责任

（一）招标人开标当天澄清修改招标文件，并延期开标不违法

《招标投标法》第二十三条规定，招标人对已发出的招标文件进行必要的澄清或者修改的，应当在招标文件要求提交投标文件截止时间至少十五日前，以书面形式通知所有招标文件收受人。该澄清或者修改的内容为招标文件的组成部分。《招标投标法实施条例》第二十一条规定，招标人可以对已发出的资格预审文件或者招标文件进行必要的澄清或者修改。澄清或者修改的内容可能影响资格预审申请文件或者投标文件编制的，招标人应当在提交资格预审申请文件截止时间至少 3 日前，或者投标截止时间至少 15 日前，以书面形式通知所有获取资格预审文件或者招标文件的潜在投标人；不足 3 日或者 15 日的，招标人应当顺延提交资格预审申请文件或者投标文件的截止时间。

根据上述规定，可以得出两个结论，第一，招标人有权在投标截止时间前澄清或修改招标文件；第二，澄清或修改招标文件原则上应当在投标截止时间至少 15 日前，不足 15 日的，且影响投标文件编制的，应当顺延提交投标文件截止时间。本案中，招标人在开标当天通知修改招标文件并顺延投标截止时间 15 日后开标，并不违法。

（二）招标人在开标当天澄清修改招标文件无主观故意

结合案例可以看出，招标人无主观欺骗或隐瞒的动机和行为，在开标当天才澄清修改的确给 A 公司造成损失，但除非有证据证明，招标人在开标当天才发出澄清修改存在主观故意，否则招标人不构成缔约过失。

（三）投标人的损失与开标当日修改招标文件并延期开标无必然因果关系

A 公司的直接损失（投标文件制作费用 5000 元，交通费差旅费 3000 元，投标文件编制人工成本 20000 元）系其参加招标活动而产生的必要费用，属于正常商务活动成本与风险，即使招标人在开标当天不修改招标文件，A 公司也有可能不中标，如果不中标，该笔损失仍然会发生。更何况本项目是延期开标，而不是终止招标，A 公司仍然可以参加本项目的投标，因开标当天修改招标文件带来的直接损失完全可以计入投标成本包含在投标报价中，因此投标人主张的直接损失与招标人在开标当天修改招标文件无必然因果关系。

三、基于公平原则，招标人应当补偿 A 公司一定的损失

在招标投标过程中，招标文件所载明的要约邀请的内容相对具体详尽，该内容足以使相对人产生一定的信赖，并严格按照招标文件的具体要求来为发出要约做准

备，在此阶段要约邀请人与相对人之间的信赖关系要比一般情况下更为合理稳定，据此应要求要约邀请人承担更高程度的诚信义务，即若因招标人的过失行为导致相对人损失，基于公平原则，招标人亦应承担一定的责任。

案涉项目，A公司的投标文件制作费用5000元，交通费差旅费3000元如果有相应的支出凭证证明，则招标人应当补偿；但A公司的投标文件编制人工成本20000元不需要补偿或者至少不应当完全补偿，理由是招标文件修改后，原投标文件并不是全部作废，A公司如果继续参与，仅需要在原投标文件基础上进行适当的修改即可，因此这一部分的费用不应当或者至少不应当完全补偿。

综上所述，招标人不构成缔约过失责任，但基于公平原则，招标人应当补偿因开标当日延期导致投标人投标费用增加的直接损失（参考判例：重庆市第二中级人民法院［（2020）渝02民终3007号］、广东省高级人民法院［（2014）粤高法民二申字第449号］）。

【启示】

招标人有权，但不可任性。在招标采购活动中，招标人应当提前做好采购需求调研，并针对性做好采购方案，必要时可以将采购需求、采购方案提前向社会公开并征求意见，尽可能减少在招标活动中因招标文件澄清修改，导致采购时间延长，从而降低采购效率，甚至带来不必要的争议与损失。

思考题

1. 在招标过程中，要约邀请、要约、承诺分别是指什么？
2. 中标通知书发出后，合同是否成立？合同是否生效？

【案例 8】

澄清或修改招标文件未顺延投标截止时间引发的争议

关 键 词 非依法必须进行招标的项目 / 招标文件澄清 / 投标截止时间顺延

案例要点

非依法必须进行招标的项目，对招标文件澄清或修改影响投标文件编制的，投标截止时间不足 15 日的，无须顺延，只要保证投标人合理的编制时间即可。

【基本案情】

某国有企业拟投资 380 万元兴建职工食堂，采用招标方式。8 月 5 日发布招标公告，投标文件递交截止时间为 8 月 18 日。8 月 12 日，招标人发布澄清修改公告，修改了招标文件的评标办法。潜在投标人 A 公司向招标人提出异议，要求顺延投标截止时间。理由是招标人修改实质性内容影响投标文件编制，根据《招标投标法实施条例》第二十一条，招标人可以对已发出的招标文件进行必要的澄清或者修改。澄清或者修改的内容可能影响投标文件编制的，招标人应当在投标截止时间至少 15 日前，以书面形式通知所有获取招标文件的潜在投标人；不足 15 日的，招标人应当顺延提交投标文件的截止时间。

【问题引出】

问题：对招标文件澄清或修改影响投标文件编制的，离投标截止时间不足 15 日的，必须顺延投标截止时间吗？

【案例分析】

一、澄清或修改可能影响投标文件编制的，应合理顺延投标文件递交的截止时间

所谓“澄清”是指招标人对招标文件表述不清楚、不明确和容易引起歧义的部分进行解释和说明；所谓“修改”是指招标人对招标文件出现的漏洞、差错或者相互矛盾、违反法律法规强制性规定或违反公开、公平、公正、诚实信用原则，影响的评标标准等进行的补充和修订。

根据《招标投标法实施条例》规定，招标人在发出招标文件后，可以对招标文件进行澄清或修改。澄清或修改可能是主动进行的行为，也可能是被动进行的行为。

主动进行的澄清或修改，一般是指招标人在发出招标文件后，发现文件中存在漏洞、错误、相互矛盾、含义不清或存在违法情形等，需要修改招标文件的部分内容，调整采购需求或对部分内容进行补充说明等，主动通过修改或澄清的方式进行补救。

被动进行的澄清或修改，是指招标人在发出招标文件后，根据潜在投标人对招标文件提出的疑问和异议作出的修改和澄清。这是招标人和潜在投标人之间的一种良性互动。招标人作为文件的编制人，往往很难发现其编制的文件中存在的错漏，以及可能存在的一些不尽合理甚至是不合法的规定和要求，潜在投标人从响应招标的角度提出疑问和异议，有助于招标人及时纠正错误，完善文件，提高招标采购工作质量（摘录自何红锋老师主编的《招标投标法实施条例条文解读与案例分析》）。

文件的澄清或修改可能不影响投标文件的编制，如开标场地变更、开标时间延期、暂估价、暂列金的调整、减少投标文件证明材料等；也可能对投标文件编制构成影响，如调整资格审查因素和评审标准；改变投标文件格式、增加投标文件需要提供的材料、改变采购需求和技术标准或要求等，这些都给潜在投标人带来大量的额外工作，因此必须合理顺延投标文件递交的截止时间，以保证潜在投标人有足够的时间完成投标文件编制并按期递交投标文件。

本案例中，8 月 12 日招标人发布澄清修改公告，修改了招标文件的评标办法。评标办法直接影响投标文件编制，采购人应结合项目的具体情况合理顺延投标文件递交的截止时间。

二、《招标投标法实施条例》第二十一条仅适用于依法必须进行招标的项目

《招标投标法实施条例》第二十一条规定，招标人可以对已发出的资格预审文件或者招标文件进行必要的澄清或者修改。澄清或者修改的内容可能影响资格预审申请文件或者投标文件编制的，招标人应当在提交资格预审申请文件截止时间至少 3 日前，或者投标截止时间至少 15 日前，以书面形式通知所有获取资格预审文件或者招标文件的潜在投标人；不足 3 日或者 15 日的，招标人应当顺延提交资格预审申请文件或者投标文件的截止时间。

必须强调指出，表面上看，该法条适用于所有采用招标方式的采购项目，但事实并非如此。

法律规定了招标人澄清或修改招标文件的时间为投标截止时间至少 15 日前，是基于《招标投标法》第二十四条“依法必须进行招标的项目，自招标文件开始发出之日起至投标人提交投标文件截止之日止，最短不得少于二十日”和《招标投标法实施条例》第十六条“资格预审文件或者招标文件的发售期不得少于 5 日”的规定。非依法必须进行招标的项目，等标期可以少于 20 天，因此招标文件的澄清或修改可不受投标截止时间前至少 15 日的限制。如《国有企业采购操作规范》T/CFLP 0016—2023 中规定：投标文件编制时间从招标文件发出之日起距投标截止时间应不少于 7 日，招标人可对已经发出的招标文件进行澄清或修改，并通知所有获取招标文件的潜在投标人。

法律规定了澄清或修改影响投标文件编制的，不足 15 日的应当顺延，但该规定同样仅适用于依法必须进行招标的项目。非依法必须进行招标的项目可不受此限制，只需要顺延到不影响投标文件编制即可，尽可能地提升采购效率。如《国有企业采购操作规范》T/CFLP 0016—2023 规定：澄清修改可能影响投标文件编制的，招标人应合理顺延提交投标文件截止时间。此处的合理顺延宜以正常情况下投标人的平均编制时间为基础判定。

本项目合同估算价 380 万元，不属于依法必须进行招标的项目，因此尽管招标人对招标文件澄清或修改影响投标文件编制但不需要顺延至满足 15 日的要求。

【启示】

各类项目性质和复杂程度不同，招标文件澄清或修改对投标文件编制影响程度也不同，招标人应结合项目性质、行业特点等具体情况具体分析，不能“一刀切”，既要保证投标人合理编制投标文件的时间，又要提升采购效率。

思考题

1. 如何判定招标文件的澄清或修改可能影响投标文件的编制？
2. 非依法必须进行招标的项目，如何确定合理的顺延时间？

【案例 9】

投标截止时间引发的争议

关 键 词 等标期 / 影响中标结果

案例要点

招标程序存在违法行为，且无法采取补救措施，但不影响中标结果，招标有效。

【基本案情】

某依法必须进行招标的建设工程项目招标，招标文件发售时间为 2022 年 3 月 16 日上午 9：00 至 3 月 21 日下午 5：30，共有 10 家潜在投标人购买了招标文件。递交投标文件截止时间为 4 月 4 日上午 9：00，共有 10 家投标人准时递交了投标文件。经评审，A 公司投标文件被否决。评标结果公示期间，A 公司以从发售招标文件始至递交投标文件截止时间少于 20 日，违反《招标投标法》规定为由，提起异议要求重新招标。因对招标人答复不满，向行政监督部门提起投诉。

【问题引出】

问题一：投标截止时间设置是否合法？

问题二：是否需要重新招标？

问题三：招标人是否应当承担法律责任？

【案例分析】

一、投标文件截止时间设置不合法

《招标投标法》第二十四条规定，依法必须进行招标的项目，自招标文件开始发出之日起至投标人提交投标文件截止之日止，最短不得少于 20 日。本案例中，招标文件发售时间为 2022 年 3 月 16 日，递交投标文件截止时间为 4 月 4 日。根据《民法典》第二百零一条第一款规定，按照年、月、日计算期间的，开始的当日不计入，自下一日开始计算。投标文件递交截止时间的起算点为 3 月 17 日，往后推 20 日，则截止时间应当是 4 月 5 日。因此招标文件规定的投标截止时间不符合依法必须进行招标的项目等标期不少于 20 日的规定。

需要注意的是，根据《招标投标法实施条例》第二十二条规定，投标人对招标文件有异议的，应当在投标截止时间 10 日前提出。本案例中，投标人 A 公司是在

评标结果公示期间才提出，超出异议期限，招标人应不予受理。

二、因不影响中标结果，不需要重新招标

《招标投标法》要求依法必须进行招标的项目等标期不少于 20 日的规定，是为了让投标人有充足的时间编制投标文件，从而形成有效竞争。本案例中，购买招标文件的是 10 家企业，按时递交投标文件的也是 10 家企业，说明尽管提前了一天，但没有影响到投标文件编制，对中标结果不产生影响，因此不需要重新招标。

三、招标人设置的投标截止日期不符合规定，应承担相应法律责任

《招标投标法实施条例》第六十四条第一款第二项规定，招标人有下列情形之一的，由有关行政监督部门责令改正，可以处 10 万元以下的罚款:（二）招标文件、资格预审文件的发售、澄清、修改的时限，或者确定的提交资格预审申请文件、投标文件的时限不符合招标投标法和本条例规定。

需要说明的是，本条仅规定了招标人的法律责任，而没有规定招标代理机构违反此规定的法律责任，即行政监督部门在行使行政处罚权时，只能处罚招标人，不能对招标代理机构实施行政处罚，但必须指出，行政监督部门不处罚招标代理机构不代表招标代理机构没有法律责任。本案例中，如果招标文件规定的提交投标文件截止时间少于 20 日是因招标代理机构能力不足，未尽到咨询义务导致的，则招标人在受到行政处罚后，有权要求招标代理机构赔偿因招标代理失职导致的损失。

【启示】

对招标人而言，应当结合《民法典》等一般法的相关规定理解《招标投标法》《招标投标法实施条例》中有关日期规定的要求，确保招标采购合理合法；对投标人而言，应当及时行使救济权，若权利人自己都怠于行使权利，则可能失去法律的保护。

思考题

1. 如何理解《招标投标法实施条例》第八十一条“对中标结果造成实质性影响”？
2. 本案中，招标文件是招标代理机构编制的，行政监督部门能处罚招标代理机构吗？

【案例 10】

投标保证金缴纳时间引发的争议

关 键 词 提交投标保证金截止时间

案例要点

投标保证金是投标文件组成部分，故投标保证金提交的截止时间应当与投标文件递交截止时间保持一致。

【基本案情】

某依法必须进行招标的政府投资工程，招标文件规定：投标截止时间为 5 月 18 日上午 9：00，投标保证金是投标文件组成部分，为便于核查投标保证金是否到账，投标人必须在递交投标文件截止时间前 24 小时即 5 月 17 日上午 9：00 前提交投标保证金，否则投标无效。截至 5 月 18 日上午 9：00，9 家购买招标文件的潜在投标人均按时递交了投标文件。开标时招标人公开宣读各投标人投标保证金到账情况，除 A 公司的投标保证金到账时间为 5 月 17 日上午 11：00 外，其余投标人的投标保证金均符合递交投标文件截止时间前 24 小时提交投标保证金的规定。评标委员会以投标人 A 公司提交投标保证金时间不符合招标文件规定为由否决其投标。

投标人 A 公司不服，向招标人提起异议。异议事项包括两点：一是招标文件要求提前 24 小时提交投标保证金属排斥潜在投标人；二是 A 公司向招标人转账时间为 5 月 16 日晚 10：00，符合招标文件提前 24 小时提交的规定，不应当否决。

【问题引出】

问题一：要求投标保证金必须在投标截止时间前提交是否合法？

问题二：投标保证金应当以缴纳时间为准还是以到账时间为准？

问题三：本案例是否需要重新招标？

【案例分析】

一、要求提前提交投标保证金违法

（一）投标保证金的作用

投标保证金是指在招标投标活动中，投标人随投标文件一同递交给招标人的一定形式、一定金额的投标责任担保。其主要保证投标人在递交投标文件后不得撤销

投标文件，中标后不得无正当理由不与招标人订立合同，在签订合同时不得向招标人提出附加条件，或者不按照招标文件要求提交履约保证金，否则，招标人有权不予退还其递交的投标保证金。

（二）投标保证金是投标文件重要组成部分

《招标投标法实施条例》第十五条第四款规定，编制依法必须进行招标的项目的资格预审文件和招标文件，应当使用国务院发展改革部门会同有关行政监督部门制定的标准文本。本项目是依法必须进行招标的项目，应当使用标准文本。

《工程建设项目施工招标投标办法》第三十七条第三款规定，投标人应当按照招标文件要求的方式和金额，将投标保证金随投标文件提交给招标人或其委托的招标代理机构。

《标准施工招标文件》（2007 年版）投标人须知正文部分 3.1.1 条明文规定，投标文件应当包括投标保证金等 10 项内容。《〈标准施工招标资格预审文件〉和〈标准施工招标文件〉试行规定》第五条第一款规定，行业标准施工招标文件和试点项目招标人编制的施工招标资格预审文件、施工招标文件，应不加修改地引用《标准施工招标资格预审文件》中的“申请人须知”（申请人须知前附表除外）、“资格审查办法”（资格审查办法前附表除外），以及《标准施工招标文件》中的“投标人须知”（投标人须知前附表和其他附表除外）、“评标办法”（评标办法前附表除外）、“通用合同条款”。

综上所述，在工程建设项目招标中，作为投标文件的一部分，投标保证金缴纳截止时间应与投标文件提交截止时间保持一致，否则就构成以不合理的方式排斥潜在投标人。

（三）要求提前提交投标保证金，不符合公平原则

实践中，为便于核对投标保证金到账情况，招标人往往在招标文件中规定投标人应当在开标前的若干天将投标保证金缴纳至招标人或者招标代理机构。这种规定侵害了潜在投标人的权利，也不利于竞争。理由是，投标截止时间前潜在投标人均有权决定是否参加投标，如果将投标保证金的提交时间提前，减少了潜在投标人对是否参加投标的分析决策时间，对潜在投标人不公平。

《招标投标法》第二十四条规定，依法必须进行招标的项目，自招标文件开始发出之日起至投标人提交投标文件截止之日止，最短不得少于 20 日。因此，当投标保证金作为投标文件组成部分时，如果要求投标保证金提前提交，也就相当于有了两个投标文件的递交截止时间，甚至有可能造成提交的投标保证金的等标期少于 20 日从而违反法律规定。

需要说明的是，投标保证金递交截止时间与投标文件提交截止时间应当一致，但并不禁止投标人自愿提前提交投标保证金。

实践当中还有一种观点认为，投标保证金是一种特定的担保方式，是缔约行为的一部分，担保行为可以早于缔约行为。在招标文件没有明确约定投标保证金是投标文件组成部分的情况下，投标保证金可以作为投标文件的一部分同时递交，也可

以分开递交。现有的法律法规并未明令禁止要求投标保证金提前提交的行为，因此，依据“法无禁止即可为”的原则，招标人要求不违法。但笔者认为，一方面法律法规没有规定，但部门规章对依法必须进行招标的项目中投标保证金提交有明确的规定，应当予以遵守；另一方面即使招标文件中没有规定投标保证金是投标文件组成部分，但招标的本质是为了促进竞争。伴随着电子招标投标技术的发展，招标人、招标代理机构完全可以通过电子招标投标交易平台随时查看投标保证金的到账情况，因此以须提前对账为由要求提前提交保证金的理由不成立且不具备必要性，也不利于促进公平竞争。

二、以现金方式提交的投标保证金应当以到账时间为准

《民法典》第一百三十七条第二款规定，以非对话方式作出的意思表示，到达相对人时生效。本案例中，投标保证金是以非对话方式提交的，因此其投标担保的意思表示应当以到达相对人时生效，即以到账时间为准而不是以汇款时间为准。

《招标投标法实施条例》对投标保证金的表述用的是“提交”，顾名思义“提”是“提起”,“交”是“交付”。投标人（潜在投标人）汇款时只履行了前面的“提起”这个动作，但并未完成“交付”这个规定动作，只有投标保证金完成到账后才被视为“提交”。

三、本案例不需要重新招标

有观点认为，本案例不需要重新招标，只需要评标委员会不否决A公司投标人的投标文件即可，但这种观点是站不住脚的。理由是根据招标文件的规定，投标保证金未在规定时间内提交，评标委员会要么以本次招标文件涉嫌排斥潜在投标人为由拒绝评审，要么只能否决其投标。评标委员会无权修改招标文件评审标准。

笔者认为：本案例中尽管招标文件涉嫌违法，但违反的是部门规章等相关规定，不属于《招标投标法实施条例》第八十一条规定的“依法必须进行招标的项目的招标投标活动违反招标投标法和本条例的规定，对中标结果造成实质性影响，且不能采取补救措施予以纠正的，招标、投标、中标无效，应当依法重新招标或者评标”的情形。

【启示】

编制招标文件时，不仅要考虑合法性，更要考虑合理性；要结合项目特点和需求，从有利于招标采购实施，有利于采购目的实现的角度编制招标文件的实质性要求和条件。

思考题

1. 未提交投标保证金，投标文件可以拒收吗？
2. 提交投标保证金后未递交投标文件，投标保证金可以不予退还吗？

【案例 11】

"黄金周"发售招标文件引发的争议

关 键 词 "黄金周" / 发售招标文件 / 诚实信用原则

案例要点

利用"黄金周"发售招标文件，造成信息不对称，间接排斥潜在投标人，应当重新招标。

【基本案情】

某依法必须进行招标的政府投资工程，招标人于 9 月 30 日上午 10：00 发布招标公告，采用电子招标方式。公告要求潜在投标人应于 9 月 30 日上午 10：00 至 10 月 8 日 24：00（10 月 1 日至 10 月 7 日为法定节假日）在指定的电子交易平台免费下载招标文件。潜在投标人 A 公司于 10 月 9 日向招标人提起异议。招标人答复，本项目采用电子招标，节假日期间，潜在投标人仍可以在电子交易平台免费下载招标文件，符合国家规定。A 公司对招标人答复不满后向行政监督部门提起投诉。

【问题引出】

问题一：招标人利用"十一黄金周"发售招标文件是否合法？

问题二：本案例是否需要重新招标？

【案例分析】

一、利用"黄金周"发售招标文件不合法

（一）对资格预审文件和招标文件发售期的规定，是增强竞争的需要

资格预审文件或者招标文件发售期不得少于 5 日是《招标投标法实施条例》第十六条作出的一个最低期限的规定。本条规定一个底限发售期是为了保证潜在投标人有足够的时间获取资格预审文件和招标文件，吸引更多的潜在投标人参与投标，以保证招标投标的竞争效果。通过缩短资格预审文件或招标文件的发售期限，限制或排斥潜在投标人的现象在实践中多有发生。对于依法必须进行招标的项目，由于招标文件发售期包括在《招标投标法》第二十四条规定的留给投标人编制投标文件的期限内，适当延长招标文件发售期并未延长项目的招标周期。因此，为了更多地吸引潜在投标人参与投标，招标人在确定具体招标项目的资格预审文件或者招标文

件发售期时，应当综合考虑节假日、文件发售地点、交通条件和潜在投标人的地域范围等情况，在资格预审公告或者招标公告中规定一个不少于5日的合理期限。

（二）利用“黄金周”发售文件，涉嫌排斥潜在投标人

发售期采用日历天而非工作日的主要考虑，是为了提高效率。但是，招标人不得故意利用节假日，尤其是类似于“十一黄金周”的长假发售资格预审文件或者招标文件，特别是发售期最后一天应当回避节假日，否则将在事实上构成限制或者排斥潜在投标人，并且有违招标投标活动应当遵循的诚实信用原则。

二、本案例应当重新招标

本案例中，招标人利用“黄金周”发售招标文件涉嫌排斥潜在投标人，导致符合条件的潜在投标人A无法参与竞争；因此根据《招标投标法实施条例》第二十三条规定，应当修改招标文件后重新招标。

【启示】

招标的本质是为了增强竞争。利用“黄金周”等方式发售招标文件：一方面限制了竞争，因“黄金周”关注的人相对要少，导致有可能招标失败的同时，也有可能因排斥潜在投标人或者定向招标、虚假招标受到行政监督部门的处罚；另一方面招标文件发售期的长短并不影响投标文件递交的截止时间，起不到缩短招标时间的效果。

思考题

1. 资格预审合格后，招标文件的发售期是否仍必须遵守不少于5日的规定？
2. 非依法必须进行招标的项目，招标文件发售期是否可以少于5日？
3. 发售期的起算时间和截止时间如何认定？

【案例 12】

招标公告中投标人资格条件变更引发的争议

关 键 词 资格条件变更 / 影响中标结果 / 重新招标

案例要点

招标文件发售期截止后，发现招标公告资格条件涉嫌违法的，应当重新招标。

【基本案情】

某依法必须进行招标的建设工程招标项目，招标公告中资格条件要求投标人须具备建筑工程施工总承包一级资质。在招标文件发售截止之后，招标人通过发布澄清公告方式向所有获取招标文件的潜在投标人说明：因项目规模未达到一级标准，资格条件中资质降低为“具备建筑工程施工总承包二级及以上资质”。

【问题引出】

问题一：招标公告关于投标人资格条件是否违法？

问题二：招标人通过发布澄清公告方式修改投标人资格条件的做法是否正确？

【案例分析】

一、招标公告存在排斥潜在投标人情形，违法

《招标投标法实施条例》第三十二条第一款规定，招标人不得以不合理的条件限制、排斥潜在投标人或者投标人。《工程项目招投标领域营商环境专项整治工作方案》规定，不得设定明显超出招标项目具体特点和实际需要的过高的资质资格、技术、商务条件或者业绩、奖项要求。本案例招标公告中资格条件要求投标人须具备建筑施工总承包一级资质，与项目规模所需的资质要求不符，涉嫌排斥潜在投标人，违法。

二、招标人的做法不正确

招标公告的违法行为影响中标结果且不能采取补救措施予以纠正的，应当重新招标。

根据《招标投标法》第二十三条规定，招标人可以对招标文件进行必要的澄清或修改，但澄清或修改属于原违法行为的补救措施，如果违法行为通过采取补救措施予以纠正且纠正后不影响中标结果的，不需要重新招标，招标人可以根据《招标投标法》第二十三条、《招标投标法实施条例》第二十一条的规定对招标文件进行澄清与修改。但如果澄清或修改后仍影响中标结果，需要重新招标，否则违反“公开、公平、公正、诚实信用”原则。《招标投标法实施条例》第八十一条规定，依法必须进行招标的项目的招标投标活动违反招标投标法和本条例的规定，对中标结果造成实质性影响，且不能采取补救措施予以纠正的，招标、投标、中标无效，应当依法重新招标或者评标。

就本案例而言，招标人如果不重新招标，仅修改招标文件，则对符合修改后资格条件的未参与投标的潜在投标人是不公平的，因为不重新招标让其失去了参与平等竞争的机会。因此，当采购标的和资格条件改变时，基于公平原则，只能修改招标文件后重新招标。

【启示】

招标文件违反法律和行政法规的强制性规定，违反公开、公平、公正和诚实信用原则，通过设定苛刻的资格条件，要求特定行政区域的业绩，提供差别化信息，隐瞒重要的信息等做法，是招标投标活动中存在的突出问题之一。其结果必然会影响潜在投标人投标并影响中标结果，并且还有可能因投标人数量过少而导致招标失败。对于无法通过澄清或修改补救措施予以纠正的，招标人应当修改招标文件中违反法律规定的相关内容后再重新招标。

思考题

假设本案例中，招标公告中投标人资格条件是建筑工程施工总承包二级及以上资质，招标文件发售截止后，招标人发现本项目建筑面积为 12 万 m^2，建筑高度为 100m 以下，但有两栋楼的单体跨度达到 42m。根据建筑企业资质标准，本项目只能由建筑工程施工总承包一级资质承担，因此在投标截止前 15 日修改招标文件中投标人资格条件为具备建筑工程施工总承包一级资质，是否需要重新招标？

【案例 13】

要求电子交易平台初始用户注册登记并验证引发的争议

关 键 词 电子招标投标 / 交易平台 / 用户注册

案例要点

要求电子交易平台初始用户注册登记并验证不构成排斥潜在投标人，从有利于竞争角度出发，应当大力推行招标计划公开和 CA 互认。

【基本案情】

某政府投资的市政建设工程采用电子招标，5 月 20 日发布招标公告。公告载明：凡有意参加投标者，应在某电子交易平台进行注册登记，并办理 CA 数字证书，并通过互联网使用 CA 数字证书登录电子交易平台，在所投标段免费下载招标文件（已注册和办理证书的无须重复注册和办理证书），发售期为 5 日。A 公司 5 月 25 日看到招标公告后，在办理完成注册登记和 CA 数字证书后，发现招标文件发售时间已经截止。A 公司以招标人要求必须在平台办理注册登记方可下载招标文件属限制、排斥潜在投标人为由向招标人提起异议，并依法向当地住房和城乡建设局提起投诉。

【问题引出】

问题一：招标人要求潜在投标人必须先在电子交易平台注册并办理 CA 证书是否有必要？其法律依据是什么？

问题二：已注册和办理证书的无须重复注册和办理证书是否构成双重标准？

问题三：首次用户需在平台注册并办理 CA 数字证书需要一定时间，招标人是否应当延长招标文件发售时间？

【案例分析】

一、首次注册并认证是包括投标人在内的所有平台用户进行系统操作的必要条件

（一）要求平台用户注册并验证的合法性

要求供应商注册及验证注册信息是《电子招标投标办法》的基本要求。《电子招标投标办法》第十四条规定，电子招标投标交易平台运营机构应当采取有效措施，验证初始录入信息的真实性，并确保数据电文不被篡改、不遗漏和可追溯。第

二十四条规定，投标人应当在资格预审公告、招标公告或者投标邀请书载明的电子招标投标交易平台注册登记，如实递交有关信息，并经电子招标投标交易平台运营机构验证。

《招标投标法》第二十五条第一款规定，投标人是响应招标、参加投标竞争的法人或者其他组织。实践中，招标公告或投标邀请书均会明确要求潜在投标人依照规定购买（下载）招标文件，而没有依照规定购买（下载）招标文件属于未响应招标，因此不属于合格的投标人。

从公平角度看，如果不注册即可无痕下载招标文件，则有可能造成有些投标人事实上根本没有下载招标文件（比如与他人串通或采用其他非法手段获取招标文件），但交易平台无法查实，这对于严格依照招标公告要求在规定时间内下载招标文件的潜在投标人来说是一种不公平。更为严重地是，因无法记录并核实其是否下载招标文件，其递交的投标文件是否应当接收对招标人、招标代理机构来讲又是一个极其困难的选择题。

从诚实信用角度看，在规定时间内应当购买（下载）招标文件的规定对任何人均应当有约束力，如果可以不遵守，将不利于诚实信用体系建设。比如招标人或招标代理机构有可能会在发售文件时间截止后有针对性地让某潜在投标人购买文件，比如购买了文件的潜在投标人可随时根据招标文件规定的评标标准和评分办法量身出借或假借他人资质来投标等。

要求下载招标文件前先注册符合法律相关规定。《电子招标投标办法》第二十条规定，除本办法和技术规范规定的注册登记外，任何单位和个人不得在招标投标活动中设置注册登记、投标报名等前置条件限制潜在投标人下载资格预审文件或者招标文件。

综上所述，要求电子交易平台用户注册并验证合理合法，不构成对潜在投标人的歧视。

（二）要求平台用户注册并验证的必要性

与传统的纸质招标不同，采用电子交易系统进行电子化采购，存在以下三大因素，要求平台用户注册并对其进行验证：

1. 平台用户在系统注册，系统会为用户创建用户名，在系统建立唯一识别号。用户名是平台用户操作的基础要素，如同每个自然人的姓名、身份证号。

2. 平台用户在系统注册后会将其与其公司的 CA 介质进行关联绑定，建立关联关系，并依此判定谁下载的招标文件、谁递交的投标文件。

3. 平台用户在交易平台进行填写表单、上传文件等操作，基于网络安全和防范不正当言论等多种因素的考量，必须锁定一些用户的基本信息，需要其依法注册并对其进行验证。

二、对已注册用户不再注册，不构成双重标准

在电子招标投标交易平台已经注册的供应商不重复注册，是由于系统数据库中

已保存其之前注册的相关信息，投标时可以自动匹配。如要求其与首次注册供应商一样再次提交，是对平台资源的一种浪费。既没有必要，也不利于减轻供应商的负担。

三、招标文件发售时间无须延长

在传统的纸质招标情形下，通常自招标公告发布之日的次日起算招标文件发售期限，但投标人从看到招标公告至到达发售标书的指定地点购买招标文件仍然需要一定的路途时间。该路途时间或邮寄时间实际上也缩短了投标人获取招标文件的时限。同理，潜在投标人在平台注册及办理CA数字证书需要时间，该时间与传统纸质招标相比，更方便、更快捷，因此不需要延长招标文件发售时间。

当然，不得不承认，平台注册并认证以及办理CA数字证书对投标人参与竞争产生了一定的影响，但与其延长发售时间，不如从其他角度考虑如何优化和如何让投标人提前获取招标信息。因为即使延长招标文件发售时间，也可能导致较晚看到招标公告的人来不及下载文件。那么如何解决这个矛盾呢？笔者认为，无法及时下载招标文件的根本原因有两点，一是发现招标公告信息的不及时性，故可以引入招标采购计划的概念，要求依法必须进行招标的项目提前一定时间公布招标计划，对公布了招标计划的给予一定的激励机制。《国务院关于开展营商环境创新试点工作的意见》明确要求：建立招标计划提前发布制度，推进招标投标全流程电子化改革。《招标投标法》（修订草案送审稿）第十二条规定，国家鼓励招标人发布未来一定时期内的招标计划公告，供潜在投标人知悉和进行投标准备。招标计划可以按照项目投资规划期、财政预算年度或者企业财务年度编制，也可以在预计发生招标需求后及时编制。依法必须进行招标的项目发布招标计划的，应当至少载明拟招标项目概况、预计发布招标公告或者发出投标邀请书的时间等，并在发生变化后及时更新。二是通过制定统一的交易平台数字证书规范标准完成交易平台数字证书兼容互认，实现“一个投标人、购一把CA锁、安装一套驱动、多个交易平台无障碍投标”，进一步促进公共资源交易市场主体基本信息互联互通、互认共享。

【启示】

招标计划提前公开，有利于提高招标采购的公开度、透明度、知晓度，有利于增加竞争并切实维护公平竞争的市场秩序。CA互认有利于构建统一的大市场，有利于进一步优化环境，从而降低招标采购成本。

思考题

1. 实践中部分地方推行潜在投标人匿名无痕下载招标文件，请结合相关法律法规，分析此政策的利与弊。
2. 实践中还有部分地方推行招标文件可以发售至开标前一天，请结合相关法律法规，分析此政策的利与弊。

【案例 14】

特定区域作为资格条件引发的争议

关 键 词 特定区域 / 资格条件

案例要点

依法必须进行招标的项目不得以特定区域作为资格条件，但非依法必须进行招标的项目，可以根据项目的特点和需要，设定特定区域的资格条件。

【基本案情】

某 A 市国有企业拟自筹资金，投资 380 万元建设职工食堂，采用招标方式采购。经调查研究发现本市符合条件的中小建筑企业已多达 30 家，为避免过度竞争以及扶持本地中小企业和经济发展，经研究决定，投标人资格条件为公司注册地在 A 市的建筑企业。B 市建筑企业甲公司以资格条件涉嫌排斥潜在投标人提出异议。

【问题引出】

问题一：本次招标是否构成以特定区域作为资格条件排斥潜在投标人？

问题二：本次招标是否合法？

【案例分析】

一、本次招标构成以特定区域作为资格条件排斥潜在投标人

招标文件规定，投标人须为招标项目所在地注册的本市建筑企业，属于以特定区域排斥潜在投标人。

二、本次招标合法

（一）本项目不属于依法必须进行招标的建设工程

本项目使用国有企业自筹资金，投资总额只有 380 万元，未达到依法必须进行招标 400 万元的规模标准，因此不属于依法必须进行招标的项目。

《招标投标法》第六条规定，依法必须进行招标的项目，其招标投标活动不受地区或者部门的限制。言外之意，非依法必须进行招标的项目可以受本地区或部门的限制。

《招标投标法实施条例》第三十二条第二款第三项规定，招标人有下列行为之一的，属于以不合理条件限制、排斥潜在投标人或者投标人：（三）依法必须进行招标的项目以特定行政区域或者特定行业的业绩、奖项作为加分条件或者中标条件。但该条款针对地是依法必须进行招标的项目，言外之意非依法必须进行招标的项目可以特定区域或特定业绩作为资格条件。

（二）鼓励竞争不等于鼓励过度竞争

在招标采购活动中，排斥永远是绝对的，不排斥才是相对的。无论将什么样的因素设为资格条件或评审因素，均对不具备该条件的人构成排斥。因此《招标投标法》《招标投标法实施条例》中规定的禁止排斥潜在投标人指的是相对排斥而不是绝对排斥。

《招标投标法实施条例》第三十二条第二款第二项规定，设定的资格、技术、商务条件与招标项目的具体特点和实际需要不相适应或者与合同履行无关构成排斥潜在投标人。但结合本案例可以看出，由于本市符合条件的中小建筑企业已多达30家，已经可以形成充分竞争，且由于项目规模较小，外地建筑企业到本地施工的投入相对本地建筑企业要更高，因此招标人设置本地建筑企业作为资格条件合理合法。

【启示】

排斥是绝对的，不排斥是相对的，因此不能一味地为了防止排斥而影响采购目标的实现，要具体情况具体分析，有针对性地制定资格条件或评审因素。

思考题

何为特定业绩？带合同金额的业绩是否属于建设工程的特定业绩？

【案例15】

将国家取消的资质作为加分项引发的争议

关 键 词 资格条件 / 加分条件

案例要点

已经被明令取消的资质不能作为加分条件、资格条件。

【基本案情】

2019年，某园林绿化工程招标，总投资额约800万元，使用财政性资金。招标文件规定，投标人具有市政公用工程施工总承包资质一级及以上资质可以加3分；二级资质的加2分，三级资质的加1分。

【问题引出】

问题一：园林绿化资质取消后，市政工程施工总承包资质可以作为加分项吗？

问题二：如果市政工程施工总承包资质不能作为加分项，如何判定投标人的履约能力？

【案例分析】

一、园林绿化资质已经取消，不得以其他任何资质作为代替

2017年3月1日《国务院关于修改和废止部分行政法规的决定》取消了园林绿化资质。同年4月，《住房城乡建设部办公厅关于做好取消城市园林绿化企业资质核准行政许可事项相关工作的通知》规定，各级住房城乡建设（园林绿化）主管部门不得以任何方式，强制要求将城市园林绿化企业资质或市政公用工程施工总承包等资质作为承包园林绿化工程施工业务的条件。

2019年国家发展改革委等八部门《关于印发〈工程项目招投标领域营商环境专项整治工作方案〉的通知》再次重申，禁止将国家已经明令取消的资质资格作为投标条件、加分条件、中标条件；禁止在国家已经明令取消资质资格的领域，将其他资质资格作为投标条件、加分条件、中标条件。

取消资质的目的是进一步简政放权，增强市场活动，如果一方面取消资质许可，另一方面又用另一个资质加以代替，会造成“换汤不换药”的效果，各行政监督部门应当探索建立健全园林绿化企业信用评价、守信激励、失信惩戒等信用管理制度，

加强事中事后监管，维护市场公平竞争秩序。

二、投标人的能力可以从履约能力、信用记录、人员要求等方面综合判定

根据住房和城乡建设部印发的《园林绿化工程建设管理规定》文件精神，可以从以下几个方面考核投标人的能力：

1. 投标人应具有与园林绿化工程项目相匹配的履约能力。施工企业应具备与从事工程建设活动相匹配的专业技术管理人员、技术工人、资金、设备等条件，并遵守工程建设相关法律法规。具体可以分解为主体要合格（依法设立的法人或其他组织），能力要合格（技术较复杂内容的园林绿化工程招标时，可以要求投标人及其项目负责人具备相应工程业绩），财务状况要合格（不能处于破产、分立、合并或资产被冻结等情况），人员要合格（相关的专业教育、相关的职称等），其他法律法规规定的资格条件（兜底条款）。

2. 投标人及其项目负责人应具有良好的园林绿化行业从业信用记录。取消资质后，“信用”将作为项目投标、评标的重要参考：投标人及其项目负责人应公开信用承诺，并将其信用承诺履行情况纳入园林绿化市场主体信用记录，作为事中事后监管的重要参考，同时也是投标人资质审查和评标的重要参考。

3. 项目负责人负责制。园林绿化工程施工可实行项目负责人负责制，项目负责人应具备相应的现场管理工作经历和专业技术能力。

【启示】

对供应商履约能力的考核，资质并不是唯一的条件。招标人应从企业类似业绩、项目管理团队能力等多方面考核企业能力，避免触犯国家禁止性规定。

思考题

招标人可以在招标文件中规定，禁止曾经在招标人或招标人所属的子公司、分公司存在不良记录的投标人投标吗？

【案例 16】
近三年内在生产经营活动中没有违法记录引发的争议

关 键 词 违法记录 / 过惩相当

案例要点

要求投标人近三年内在生产经营活动中没有违法记录扩大了限制参与工程建设项目招标投标活动主体的范围，提高了投标的门槛条件，属于以其他不合理条件限制、排斥潜在投标人或者投标人。

【基本案情】

某政府投资工程，投资总额约 2 亿元，采用公开招标方式。2021 年 6 月 11 日发布了中标候选人公示，6 月 14 日 A 公司因对评标结果不服，向招标人提出异议 。异议事项为第一中标候选人 B 公司不满足招标文件中投标人资格要求“近三年内在生产经营活动中没有违法记录”的规定。理由是 B 公司于 2021 年 1 月 6 日因违法建设受到过某市规划和自然资源局的行政处罚。招标人于 2021 年 6 月 17 日对异议进行了答复，因第一中标候选人 B 公司的行政处罚信息未显示致使第一中标候选人被责令停产、停业，或者投标资格被取消，第一中标候选人不存在被有关部门暂停投标资格并在暂停期内的违法行为，B 公司投标有效。A 公司对其答复不满意，于 2021 年 6 月 23 日向行政监督部门递交了投诉书。

行政监督部门调查后发现，投诉争议是投诉人与招标人对招标文件中投标人资格要求第十条“投标人具有良好的社会信誉，近三年内在生产经营活动中没有违法记录，没有处于被责令停产、停业，或者投标资格被取消、最近三年内没有骗取中标或者严重违约或者重大工程质量等问题，不存在被有关部门暂停投标资格并在暂停期内”的规定理解不一致导致的。投诉人认为只要近三年内在生产经营活动中存在违法记录，即不符合投标人资格要求。第一中标候选人以及招标人认为，投标文件表达的意思是没有存在导致被责令停产、停业，或者被取消投标资格的违法记录。

行政监督部门认为，按照一般人对“或者”和标点符号的使用习惯，对上述规定的理解，该条款中所列几项内容意思表示应为并列关系，即投标人应当同时满足以上几个条件。由此可认为：第一中标候选人受到的行政处罚，虽未被责令停产、停业，或者取消投标资格，但不满足招标文件中投标资格要求第十条“……近三年内在生产经营活动中没有违法记录……”的规定，第一中标候选人的投标应为无效投标。

行政监督部门进一步指出，本项目招标文件中投标资格要求第十条的规定，扩大了限制参与工程建设项目招标投标活动主体的范围，提高了投标的门槛条件，违反《招标投标法》第十八条“招标人不得以不合理的条件限制或者排斥潜在投标人，不得对潜在投标人实行歧视待遇”的规定，本次招标无效，责令重新招标。

【问题引出】

问题一：A 公司投诉事项是否成立？

问题二：招标文件资格条件设置是否合理？

问题三：行政监督部门以投诉处理决定书形式责令重新招标合法吗？

【案例分析】

一、A 公司投诉事项成立

《工程建设项目施工招标投标办法》第二十条第一款规定，资格审查应主要审查潜在投标人或者投标人是否符合下列条件：（三）没有处于被责令停业，投标资格被取消，财产被接管、冻结，破产状态；（四）在最近三年内没有骗取中标和严重违约及重大工程质量问题……《标准施工招标文件》（2007 年版）投标人须知正文部分第 1.4.3 条规定，投标人不得存在下列情形之一：（9）被责令停业的；（10）被暂停或取消投标资格的；（11）财产被接管或冻结的；（12）在最近三年内有骗取中标或严重违约或重大工程质量问题的。

本案例争议的焦点在于对招标文件中投标人资格要求第十条规定“投标人具有良好的社会信誉，近三年内在生产经营活动中没有违法记录，没有处于被责令停产、停业，或者投标资格被取消、最近三年内没有骗取中标或者严重违约或者重大工程质量等问题，不存在被有关部门暂停投标资格并在暂停期内”的理解。结合《工程建设项目施工招标投标办法》第二十条第一款和《标准施工招标文件》（2007 年版）投标人须知正文部分 1.4.3 条规定可以看出，该条款中“投标人具有良好的社会信誉”“近三年内在生产经营活动中没有违法记录”“没有处于被责令停产、停业，或者投标资格被取消”“最近三年内没有骗取中标或者严重违约或者重大工程质量等问题”“不存在被有关部门暂停投标资格并在暂停期内”的意思表示应为并列关系，即投标人应当同时满足以上几个条件。

第一中标候选人 B 公司因违法建设于 2021 年 1 月 6 日被某市规划和自然资源局作出罚款 68746.21 元的行政处罚，不满足招标文件规定的投标人近三年内在生产经营活动中没有违法记录资格条件要求，故投标无效。

二、招标文件投标人资格条件设置不合理

《国务院办公厅关于进一步完善失信约束制度构建诚信建设长效机制的指导意

见》强调指出，在社会信用体系建设工作推进和实践探索中，要准确界定范围，合理把握失信惩戒措施，坚决防止不当使用甚至滥用。要确保过惩相当，按照失信行为发生的领域、情节轻重、影响程度等，严格依法分别实施不同类型、不同力度的惩戒措施，切实保护信用主体合法权益。

根据国家发展改革委等国家部委联合签署印发对严重失信责任主体实施联合惩戒的合作备忘录的相关规定，应当依法限制在22个领域存在严重违法失信行为的责任主体参与工程建设项目招标投标或者公共资源交易活动。本项目招标文件中投标资格要求第十条的规定，扩大了限制参与工程建设项目招标投标活动主体的范围，提高了投标的门槛条件，违反《招标投标法》第十八条“招标人不得以不合理的条件限制或者排斥潜在投标人，不得对潜在投标人实行歧视待遇”的规定。

三、行政监督部门以投诉处理决定书责令招标人重新招标的做法不正确

行政监督部门责令重新招标是行政监督部门在处理投诉过程中发现招标文件存在违法违规情形且影响中标结果后依据法律法规的授权启动行政监督程序而作出的行政行为。责令重新招标的本质是责令改正，该行政行为的法律文书应当是“责令整改通知书”“行政执法监督决定书”“行政监督检查决定书”等。

投诉处理是依法申请的行政行为。投诉处理决定书是行政监督部门在收到投诉人的投诉后，依据相关法律法规和招标文件的规定作出的行政处理决定。本案例中，投诉人A公司的投诉诉求不包括招标文件存在排斥潜在投标人行为且影响中标结果，应当重新招标。投诉处理决定只能基于投诉人的投诉申请事项作出，不得超出投诉范围。

【启示】

依法必须进行招标的项目，按照合法、关联、比例原则，依照失信惩戒措施清单，根据失信行为的性质和严重程度，采取轻重适度的惩戒措施，防止小过重惩。不得以现行规定对失信行为惩戒力度不足为由，在法律法规或者党中央、国务院政策文件规定外增设惩戒措施或在法定惩戒标准上加重惩戒。

思考题

中标人履约不良给招标人造成重大损失，行政监督部门未作出禁止投标的行政处罚，问：招标人可以禁止其参加今后一段时间内招标人依法必须进行招标的项目的投标吗？

【案例 17】

推荐品牌引发的争议

关 键 词 推荐品牌

案例要点

招标人虽然推荐了品牌及对应生产厂家，但仅以推荐品牌电梯所含技术要求供潜在投标人或者投标人参考，不构成排斥潜在投标人。

【基本案情】

2019 年 10 月，某国有城投公司委托招标代理机构甲公司发布住宅小区工程施工总承包的招标公告，投资估算价 3000 万元。招标文件第七章“技术标准和要求”中对电梯推荐品牌及对应生产厂家进行了列表，共列出六种品牌，并作出“1. 本工程，发包人对主要设备及材料提供了不少于三个的参考品牌。对于业主推荐品牌的材料，投标单位可选用推荐品牌或不低于推荐品牌质量标准的其他品牌；如采用其他品牌的，应在商务标中投标函后附投标函附件注明并提供相关技术参数、业绩等供评标委员会评审……3. 对于业主推荐品牌的材料，投标人如认为业主推荐的品牌有限定性、唯一性、明显不在同一档次等级或者有其他异议的，应当在本项目疑问提出的截止时间前通过电子交易平台提交……”的特别提醒。其后，投标人乙公司向主管部门投诉，理由是招标人在招标文件中指定推荐六个品牌电梯，排斥了使用其他非推荐品牌的潜在投标人。

【问题引出】

问题一：招标人在招标文件中推荐“参考品牌”的方式是否构成排斥潜在投标人？

问题二：招标人如何正确推荐品牌？

【案例分析】

一、推荐品牌不构成排斥

《招标投标法》第二十条规定，招标文件不得要求或者标明特定的生产供应者以及含有倾向或者排斥潜在投标人的其他内容。《招标投标法实施条例》第三十二条规定，招标人不得以不合理的条件限制、排斥潜在投标人或者投标人。招标人有下列行为之一的，属于以不合理条件限制、排斥潜在投标人或者投标人……（五）限定或者指定特定的专利、商标、品牌、原产地或者供应商……

法律法规要求的不得“限定或者指定特定的品牌”的核心要点不在于推荐品牌的个数，而在于是否可能因此导致“限制或者排斥潜在投标人或者投标人”。本案例中，招标文件中明确规定，允许投标人使用不低于推荐品牌质量标准的其他品牌；如采用其他品牌的，应在商务标中投标函后附投标函附件注明并提供相关技术参数、业绩等供评标委员会评审。案涉招标项目的招标文件虽就电梯推荐了六种品牌及对应的生产厂家，但并未限定于此六种，仅以此六种品牌电梯所含技术要求供潜在投标人或者投标人参考，参考不等于按照，推荐品牌不等于指定品牌。因此招标文件不存在法律法规规定的“以不合理条件限制、排斥潜在投标人或者投标人”情形（参考判例：四川省阆中市人民法院［（2021）川 1381 民初 679 号］、安徽省滁州市中级人民法院［（2020）皖 11 行终 94 号］）。

二、参照后面应加上“或相当于”的字样

招标是竞争性采购方式，若指定特定的品牌或供应商，则必然导致其他部分供应商处于不利地位，影响招标投标的公平性。实践中，由于部分招标项目中技术复杂或性质特殊，招标人因无法准确表述采购项目的技术标准和要求，往往会选择推荐品牌代替技术标准和要求的描述。

《工程建设项目施工招标投标办法》第二十六条明确要求，“招标文件中规定的各项技术标准均不得要求或标明某一特定的专利、商标、名称、设计、原产地或生产供应者，不得含有倾向或者排斥潜在投标人的其他内容。如果必须引用某一生产供应者的技术标准才能准确或清楚地说明拟招标项目的技术标准时，则应当在参照后面加上‘或相当于’的字样”。

需要说明的是，招标人在推荐品牌时，应当注意以下两点：一是应当在招标文件中明确设备、材料相当于推荐品牌的判定标准，否则当供应商采用非推荐品牌时，评标委员会无法判定非推荐品牌是否满足采购需求，是否达到相当于推荐品牌的质量与技术要求；二是列入评审标准的技术指标应当满足采购的竞争性需求，否则尽管在参照后面加上“或相当于”的字样，但事实上除了指定品牌，其他品牌一律无法满足要求，构成变相的指定与排斥。

【启示】

在工程总承包或者施工总承包招标中，招标人出于产品质量和配套等因素考虑，往往会在招标文件中推荐部分主要设备材料供应商或品牌，此时需要特别注意避免因推荐参考品牌导致品牌具有限制性或唯一性，从而被认定为以不合理条件限制、排斥潜在投标人或投标人。

思考题

1. 推荐品牌前应做哪些准备工作？
2. 推荐品牌时应注意哪些问题？

【案例 18】

投标人必须为独立法人引发的争议

关 键 词 资格条件 / 组织形式

案例要点

依法必须进行招标的项目不得以组织形式排斥潜在投标人，自愿招标的项目设置的资格条件不得与履行合同无关。

【基本案情】

某国有企业新建办公区域绿化工程，投资金额约 600 万元，资金来源为国有企业自筹资金。招标文件规定投标人必须是独立法人，且至少具备一个类似工程业绩。甲公司 A 市分公司以招标文件涉嫌排斥潜在投标人为由提出异议。

【问题引出】

问题一：将独立法人身份作为投标资格条件，违法吗？

问题二：如果本项目投资额只有 300 万元，投标人资格条件为独立法人违法吗？

【案例分析】

一、投标人资格条件必须是独立法人违法

（一）投标人可以是法人或其他组织

《招标投标法》第二十五条第一款规定，投标人是响应招标、参加投标竞争的法人或者其他组织。

本案例是绿化工程，2017 年，根据国务院的规定，园林绿化资质取消。《住房城乡建设部办公厅关于做好取消城市园林绿化企业资质核准行政许可事项相关工作的通知》规定，各级住房城乡建设（园林绿化）主管部门不得以任何方式，强制要求将城市园林绿化企业资质或市政公用工程施工总承包等资质作为承包园林绿化工程施工业务的条件。

1. 个人独资企业、合伙企业有权参与竞争

《民法典》第一百零二条规定，非法人组织是不具有法人资格，但是能够依法以自己的名义从事民事活动的组织。非法人组织包括个人独资企业、合伙企业、不具有法人资格的专业服务机构等。

实践中，部分建筑企业并非独立法人，个人独资企业、合伙企业能依法承揽相应施工业务。

2. 分公司也可以参与竞争

《民法典》第七十四条规定，法人可以依法设立分支机构。分支机构可以以自己的名义从事民事活动。因资质取消，不涉及行政许可，故本案例中，分公司在其他资格条件满足的情况下也是有资格参与竞争的。

（二）依法必须进行招标的项目限定组织形式，构成排斥潜在投标人或投标人

本案例中，招标人是国有企业，使用的是国有资金；投资总额超 400 万元，根据《必须招标的工程项目规定》第二条和第五条规定，新建办公区域绿化工程属于依法必须进行招标的工程建设项目。

《招标投标法实施条例》第三十二条第二款第六项规定，招标人有下列行为之一的，属于以不合理条件限制、排斥潜在投标人或者投标人：（六）依法必须进行招标的项目非法限定潜在投标人或者投标人的所有制形式或者组织形式。

综上所述，本案例中国有企业使用自筹资金，对新建办公区域进行绿化工程要求投标人必须是独立法人，违反了《招标投标法实施条例》第三十二条第二款第六项规定，属于非法限定投标人组织形式。

二、投标人组织形式与履行合同无关，自愿招标项目设置独立法人资格条件也构成排斥

当投资额低于 400 万元时，绿化工程属于非依法必须进行招标的项目，不适用于《招标投标法实施条例》第三十二条第二款第六项规定，但自愿招标仍需遵守《招标投标法》《招标投标法实施条例》的相关规定。

《招标投标法实施条例》第三十二条第二款第二项规定，招标人有下列行为之一的，属于以不合理条件限制、排斥潜在投标人或者投标人：（二）设定的资格、技术、商务条件与招标项目的具体特点和实际需要不相适应或者与合同履行无关。需要强调的是，本项规定适用于所有采用招标方式的项目，包括自愿招标和依法必须进行招标的项目。

就本案例而言，投标人必须是独立法人的资格条件与绿化工程的合同履行的好坏和责任的承担没有直接的关联。

从责任承担来看，法人以其全部财产独立承担民事责任。非法人组织的财产不足以清偿债务的，其出资人或者设立人承担无限责任。因此，从某种意义上讲非法人组织承担的责任更大，禁止非法人组织参与竞争构成排斥潜在投标人。

【启示】

判定招标文件设定的资格条件是否构成排斥潜在投标人，不能孤立地看某一项内容，应当结合项目的具体特点和《招标投标法实施条例》第三十二条第二款的规定逐一加以分析，只要有一项符合排斥潜在投标人的适用情形均有可能构成排斥潜

在投标人。

思考题

A 市某国有企业拟采用自有资金新建职工食堂，投资估算价约 380 万元，经市场调查发现 A 市现有建筑工程施工总承包资质的中小企业有 30 家左右。为扶持当地经济发展，招标文件规定投标人须为 A 市具有建筑工程施工总承包三级及以上资质的中小企业。问：资格条件设置是否违法？

【案例 19】

资格条件与履行合同无关引发的争议

关 键 词 资格条件设置 / 合同履行

案例要点

根据项目特点和需求设置资格条件是招标人的权利，但设置的资格条件不得与履行合同无关，否则构成排斥潜在投标人。

【基本案情】

某公立高校学生公寓建设项目施工招标，总投资约 3000 万元，层高 30m，建筑面积约 1 万平方米。招标文件规定，投标人须具备近三年至少有一个建筑面积在 1 万平方米经竣工验收合格的公共建筑业绩（从投标截止时间起往前倒推三年）。A 建筑企业认为资格条件设置涉嫌排斥潜在投标人，在规定时间内向招标人提出异议。异议理由为 A 建筑企业系今年新成立的建筑企业，具备建筑工程施工总承包三级资质，根据《建筑业企业资质标准》等相关规定，具备建筑工程施工总承包三级资质的企业即可承揽高度 50m 以下，建筑面积 8 万平方米以下的工程。招标人对资格条件要求为必须具备一个以上的业绩构成对新成立公司的排斥，要求招标人删除业绩的资格要求。

【问题引出】

问题一：业绩可以作为资格条件吗？

问题二：本案例的资格条件设置合理吗？

【案例分析】

一、业绩可以作为资格条件

业绩是否可以作为资格条件，实践中有两种观点：第一种观点认为，投标人是否应当必须有业绩是“先有鸡还是先有蛋”的问题。持这种观点的人还认为，住房和城乡建设部的资质规定已有承揽范围，且业绩是建筑企业申报资质的条件之一，具备某项资质就说明其具有该项资质所应具备的业绩，因此工程招标时不应再对投标人提出业绩要求。如果都要求业绩，那没有业绩的人永远也承揽不了工程，故将业绩作为资格条件构成排斥潜在投标人。第二种观点认为，业绩体现能力。工程建设项目属特殊的期货产品，因此在工程尚处于设计图纸这种抽象状态的情况下，招标人寄希望于有业绩、经验丰富的承包商实施工程可谓情理之中，特别是一些大型、复杂工程就更是如此。

笔者认为，业绩是否应当作为资格条件，需要从合法性和合理性两个角度加以分析。

从合法性角度看，《招标投标法》第十八条明确规定，招标人可以根据招标项目本身的要求，在招标公告或者投标邀请书中，要求潜在投标人提供有关资质证明文件和业绩情况，并对潜在投标人进行资格审查。《房屋建筑和市政基础设施工程施工招标投标管理办法》第十五条第二款规定，资格预审文件一般应当包括资格预审申请书格式、申请人须知，以及需要投标申请人提供的企业资质、业绩、技术装备、财务状况和拟派出的项目经理与主要技术人员的简历、业绩等证明材料。因此，业绩作为资格条件是合法的，也是允许的。

从合理性角度看，排斥永远是绝对的，不排斥是相对的。资格条件设置的目的，通过资格条件设置，使竞争者数量、质量、意愿达到合理水平，鼓励竞争，但不鼓励过度竞争，只有当竞争者处于同一档次时，真正的竞争才会产生，合理低价才能自然形成。《招标投标法》第十九条第一款规定，招标人应当根据招标项目的特点和需要编制招标文件。招标文件应当包括招标项目的技术要求、对投标人资格审查的标准、投标报价要求和评标标准等所有实质性要求和条件以及拟签订合同的主要条款。基于建设工程属于期货，当市场供大于求时，设置业绩要求既可以减少过度竞争，同时又可以通过业绩考察，了解投标人的过往履约能力，有利于选择优质的施工队伍。

综上所述，建设工程招标将类似业绩作为资格条件合理合法，不构成排斥潜在投标人。

二、本案例资格条件设置不合理

《招标投标法实施条例》第三十二条第二款第二项规定，招标人有下列行为之一的，属于以不合理条件限制、排斥潜在投标人或者投标人：（二）设定的资格、技术、商务条件与招标项目的具体特点和实际需要不相适应或者与合同履行无关。结合案例可以看出：本项目是一个学生公寓建设项目，根据《民用建筑设计统一标准》GB 50352—2019 第 3.1.1 条，民用建筑按使用功能可分为居住建筑和公共建筑两大类。其中，居住建筑可分为住宅建筑和宿舍建筑。因此学生公寓不属于公共建筑。

综上所述，本案例要求投标人必须具备至少一个公共建筑业绩与履行合同无关，构成排斥潜在投标人。

【启示】

资格条件设置应从项目实际需求出发，既不能过高导致竞争不足，也不能过低引发竞争过度，要结合项目的具体特点和实际需求合理设置。

思考题

1. 业绩作为资格条件，能不能同时作为加分项？
2. 如何设置类似项目业绩？

【案例 20】

垫资条款引发的争议

关 键 词 垫资 / 以其他不合理条件排斥潜在投标人

案例要点

依法必须进行招标的政府投资工程所需资金应当按照国家有关规定确保落实到位，以施工单位垫资建设为中标条件的，构成以其他不合理条件排斥潜在投标人。

【基本案情】

某政府投资的市政道路工程，合同估算价约 3 亿元，采用公开招标。招标文件规定，为保证工程质量，本项目由施工单位垫资建设至项目竣工验收，工程款自竣工验收之日起分 5 年付清，并按年利率 10% 支付利息。投标人对招标文件有异议的，应当在投标截止前 10 日内提出。经评标委员会评审，A 公司被推荐为第一中标候选人。中标候选人公示期间，投标人 B 公司以招标文件合同条款要求垫资，属于以其他不合理条件排斥潜在投标人且影响中标结果为由向行政监督部门提起投诉。根据《招标投标法》第六十条的规定，投标人 A 公司的投诉事项为招标文件存在排斥性条款，应当先异议后投诉，B 公司未经异议直接提起投诉，行政监督部门不予受理。

【问题引出】

问题一：如果投诉事项属实，行政监督部门应当如何处理？

问题二：本次招标是否有效？

【案例分析】

一、行政监督部门应当依法启动行政监督检查程序

对于行政监督部门而言，投诉处理是依申请的行政行为，依法启动行政监督检查程序是依职权的行政行为。依据“法定职责必须为”的原则，本案例中，尽管投标人 B 公司的投诉可以不予受理，但并不表示行政监督部门可以不作为。招标人在招标文件合同条款中明确要求中标人垫资施工的行为，对中标结果产生实质性影响，且无法采取补救措施予以纠正，行政监督部门应当将 B 公司的投诉视为对招标人违法行为的举报，依法启动立案调查程序。

有观点认为，本案例中 B 公司明知招标文件存在排斥性条款，但仍以自己的投标行为表示默许，之所以投诉是基于自己没有中标，是因为如果行政监督部门启动行政监督检查程序，属于助长投标人的恶意行为，投标人未按规定程序提出异议投诉，如果可以通过行政监督部门的执法行为来弥补投标人的疏失，也会架空异议投诉的法定程序，由此产生权力寻租，对于中标人而言也不公平。

笔者认为，该观点是错误的。招标人利用发包人优势地位逼迫 B 公司以递交投标文件的方式默示认可招标文件垫资条款，但其认可并不具备承诺的法律效力，B 公司的默示行为不是其真实意思的表示，因此可以随时反悔。行政监督部门依法在收到投诉后发现招标人存在违法违规问题的，应当依法启动行政监督检查程序，这是维护招标投标公平公正，净化招标投标市场的需要。

二、本次招标无效

垫资施工又称带资承包，我国法律法规层面对其没有明确的定义，根据《关于严禁政府投资项目使用带资承包方式进行建设的通知》的规定，将其定义为建设单位未全额支付工程预付款或未按工程进度按月支付工程款（不含合同约定的质量保证金），由建筑业企业垫款施工。实践中，通常是指工程项目承包人在施工过程中为发包人垫资进行工程建设，待工程施工至约定条件或全部竣工后，再由发包人按约定支付工程价款的行为。

政府投资工程要求垫资施工是否合法呢？答案是不合法。《招标投标法》第九条第二款规定，招标人应当有进行招标项目的相应资金或者资金来源已经落实，并应当在招标文件中如实载明。

禁止垫资承包最早源自 1996 年建设部、国家计委、财政部发布《关于严格禁止在工程建设中带资承包的通知》，要求“任何建设单位都不得以要求施工单位带资承包作为招标投标条件，更不得强行要求施工单位将此类内容写入工程承包合同。对于在工程建设过程中出现的资金短缺，应由建设单位自行筹集解决，不得要求施工单位垫资施工。施工单位不得以带资承包作为竞争手段承揽工程，也不得用拖欠建材和设备生产厂家货款的方法转嫁由此造成的资金缺口”。2004 年最高人民法院颁布《最高人民法院关于审理建设工程施工合同纠纷案件适用法律问题的解释》，其中第六条明确规定：“当事人对垫资和垫资利息有约定，承包人请求按照约定返还垫资及其利息的，应予支持，但是约定的利息计算标准高于中国人民银行发布的同期同类贷款利率的部分除外。当事人对垫资没有约定的，按照工程欠款处理。当事人对垫资利息没有约定，承包人请求支付利息的，不予支持。”该司法解释正式肯定了经合同明确约定的垫资条款，可以获得法院支持。2006 年，建设部、国家发展和改革委员会、财政部、中国人民银行又联合下发了《关于严禁政府投资项目使用带资承包方式进行建设的通知》。该通知明确规定政府投资项目一律不得以建筑业企业带资承包的方式进行建设，不得将建筑业企业带资承包作为招标投标条件；严禁将此类内容写入工程承包合同及补充条款。2019 年，《政府投资条例》第二十二条进一步要求，政府投资项目所需资金应当按照国家有关规定确保落实到位。政府投资项目不得由施工单位垫资建设。

有观点认为，《政府投资条例》规定的政府投资项目禁止垫资，但并未规定垫资将导致招标无效、合同无效，因此政府投资项目禁止垫资的规定为管理性规范而非效力性规范，因此本次招标有效。

笔者认为，这种观点也是错误的。《招标投标法实施条例》第八十一条规定，依法必须进行招标的项目的招标投标活动违反招标投标法和本条例的规定，对中标结果造成实质性影响，且不能采取补救措施予以纠正的，招标、投标、中标无效，应当依法重新招标或者评标。本案例中，招标人在没有落实资金来源的情况下开展招标活动，招标文件的合同条款要求中标人垫资会导致部分潜在投标人放弃参与竞争，从而影响中标结果，本项目已经进入中标候选人公示阶段，无法采取补救措施予以纠正，因此本次招标应当无效。

【启示】

招标人应当严格执行《政府投资条例》，不得将建筑业企业带资承包作为招标投标条件，严禁将此类内容写入工程承包合同及补充条款，不得以各种方式要求企业垫资建设，否则存在导致招标无效、合同无效的法律风险。

思考题

1. 某政府投资的依法必须进行招标的工程，合同条款明确规定本项目没有预付款，是否合法？
2. 非依法必须进行招标的工程，采用招标方式，要求投标人必须垫资施工，招标是否有效？

【案例 21】
招标文件前后表述不一引发的争议

关 键 词 招标文件前后表述不一致 / 招标文件解释权

案例要点

对招标文件可能存在前后表述不一的情形，应在招标文件中明确相应的处理规则，避免争议。

【基本案情】

某建筑工程招标，招标文件采用《房屋建筑和市政工程标准施工招标文件》(2010年版)。招标公告和招标文件投标人须知前附表中要求 2017 年 1 月 1 日以来（近五年）至少具备一个类似业绩，提供中标通知书、合同协议书、竣工验收证明作为证明材料，业绩以竣工验收时间为准。评分办法中资格审查条款规定，业绩以提供合同协议书扫描件签订合同时间为准。经评审，A 公司被推荐为第一中标候选人。公示期间，招标人收到投标人 B 公司的异议。异议理由是投标人 A 公司提供的类似业绩合同签订时间为 2016 年 12 月 18 日，不符合评标办法中规定的资格审查条件，投标无效。

招标人答复，根据招标文件的投标人须知前附表 10.12 条解释权“构成本招标文件的各个组成文件应互为解释，互为说明……除招标文件中有特别规定外，仅适用于招标投标阶段的规定，按招标公告（投标邀请书）、投标人须知、评标办法、投标文件格式的先后顺序解释”的规定，招标公告与评标办法中关于业绩判定标准不一，应以招标公告为准。投标人 A 提供的合同协议书签订合同时间为 2016 年 12 月 18 日，但该项目竣工验收时间为 2020 年 3 月 20 日，符合招标文件资格要求，异议不成立。B 公司对答复不服，向行政监督部门提起投诉。

【问题引出】

问题一：招标文件未规定前后表述不一如何处理时，是否可以按有利于投标人原则处理？

问题二：招标人答复正确吗？

【案例分析】

一、招标文件未规定前后表述不一如何处理时，不能按有利于投标人原则处理

《民法典》第四百九十八条规定，对格式条款的理解发生争议的，应当按照通

常理解予以解释。对格式条款有两种以上解释的，应当作出不利于提供格式条款一方的解释。招标文件对投标人而言，其对投标人资格条件的规定类似于格式条款，因此当招标文件的条款存在两种或两种以上的解释时，按有利于投标人的解释。但必须指出，本案例不是存在同一条款有两种或两种以上的解释，而是有两种明显不同的规定，因此不适用按有利于投标人的解释原则。

二、招标人答复正确

招标公告、评标办法均不构成合同文件组成部分。招标文件规定，除招标文件中有特别规定外，仅适用于招标投标阶段的规定，按招标公告（投标邀请书）、投标人须知、评标办法、投标文件格式的先后顺序解释。招标公告在前，评标办法在后，因此两者不一致，以招标公告规定为准。

【拓展思考】

住房和城乡建设部的示范文本第 10.12 条为何这样规定呢？

《房屋建筑和市政工程标准施工招标文件》（2010 年版）10.12 条从三个角度对招标文件存在前后不一的如何处理作了规定，并设了兜底条款。一是构成合同文件组成部分的，有明显的法律效力优先级，比如合同协议书优先于专用合同条款、专用合同条款优先于通用合同条款等，因此以其效力优先顺序来解释更符合逻辑，因为招标的目的就是形成合同。二是招标文件的很多内容都是用来指导招标投标活动的，只适用于招标投标阶段。如招标公告、投标人须知等，因此对于这些方面内容前后不一致的，应以形成该内容的先后顺序来解释。以本案为例，如果以评标办法为准，则相当于招标公告的内容进行了实质性修改，对潜在投标人而言，就是招标人不诚信。三是同一组成文件中就同一事项的规定或约定不一致的，以编排顺序在后者为准；同一组成文件不同版本之间有不一致的，以形成时间在后者为准。按本款前述规定仍不能形成结论的，由招标人负责解释。保留招标人解释权，避免了因前后不一导致无法评审的情形，属鼓励交易原则。

【启示】

招标文件出现前后表述不一是不可避免的，因此应当在招标文件中明确前后不一的处理规则，并保留兜底条款为招标人解释权留有余地。

思考题

假设本案例改为招标文件中的招标公告、投标人须知对业绩的时间认定无明确规定，在评标办法中规定投标人类似业绩以合同签订时间为准，问：A 公司投标文件是否有效？

【案例 22】

未使用标准文本引发的争议

关 键 词 依法必须进行招标的项目 / 标准文本 / 不影响公正性

案例要点

招标人违反管理性规范且不影响公正性的，并不导致招标无效。

【基本案情】

某依法必须进行招标的水利建设工程，采用设计施工总承包方式招标，招标文件没有使用《标准设计施工总承包招标文件》示范文本。公示期间，第二中标候选人 AB 联合体向招标人提出异议，理由为第一中标候选人 CD 联合体的成员 C 公司系为招标人提供初步设计的服务机构，影响招标公正性，应当取消第一中标候选人的中标资格。

招标人答复：招标文件未规定为招标人提供前期设计服务的否决投标；尽管第一中标候选人的联合体成员 C 公司与招标人存在利害关系，但因 C 公司的初步设计成果在招标时已完全公开。根据《招标投标法实施条例》第三十四条第一款，只有与招标人存在利害关系且影响投标公正性的才投标无效，因此异议不成立。

AB 联合体不服，向行政监督部门提起投诉。投诉人认为根据《招标投标法实施条例》第十五条第四款规定，编制依法必须进行招标的项目的资格预审文件和招标文件，应当使用国务院发展改革部门会同有关行政监督部门制定的标准文本。结合《标准设计施工总承包招标文件》投标人须知正文部分第 1.4.3 条（2）“投标人不得存在为招标项目前期工作提供咨询服务的情形”的规定，第一中标候选人理当无效。招标人没有采用国家标准文件范本，从而直接影响中标结果，依据《招标投标法实施条例》第八十一条（2019 年第三次修订）规定，依法必须进行招标的项目的招标投标活动违反招标投标法和本条例的规定，对中标结果造成实质性影响，且不能采取补救措施予以纠正的，招标、投标、中标无效，应当依法重新招标或者评标。因此投诉人请求行政监督部门责令招标人重新招标。

【问题引出】

问题一：AB 联合体的投诉，行政监督部门是否应当受理？

问题二：CD 联合体投标是否有效？

问题三：招标人未使用《标准设计施工总承包招标文件》，无其他瑕疵情况下，本次招标是否有效？

【案例分析】

一、投诉事项与异议事项不一致，行政监督部门应当区别处理

《招标投标法实施条例》第六十条第二款规定，就本条例第二十二条、第四十四条、第五十四条规定事项投诉的，应当先向招标人提出异议，异议答复期间不计算在前款规定的期限内。本案例的投诉人 AB 联合体投诉事项有两个，一是招标人未使用国家有关部门制定的标准文本，导致影响中标结果，本质上属于对招标文件合法性的投诉，应当异议前置。二是投诉第一中标候选人 CD 联合体成员 C 公司存在为招标项目前期工作提供咨询服务的情形影响中标结果，属于对评标结果的投诉，也应当异议前置。AB 联合体实施了先异议后投诉的相关程序，但异议事项只有第二项即第一中标候选人 CD 联合体成员 C 公司系为招标人提供初步设计的服务机构，影响中标结果的公正性。因此行政监督部门应当对投标人 AB 联合体的第二投诉事项予以受理，第一投诉事项不予受理。

二、CD 联合体投标有效

判定投标文件是否有效的依据只能是招标文件和国家法律法规的强制性规定。从招标文件来看，前期参与设计的投标人参与投标未被作为否决条款，即不禁止其参与投标；从国家法律法规来看，根据《招标投标法实施条例》第三十四条，与招标人存在利害关系可能影响招标公正性的才投标无效。本案例中，尽管投标人 CD 联合体的成员 C 公司为招标人提供了初步设计，与招标人存在利害关系，但因 C 公司提供的初步设计成果已经面向所有潜在投标人公开，因此不影响公正性，不构成投标无效。

《关于印发房屋建筑和市政基础设施项目工程总承包管理办法的通知》第十一条第二款规定印证了上述观点。该规定指出：政府投资项目的项目建议书、可行性研究报告、初步设计文件编制单位及其评估单位，一般不得成为该项目的工程总承包单位。政府投资项目招标人公开已经完成的项目建议书、可行性研究报告、初步设计文件的，上述单位可以参与该工程总承包项目的投标，经依法评标、定标，成为工程总承包单位。

三、本次招标有效

笔者认为，本案例本质上属于法律应用发生冲突时的法律适用问题。一方面，根据《招标投标法实施条例》第三十四条，结合招标人已经公开初步设计成果文件的事实，投标人 CD 联合体投标文件无其他瑕疵情况下，理当有效；另一方面，尽管根据《招标投标法实施条例》第十五条第四款规定，编制依法必须进行招标的项目的资格预审文件和招标文件，应当使用国务院发展改革部门会同有关行政监督部门制定的标准文本。但该规定属于管理性规范，不遵守该规范并不必然导致招标无

效。同时必须指出，《标准设计施工总承包招标文件》的投标人须知正文部分应当不加修改地引用但不等于不加修改地使用，当公开初步设计成果后前期提供初步设计咨询的单位参与投标不影响公正性时，招标人是可以对投标人须知正文部分的条款稍加以改动的。

综上所述，案涉项目无其他瑕疵情况下，招标有效。

【启示】

为避免争议，依法必须进行招标的项目应当使用国务院发展改革部门会同有关行政监督部门制定的标准文本。在编制文件时，招标人应当结合项目实际情况，合理补充和修改完善相关条款。

思考题

依法必须进行招标的项目，招标人不使用国务院发展改革部门会同有关行政监督部门制定的标准文本的，行政监督部门应如何处理？

【案例 23】

招标文件评审标准不明引发的争议

关 键 词 评审标准不明 / 影响中标结果 / 无法纠正

案例要点

由于招标文件不清晰、不明确，对中标结果造成实质性影响，且不能采取补救措施纠正的，招标人应当修改招标文件后重新招标。

【基本案情】

2016 年 4 月 14 日，某依法必须进行招标的项目公开招标，招标文件的评分办法中规定：企业信誉（共 10 分），其中连续 5 年或以上获得“守合同重信用企业”，得 10 分；连续 3～4 年获得“守合同重信用企业”，得 5 分；连续 1～2 年获得“守合同重信用企业”，得 2 分；其他不得分。2016 年 7 月 12 日，A 公司被推荐为第一候选人，B 公司被推荐为第二候选人。B 公司因对评标结果不服，依法向行政监督部门提起投诉。行政监督部门调查发现，由于招标文件未对“守合同重信用企业”的颁发部门作出明确要求，而第一中标候选人 A 公司提交的投标文件中有两份连续 5 年获得“守合同重信用企业”的认证证书，该证书“信用机构”处加盖了“北京中瑞维信国际信用评价事务所（普通合伙）信用机构”章，“备案机构”处加盖了“中国信用评价协会备案机构”章，评标委员会认为该证明材料有效，故此项得分为“10 分”。但进一步调查后发现，“中国信用评价协会”属于《民政部公布第九批“离岸社团”“山寨社团”名单》中所列示的机构。考虑到市场上关于“守合同重信用企业”的认证机构存在多样性，有工商、市场监督管理部门作出的认证，也有社会团体作出的认证等，其评选“守合同重信用企业”的程序、标准也有可能不尽相同。招标文件的评标标准不明，严重影响本次招标的结果，且无法采取补救措施予以纠正，2016 年 9 月 19 日，行政监督部门作出投诉处理决定，责令招标人重新招标。第一中标候选人对投诉处理决定不服，诉至人民法院。

【问题引出】

问题：行政监督部门责令重新招标的做法正确吗？

【案例分析】

一、招标文件存在重大缺陷

由于招标文件未对“守合同重信用企业”的颁发部门作出明确要求，而“守合同重信用企业”的认证机构、部门存在多样性，有工商行政管理部门、市场监督管理部门或行政主管部门为工商行政管理部门、市场监督管理部门的行业协会、中介组织等。不同的机构、部门对评定“守合同重信用企业”的程序和标准也可能不尽相同。因案涉招标文件及其澄清文件并没有明确的相关描述，也没有非常清晰的唯一指向，直接影响了潜在投标人或投标人投标，并引发投诉。

需要注意的是，“守合同重信用企业”已经被明文取消，以此奖项作为加分项容易引发争议。2017 年 11 月 15 日，国家工商行政管理总局发布《国家工商行政管理总局关于公布规范性文件清理结果的公告》，废止《工商总局关于“守合同重信用”企业公示工作的若干意见》和《工商总局关于做好 2014 ~ 2015 年度“守合同重信用”企业公示工作的通知》两个规范性文件。2019 年 3 月在全国两会期间，国家市场监督管理总局局长在回答中外记者提问时强调，原国家工商行政管理总局已经取消了所谓著名商标、知名商标的评比，也取消了对“守合同重信用企业”的评比。

二、招标人应当重新招标

《关于严格执行招标投标法规制度进一步规范招标投标主体行为的若干意见》规定，评标委员会成员应当遵循公平、公正、科学、择优的原则，认真研究招标文件，根据招标文件规定的评标标准和方法，对投标文件进行系统的评审和比较。评标过程中发现问题的，应当及时向招标人提出处理建议；发现招标文件内容违反有关强制性规定或者招标文件存在歧义、重大缺陷导致评标无法进行时，应当停止评标并向招标人说明情况。

招标文件是投标人编制投标文件的依据，是评标委员会评标的依据，也是签订合同的依据之一。招标文件应表述准确、内容完整、用词精确、含义明确，使用的术语要有明确的解释，条款理解不应有弹性、有歧义，这样有利于投标人正确响应招标人的要求，避免因对招标文件理解不一致而发生争议和纠纷，也有利于防范投标人利用招标文件的错漏采取一定策略而给招标人带来风险。但有时招标文件内容疏漏或者意思表述不明确、含义不清也难以杜绝，还可能因客观情况变化需对招标文件作必要的修改、调整。在这些情况下，允许招标人对招标文件作必要的修改，应属对招标人权益的合理保护。《招标投标法实施条例》第二十三条规定，“招标人编制的资格预审文件、招标文件的内容违反法律、行政法规的强制性规定，违反公开、公平、公正和诚实信用原则，影响资格预审结果或者潜在投标人投标的，依法必须进行招标的项目的招标人应当在修改资格预审文件或者招标文件后重新招标”。第八十一条规定，“依法必须进行招标的项目的招标投标活动违反招标投标法和本条例的规定，对中标结果造成实质性影响，且不能采取补救措施予以纠正的，招标、投标、中标无效，应当依法重新招标或者评标”。因此，案涉招标文件不清晰、不明确的，在投标截止时间之前，招标人可以按照《招标投标法实施条例》第二十三条规定进行修改；如果是在投标截止时间之后，招标人发现案涉招标文件不清晰、不明确影响评标或者影响中标结果公正性的，可以按照《招标投标法实施条例》第八十一条规定修改招标文件后重新招标。本案例中，招标文件在投标人资格条件方面存在不明确或者不正确的内容，影响了对投标人资格的审查和评审结果，招标人应修改招标文件重新招标，确保招标活动的公正性。

有观点认为，招标文件存在缺陷，但因招标文件是招标人制作的格式文件，在评标时应当作出不利于提供格式条款一方即招标人的解释。故本案例不应当重新招标，而应当对所有提供“守合同重信用企业”证书的按招标文件的规定予以加分。笔者认为，这种观点是错误的。本案例中有一个关键的问题在于，第一中标候选人提交的投标文件中有两份连续 5 年获得“守合同重信用企业”的认证证书，该证书“信用机构”处加盖了“北京中瑞维信国际信用评价事务所（普通合伙）信用机构”章，“备案机构”处加盖了“中国信用评价协会备案机构”章，中国信用评价协会属于《民政部公布第九批“离岸社团”“山寨社团”名单》。如果允许其加分，则相当于变相地允许“山寨证书”也可以获得加分，这与招标人设置“守合同重信用企业”的评审因素初衷不符，更不符合招标投标的公开、公平、公正、诚实信用原则（参考判例：广州铁路运输中级人民法院［（2017）粤 71 行终 2033 号］）。

【启示】

在招标投标实践中，因招标文件存在歧义或重大缺陷而引发的争议比较普遍。招标人应采取一些措施加强对招标文件的审查，强化内控机制；投标人认为招标文件中存在表述不清楚、模糊及容易引起歧义、漏洞等问题时，应在招标文件规定的时间内书面要求招标人对招标文件作出解答、澄清和修改。

思考题

招标文件存在一般缺陷的，是否应当重新招标？

【案例 24】

分批组织现场踏勘引发的争议

关 键 词 公平原则 / 排斥潜在投标人

案例要点

招标人不得强制或变相强制潜在投标人参加招标人组织的现场踏勘，组织现场踏勘时不得分批次组织，不得泄露潜在投标人信息。

【基本案情】

2019 年 8 月 15 日，某建设工程招标，招标文件对现场踏勘作出如下规定：（一）潜在投标人必须参加现场踏勘，否则投标无效；（二）因潜在投标人过多，招标人拟分批次组织现场踏勘。各潜在投标人的现场踏勘时间由招标人在招标文件发售截止后 2 日内书面告知。

9 月 10 日经开标评标，A 公司被推荐为第一中标候选人，B 公司向行政监督部门举报，招标文件关于现场踏勘的规定涉嫌排斥潜在投标人，且在组织现场踏勘时采用现场签到方式，涉嫌泄露潜在投标人信息，要求责令招标人重新招标。

【问题引出】

问题一：招标文件可以将现场踏勘作为资格条件或加分因素吗？

问题二：招标人分批组织现场踏勘是否违法？

问题三：招标人组织现场踏勘采用现场签到方式有什么法律风险？

【案例分析】

一、潜在投标人参加招标人组织的现场踏勘不得作为资格条件或加分因素

（一）现场踏勘可以使潜在投标人的投标更有针对性和合理性

潜在投标人需要对可能影响投标报价及技术管理方案的现场条件进行全面踏勘。例如，工程建设项目的地理位置、地形、地貌、地质、水文、气候情况，工程现场的平面布局、交通、供水、供电、通信、污水排放等条件，以及工程施工临时用地、临时设施搭建的条件是否满足招标文件规定的要求、项目是否已部分施工、项目是否满足招标条件等。

潜在投标人到现场踏勘后，可进一步了解招标人的意图和现场周围的环境情况，

以获取有用的信息并据此作出是否投标或投标策略以及投标报价。如果不进行现场踏勘，可能出现投标报价不合理、施工组织设计没有针对性、招标文件中的问题无法发现、中标后无法履约等。

（二）将参加招标人组织的现场踏勘作为资格条件或评审因素涉嫌排斥潜在投标人

现场踏勘对投标工作影响很大，它不仅提高了报价的精准性，也为中标方的施工方案合理性奠定了一定的基础。但是否参加招标人组织的现场踏勘是潜在投标人的权利而不是义务，潜在投标人可以自主决定踏勘方式。比如，基于保密的需要，潜在投标人有可能私下自行踏勘现场，或者通过无人机航拍等方式实现。即潜在投标人是否参加招标人组织的现场踏勘与项目的实际需要及合同履行无关，强制要求潜在投标人必须参加招标人组织的现场踏勘或将其作为评审因素，违反了《招标投标法实施条例》第三十二条第二款第二项的规定。

二、招标人分批组织现场踏勘违法

《招标投标法实施条例》第二十八条规定，招标人不得组织单个或者部分潜在投标人踏勘项目现场。

《招标投标法实施条例释义》进一步指出，招标人不得组织单个或者部分潜在投标人踏勘项目现场是为了防止招标人向潜在投标人有差别地提供信息，造成投标人之间的不公平竞争。招标人根据招标项目需要，组织潜在投标人踏勘项目现场的，应当组织所有购买招标文件或接收投标邀请书的潜在投标人实地踏勘项目现场。

需要注意的是，因无法保证招标人在分批次组织踏勘时，让潜在投标人理解的信息一致，因此根据《招标投标法实施条例》第三十二条第二款第一项规定，就同一招标项目向潜在投标人或者投标人提供有差别的项目信息时构成排斥潜在投标人。

三、组织踏勘现场采用现场签到方式涉嫌泄露潜在投标人信息

根据《招标投标法》第二十二条规定，招标人不得向他人透露已获取招标文件的潜在投标人的相关信息。招标人组织全部潜在投标人实地踏勘项目现场的，应当采取相应的保密措施并对投标人提出相关保密要求，不得采用集中签到甚至点名等方式，防止潜在投标人在踏勘项目现场暴露身份，影响投标竞争，或相互沟通信息串通投标。

【启示】

是否组织踏勘现场是招标人的权利，但是否参加现场踏勘是潜在投标人的权利，不得将投标人参加现场踏勘作为资格条件或评审因素。招标人在组织现场踏勘时应当注意，不得分别或分批次组织踏勘；不得在踏勘现场以点名或签到的形式泄露潜在投标人信息，包括潜在投标人名称、数量、联系方式等。

思考题

对于踏勘现场，潜在投标人提出的问题能现场回答吗？如何确保所有潜在投标人获取的信息一致？

【案例 25】
招标文件规定“参照执行”引发的争议

关 键 词 参照执行 / 最低投标限价 / 否决性条款

案例要点

招标文件不得设置最低投标限价，参照不等于按照。

【基本案情】

2016 年 12 月某建设工程监理招标，招标文件规定如下内容:（一）投标报价参考《建设工程监理与相关服务收费标准》的规定，投标报价上下浮动 20% 范围内。（二）本项目的最高投标限价为 69 万元。（三）投标报价超过最高投标限价的，由评标委员会评审后作为无效投标文件处理。

公示期间，投标人 B 公司对评标结果提出异议，异议事项为第一中标候选人 A 公司投标无效。理由是 A 公司的投标报价为按照《建设工程监理与相关服务收费标准》的规定计算金额的 79%，超出了招标文件规定的参照《建设工程监理与相关服务收费标准》的规定，投标报价上下浮动 20% 范围内的要求。

【问题引出】

问题一：招标文件规定投标报价参考《建设工程监理与相关服务收费标准》的规定，投标报价上下浮动 20% 范围内是规定了最低投标限价吗？

问题二：A 公司投标有效吗？

【案例分析】

一、本次招标没有设置最低投标限价

《招标投标法实施条例》第二十七条第三款规定，招标人不得规定最低投标限价。案涉项目没有设置最低投标限价，理由如下：

（一）《建设工程监理与相关服务收费标准》已废止

《国家发展改革委关于进一步放开建设项目专业服务价格的通知》规定，在已放开非政府投资及非政府委托的建设项目专业服务价格的基础上，全面放开实行政府指导价管理的建设项目（包括监理服务收费）专业服务价格，实行市场调节价。

2016 年 1 月 1 日，国家发展和改革委员会发布第 31 号令废止《建设工程监理与相关服务收费标准》。

从文件的有效性看，《建设工程监理与相关服务收费标准》已经失效。2016 年 12 月该项目进行招标时，2007 年公布的《建设工程监理与相关服务收费标准》文件已经废止，对招标活动不再具有强制约束力。

（二）“参考”不等于“按照或依照”

投标人须知规定，投标报价“参考”《建设工程监理与相关服务收费标准》的规定，投标报价上下浮动 20% 范围。但“参考”不是“按照或依照”。“参考”没有强制约束力，投标人既可以根据自身实际予以调整，也可以完全不以《建设工程监理与相关服务收费标准》为参考。

（三）招标文件未将超出上下浮动 20% 范围作为否决性条款

招标文件对于投标报价仅规定了超出最高投标限价否决，在招标文件列举的无效投标文件情形中并没有包括“投标报价超出《建设工程监理与相关服务收费标准》规定的上下浮动 20% 范围”。

二、A 公司投标有效

根据《招标投标法》《招标投标法实施条例》等相关规定，评标委员会只能依照国家和招标文件的评标标准及评标办法评标，招标文件未规定超出《建设工程监理与相关服务收费标准》规定的上下浮动 20% 范围的投标无效，A 公司投标报价没有超过招标文件规定的最高投标限价，无其他瑕疵情况下，投标应当有效（参考判例：河北省石家庄市中级人民法院［（2019）冀 01 行终 316 号］）。

【启示】

招标人或招标代理机构在建设工程监理、设计等项目招标时，为避免产生不必要的纠纷，应尽可能要求投标人按照市场价格自主报价，不宜要求将已废止的文件作为参考。

思考题

最高投标限价可以参与评标基准价的计算吗？

【案例 26】

支解发包引发的争议

关 键 词 单位工程 / 施工总承包 / 支解发包[①] / 平行发包

案例要点

单位工程是指具备独立施工条件并能形成独立使用功能的建筑物或构筑物。除单独立项的专业工程外，建设单位不得将一个单位工程分解成若干部分发包给不同的施工总承包或专业承包单位。

【基本案情】

某高校利用财政资金新建教学大楼，办理施工许可时，建设行政主管部门发现：高校将主体结构工程和地基与基础工程分别通过公开招标平行发包给 A、B 两家建筑公司，关于地基与基础工程招标是否有效，高校与行政监督部门有不同的意见。

高校认为：专业人做专业事，为了保证工程质量，将专业工程发包给具备专业承包资质的建筑公司更有利于项目实施，且项目履行了招标程序，同时采用平行发包模式也是建设工程发包常见的模式之一，采用平行发包模式也有利于缩短工期，因此本次招标有效。

行政监督部门认为：地基与基础工程及主体结构工程均属于单位工程的分部分项工程，高校将分部分项工程单独发包，构成支解发包，招标无效。根据《建筑工程施工许可管理办法》第四条第一款第四项规定，支解发包工程，所确定的施工企业无效。

【问题引出】

问题一：本案例是否构成支解发包？

问题二：主体结构工程与分部分项工程可以平行发包吗？

【案例分析】

一、支解发包，招标无效

《建筑法》第二十四条规定，提倡对建筑工程实行总承包，禁止将建筑工程支

---

① 《建筑法》使用“肢解”，《民法典》使用“支解”，根据新法优于旧法原则，本案例中除引用法条原文外，均使用“支解”。

解发包。

《民法典》第七百九十一条规定，发包人不得将应当由一个承包人完成的建设工程支解成若干部分发包给数个承包人。

何为支解发包，《建筑法》没有明确规定。住房和城乡建设部在广东省住房城乡建设厅《关于基坑工程单独发包问题的复函》的答复函中指出“鉴于基坑工程属于建筑工程单位工程的分项工程，建设单位将非单独立项的基坑工程单独发包属于肢解发包行为”。《建筑工程施工发包与承包违法行为认定查处管理办法》（建市规〔2019〕1号）第六条第五项规定，建设单位将一个单位工程的施工分解成若干部分发包给不同的施工总承包或专业承包单位的属于违法发包行为。

何为单位工程，建筑市场监管司发布的《建筑工程施工转包违法分包等违法行为认定查处管理办法（试行）》释义中指出：按照《建设工程分类标准》GB/T 50841—2013的规定，本办法单位工程是指具备独立施工条件并能形成独立使用功能的建筑物或构筑物。除单独立项的专业工程外，建设单位不得将一个单位工程的分部工程施工发包给专业承包单位。

按照现行的《建筑工程施工质量验收统一标准》GB 50300—2013，建筑工程包括地基与基础工程、主体结构工程、建筑屋面工程建筑装饰装修工程等共10个分部工程，将同属于同一单位工程下的地基与基础工程、主体结构工程分别发包属于支解工程。根据《民法典》第一百四十三条，违反法律、行政法规的强制性规定，合同无效。招标采购本质上是订立合同的过程，因此当招标人违反国家法律、行政法规的强制性规定支解发包时，无论招标程序多么合法，其招标也应当无效。

二、平行发包不能以支解发包为代价

工程建设项目发包有三种模式：平行发包模式、施工总承包模式、工程总承包模式。但无论采用哪种模式发包，均不能进行支解发包。

就本案例而言，根据《建筑法》等相关规定，总承包单位可以将专业工程依法分包，因此发包人正确的做法是采用施工总承包模式或工程总承包模式，将单位工程通过招标程序发包给工程总承包商或施工总承包商，基于质量控制的需要，发包人可以在施工总承包或工程总承包招标时，将地基与基础工程以暂估价形式包含在施工总承包或工程总承包施工范围内，确定施工总承包或工程总承包单位后，再根据《招标投标法实施条例》第二十九条，以及施工合同约定将地基与基础暂估价工程通过招标或非招标方式依法确定。

【启示】

在招标采购过程中，招标方案好坏对招标起决定性作用，招标方案是科学、规范、有效地组织实施招标采购工作的必要基础和主要依据。招标人、招标代理机构在实施招标采购前应当根据招标项目的特点和需要编制招标方案。招标方案不能违反国家的法律法规。

思考题

1. 暂估价工程招标，谁做招标人对发包人和项目实施更有利？
2. 平行发包模式、施工总承包模式、工程总承包模式各自有哪些优缺点？

【案例 27】

不同媒介发布内容不一致引发的争议

关 键 词 不同媒介发布内容不一致 / 不影响中标结果

案例要点

异议成立不等于重新招标。

【基本案情】

某依法必须进行招标的工程，采用公开招标方式。为了便于更多潜在投标人了解招标信息，促进充分竞争，招标人依法在指定媒介发布招标公告的同时，在某国家级报刊上同步发布招标公告，但是为了减少发布招标公告的费用，招标人对报刊上发布的招标公告内容进行了大幅删减，并注明公告全部内容详见 A 省电子招标投标公共服务平台，如不一致的，以 A 省电子招标投标公共服务平台发布公告为准。潜在投标人 B 购买招标文件后，发现招标文件招标公告中对投标人资格条件要求与在国家级报刊上发布的内容不一致，故在规定时间内向招标人提出异议，要求招标人修改招标文件或重新招标，问：如何处理？

【问题引出】

问题一：异议是否成立？

问题二：本次招标是否有效？

问题三：潜在投标人可以要求退还招标文件费，并赔偿购买招标文件产生的差旅费、住宿费吗？

【案例分析】

一、异议成立

根据《招标投标法实施条例》第十五条第三款规定，在不同媒介发布的同一招标项目的资格预审公告或者招标公告的内容应当一致，因此潜在投标人 B 异议成立。

二、异议成立但不影响中标结果，采购活动继续

本案例的关键点在于是否影响潜在投标人参与投标。

笔者认为，招标人基于增强竞争的需要，在非指定媒介同步发布相关信息，且已经注明了详细招标公告见 A 省电子招标投标公共服务平台，如有不一致，以 A

省电子招标投标公共服务平台发布公告为准。作为一个有经验的投标人，应当主动核查非法定媒介招标公告的真实性和完整性，从而作出正确的决策。同时必须指出，非法定媒介发布的招标公告信息有删减并不会减少竞争，因此尽管潜在投标人 B 异议成立，但由于对中标结果并不产生影响，招标人可以根据《招标公告和公示信息发布管理办法》第十六条规定，予以澄清、改正、补充或调整。

三、潜在投标人 B 有权要求招标人或招标代理机构退还购买文件费用

本案例中，如果潜在投标人 B 放弃参与投标，招标人或招标代理机构应当基于自己过错在先退还潜在投标人 B 购买招标文件的费用，但因潜在投标人 B 未尽到核查义务，由此导致的购买文件的差旅费、住宿费等费用，招标人或招标代理机构不用赔偿。

【拓展思考】

如果本案例中，非法定媒介发布的公告没有注明不一致以 A 省电子招标投标公共服务平台发布公告为准，会导致什么后果？

答：可能构成排斥潜在投标人，能改正的责令改正，无法改正的，需重新招标。情节严重的可能会受到行政处罚。

法律参考依据：《招标公告和公示信息发布管理办法》第十八条招标人或其招标代理机构有下列行为之一的，由有关行政监督部门责令改正，并视情形依照《中华人民共和国招标投标法》第四十九条、第五十一条及有关规定处罚：（二）在不同媒介发布的同一招标项目的资格预审公告或者招标公告的内容不一致，影响潜在投标人申请资格预审或者投标。

【启示】

为减少不必要的争议，招标人在不同媒介发布的信息应当一致；潜在投标人在看到招标公告后应当进一步核实相关信息，避免因信息错误导致不必要的损失。

思考题

1. 依法必须进行招标的项目，招标公告内容包括哪些？
2. 发布招标公告有哪些注意事项？

【案例 28】

应招未招但在起诉前属于非必须招标工程项目引发的争议

关 键 词 "法不溯及既往"的典型例外情形

案例要点

订立合同时属于必须招标的工程项目，但在起诉前属于非必须招标工程项目，可以认定建设工程属于非必须招标工程项目，合同有效。

【基本案情】

2017 年 9 月某民营企业 A 公司未经招标，与具备施工能力的 B 公司签订商品房开发建设施工合同。合同约定：本项目施工合同金额 2 亿元，违约金为合同金额的 20%。2019 年 10 月，因 B 公司出现资金困难等重大变化，合同无法继续履行，双方就违约金发生争议起诉至人民法院。A 公司认为，2018 年 6 月 1 日生效实施的《必须招标的工程项目规定》和 2018 年 6 月 6 日生效实施的《必须招标的基础设施和公用事业项目范围规定》将商品住宅项目从必须招标的工程项目范围内删除。因此起诉前该项目已不再属于依法必须进行招标的项目，故应当认定合同有效。B 公司认为，根据《工程建设项目招标范围和规模标准规定》，商品房建设工程属依法必须进行招标的项目，因此未经招标直接签订的合同无效，因合同无效，故无约可违，不需要支付违约金。人民法院经审查后认为，合同有效，B 公司应当依法承担违约责任。

【问题引出】

问题：订立合同时属于必须招标的工程项目但未招标，在起诉前属于非必须招标工程项目，合同有效吗？

【案例分析】

一、订立合同时，该项目属于依法必须进行招标的项目

2000 年 4 月 4 日，国家发展计划委员会发布的《工程建设项目招标范围和规模标准规定》第三条规定，关系社会公共利益、公众安全的公用事业项目的范围包括商品住宅；第七条规定，本规定第二条至第六条规定范围内的各类工程建设项目，包括项目的勘察、设计、施工、监理以及与工程建设有关的重要设备、材料等的采购，达到下列标准之一的，必须进行招标：（一）施工单项合同估算价 200 万元人民币以上的。

虽然《工程建设项目招标范围和规模标准规定》已于 2018 年废止，但本案例订立合同时间为 2017 年 9 月，原国家发展计划委员会发布的《工程建设项目招标范围和规模标准规定》依然有效。案涉工程为商品住宅项目，且施工单项合同价格超过 200 万元，故根据上述规定，订立合同时，案涉工程属于必须招标的工程。

二、起诉前，该项目不再属于依法必须进行招标的项目

2018 年 6 月 1 日生效实施的《必须招标的工程项目规定》和 2018 年 6 月 6 日生效实施的《必须招标的基础设施和公用事业项目范围规定》，将商品住宅项目从必须招标的工程项目范围内删除。因此，依据国家发展改革委的相关规定，在 2018 年 6 月 1 日之前，商品房住宅项目属于依法必须进行招标的项目，但是从 2018 年 6 月 1 日起，商品住宅项目则不再属于依法必须进行招标的项目。

三、根据鼓励交易、维护市场秩序、保障合同当事人信赖利益原则，应尽可能维护合同的效力

《最高人民法院关于审理建设工程施工合同纠纷案件适用法律问题的解释（一）》第一条规定，“建设工程施工合同具有下列情形之一的，应当依据民法典第一百五十三条第一款的规定，认定无效：（一）承包人未取得建筑业企业资质或者超越资质等级的；（二）没有资质的实际施工人借用有资质的建筑施工企业名义的；（三）建设工程必须进行招标而未招标或者中标无效的。”

本案例争议的焦点在于：因强制招标制度的改革，案涉工程由原签订合同时属于必须招标的项目转变为起诉前属于非必须招标的项目，由此引发对于已经签订的未经招标投标的建设工程施工合同的效力问题。

检索司法实践发现，最高人民法院内部也有不同的意见。如最高法在（2020）最高法民终 430 号、（2020）最高法民申 2821 号、（2020）最高法民终 982 号、（2020）最高法民申 4310 号等案件中认为合同有效；但在（2020）最高法民申 1670 号、（2019）最高法民申 5122 号等案件中又认为合同无效。

《最高人民法院关于适用〈中华人民共和国民法典〉时间效力的若干规定》第二条规定，民法典施行前的法律事实引起的民事纠纷案件，当时的法律、司法解释有规定，适用当时的法律、司法解释的规定，但是适用民法典的规定更有利于保护民事主体合法权益，更有利于维护社会和经济秩序，更有利于弘扬社会主义核心价值观的除外。由此可以看出，“法不溯及既往”是法律适用的一般原则，但该原则具有适用上的例外，在新法能更好地保护公民、法人和其他组织的权利和利益时，则应具有溯及力。关于合同效力的认定，就是“法不溯及既往”的典型例外情形。根据促进交易的原则，《民法典》具有肯定合同效力的倾向。对于“根据合同签订时法律应认定为无效的合同”，如果“纠纷发生时的法律承认其效力”的，人民法院应认可合同的效力。即施工合同如系当事人的真实意思表示，也不损害国家和社会公共利益，并且基于促进和保护交易及更好保护当事人利益的考虑，应认定为有效。

【启示】

根据“法不溯及既往”的原则，判断工程是否属于必须招标的项目应当根据当时的法律规定来认定，《必须招标的工程项目规定》废止之前必须招标的项目如未进行招标，本应按照无效合同处理。但这样的理解和做法过于机械。无效合同的本质特征在于其违法性，在法律已经不再对某类行为进行否定性评价时，其违法性则没有存在的基础。认定合同有效符合当事人签订合同的目的，又符合现行法律对此问题的评价。

思考题

2019 年 5 月，行政监督部门发现案涉项目应招未招，在不考虑首次违法免予处罚情形的情况下，是否可以给予发包人 A 公司行政处罚？

【案例 29】

平台运营服务机构收取平台服务费引发的争议

关 键 词 电子招标投标 / 平台服务费

案例要点

投标人在享受高效、便捷服务的同时，也应当承担相应的服务费用，旨在补偿平台运营机构在系统开发、维护等方面支出的成本。

【基本案情】

某国有企业拟投资 1 亿元新建厂房，采用全流程电子化的公开招标方式。招标文件规定：投标文件通过国有企业自建的“电子交易平台”上传，投标人应当在投标截止时间前，通过互联网使用 CA 数字证书登录“电子交易平台”，在缴纳本招标项目平台服务费 500 元后，选择所投标段将加密的电子投标文件上传。投标人完成投标文件上传后，“电子交易平台”即时向投标人发出电子签收凭证，递交时间以电子签收凭证载明的传输完成时间为准。未缴纳平台服务费或逾期未完成上传或未加密的电子投标文件，招标人（“电子交易平台”）将拒收。

潜在投标人 A 公司向招标人提出异议，认为招标人利用优势地位，强制收取平台服务费，有违公平原则。招标人答复称：根据《关于进一步规范电子招标投标系统建设运营的通知》规定，交易平台可自主确定经营模式，按照“谁使用、谁付费”的原则进行服务收费，因此收费合理合法。

【问题引出】

问题一：电子交易平台运营机构可以收费吗？

问题二：电子交易平台运营机构向投标人收费合理吗？

【案例分析】

一、电子交易平台运营机构可以收费

《优化营商环境条例》第十一条规定，市场主体依法享有经营自主权。对依法应当由市场主体自主决策的各类事项，任何单位和个人不得干预。电子交易平台运营机构作为平台经营者，依法具有经营自主权，当然可以就其所提供的平台技术服务进行收费，并自主确定收费对象和收费模式。

《关于做好〈电子招标投标办法〉贯彻实施工作的指导意见》和《"互联网+"招标采购行动方案（2017—2019年）》均明确规定，交易平台运营机构应当通过规范经营、科学管理、技术创新、优质服务、合理收费，实现交易平台依法合规运营。

需要注意的是，电子招标投标交易平台服务收费并未列入《中央定价目录》和地方政府定价目录清单，不属于《价格法》和《价格管理条例》规定的政府定价或政府指导价范围。根据《价格法》规定，未列入政府收费目录清单的，该经营性服务收费实行市场调节。

综上所述，电子交易平台运营机构提供电子化交易服务，依法可以收取相应的服务费用，该项收费实行市场调节。

二、电子交易平台运营机构向投标人收费合理

一直以来，业内对于投标人付费是否合理颇有争议。有观点认为，投标人对使用电子交易平台没有选择权，因此不具有付费合理性。也有观点认为，向投标人收费使得投标人的交易成本增加，与优化营商环境的政策导向背道而驰。

《关于进一步规范电子招标投标系统建设运营的通知》进一步规定，交易平台可自主确定经营模式，按照"谁使用、谁付费"的原则进行服务收费。交易平台的使用者包括招标人、投标人、招标代理机构和评标委员会，但招标代理机构和评标委员会是受招标人的委托帮助招标人行使部分权利，因此主要使用者是交易活动的双方，即招标人和投标人。如果按照"谁使用、谁付费"的原则，交易平台可以向招标人和投标人同时收费，也可以单独向招标人和投标人中的某一方收费，具体向谁收费、如何收费，可由交易平台自主确定经营模式。

从实践中看，向投标人收费已经属于被业内广泛认可的主要经营模式。投标人作为电子交易系统的使用方之一，在享受平台服务的过程中，节约了印刷、邮寄、交通等金钱成本和时间成本，理应承担相应的费用以补偿招标人或招标代理机构在系统开发和维护上的投入成本。但需要注意的是，投标人为参与投标而支付的平台服务费，属于通过互联网方式进行招标投标活动所产生的服务费用，费用数额和具体用途应事先在招标文件中予以明示（参考判例：天津市第三中级人民法院［（2021）津03民终4037号］）。

【启示】

电子交易平台给投标人创造了价值，该交易平台运营机构适当向投标人收取平台使用费，合情合理，但收取的费用应当小于投标人所节省的交易成本。

思考题

1. 电子交易平台运营机构收取平台使用费出现争议时应当如何救济？
2. 招标文件未明示收取平台使用费的对象及收费标准的，可以收取平台使用费吗？

【案例 30】

项目不具备招标条件引发的争议

关 键 词 不具备招标条件 / 拒绝签订合同

案例要点

项目不具备招标条件，有合同无效、项目终止的风险，中标人以此为由拒绝签订合同合理合法。

【基本案情】

某市政府拟使用财政性资金投资 1 亿元新建政务服务中心办公大楼。为加快项目进度，经市政府办公会议研究，采用特事特办方式先行公开招标，规划许可、立项批文等相关手续事后补办，招标人为市政府委托的政务服务管理局。9 月 10 日，招标人向第一中标候选人 A 公司发出中标通知书，要求投标人在收到中标通知书之日起 15 日内按照招标文件规定缴纳履约保证金，并自中标通知书发出之日起 30 日内，按照招标文件和招标人的投标文件订立书面合同。9 月 15 日，A 公司向招标人发函称：我司收到中标通知书后认真核实本项目的招标资料，发现贵单位在招标时隐瞒本项目没有依法取得规划许可和发改委正式立项批文，A 公司研究决定，除本项目在签订合同前已依法办理相关审批手续外，本公司将拒绝签订合同。9 月 18 日，招标人向 A 公司发出投标保证金不予退还的通知书，理由是中标人无正当理由拒绝签订合同。A 公司不服，向行政监督部门提起投诉。

【问题引出】

问题一：A 公司投标保证金应当退还吗？

问题二：项目不具备招标条件的，如何正确适用容缺机制？

【案例分析】

一、A 公司投标保证金应当退还

《中华人民共和国城乡规划法》第四十条规定，在城市、镇规划区内进行建筑物、构筑物、道路、管线和其他工程建设的，建设单位或者个人应当向城市、县人民政府城乡规划主管部门或者省、自治区、直辖市人民政府确定的镇人民政府申请办理建设工程规划许可证。

《招标投标法实施条例》第七条规定，按照国家有关规定需要履行项目审批、核准手续的依法必须进行招标的项目，其招标范围、招标方式、招标组织形式应当报项目审批、核准部门审批、核准。

案涉工程项目招标时，并未依法办理建设工程规划许可证等相关审批手续，故案涉建设工程不具备招标条件。不具备招标条件的，有导致招标无效、合同无效从而面临违约金条款不能适用的法律风险；也可能面临已完工程被认定为违法建筑、依法拆除，从而无法结算工程款的法律风险。

招标投标是订立合同的一种形式。在招标投标过程中，招标人和投标人都应当遵守诚实信用的原则。案涉项目中，招标人隐瞒了本项目不具备招标条件的事实，给项目履约带来一定的风险，违反诚实信用原则，中标人从降低风险的角度拒绝签订合同属正当理由，中标人以项目不具备招标条件为由拒绝签订合同合理合法。同时必须指出，A 公司事实上并没有完全拒绝签订合同，前提是招标人办理完相关手续。

《民法典》第五百条第二项规定，当事人在订立合同过程中有下列情形之一，造成对方损失的，应当承担赔偿责任：（二）故意隐瞒与订立合同有关的重要事实或者提供虚假情况。从这个角度上看，招标人隐瞒不具备招标条件的重大事实，不仅不能追究中标人不予签订合同的责任，相反中标人还可以追究招标人的缔约过失责任（参考判例：河南省郑州市中级人民法院［（2018）豫 01 民终 15030 号］、福建省漳州市中级人民法院［（2022）闽 06 民终 1 号］）。

综上所述，A 公司的投标保证金应当依法退还。

二、项目不具备招标条件，启用容缺机制的要点

《最高人民法院关于审理建设工程施工合同纠纷案件适用法律问题的解释（一）》第三条规定，当事人以发包人未取得建设工程规划许可证等规划审批手续为由，请求确认建设工程施工合同无效的，人民法院应予支持，但发包人在起诉前取得建设工程规划许可证等规划审批手续的除外。发包人能够办理审批手续而未办理，并以未办理审批手续为由请求确认建设工程施工合同无效的，人民法院不予支持。

从上述规定可以看出，项目不具备招标条件的，可以通过事后补正，促使合同有效。实践中，各地基于优化营商环境的需要，纷纷出台了一些容缺机制，允许部分不具备招标条件的项目先招后补。如湖北省公共资源交易监督管理局《关于建立工程建设招标投标特别通道服务机制加速推进项目开工建设的通知》规定，简化招标前置条件，建立容缺受理机制。对尚未完全具备招标发包条件的工程建设项目，推行“容缺受理、后置补齐”举措。对已办理项目审批、核准（备案）手续的，满足招标相关技术条件，但规划许可等手续尚不完备的项目，由招标人作出自行承担一切风险和后果的书面承诺后，可允许其项目开展招标投标活动，推动项目早日开工建设。

但必须指出，招标人在实施容缺时应当注意两点：一是招标人不得隐瞒项目不具备招标条件的相关信息；二是明确招标人与投标人的责任风险分担。

【启示】

招标项目按照国家有关规定需要履行项目审批手续的，应当先履行审批手续，取得批准。符合容缺机制先行办理招标手续的，应当在招标文件中以醒目的方式予以明示，告知投标人相关的法律风险及责任，不得就招标条件作虚假说明。投标人在投标时应注意核实是否具备招标条件，并根据项目具体情况自行判定风险。

思考题

本案例中，如果招标文件已明确告知投标人，本项目不具备招标条件，问：中标人 A 公司拒绝签订合同的，投标保证金是否应当不予退还？

【案例 31】

未进交易中心招标引发的争议

关 键 词 进场交易 / 规避招标

案例要点

进平台不等于进交易中心，不进场交易不等于规避招标。

【基本案情】

某省属国有企业 A 公司拟投资 8000 万元新建厂房，资金来源为国有企业自有资金。2022 年 10 月 11 日，A 公司在国有企业自建的通过第三方检测认证的电子交易平台发布招标公告并同步推送至中国招标投标公共服务平台。11 月 2 日在国有企业会议室开标评标、11 月 4 日发布中标候选人公示，B 公司为第一中标候选人，公示期内无异议投诉。11 月 15 日招标人 A 公司与中标人 B 公司签订合同。2022 年 12 月 8 日，当地行政监督部门向招标人 A 公司下达行政处罚告知书，处罚依据是《公共资源交易平台管理暂行办法》第八条第一款规定，依法必须进行招标的政府投资项目和政府采购工程项目，应全部进入公共资源交易平台进行交易。案涉项目属依法必须进行招标的项目，招标人在 A 公司自建平台交易属于未按规定进场交易，违反"应进必进"原则，客观上构成规避招标，依据《招标投标法》第四十九条处罚。

【问题引出】

问题一：案涉项目必须进交易中心交易吗？

问题二：案涉项目如构成场外交易，属于规避招标吗？

【案例分析】

一、案涉项目无须强制进交易中心交易

（一）公共资源交易中心的法律定位

《公共资源交易平台管理暂行办法》第十二条规定，公共资源交易平台应当按照省级人民政府规定的场所设施标准，充分利用已有的各类场所资源，为公共资源交易活动提供必要的现场服务设施。市场主体依法建设的交易场所符合省级人民政府规定标准的，可以在现有场所办理业务。第十九条规定，公共资源交易平台运行服务机构提供公共服务确需收费的，不得以营利为目的。根据平台运行服务机构的

性质，其收费分别纳入行政事业性收费和经营服务性收费管理，具体收费项目和收费标准按照有关规定执行。属于行政事业性收费的，按照本级政府非税收入管理的有关规定执行。

从上述规定中可以看出，政府设立的公共资源交易中心的法律定位就是公共资源交易平台的运行服务机构之一，而不是唯一的运行服务机构。

国务院办公厅《整合建立统一的公共资源交易平台工作方案》也指出，在统一场所设施标准和服务标准条件下，公共资源交易平台不限于一个场所。对于社会力量建设并符合标准要求的场所，地方各级政府可以探索通过购买服务等方式加以利用。

（二）进平台不等于进中心

国务院办公厅《整合建立统一的公共资源交易平台工作方案》明确要求将工程建设项目招标投标、政府采购、国有土地使用权和矿业权出让、国有产权交易，全部纳入统一的公共资源交易平台，但是纳入统一的公共资源交易平台不等于纳入统一的公共资源交易中心。公共资源交易中心是一个交易场所，公共资源交易平台是实施统一的制度和标准、具备开放共享的公共资源交易电子服务系统和规范透明的运行机制，为市场主体、社会公众、行政监督管理部门等提供公共资源交易综合服务的体系。

《电子招标投标办法》第六条规定，依法设立的招标投标交易场所、招标人、招标代理机构以及其他依法设立的法人组织可以按行业、专业类别，建设和运营电子招标投标交易平台。国家鼓励电子招标投标交易平台平等竞争。

国家发展改革委《"互联网+"招标采购行动方案（2017—2019 年）》（以下简称《方案》）明确指出："积极引导社会资本按照市场化方向建设运营电子招标投标交易平台，满足不同行业电子招标采购需求"。"坚持政府引导、市场调节。按照'放管服'改革要求，破除影响'互联网+'招标采购发展的思想观念、体制机制障碍，从发展规划、技术标准、交易规则、安全保障、公共服务等方面，引导各类市场主体积极参与电子招标采购平台体系建设运营。充分发挥市场机制作用，培育'互联网+'招标采购内生动力，推动招标采购从线下交易到线上交易的转变，实现招标投标行业与互联网的深度融合。""各级招标投标行政监督部门和公共资源交易监管机构应当打破市场壁垒，简化和规范监管流程，开放接口规范和数据接口，为交易平台实现跨地区、跨行业公平竞争营造良好发展环境。任何单位和个人不得违反法律法规规定，对市场主体建设运营交易平台设置或者变相设置行政许可或备案；不得设置不合理、歧视性准入和退出条件，也不得附加不合理条件或实行差别待遇；不得排斥、限制市场主体建设运营的交易平台，限制对接交易平台数量，为招标人直接指定交易平台；不得排斥或限制外地经营者参加本地招标采购活动。"

"四个不得"充分说明了应进必进之进地是交易平台，不是交易中心，因为交易平台可以是政府建设的，也可以是市场主体建设的，而交易中心是政府建设的交易平台的运营机构，因此两者不可等同。

《方案》进一步提出："鼓励中央企业和省属国有企业的交易平台，按照规定与国家或省级公共服务平台，以及相应的行政监督平台连接并交互招标信息""大型国有企业特别是中央企业应当发挥好带头示范作用……为交易平台发展作出表率。"这两个表述当中，有两层含义值得关注：一是中央企业和省属国有企业可以依法自建交易平台，明确了国有企业建设运营交易平台的合法性，而且这种行为属于"表率"作用；二是鼓励国有企业交易平台与招标投标公共服务和行政监督两个平台的对接。

国家发展改革委等部门《关于严格执行招标投标法规制度进一步规范招标投标主体行为的若干意见》强调指出："依法落实招标自主权。切实保障招标人在选择招标代理机构、编制招标文件、在统一的公共资源交易平台体系内选择电子交易系统和交易场所、组建评标委员会、委派代表参加评标、确定中标人、签订合同等方面依法享有的自主权。"

综上所述，在统一的公共资源交易平台体系内选择交易场所是招标人的自主权，任何单位或个人不得强行干涉。

二、案涉项目如构成场外交易，不属于规避招标

实践中，有些地方直接规定，未进交易中心交易构成"场外交易"。如《湖北省公共资源招标投标监督管理条例》第八条规定，列入公共资源招标投标目录的项目应当按照分级管理的原则在公共资源交易中心进行交易，接受监督管理，禁止任何形式的场外交易……但必须指出，"场外交易"不等于"规避招标"。

"规避招标"是指招标人以各种手段和方法，来达到逃避招标的目的。"场外交易"是指应进入公共资源交易中心进行交易，并接受监督管理，但在场外进行招标投标的行为。两者有相同之处，也有不同之分。"规避招标"的核心在于"是否招标"，"场外交易"的核心在于"是否在指定场所交易"。

从现有的国家有关规定来看，"规避招标"有相应的罚则。《招标投标法》第四十九条规定，违反本法规定，必须进行招标的项目而不招标的，将必须进行招标的项目化整为零或者以其他任何方式规避招标的，责令限期改正，可以处项目合同金额千分之五以上千分之十以下的罚款；对全部或者部分使用国有资金的项目，可以暂停项目执行或者暂停资金拨付；对单位直接负责的主管人员和其他直接责任人员依法给予处分。但"场外交易"基本上找不到相应的法律责任条款，仅少数地方有明确的规定。如《上海市建设工程招标投标管理办法》第四十六条第一项规定，有下列情形之一的，由建设行政管理部门责令改正，处 3 万元以上 10 万元以下的罚款：（一）违反本办法第四条规定，政府投资的建设工程，以及国有企业事业单位使用自有资金且国有资产投资者实际拥有控制权的建设工程，达到法定招标规模标准，招标人未进入招标投标交易场所进行全过程招标投标活动的……

结合本案例可以看出，A 公司并未将应当公开招标项目化整为零或者以其他任何方式"规避招标"，因此在 A 公司的会议室进行开标评标活动，最多根据当地规定，构成了“场外交易”行为。故行政监督部门对 A 公司的行政处罚适用法律法规错误（参考判例：湖北省谷城县人民法院行政判决文书［（2017）鄂 0625 行初 14 号］）。

【启示】

公共资源交易平台整合的目的是打造公共资源交易全国一张网，实现网下无交易、网上全公开。过于重视有形场所的构建，硬性要求政府采购等交易活动“进场”交易，忽视了电子化交易平台的构建和应用，不符合公共资源交易改革的本意。公共资源交易平台包括有形的交易场所和无形的网络交易平台，因此，进平台不等于进中心。

规避招标与场外交易是不同的法律概念，《招标投标法》第四条明确规定了规避招标的情形，对于场外交易，往往是地方性法规作出的有关规定，两者性质的不同决定了违反后适用不同的罚则。

思考题

地方政府强制要求公共资源交易目录内的交易活动应当进入交易中心进行交易是否合法?

【案例 32】

依法终止招标，不承担缔约过失责任

关 键 词　终止招标 / 缔约过失责任

案例要点

招标人终止招标具有合法理由的，无须承担缔约过失责任。

【基本案情】

某市住房和城乡建设局依法必须进行招标的新建市政道路建设工程项目，公开招标，采用资格后审。9 月 2 日发布招标公告，投标文件截止时间为 9 月 23 日。9 月 19 日市住房和城乡建设局收到市政府通知，因规划调整该项目取消。9 月 20 日，招标人发布终止招标公告，9 月 21 日，招标人依法退还所收取的招标文件的费用，以及所收取的投标保证金及银行同期存款利息。9 月 22 日潜在投标人 B 公司要求招标人补偿其因招标人终止招标给其造成的损失 62500 元（差旅费、住宿费 500 元，编制投标文件费用 32000 元，投标保证金借款利息 30000 元）。

【问题引出】

问题一：招标人可以终止招标的情形有哪些？

问题二：招标人终止招标，应当承担什么样的责任？

问题三：本案例中，招标人是否应承担缔约过失责任？

【案例分析】

当招标人发布资格预审公告、招标公告或者发出投标邀请书，就意味着正式启动招标程序，投标人会基于信赖筹备投标事宜和参与投标。但由于各种原因，招标人在启动招标程序后可能终止招标。

一、实践中常见的终止招标情形

终止招标分为两类：一类是本次招标终止，重新招标；另一类是本项目招标终止，不再采购。

（一）本次招标终止的情形

本次招标终止的情形有：一是根据《招标投标法实施条例》第二十三条规定，招标人编制的资格预审文件、招标文件的内容违反法律、行政法规的强制性规定，违反公开、公平、公正和诚实信用原则，影响资格预审结果或者潜在投标人投标的，依法必须进行招标的项目的招标人应当在修改资格预审文件或者招标文件后重新招标；二是根据《招标投标法实施条例》第十九条第二款、第四十四条第二款、《评标委员会和评标方法暂行规定》第二十七条的规定，存在通过资格预审的申请人少于 3 个、投标人少于 3 个、有效投标不足 3 个使得投标明显缺乏竞争的，招标失败需要重新招标；三是因招标文件存在重大缺陷，导致评标委员会无法继续评审的；四是根据《招标投标法实施条例》第五十五条规定，国有资金占控股或者主导地位的依法必须进行招标的项目，排名第一的中标候选人放弃中标、因不可抗力不能履行合同、不按照招标文件要求提交履约保证金，或者被查实存在影响中标结果的违法行为等情形，不符合中标条件的，招标人选择重新招标的；五是根据《招标投标法》第六十四条规定，依法必须进行招标的项目违反本法规定，中标无效的，应当依照本法规定的中标条件从其余投标人中重新确定中标人或者依照本法重新进行招标。《招标投标法实施条例》第八十一条规定，依法必须进行招标的项目的招标投标活动违反招标投标法和本条例的规定，对中标结果造成实质性影响，且不能采取补救措施予以纠正的，招标、投标、中标无效，需要重新招标的。

（二）本项目招标终止的情形

《工程建设项目勘察设计招标投标办法》第二十条，《工程建设项目施工招标投标办法》第十五条均有规定，除不可抗力原因外，招标人在发布招标公告或者发出投标邀请书后不得终止招标。因不可抗力原因，导致招标工作不得不终止或者继续招标将使当事人遭受更大损失的，招标人可以终止招标。

不可抗力的主要情形包括：一是招标项目所必需的条件发生了变化。《招标投标法》第九条规定："招标项目按照国家有关规定需要履行项目审批手续的，应当先履行审批手续，取得批准。招标人应当有进行招标项目的相应资金或者资金来源已经落实，并应当在招标文件中如实载明。"据此规定，招标人启动招标程序必须具备一定的先决条件。需要审批或者核准的项目，必须履行了审批和核准手续；招标项目所需的资金是招标人开展招标并最终完成招标项目的物质保证，招标人必须在招标前落实招标项目所需的资金；在法定规划区内的工程建设项目，还应当取得规划管理部门核发的规划许可证。上述条件具备后，招标人才能够启动招标工作。在招标过程中，上述条件可能因国家产业政策调整、规划改变、用地性质变更等非招标人原因而发生变化，导致招标工作不得不终止。二是因不可抗力取消招标项目，否则继续招标将使当事人遭受更大的损失。这类原因包括自然因素和社会因素，其中自然因素包括地震、洪水、海啸、火灾；社会因素包括颁布新的法律、政策、行政措施以及罢工、骚乱等（摘录自《招标投标法实施条例释义》）。

案涉项目招标人市住房和城乡建设局因市政府规划调整取消招标项目，属不可抗力的第一种情形。

二、招标人终止招标的法律责任

《招标投标法实施条例》第三十一条规定，招标人终止招标的，应当及时发布公告，或者以书面形式通知被邀请的或者已经获取资格预审文件、招标文件的潜在投标人。已经发售资格预审文件、招标文件或者已经收取投标保证金的，招标人应当及时退还所收取的资格预审文件、招标文件的费用，以及所收取的投标保证金及银行同期存款利息。

《工程建设项目施工招标投标办法》第七十二条进一步规定，招标人在发布招标公告、发出投标邀请书或者售出招标文件或资格预审文件后终止招标的，应当及时退还所收取的资格预审文件、招标文件的费用，以及所收取的投标保证金及银行同期存款利息。给潜在投标人或者投标人造成损失的，应当赔偿损失。

三、招标人合法终止招标的，不承担缔约过失责任

缔约过失责任是对缔约过程中当事人所受损失予以补偿的法律制度，但并非只要当事人有损失即成立缔约过失责任，尚需符合一系列条件才能构成。就本案例而言，招标人无须承担缔约过失责任。

（一）招标人终止招标无主观过错

《民法典》第一百八十条规定，因不可抗力不能履行民事义务的，不承担民事责任。法律另有规定的，依照其规定。不可抗力是不能预见、不能避免且不能克服的客观情况。本案例中，政府规划调整属于招标人不能预见、不能避免且不能克服的客观情况，构成不可抗力导致的项目终止，招标人终止招标具有法律上的依据，且依法履行了通知、退还投标保证金等法定义务。

（二）招标人终止招标与潜在投标人B公司的投标损失之间无必然的因果关系

在招标投标过程中，投标本身是一种商业行为，其商业风险本应由投标人自行承担。即使是本项目不终止招标，投标人B公司也可能因为没有中标而造成投标损失，因此招标人终止招标与潜在投标人B公司的投标损失之间无必然的因果关系。

（三）招标人终止招标不具备承担缔约过失责任的法定事由

《民法典》第五百条规定，当事人在订立合同过程中有下列情形之一，造成对方损失的，应当承担赔偿责任：

（一）假借订立合同，恶意进行磋商；

（二）故意隐瞒与订立合同有关的重要事实或者提供虚假情况；

（三）有其他违背诚信原则的行为。

本案例中，招标人不具备承担缔约过失责任的法定事由，不应承担缔约过失责任（参考判例：湛江市中级人民法院［（2019）粤08民终2920号］、江门市中级人民法院［（2016）粤07民终1319号］、天津市第二中级人民法院［（2018）津02民终5542号］、三门峡市中级人民法院［（2016）豫12民终658号］）。

【启示】

因政策变化、规划调整、许可取消、招标失败等原因导致招标工作不得不终止，招标人具有合法理由，可以不承担法律责任。但如果是因招标人自身原因导致终止招标且无正当理由，甚至招标人利用终止招标手段排斥、限制潜在投标人的，则有悖诚信原则，招标人应依法承担缔约过失责任。

思考题

1. 招标人终止招标，招标人根据招标文件规定的“招标文件售后不退”不予退还招标文件费用，是否合法？

2. 招标人终止招标，招标人未及时退还投标保证金给投标人造成损失的，如何赔偿？

【案例 33】

中标候选人投标报价超投资概算，可以终止招标吗？

关 键 词 投标报价 / 缔约过失责任 / 直接损失

案例要点

中标候选人投标报价超投资概算，导致合同将无法履行，招标人可以终止招标。但基于信赖利益导致投标人利益受损，应当承担赔偿责任，但该赔偿责任仅限于直接损失，不包括预期利润。

【基本案情】

某政府投资的依法必须进行招标的建设工程招标，招标文件既未明确投资预算，也未设置最高投标限价。9 月 10 日发布中标候选人公示，公示期 3 日。公示期内无异议和投诉。9 月 15 日，招标人以 3 个中标候选人投标报价均超出发改委审批的投资概算，招标人无力支付为由终止招标并及时退还投标人的投标保证金及其利息、招标文件费用。第一中标候选人 A 公司在获知终止招标后，向招标人提出索赔：索赔费用包括直接损失 6.3 万元，间接损失 120.55 万元。直接损失包括：制作投标文件印刷费、预算编制费、差旅费、住宿费、其他相关费用等。间接损失主要来自投标人的预期中标利润。

【问题引出】

问题一：招标人是否可以终止招标？

问题二：招标人应当承担什么法律责任？

问题三：招标人是否应当赔偿第一中标候选人的预期中标利润？

【案例分析】

一、招标人可以终止招标

本案例中，招标人终止招标的理由为“中标候选人的投标报价超出发改委审批的投资概算”。虽然投资概算并未在招标文件中进行明确，招标文件中也未设置最高投标限价，但一方面发改委审批的投资概算有据可查，不属于伪造变造；另一方面如果不终止招标，一是中标金额超出投资预算将因招标人无力支付工程款而导致合同无法实际履行；二是继续实施采购可能给招标人带来更大的损失。因此从降低风险、及时止损的角度出发，招标人可以终止招标。

二、招标人应承担的缔约过失责任

终止招标，是招标人的权利，但权利不得滥用，招标人应当遵循《民法典》第七条、第八条确立的诚信、守法和公序良俗等原则终止招标。《政府投资条例》第二十三条规定，政府投资项目建设投资原则上不得超过经核定的投资概算。因国家政策调整、价格上涨、地质条件发生重大变化等原因确需增加投资概算的，项目单位应当提出调整方案及资金来源，按照规定的程序报原初步设计审批部门或者投资概算核定部门核定；涉及预算调整或者调剂的，依照有关预算的法律、行政法规和国家有关规定办理。本案例中，因招标人在制定招标文件上的疏忽，导致不得不终止招标。该行为违反诚信原则，理应承担缔约过失责任，向投标人赔偿基于信赖利益导致的损失（参考判例：重庆四中院［（2014）渝四中法民终字第 442 号］、黑龙江省牡丹江市爱民区人民法院［（2011）爱商初字第 6 号］）。

需要注意的是，因有证据证明中标候选人的投标报价超出招标人的投资预算，即便不终止招标，但因招标人无力支付工程款，导致合同目的无法实现。因此招标人不承担《招标投标法实施条例》第七十三条规定的行政处罚责任。

三、招标人赔偿损失仅限于直接损失

招标公告属于要约邀请，投标文件属于要约。招标人终止招标处于定标阶段，招标人的中标通知书并未发出，因此招标人与第一中标候选人之间属于合同缔约阶段，招标人根据《民法典》第五百条的规定承担缔约过失责任，但缔约过失责任是一种弥补性的民事责任，是对一方实际经济损失的补偿。

最高人民法院裁判认为：通常情况下，缔约过失责任人对善意相对人缔约过程中支出的直接费用等直接损失予以赔偿，即可使善意相对人利益得到恢复。但如果善意相对人确实因缔约过失责任人的行为遭受交易机会损失等间接损失，则缔约过失责任人也应当予以适当赔偿（参考判例：最高人民法院［（2016）最高法民终 803 号］）。需要注意的是，本案例情况特殊，中标候选人的投标报价均超出招标人的投资概算，因此，无论是否终止招标，招标人均无法履行合同，换句话讲就是中标候选人的交易机会损失根本不存在，所以招标人仅需要赔偿投标人的直接损失。

【启示】

招标人应当高质量编制招标文件，针对可能出现的问题在招标文件中应予以明确相应的风险防控措施。因招标人工作失误导致终止招标的，招标人应当依法予以赔偿。

思考题

如何防止招标人以投标报价均超投资概算为由，虚假终止招标？

第二部分

投标案例

【案例 34】

企业信用库资料库未及时更新引发的争议

关 键 词 评标澄清 / 重新评标

案例要点

投标文件资料有误，不得通过澄清来修改投标文件实质性内容。

【基本案情】

2019 年 3 月 26 日，某政府投资房屋建筑工程，投资总额 1 亿元，采用公开招标方式，招标人为市城投公司。《招标文件》1.4.1 投标人资格要求中对项目负责人资格要求为：1. 拟派项目经理应具备建筑工程专业二级及以上注册建造师执业资格并且具有有效的安全生产考核合格证书（B 类）；3.5 资格审查资料要求项目负责人资料表应附项目负责人的建造师证书、安全生产考核合格证书（B 类）、养老保险证书等材料。安全生产考核合格证书（B 类）等材料应按前附表规定从“电子交易系统的市场主体信用信息库”中选择相应扫描件编入投标文件。投标人应及时更新信用库和企业资料自建库中的材料，确保相关材料真实有效。

2019 年 4 月 15 日，招标人市城投公司发布《中标候选人公示》，A 公司为第一中标候选人。公示期间，投标人 B 公司向招标人提出异议。异议事项为第一中标候选人 A 公司拟派项目经理马小明在市公共资源交易中心信用信息库中的安全生产考核合格证书（B 类）显示的所属单位为 C 公司，与 A 公司名称不符，不符合招标文件的要求。经评标委员会复议后重新推荐了中标候选人。2019 年 4 月 24 日，招标人进行二次中标候选人公示，第一中标候选人为 D 公司。

经查，马小明已在投标前注册在 A 公司，并合法取得安全生产考核合格证书（B 类），注册单位均为 A 公司。但因电子交易系统的企业信用信息库资料未及时更新，导致其安全生产考核合格证书（B 类）注册单位名称与 A 公司名称不一致。

A 公司对招标人组织评标委员会开展复评以及评标委员会在复评时取消其中标资格不服，向行政监督部门提起投诉。

【问题引出】

问题一：招标人在收到异议后，未经行政监督部门批准，直接组织评标委员会开展复评，合法吗？

问题二：第一中标候选人拟派项目经理只是投标文件资料有误，事实上安全生产考核合格证书（B 类）的注册单位与投标人名称一致，评标委员会可以启动澄清吗？

【案例分析】

一、招标人组织复评合法

招标人组织复评，本质上是对原评标结果的一种纠偏，有利于体现公平、公正、诚实信用原则，维护招标的严肃性。《招标投标法实施条例释义》指出：在中标候选人公示期间有关评标结果的异议成立的，招标人应当组织原评标委员会对有关的问题予以纠正，招标人无法组织原评标委员会予以纠正或者评标委员会无法自行予以纠正的，招标人应当报告行政监督部门，由有关行政监督部门依法作出处理，问题纠正后再公示中标候选人。

本案例中，A 公司在投标时，投标文件中项目负责人马小明的安全生产考核合格证书（B 类）所在公司为 C 公司，与招标公告和招标文件中对于项目负责人的资格要求不符，评标委员会复议后否决其投标，合法有效。

需要说明的是，招标人认为对评标结果异议成立，现有法律法规并没有规定如果招标人组织评标委员会自行纠正的，应当经过行政监督部门批准，因此依据“法无禁止即可为”的原则，在不影响公平公正的基础上，招标人可以先行组织原评标委员会自行纠正（参考判例：江苏省南京市中级人民法院［（2020）苏 01 行终 568 号］）。

二、本案例不符合启动澄清的法定情形

根据《招标投标法》第三十八条和第三十九条、《招标投标法实施条例》第五十二条、《评标委员会和评标方法暂行规定》第十九条和第二十一条规定，评标委员会可以书面通知投标人作出必要澄清、说明的法定情形仅限于投标文件中含义不明确、对同类问题表述不一致或者有明显文字和计算错误的内容以及评标委员会认为投标人的报价明显低于其他投标报价或者在设有标底时明显低于标底，使得其投标报价可能低于其个别成本的情形。本案例中，投标人 A 公司拟派的项目负责人安全生产考核合格证书注册单位与投标人名称不一致的情形明显不属于上述法定情形，因此评标委员会不能启动澄清。

需要注意的是，本案例中，评标委员会也不能接受第一中标候选人对投标文件资料有误的主动澄清。《招标投标法实施条例》第七十一条规定，评标委员会成员暗示或者诱导投标人作出澄清、说明或者接受投标人主动提出的澄清、说明的，由有关行政监督部门责令改正；情节严重的，禁止其在一定期限内参加依法必须进行招标的项目的评标；情节特别严重的，取消其担任评标委员会成员的资格。

【启示】

投标人投标文件资料有误，其后果由投标人自行承担，不能企图通过启动澄清

达到修改投标文件的目的。只有在投标文件出现法定情形时，评标委员会才能要求投标人书面澄清。

思考题

本案例中，招标人组织复评后改变原评标结果，可以不公示中标候选人，直接发布中标结果公告吗？

【案例 35】

在建工程填写“无”，投标有效吗？

关 键 词 弄虚作假 / 主观故意

案例要点

投标文件未如实披露相关信息，但该虚假材料主观上只是为了简化投标文件制作，而不是为了谋取中标，客观上对中标结果不产生实质性影响，招标文件对此也无相关要求和考核标准，投标有效。

【基本案情】

某政府投资工程依法公开招标，评标结果公示期间，投标人 A 公司向招标人提出异议，异议事项为评标委员会否决其投标合法。招标人答复：投标人 A 公司的“正在施工的和新承接的项目情况”填写的是“无”，但投标人上月刚中标招标人的另一项目，经评标委员会一致认定，属虚假投标行为，根据《招标投标法实施条例》第五十一条否决其投标合理合法。A 公司不服，向行政监督部门提起投诉。A 公司认为：该公司在编制投标文件时将“正在施工的和新承接的项目情况”填写“无”，是为了简化投标文件编制，主观上没有通过虚假材料谋取中标的故意，客观上不影响中标结果。招标文件仅有“正在施工的和新承接的项目情况”填写要求，但未规定不如实填写的会被否决，也未规定如实填写后如何影响中标结果，故评标委员会不能否决其投标合法。

【问题引出】

问题一：投标文件填报“正在施工的和新承接的项目情况表”的作用是什么？

问题二：A 公司未如实填报在建工程，构成弄虚作假投标吗？

问题三：有在建工程但填写“无”，投标有效吗？

【案例分析】

一、设置“正在施工的和新承接的项目情况”的初衷

《标准施工招标文件》（2007 年版）在投标文件格式中设置“正在施工的和新承接的项目情况”的初衷是为了考察投标人施工能力，即投标人已经在其他项目动用了多少资源，剩余多少资源，其中可用于本项目（包括人力、物力、财力）的资

源还有多少，是否能够保障项目的顺利实施。

但令人遗憾的是，标准文件设置了这个格式后，并没有在第三章评标办法中加以重点提示如何运用；实践中，招标人或招标代理机构也仅是照搬照抄范本中投标文件的格式，没有将“正在施工的和新承接的项目情况”与第三章评标办法相结合，导致“正在施工的和新承接的项目情况”有填写要求，但无评审要求，在整个投标文件中形同“鸡肋”。

二、A 公司未如实填报在建工程，构成弄虚作假投标

《招标投标法》第五条规定，招标投标活动应当遵循公开、公平、公正和诚实信用的原则。因此投标人应当遵守诚实信用原则，参加招标活动应当提供招标文件要求的信息，并保证其提供的文件内容真实、准确、完整，不得有虚假记载、误导性陈述或者重大遗漏。

三、A 公司的虚假投标不影响投标文件有效性

《招标投标法实施条例》第五十一条规定，有下列情形之一的，评标委员会应当否决其投标：(七）投标人有串通投标、弄虚作假、行贿等违法行为。从该条文中弄虚作假与串通投标、行贿用顿号连接的表述可以看出，弄虚作假被否决投标应当达到串标投标、行贿一样的恶劣程度，否则不宜直接以虚假投标为由否决。

《招标投标法实施条例》第八十一条进一步规定，依法必须进行招标的项目的招标投标活动违反招标投标法和本条例的规定，对中标结果造成实质性影响，且不能采取补救措施予以纠正的，招标、投标、中标无效，应当依法重新招标或者评标。

本案例中，投标人有正在施工的在建工程事实，但却在投标文件中填写“无”，客观上符合提供虚假材料的外在表现形式，但应当注意的是，由于招标文件中评标办法对“正在施工的和新承接的项目情况”无相应的评审和考核，因此无论填写“有”，还是填写“无”，均不影响评审结果。且从实践来看，当填写 10 个和填写 0 个达到的效果一样时，投标文件的编制者基于快速完成编制工作的需要，都会选择最简单的 0 个，即投标人填写 0 个的出发点不是为了骗取中标，只是为了简化投标文件的编制。

综上所述，投标人实际有在建工程，但在“正在施工的和新承接的项目情况”填写“无”，不影响中标结果，投标有效。

需要注意的是，实践中招标人通常还会规定，投标人拟派的项目经理不得有在建工程，否则投标无效，但该项评审基本上是以投标人在投标文件中是否有项目经理无在建工程的承诺以及该承诺是否属实为判定标准，与“正在施工的和新承接的项目情况”的内容基本无关。因提供项目经理无在建工程的虚假承诺函导致的投标无效，与“正在施工的和新承接的项目情况”没有如实填写无直接的关联。

【启示】

对于招标人或招标代理机构而言，在编制招标文件，特别是投标文件格式时应当想清楚，要求投标人提供相关资料的目的何在，并将对投标文件的要求与评标办法相匹配，否则要求提供相应内容就毫无意义。对于投标人而言，为避免不必要的争议，应当如实填写投标文件格式要求的相关内容，不能图一时方便，直接删除或填写虚假信息。

思考题

某建设工程招标，招标文件规定有 1 个类似业绩加 2 分，最高加 8 分。投标人 A 公司在投标文件中提供了 5 个类似业绩，其中 1 个业绩为虚假业绩，问：A 公司投标是否有效？

【案例 36】

项目经理有已完工工程但未竣工验收，投标有效吗？

关 键 词 已完工工程 / 未经竣工验收

案例要点

已完工工程未经竣工验收的，项目经理仍属于有在建工程，投标无效。

【基本案情】

2014 年 3 月 25 日，班固建筑公司经评标委员会评审并经招标人确认为岭下段项目的第一中标候选人。2014 年 3 月 30 日，屏南县水利局接到举报，班固建筑公司的项目经理张丽香任项目经理有在建工程，违反了相关法律规定及招标文件的规定，要求取消中标人资格。经查，班固建筑公司提交的《拟派项目经理简历表》中未填写其项目经理张丽香担任武夷山市吴屯乡 2013 年农村饮水安全工程的项目经理情况，在招标文件《项目经理无在建工程和现场管理人员到位承诺书》中又作出项目经理张丽香无在建工程的保证。武夷山市吴屯乡人民政府于 2014 年 4 月 21 日向屏南县水利局出具《证明》，证明吴屯乡项目由原告中标，该工程已按规定时间完工，已经初验收，但上级有关部门尚未正式验收。武夷山市水利局于 2014 年 4 月 22 日出具《证明》，证明吴屯乡项目已按规定时间完工，目前进行验收准备工作，未通过全面总验收。2014 年 5 月 8 日，屏南县水利局作出《处理决定》，认定原告提供虚假的项目负责人或主要技术人员简历、劳动关系证明，属于“以其他方式弄虚作假的行为”，取消了原告的岭下段项目中标人资格。2014 年 7 月 29 日，宁德市水利局作出宁水行复（2014）第 4 号《行政复议决定书》，决定维持被告作出的《处理决定》。班固建筑公司不服，向法院提起上诉。

【问题引出】

问题一：班固建筑公司工程已完工，为何仍被认定为有在建工程？

问题二：班固建筑公司基于认知错误，是否构成弄虚作假？

【案例分析】

一、承揽工程已完工但未竣工验收的，项目经理职责未完成，因此仍属有在建工程

根据《注册建造师管理规定》第二十一条第二款注册建造师不得同时在两个及两个以上的建设工程项目上担任施工单位项目负责人的规定，招标文件明确要求投标人拟派的项目经理不得有在建工程。

《注册建造师执业管理办法（试行）》第九条规定，注册建造师不得同时担任两个及以上建设工程施工项目负责人。发生下列情形之一的除外：（一）同一工程相邻分段发包或分期施工的；（二）合同约定的工程验收合格的；（三）因非承包方原因致使工程项目停工超过 120 天（含），经建设单位同意的。

本案例中，张丽香担任武夷山市吴屯乡 2013 年农村饮水安全工程的项目经理，2014 年 3 月 24 日张丽香又作为项目经理参与了本案例屏南县棠口溪防洪工程岭下段施工项目投标。根据项目业主武夷山市吴屯乡人民政府和项目主管部门武夷山市水利局出具的两份《证明》，均可以证明该工程已按规定时间完工，但尚未正式验收。因此，张丽香的情形不符合《注册建造师执业管理办法（试行）》第九条规定的例外情形。

二、弄虚作假不区分是否存在主观故意

弄虚作假是否成立与弄虚作假是否应给予行政处罚不同，弄虚作假是否成立只考虑投标人客观上是否构成和产生弄虚作假的后果，不考虑投标人是否存在主观故意。

班固建筑公司在参与屏南县棠口溪防洪工程岭下段施工项目的投标过程中，提交的《拟派项目经理简历表》中未填写其项目经理张丽香担任武夷山市吴屯乡 2013 年农村饮水安全工程的项目经理情况，在招标文件《项目经理无在建工程和现场管理人员到位承诺书》中又作出项目经理张丽香无在建工程的保证。班固建筑公司填写的投标文件的内容以及承诺的事实，客观上与武夷山市吴屯乡 2013 年农村饮水安全工程未经验收仍系在建工程的事实不符。因此无论是否存在主观故意，均构成弄虚作假。屏南县水利局据此认定班固建筑公司以其他方式弄虚作假，并决定取消班固建筑公司的中标人资格，并无不当（参考判例：福建省宁德市中级人民法院［（2015）宁行终字第 5 号］、江苏省盐城市中级人民法院［（2018）苏 09 行终 43 号］、浙江省桐庐县人民法院［（2020）浙 0122 行初 17 号］）。

【启示】

为保证工程质量和施工安全，均要求中标人拟派的项目经理除符合特殊情形外，原则上不得同时有在建工程。投标人明知自身条件并不满足招标文件要求，还故意隐瞒事实，弄虚作假进行投标，最终引起异议投诉并承担相应的法律责任，得不偿失。投标人应当加强学习，避免因不懂政策作出虚假承诺，既失去了中标的机会，又有可能因弄虚作假被行政处罚。

思考题

假设第一中标候选人承揽的工程未经竣工验收擅自投入使用，第一中标候选人拟派的项目经理是否属于有在建工程？

【案例 37】

项目负责人兼职但未签订劳动合同，投标有效吗?

关 键 词 受聘 / 立法目的

案例要点

"受聘"不应作限缩性的解释。受聘"单位"或"企业"并非指具有特定资质的单位；"受聘"亦非特指与受聘"单位"或"企业"形成劳动关系并以注册建造师的名义从事执业活动。

【基本案情】

2018 年 12 月 7 日，某政府投资工程发布招标公告。投标申请人资格条件中规定：项目负责人必须满足下列条件：（1）项目负责人不得同时在两个或者两个以上单位受聘或执业，具体是指项目负责人不得同时在两个及以上单位签订劳动合同或缴纳社会保险，项目负责人不得将本人执（职）业资格证书同时注册在两个及以上单位等情况……

2018 年 12 月 28 日开标，A 公司被推荐为第一中标人，评标结果于 2018 年 12 月 29 日至 2019 年 1 月 2 日在网上公示。公示期间，投标人 B 公司以 A 公司拟派的项目负责人小明同时受聘于 A 公司和 C 公司为由提出异议。因对异议答复不满，2019 年 1 月 10 日 B 公司向市住房和城乡建设局提起投诉。

经查，A 公司项目负责人为小明，系一级建造师，自 2009 年起在 A 公司工作，其建造师资格证书于 2009 年起注册于 A 公司，其社会保险自 2014 年起由 A 公司为其缴纳。2018 年 1 月至 12 月，小明又同时服务于 C 公司，主要为 C 公司水电分公司做水电安装预决算及预决算业务指导工作，在 C 公司有固定办公场所，按月领取报酬，全年累计 96000 余元。

2019 年 2 月 27 日，市住房和城乡建设局作出 2019-1 号《投诉处理决定书》，取消 A 公司第一中标候选人资格。A 公司不服，向法院提起诉讼。经一审、二审审理终结。

【问题引出】

问题一：受聘是指签订劳动合同吗?

问题二：受聘是否必须领取报酬?

【案例分析】

一、受聘不以有劳动合同为前提

《注册建造师管理规定》第二十六条第六项规定，注册建造师不得同时在两个或者两个以上单位受聘或者执业。

《招标投标法》第二十六条规定，投标人应当具备承担招标项目的能力；国家有关规定对投标人资格条件或者招标文件对投标人资格条件有规定的，投标人应当具备规定的资格条件。

案涉项目招标文件根据《注册建造师管理规定》第二十六条第六项规定，提出了项目负责人不得同时在两个及以上单位签订劳动合同或缴纳社会保险，项目负责人不得将本人执（职）业资格证书同时注册在两个及以上单位等情况的具体要求。

本案例的争议是市住房和城乡建设局认定A公司投标文件的项目负责人小明同时受聘于两家企业，违反了招标文件规定的项目负责人不得“同时在两个或者两个以上单位受聘或者执业”，因而取消了其第一中标候选人资格，而A公司认为小明不存在同时受聘两家企业的情况。因此理解何为“受聘”是本案例的核心。

（一）对于“受聘”概念，首先要进行体系解释

（1）《注册建造师执业管理办法（试行）》第十八条第二款规定，“注册建造师变更聘用企业的，应当在与新聘用企业签订聘用合同后的1个月内，通过新聘用企业申请办理变更手续”。可知，“受聘”的具体表现为签订聘用合同而非劳动合同。

（2）劳动关系的确认并不属于住房和城乡建设局的职权范围，根据最高人民法院行政审判庭《关于劳动行政部门在工伤认定程序中是否具有劳动关系确认权请示的答复》，只有劳动行政部门、仲裁机关和人民法院才有权认定劳动关系。若将“受聘”作劳动关系解释，会导致无劳动关系确认权的住房和城乡建设局在执法时增加确认劳动关系的步骤，不符合行政机关依法行政的精神和要求。

（3）住房和城乡建设部办公厅于2019年9月6日作出的《关于〈注册建造师管理规定〉有关条款适用问题的复函》中明确指出，《注册建造师管理规定》中的“受聘”并非特指与受聘单位形成劳动关系。该函对此部门规章的解释明确体现了立法本意。

（二）对于“受聘”概念，还需要进行目的解释

结合《注册建造师管理规定》中“加强对注册建造师的管理，规范注册建造师的执业行为，提高工程项目管理水平，保证工程质量和安全”这一立法目的展开，既不应当作目的性扩张，将所有执业活动均纳入“受聘”范围，也不应该作目的性限缩，将“受聘”解释为“存在劳动关系”。之所以对注册建造师有此限制，乃基于工程质量安全考虑，如根据《注册建造师执业管理办法》（试行）第九条规定，注册建造师原则上不得同时担任两个及以上建设工程施工项目负责人。规定的立法目的也是使建造师能切实履行职责，保证工程质量和安全。倘若将“受聘”理解为

“存在劳动关系”，则会使以不签订劳动合同等方式规避此禁止条款的问题更加突出，与上述立法目的是不契合的。

综上所述，受聘不一定必须签订劳动合同。从严格建设工程质量管理，确保建设工程质量和安全角度出发，结合《注册建造师管理规定》第二十一条等规定，对“受聘”不应作限缩性的解释。受聘“单位”或“企业”并非指具有特定资质的单位；“受聘”亦非特指与受聘“单位”或“企业”形成劳动关系并以注册建造师的名义从事执业活动。注册建造师作为特殊行业，其执业活动事关建设工程质量安全，不准其在从事注册建造师业务的同时兼职从事其他职业，符合行业管理的需要，亦符合管理办法构建注册建造师注册管理制度的立法本意。

二、受聘或执业不以是否领取报酬为前提

实践中，项目经理的兼职行为层出不穷、屡禁不止，在本单位执业期间同时在其他单位担任法定代表人、董事、总经理等职务。项目经理同时在两个及以上单位受聘或执业必定会顾此失彼、分散精力，难以保证工程的质量和安全。为了加强对项目经理的监督管理，提高工程项目管理水平，住房和城乡建设部发布了《注册建造师管理规定》，明令禁止项目经理的兼职行为，以强制性规定的形式力求从根源上遏制此类不良行为，从而防范项目经理因兼职而出现管理工作松懈不严、风险把控延误疏忽的情况，进一步规范工程建设项目招标投标活动。

但必须指出，注册建造师的受聘或执业也不以是否领取报酬为前提，受聘或执业的判定标准只以注册建造师是否付出脑力或体力劳动为准。如施工企业注册建造师在本单位执业期间同时在其他企业担任法定代表人的，即使在其他企业未领取报酬也属同时在两家单位受聘。2018 年 6 月 27 日，住房和城乡建设部针对江苏省住房和城乡建设厅关于拟中标候选人项目负责人在另外两个法人单位任职总经理（法人代表）、执行董事的行为是否属于违反《注册建造师管理规定》第二十六条“同时在两个或者两个以上单位受聘或者执业”所规定的情形的请示，由住房和城乡建设部建筑市场监管司作出了复函，明确上述情况属于“同时在两个或者两个以上单位受聘或者执业”。2019 年 9 月 6 日，住房和城乡建设部针对江西省住房和城乡建设厅《关于对〈注册建造师管理规定〉有关条款解释的请示》作出《住房和城乡建设部办公厅关于〈注册建造师管理规定〉有关条款适用问题的复函》，明确“施工企业注册建造师在本单位执业期间同时在其他企业担任了法定代表人，违反《注册建造师管理规定》的第二十六条相关规定。”

综上所述，“受聘”并非特指与聘用单位形成劳动关系，也并非必须获取劳动报酬，只要接受有关单位的安排，从事有关的工作即为受聘（参考判例：北京市高级人民法院［（2017）京行终 2697 号］、江苏省苏州市中级人民法院［（2019）苏 05 行终 516 号］、福建省南平市延平区人民法院［（2017）闽 0702 行初 32 号］）。

【启示】

从严格建设工程质量管理，确保建设工程质量和安全出发，结合国家相关法律法规以及部门规章等规定，招标人可以禁止投标人拟派的与工程质量密切相关的项目经理存在同时受聘或执业于两个或两个以上单位情形，但应当在招标文件中明确规定。投标人应当主动开展自查自纠，避免由此导致投标无效、中标无效。

思考题

假设本案例中招标文件未规定，投标人拟派的项目负责人不得存在同时受聘或执业于两个或两个以上单位情形，问：A公司投标是否有效？

【案例 38】

项目经理参保缴费单位与注册单位不一致，投标一定无效吗？

关 键 词 “挂证”/例外原则/管理性规定

案例要点

六种特殊情形不属于“挂证”;禁止“挂证”属管理性规定，招标文件未禁止的，不得以“挂证”为由直接否决投标。

【基本案情】

某政府投资的交通工程招标，招标文件规定，投标人拟派的项目经理必须符合国家法律法规和相关政策要求。中标候选人公示期间，投标人 B 公司向招标人提出异议，要求取消第一中标候选人 A 公司的中标资格。异议理由是 A 公司拟派的项目经理小明参保缴费单位与注册单位不一致，属于住房和城乡建设部明令禁止的“挂证”情形，不符合招标文件规定的“投标人拟派的项目经理必须符合国家法律法规和相关政策要求”的资格条件，投标应当无效。因对招标人答复不满，B 公司向行政监督部门提起投诉。

行政监督部门以 A 公司系某公路局（事业单位）的下属单位改制，项目经理小明保留事业单位人员编制与身份，实际工作单位为公路局的下属企业 A 公司，社会保险由事业单位缴纳，符合国家有关规定为由驳回 B 公司的投诉。

【问题引出】

问题一：A 公司投标是否有效？

问题二：假设经调查发现 A 公司“挂证”属实，但招标文件无否决性条款，A 公司投标是否有效？

【案例分析】

一、A 公司投标有效

（一）项目经理原则上应当“人证合一”

为了遏制工程建设领域专业技术人员职业资格“挂证”现象，维护建筑市场秩序，促进建筑业持续健康发展，住房和城乡建设部、人力资源和社会保障部等七部门于 2018 年联合发布了《住房城乡建设部办公厅等关于开展工程建设领域专业技术人员职业资格“挂证”等违法违规行为专项整治的通知》，要求各地对“挂证”现象进行专项整治，并建立长效预防机制。重点对工程建设领域勘察设计注册工程师、注册建筑师、建造师、监理工程师、造价工程师等专业技术人员及相关单位、人力资源服务机构进行全面排查，严肃查处持证人注册单位与实际工作单位不符、买卖租借（专业）资格（注册）证书等“挂证”违法违规行为。

从资格证书制度的目的而言，资格证书是证明持证人具有相应技能和资质的证书，必然要求“人证合一”，人证分离就是“挂证”。从社会保险关系和劳动人事关系的逻辑联系来看，两者应该合一而不能分离，即社会保险关系应当建立在职工工作所在地单位，人和社会保险关系不能分离。因此，证和社会保险关系这两者都不能与人分离，三者应当统一，否则都可能成为“挂证”行为。

（二）六种情形原则上不认定为“挂证”行为

《住房和城乡建设部办公厅关于做好工程建设领域专业技术人员职业资格“挂证”等违法违规行为专项整治工作的补充通知》规定，对实际工作单位与注册单位一致，但社会保险缴纳单位与注册单位不一致的人员，以下六类情形，原则上不认定为“挂证”行为：1. 达到法定退休年龄正式退休和依法提前退休的；2. 因事业单位改制等原因保留事业单位身份，实际工作单位为所在事业单位下属企业，社会保险由该事业单位缴纳的；3. 属于大专院校所属勘察设计、工程监理、工程造价单位聘请的本校在职教师或科研人员，社会保险由所在院校缴纳的；4. 属于军队自主择业人员的；5. 因企业改制、征地拆迁等买断社会保险的；6. 有法律法规、国家政策依据的其他情形。

本案例中，A 公司的项目经理小明系某公路局（事业单位）的下属单位改制，根据国家有关规定保留事业单位人员编制与身份，实际工作单位为公路局的下属企业 A 公司，社会保险由事业单位缴纳，符合上述六种例外情形之一，不属于“挂证”，故投标有效。

二、假定 A 公司“挂证”属实，且招标文件无否决性条款的，投标有效

（一）禁止“挂证”属管理性规定

根据《住房城乡建设部办公厅等关于开展工程建设领域专业技术人员职业资格“挂证”等违法违规行为专项整治的通知》，“挂证”是指持证人注册单位与实际工作单位不符、买卖租借（专业）资格（注册）证书等违法行为。

《注册建造师执业管理办法（试行）》第二十二条规定，注册建造师不得有下列行为：（七）以他人名义或允许他人以自己的名义从事执业活动；（八）同时在两个或者两个以上企业受聘并执业；（十二）伪造、涂改、倒卖、出租、出借或以其他形式非法转让资格证书、注册证书和执业印章……

注册建造师作为特殊行业，不允许存在“人证分离”“非法挂证”的行为，不应在从事注册建造师业务的同时兼职从事其他职业。否则根据《注册建造师管理规定》的相关规定，证件持有人有可能因此被撤销注册证书，3 年内不得再次申请注册。

《招标投标法》第二十六条规定，投标人应当具备承担招标项目的能力；国家有关规定对招标人资格条件或者招标文件对投标人资格条件有规定的，投标人应当具备规定的资格条件。但必须指出，此处的国家规定仅指法律、行政法规的强制性规定，不包括住房和城乡建设部关于注册建造师的管理性规定，该规定属管理性规范。

（二）评标委员会应按招标文件规定的评标标准评审

《招标投标法实施条例》第四十九条第一款规定，评标委员会成员应当依照招标投标法和本条例的规定，按照招标文件规定的评标标准和方法，客观、公正地对投标文件提出评审意见。招标文件没有规定的评标标准和方法不得作为评标的依据。

案涉项目招标人未将投标人拟派项目经理不得存在"挂证"行为作为资格条件，因此评标委员会不能以投标人存在"挂证"行为为由否决其投标（参考判例：福建省南平市延平区人民法院［（2017）闽 0702 行初 32 号］）。

【启示】

"挂证"现象一直是工程建设领域的顽疾，严重危害着工程质量安全。招标文件应将拟派项目经理不得存在"挂证"情形，否则投标无效作为投标人拟派项目经理的资格条件，行政监督部门应当加大打击力度，形成"个人违法行业禁入，企业违法危及生存"的震慑效应。

思考题

假设本案例中，投标人 A 公司的项目技术负责人存在住房和城乡建设部明令禁止的"挂证"行为（注册建造师证书挂靠在其他单位，在 A 公司就业），招标文件无禁止性条款，A 公司投标是否有效？

【案例 39】

项目经理更换引发的争议

关 键 词 项目经理违法更换

案例要点

项目经理更换应合理合法，否则更换无效，视为未更换。

【基本案情】

2014 年 4 月 14 日，新塘园公司（招标人）7 号排涝工程施工项目招标。招标文件规定，投标人拟派项目经理必须无在建工程。5 月 15 日发布评标结果公示，公示期间为 2014 年 5 月 16 日至 2014 年 5 月 19 日。班固公司被推荐为第一中标候选人。5 月 19 日，第二中标候选人永建公司向招标人提出异议，5 月 21 日向晋江市水利局投诉，投诉事由为班固公司拟派的 7 号排涝工程项目经理林素华在投标时有在建工程。5 月 22 日，晋江市水利局作出《不予受理通知》。5 月 26 日发布中标结果公告，中标人为班固公司。6 月 3 日，永建公司再次向晋江市水利局递交投诉书及相关投诉材料。6 月 4 日，晋江市水利局正式立案调查。

班固公司向晋江市水利局提交《情况说明》等相关材料，该《情况说明》载明：班固公司中标的南美溪工程原项目经理林素华已于 2013 年 9 月 20 日经发包人同意，变更为郭玉棋。

经晋江市水利局核查后发现：2013 年 9 月 20 日，郭玉棋已在漳州市龙文区郭坑镇 2013 年度水土流失综合治理项目工程（工期 100 天）和三明市清流县 2013 年度小型农田水利重点县建设工程（B 标段）中担任项目经理，已不具备接替林素华担任南美溪工程项目经理的条件，班固公司在变更项目经理过程中故意隐瞒郭玉棋已有在建工程的真实情况。

2014 年 9 月 19 日，永春县水利局作出“取消第一中标候选人中标资格”的《投诉处理决定》。班固公司不服，向法院提起诉讼，经一审、二审审理终结。

【问题引出】

问题一：班固公司项目经理变更是否有效？

问题二：6 月 3 日，永建公司向晋江市水利局提起投诉是否超出投诉时效？

【案例分析】

一、南美溪工程项目经理由林素华变更为郭玉棋的变更手续无效

《注册建造师执业管理办法（试行）》第十条第一款规定，注册建造师担任施工项目负责人期间原则上不得更换。如发生下列情形之一的，应当办理书面交接手续后更换施工项目负责人：（一）发包方与注册建造师受聘企业已解除承包合同的；（二）发包方同意更换项目负责人的；（三）因不可抗力等特殊情况必须更换项目负责人的。第九条同时规定，注册建造师不得同时担任两个及以上建设工程施工项目负责人。发生下列情形之一的除外：（一）同一工程相邻分段发包或分期施工的；（二）合同约定的工程验收合格的；（三）因非承包方原因致使工程项目停工超过120天（含），经建设单位同意的。

本案例中，班固公司于2013年9月20日经发包人同意，将南美溪工程项目经理林素华变更为郭玉棋。但必须指出，班固公司在变更时故意隐瞒郭玉棋已在漳州市龙文区郭坑镇2013年度水土流失综合治理项目工程（工期100天）和三明市清流县2013年度小型农田水利重点县建设工程（B标段）中担任项目经理，不具备替换南美溪工程项目经理林素华的条件的真实情况。且郭玉棋不符合《注册建造师执业管理办法（试行）》第九条规定的可以同时担任两个或两个以上建设工程施工项目负责人的特殊情形，因此南美溪工程项目经理由林素华变更为郭玉棋的变更违法，违法变更必然导致变更无效。

二、永建公司向晋江市水利局提起的投诉超出投诉时效

《招标投标法实施条例》第六十条规定，投标人或者其他利害关系人认为招标投标活动不符合法律、行政法规规定的，可以自知道或者应当知道之日起10日内向有关行政监督部门投诉……就本条例第二十二条、第四十四条、第五十四条规定事项投诉的，应当先向招标人提出异议，异议答复期间不计算在前款规定的期限内。

本案例中，招标人于5月15日发布评标结果公示。公示期间为2014年5月16日至2014年5月19日。5月19日，第二中标候选人永建公司向招标人提出异议，5月21日向晋江市水利局投诉。5月22日，晋江市水利局作出《不予受理通知》。根据《招标投标法实施条例》第六十条以及《工程建设项目招标投标活动投诉处理办法》第十二条的规定，第二中标候选人永建公司能通过进一步收集新的证据再次提起投诉的最迟时间应为自5月22日起10日内（扣除了5月19日至5月21日的异议答复期间）即5月31日下午行政监督部门法定下班时间止。永建公司再次向晋江市水利局递交投诉书及相关投诉材料为6月3日，超出法律规定的投诉时效期限，应当不予受理（参考判例：福建省泉州市中级人民法院［（2015）泉行终字第67号］）。

【启示】

项目经理变更本质是合同的变更，当事人双方达成一致，合同变更成立，但该合同变更生效的前提条件是该变更不违反国家法律、行政法规的强制性规定，不违背公序良俗。从保证建设工程质量和安全角度出发，注册建造师原则上不得同时承担两个或两个以上的建设工程施工项目负责人是所有建筑企业应当遵守的行业惯例与行为准则。因此在变更项目经理时，应当充分考虑项目的实际情况以及国家的相关政策规定，合理合法更换，不能投机取巧，最终害人害己。

思考题

晋江市水利局如何正确处理永建公司的二次投诉，既能维护招标投标的公平公正，又不违反国家的法律法规？

【案例 40】

投标人同时为两个项目中标候选人引发的争议

关 键 词 在建工程 / 履约能力审查

案例要点

投标人用同一项目经理同时投标两个以上招标项目，法律并不禁止；在招标文件未作规定的情况下，同时作为两个项目的第一中标候选人的，除特殊情形外，投标人宜选择性放弃其中一个项目。

【基本案情】

2019 年 6 月 3 日，某住房和城乡建设局对 A、B 两个政府投资工程招标，招标文件规定，投标人拟派的项目经理不得有在建工程，并要求投标人在投标文件中附无在建工程的承诺函，但对项目经理同时为两个项目的第一中标候选人如何处理无具体规定。

甲公司于 2019 年 6 月 28 日分别参加 A、B 两个项目的投标，拟派项目经理均为小明。7 月 1 日招标人发布两个项目的评标结果公示，甲公司被推荐为 A、B 两个项目的第一中标候选人。公示期间，招标人收到第二中标候选人提出的异议，认为小明同时在甲公司两个中标项目担任项目经理，不符合建造师管理规定，应取消其中标资格。

【问题引出】

问题一：甲公司在投标文件中承诺无在建工程，是否构成虚假投标？

问题二：公示期间，甲公司能更换其中某个项目的项目经理吗？

问题三：同一项目经理同时中标两个项目，如何处理？

问题四：公示期内甲公司放弃某个项目的中标资格，法律责任有哪些？

【案例分析】

一、甲公司不构成虚假投标

（一）甲公司不违反诚实信用原则

《招标投标法》第五条规定，招标投标活动应当遵循公开、公平、公正和诚实信用的原则。

两个项目的招标文件均有明确规定，投标人拟派的项目经理不得有在建工程。甲公司在两个项目的投标文件中，亦明确表明，拟派项目经理小明未担任其他在建工程项目的项目负责人，且客观情况也确实如此。因此甲公司在投标时并未表述虚假情况，或隐瞒相应情况，投标文件中项目经理无在建工程承诺与客观事实相符合，不违反诚实信用原则。

（二）甲公司不违反国家相关规定

对于注册建造师的相关规定，主要有《注册建造师管理规定》以及《注册建造师执业管理办法（试行）》，上述两份文件对注册建造师规定了相关的权利和义务以及不得实施的行为。《注册建造师管理规定》第二十一条第二款规定，注册建造师不得同时在两个及两个以上的建设工程项目上担任施工单位项目负责人。《注册建造师执业管理办法（试行）》第九条规定，注册建造师不得同时担任两个及以上建设工程施工项目负责人。发生下列情形之一的除外：（一）同一工程相邻分段发包或分期施工的；（二）合同约定的工程验收合格的；（三）因非承包方原因致使工程项目停工超过 120 天（含），经建设单位同意的。

实践中，上述规定在招标文件中常被浓缩为“项目负责人不得有在建工程”。所谓“在建工程”顾名思义是指“已经承揽的且正在建设的工程”。本案例中，甲公司分别投标两个项目时，拟派项目经理小明并无在建工程；另外投标人在同时投标多个项目时，其是否中标具有不确定性，因此投标人甲公司可以根据自身实际同时投多个标，法律并不禁止。

（三）甲公司用同一项目经理同时投两个项目符合经济利益最大化原则

甲公司是以营利为目的的公司，在承担相应社会责任的同时，追求公司利益的最大化是首要目标。实践中，优秀的注册建造师对于企业而言，在一定程度上属“稀缺”性资源。甲公司为实现聘用注册建造师小明的利益最大化，一定会在法律允许的“框架”内对其效用尽可能地予以最大限度的发挥，也即“法无禁止即可为”。另外，在一个公司拟投标项目众多，但可用来承揽项目的优秀项目经理很少。甲公司让同一个项目经理同时参与两个及两个以上项目的投标，其目的很简单，就是提高“中标”的概率，最大化发挥项目经理价值。同一项目经理同时投两个及两个以上招标项目的情形非常普遍，只是像甲公司这样以同一项目经理同时参加两个项目投标又同时成为第一中标候选人的，非常稀少。

二、公示期内不得更换项目经理

《招标投标法》第二十九条规定，投标人在招标文件要求提交投标文件的截止时间前，可以补充、修改或者撤回已提交的投标文件，并书面通知招标人。补充、修改的内容为投标文件的组成部分。这意味着，开标后，即投标截止时间到了后，投标人不得补充、修改投标文件的内容。中标候选人公示阶段，属于招标投标程序尚未结束阶段，在此期间，除招标文件另有规定外，不可更换拟派项目经理。

三、同一项目经理同时中标两个项目的处理思路

（一）属于法定允许情形无须更换项目经理

根据《注册建造师执业管理办法（试行）》第九条的规定，如果两个项目属于“同一工程相邻分段发包或分期施工的”，则建造师可以同时担任两个及以上建设工程施工项目负责人。因此，在出现建造师同时中标情形时，应首先确认两个建设工程项目是否属于上述情形。若符合《注册建造师执业管理办法（试行）》第九条关于“同一工程相邻分段发包或分期施工的”这一特殊情形的规定，则两个项目便可同时依法确定中标人并签订施工合同。

（二）非法定允许情形的，同一项目经理同时中标两个项目，将影响合同履约

《招标投标法实施条例》第五十五条规定，国有资金占控股或者主导地位的依法必须进行招标的项目，招标人应当确定排名第一的中标候选人为中标人。如果在公示期内，甲公司不愿放弃任何一个项目，一旦两个项目的招标人分别给甲公司发出《中标通知书》，则小明同时担任两个项目的项目经理，既违反了注册建造师的相关规定，又因项目经理小明无力分身，客观上给合同履约以及工程质量造成重大影响，招标人、中标人也将陷入两难的境地。

实践中，为避免出现此类情形，招标人通常会在招标文件中对此类情形加以规定。如要求投标人在投标文件中承诺“如拟派项目经理参加不同工程项目投标，我方先后被列为第一中标候选人，我方将无条件放弃评标结果后公示的工程建设项目的中标资格”或者要求投标人在投标文件中承诺“如拟派项目经理参加不同工程项目投标，我方先后被列为第一中标候选人，我方将自愿放弃其中一个项目的中标资格”等。

案涉项目并未作上述规定，需要进一步从法理上探讨如何处理。

（三）更换项目经理须经招标人同意

根据《注册建造师执业管理办法（试行）》第十条第一款“注册建造师担任施工项目负责人期间原则上不得更换。如发生下列情形之一的，应当办理书面交接手续后更换施工项目负责人：（一）发包方与注册建造师受聘企业已解除承包合同的；（二）发包方同意更换项目负责人的；（三）因不可抗力等特殊情况必须更换项目负责人的”的规定，案涉项目可以考虑更换项目负责人。住房和城乡建设部建筑市场监管司在 2017 年 8 月对安徽省住房和城乡建设厅关于《注册建造师执业管理办法》有关条款解释的复函中指出，“建设工程合同履行期间变更项目负责人的，经发包方同意，应当予以认可”。

案涉项目不属于发包方与注册建造师受聘企业已解除承包合同或因不可抗力等特殊情况必须更换项目负责人的情形，因此如果甲公司拟更换项目经理，必须取得招标人同意。

招标人不同意变更建造师时，甲公司只能根据利益最大化原则选择性放弃中标其中的某个项目。招标人根据《招标投标法实施条例》第五十五条“排名第一的中

标候选人放弃中标、因不可抗力不能履行合同、不按照招标文件要求提交履约保证金，或者被查实存在影响中标结果的违法行为等情形，不符合中标条件的，招标人可以按照评标委员会提出的中标候选人名单排序依次确定其他中标候选人为中标人，也可以重新招标”的规定，进行后续处理。

（四）更换项目经理不属于实质性内容变更，但应遵守公平原则

《招标投标法》第四十六条规定，招标人和中标人应当自中标通知书发出之日起30日内，按照招标文件和中标人的投标文件订立书面合同。招标人和中标人不得再行订立背离合同实质性内容的其他协议。因此案涉项目是否可以变更项目负责人，首先得符合“不得再行订立背离合同实质性内容的其他协议”的要求。

《招标投标法实施条例》第五十七条第一款规定，招标人和中标人应当依照招标投标法和本条例的规定签订书面合同，合同的标的、价款、质量、履行期限等主要条款应当与招标文件和中标人的投标文件的内容一致。招标人和中标人不得再行订立背离合同实质性内容的其他协议。

《民法典》第四百八十八条规定，有关合同标的、数量、质量、价款或者报酬、履行期限、履行地点和方式、违约责任和解决争议方法等的变更，是对要约内容的实质性变更。

目前司法实践中判定建设工程施工合同实质性变更的主要依据为《最高人民法院关于审理建设工程施工合同纠纷案件适用法律问题的解释（一）》第二条第一款：“招标人和中标人另行签订的建设工程施工合同约定的工程范围、建设工期、工程质量、工程价款等实质性内容，与中标合同不一致，一方当事人请求按照中标合同确定权利义务的，人民法院应予支持”、第二十二条：“当事人签订的建设工程施工合同与招标文件、投标文件、中标通知书载明的工程范围、建设工期、工程质量、工程价款不一致，一方当事人请求将招标文件、投标文件、中标通知书作为结算工程价款的依据的，人民法院应予支持。”

综合上述法律法规的规定可知，司法实践中通常认为工程范围、工程价款、工程质量、建设工期、违约责任和解决争议方法等为合同实质性内容。

《标准施工招标文件》（2007年版）通用合同条款4.5.1条、《建设工程施工合同示范文本（2017）》通用条款3.2.3条和3.2.4条分别载明了承包人和发包人更换项目经理的操作程序，故合同双方在合同履行过程中变更项目经理具有正当性。

经招标人同意，项目经理更换不属于再行订立背离合同实质性内容的情形。由于项目经理能力的大小，实践工作经验等直接关系并影响工程的履约，从某种意义上讲，项目经理是工程建设项目最为关键的要素。因此招标文件通常会对项目经理予以考核，在签订合同时，如果允许项目经理任意变更，一方面可能构成订立了背离合同实质性内容的其他协议，导致合同无效；另一方面从公平角度出发，也不宜允许订立合同时变更项目经理，否则每个投标人完全可以用最优秀的项目经理参与投标，中标后再更换为能力相对较差的项目经理履约，这对其他投标人不公平。

需要说明的是，合同签订后，发生合同约定可以更换项目经理情形或不可抗力原因影响合同履行的，可更换不低于原项目经理能力的项目经理以促进合同顺利实施。

四、公示期内放弃中标，应承担相应的法律后果

《招标投标法实施条例》第三十五条第二款规定，投标截止后投标人撤销投标文件的，招标人可以不退还投标保证金。公示期内放弃中标属于在投标截止后撤销投标文件，招标人可以不予退还投标保证金。

需要注意的是，投标人在公示期内放弃与在招标人发出中标通知书后放弃的法律责任不同。招标人发出中标通知书后放弃的，除了投标保证金不予退还，还可能要承担相应的行政处罚责任。《招标投标法实施条例》第七十四条规定，中标人无正当理由不与招标人订立合同，在签订合同时向招标人提出附加条件，或者不按照招标文件要求提交履约保证金的，取消其中标资格，投标保证金不予退还。对依法必须进行招标的项目的中标人，由有关行政监督部门责令改正，可以处中标项目金额10‰以下的罚款。

综上所述，投标人以同一项目经理同时参加多个项目的投标法律并不禁止，但在享受同时参加多个项目投标的隐性福利时，也应承担由此引发的可能带来的不利后果。当出现同时被推荐为两个或两个以上项目的中标候选人时，可能被迫放弃其中的某个项目，投标保证金被不予退还。

【启示】

招标文件的好坏直接影响招标的成败，为避免投标人使用同一项目经理同时投标多个项目，中标后可能存在无法履约的情形，招标文件应当明确具体的定标原则，减少事后纠纷。

思考题

假设甲公司以无其他在建项目的小明为项目负责人参加A政府投资项目的投标，A项目为第一中标候选人，投标报价500万元；公示第二天甲公司又以小明为项目负责人参加了B政府投资项目的投标，同样被推荐为B项目的第一中标候选人，投标报价12000万元。A、B两个项目招标文件对此均未作规定。甲公司向A项目招标人提出放弃A项目，问：甲公司能被确定为B项目的中标人吗？

【案例 41】

近三年有骗取中标行为，投标一定无效吗？

关 键 词 非依法必须进行招标的项目 / 管理性规范

案例要点

管理性规范无强制约束力；招标文件未禁止的，不得否决其投标。

【基本案情】

2015 年 11 月 4 日，某非依法必须进行招标的智创园空调工程在市公共资源交易中心发布中标候选人公示，A 公司为第一中标候选人。

2015 年 11 月 6 日，B 公司向招标人及招标代理机构提出异议，认为 A 公司不符合中标条件，理由是：A 公司存在最近三年内两次借用他人技术职称证书、提供虚假劳动关系证明、弄虚作假骗取中标。2015 年 11 月 30 日，招标人及招标代理机构针对 B 公司的异议作出回复。2015 年 12 月 8 日，B 公司向嘉兴经济技术开发区（国际商务区）建设交通局提出投诉，嘉兴经济技术开发区（国际商务区）建设交通局于 2015 年 12 月 11 日受理，2016 年 1 月 5 日作出驳回投诉的投诉处理决定。B 公司不服该决定，向市人民政府申请行政复议，嘉兴市人民政府于 2016 年 1 月 28 日受理复议申请，并变更被申请人为嘉兴市住房和城乡建设局。2016 年 4 月 22 日，嘉兴市人民政府作出嘉政复字（2016）2 号《行政复议决定书》，认为嘉兴经济技术开发区（国际商务区）建设交通局系嘉兴经济技术开发区（国际商务区）的内设机构，无建设行政执法主体资格，故无权以自己的名义作出投诉处理决定。决定撤销嘉兴经济技术开发区（国际商务区）建设交通局作出的《嘉兴智慧产业创新园二期核心区 × 区工程空调新风系统设备采购及安装工程投诉处理决定》，由嘉兴市住房和城乡建设局在收到决定书之日起 30 个工作日内对投诉事项作出处理决定。

2016 年 6 月 2 日，嘉兴市住房和城乡建设局调查后发现：A 公司在 2012 年 9 月 12 日“嘉兴创意创新软件园一期服务中心（产业大楼）空调设备采购及安装工程”、2013 年 12 月 11 日“嘉兴创意创新软件园一期产业用房空调设备采购及安装工程”的投标活动中标，但该两个工程的项目经理并未与 A 公司签订劳动合同，A 公司也未为其缴纳社会保险。2016 年 3 月 7 日，嘉兴经济技术开发区（国际商务区）建设交通局作出嘉开建（2016）5 号《关于对 A 公司进行全区通报的决定》，认定 A 公司在 2012 年、2013 年空调设备采购及安装工程两个项目投标时存在问题，决定对A公司进行全区通报。嘉兴市住房和城乡建设局还查明，招标文件中没有近三年存在骗取中标情形的，投标无效的规定。经研究驳回投诉。

【问题引出】

问题一：开发区的内设机构有执法主体资格吗？

问题二：A公司近三年内有两次虚假投标、骗取中标的行为，是否会导致本次中标无效？

【案例分析】

一、2018年以前，在无法律法规、规章授权情况下，开发区内设机构无执法主体资格

2018年以前，原则上开发区属于政府的派出机构，开发区的所属职能部门为其内设机构，根据行政组织法一般原理，行政机关的内设机构和派出机构不能以自己的名义对外作出行政行为和承担法律责任，从而不能成为独立的行政主体，因此其派出机构的内设机构更没有行政执法主体资格。

2018年2月8日，随着《最高人民法院关于适用〈中华人民共和国行政诉讼法〉的解释》（以下简称《司法解释》）正式实施，开发区及其职能部门是否具有行政主体资格发生了变化。《司法解释》第二十一条规定，当事人对由国务院、省级人民政府批准设立的开发区管理机构作出的行政行为不服提起诉讼的，以该开发区管理机构为被告；对由国务院、省级人民政府批准设立的开发区管理机构所属职能部门作出的行政行为不服提起诉讼的，以其职能部门为被告；对其他开发区管理机构所属职能部门作出的行政行为不服提起诉讼的，以开发区管理机构为被告；开发区管理机构没有行政主体资格的，以设立该机构的地方人民政府为被告。

综上所述，对于开发区行政执法主体资格问题，应当结合实际情况，具体问题具体分析。经国务院、省级人民政府批准设立的开发区管理机构及其所属职能部门，能够以自己名义在职权范围内作出行政行为，有独立承担法律责任的能力，应当认定其具有行政执法主体的资格。对于省级以下的开发区管理机构，该条司法解释原则上不赋予其行政诉讼的被告主体资格，除非有专门的法规、规章赋予其法定职权。而对于省级以下开发区管理机构所属的职能部门，司法解释一律不赋予其诉讼主体资格。如果开发区管理机构也不具有行政主体资格的，就只能以设立开发区管理机构的地方人民政府为被告。实践中，有的区、县政府成立的所谓“开发区管委会”，一般认为不具有行政执法主体资格。

二、A公司中标有效

（一）《工程建设项目施工招标投标办法》第二十条第一款第四项规定属管理性规范

《招标投标法实施条例》第五十一条第三项规定，有下列情形之一的，评标委

员会应当否决其投标:(三)投标人不符合国家或者招标文件规定的资格条件……但必须指出，不符合“国家规定”是指不符合法律和行政法规的强制性规定，不包括不符合部门规章的规定。

《工程建设项目施工招标投标办法》第二十条第四项规定，资格审查应主要审查潜在投标人或者投标人是否符合下列条件:(四)在最近三年内没有骗取中标和严重违约及重大工程质量问题……但必须指出，一方面《工程建设项目施工招标投标办法》并未规定存在该情形的必然导致中标无效，另一方面也无其他法律法规规定存在此种情形应认定中标无效。因此该条款主要是用于规范和指导招标人合理设置资格条件，但是否采纳和引用的决策权在招标人。

(二)招标文件未规定近三年有虚假投标情形的投标无效

案涉招标项目属于非依法必须进行招标的项目,《招标投标法》对非依法必须进行招标的项目的投标条件可以由招标人进行自行制定，并不受《工程建设项目施工招标投标办法》等部门规章的限制，招标文件中载明的投标人资格要求中并没有把《工程建设项目施工招标投标办法》第二十条第四项的规定“在最近三年内没有骗取中标和严重违约及重大工程质量问题”作为投标人的资格要求，故B公司不能以A公司在最近三年内两次借用他人技术职称证书、提供虚假劳动关系证明、弄虚作假骗取中标为由，认为A公司不符合中标条件。招标人对因没有设置该条款所产生的后果负责(参考判例:浙江省嘉兴市中级人民法院[(2017)浙04行终69号])。

招标人是招标的组织者和招标活动的责任主体。招标人根据招标项目本身的要求，在招标公告或者投标邀请书中，要求潜在投标人提供有关资质证明文件和业绩情况，并对潜在投标人进行资格审查是其应尽的法定义务，本案例中招标人没有设置禁止“在最近三年内没有骗取中标和严重违约及重大工程质量问题”的投标人参与投标，其后果由其自行承担，行政监督部门不宜过多干涉。这也是强化和落实招标人主体责任的需要和体现。

(三)非依法必须进行招标的项目，应更多体现招标人意思自治原则

必须注意的是，本案例属于非依法必须进行招标的项目，根据《招标投标法》分类管理的原则，应当遵循招标人的意思自治原则处理。

【启示】

本案例有两个启示，一是处理投诉的部门当属有权执法机构，否则该行政行为无效；二是行政监督部门在处理投诉中应当正确处理好效力性规范和管理性规范的区别，依法必须进行招标的项目和非依法必须进行招标的项目的区别。

思考题

假设本案例为依法必须进行招标的项目，招标文件未作规定，问:A公司投标是否有效?

【案例 42】

分公司被取消投标资格，总公司投标是否有效？

关 键 词 分公司 / 取消投标资格

案例要点

根据行政处罚对象法定原则和比例原则，分公司被取消投标资格，总公司投标应当有效。

【基本案情】

某依法必须进行招标的园林绿化工程项目招标，A 公司被推荐为第一中标候选人。公示期间投标人 B 公司依法向招标人提出异议，异议事由为 A 公司不符合招标文件投标人须知 1.4.3 条（12）规定的投标人不得存在被依法暂停或取消投标资格且在有效期内的情形，投标应当无效。经查，A 公司在甲地依法设立的分公司在 2022 年 8 月参加某政府投资的园林绿化工程中因虚假投标情节严重被行政监督部门取消投标资格一年。

【问题引出】

问题一：分公司违法，可以处罚总公司吗？

问题二：分公司被取消投标资格且在处罚期内的，总公司投标是否有效？

【案例分析】

一、分公司违法，处罚对象的确定应具体情况具体分析

行政处罚对象的适格与否关系到行政处罚行为的合法性，以及行政处罚的目的能否实现，行政处罚对象的法定化能够避免行政机关任意裁量选择行政处罚对象。

（一）从总公司对违法行为的支配与管理角度来看

1. 分公司的违法行为受总公司控制的，应以总公司为处罚对象

若分公司的行政违法行为是受总公司的直接控制下（含明示或暗示）而实施的，则分公司的违法行为不是其真实意思表示，行政机关应当依法直接对总公司予以处罚，同时依法追究总公司、分公司有关人员的法律责任。

2. 分公司的违法行为受总公司默许的，应以总公司为处罚对象

《行政处罚法》第六条规定，实施行政处罚，纠正违法行为，应当坚持处罚与

教育相结合，教育公民、法人或者其他组织自觉守法。设定行政处罚，不仅是惩罚违法者，并通过惩罚防止其再次违法，而且是寓教育于惩罚之中，使违法者通过处罚受到教育。总公司是分公司的首脑机关，拥有对分公司的生产、销售、财务、人事等方面的控制权。总公司对分公司违法行为的默许，本质上属于未尽到必要的管理义务，是分公司违法行为的第一责任人。如果强调过错的话，总公司的过错比分公司大得多，它更应该受到惩罚和教育。

3. 分公司依法注销的，应以总公司为处罚对象

分公司注销后，其权利和义务由总公司承继，因此在分公司被发现存在违法行为且在行政处罚期限内的，应以总公司为处罚对象。

4. 分公司独立实施违法行为的，原则上以分公司为行政处罚对象

《行政处罚法》第二条规定，行政处罚是指行政机关依法对违反行政管理秩序的公民、法人或者其他组织，以减损权益或者增加义务的方式予以惩戒的行为。其他组织可以作为行政处罚的对象，虽然行政处罚法并未对“其他组织”的范围作出更加具体的界定，但是参考《最高人民法院关于适用〈中华人民共和国民事诉讼法〉若干问题的解释》第五十二条的规定，其他组织是指合法成立、有一定的组织机构和财产，但又不具备法人资格的组织，其中包括依法设立并领取营业执照的法人的分支机构。分公司作为公司法人依法设立并领取营业执照的分支机构，依法可以作为法定的其他组织承担其相应的行政违法责任，即可以作为行政处罚的违法主体予以处罚。

原国家工商行政管理局也做过相关的执法解释，《国家工商行政管理局对〈关于企业法人的非独立核算分支机构能否作为行政案件当事人的请示〉的答复》指出：“企业法人设立的不能独立承担民事责任的机构，可以作为行政处罚案件的当事人”。

需要说明两点：一是没有领取营业执照的分支机构，则以设立该分支机构的法人为行政处罚对象；二是分公司无力承担行政处罚的，由总公司作为行政处罚对象如资格罚，或由总公司承担处罚责任如缴纳罚款。

《最高人民法院关于人民法院执行工作若干问题的规定（试行）》第七十八条规定，被执行人为企业法人的分支机构不能清偿债务时，可以裁定企业法人为被执行人。企业法人直接经营管理的财产仍不能清偿债务的，人民法院可以裁定执行该企业法人其他分支机构的财产。即在案件执行上，如果分公司、分支机构不能完全承担有关行政责任时，应由其所隶属的公司或者其他分支机构承担清偿责任。

（二）从行政处罚种类角度上看

《行政处罚法》第九条规定，行政处罚的种类：（一）警告、通报批评；（二）罚款、没收违法所得、没收非法财物；（三）暂扣许可证件、降低资质等级、吊销许可证件；（四）限制开展生产经营活动、责令停产停业、责令关闭、限制从业；（五）行政拘留；（六）法律、行政法规规定的其他行政处罚。

警告属于申诫罚，是针对轻微的行政违法行为的惩戒，主要起到教育作用；通

报批评属于名誉罚，通报批评和警告都在一定程度上减损了被处罚对象的名誉和声誉，但是警告是针对行政相对人的，并不公开；而通报批评是在一定范围内，比如在单位、在行业内等，公开列明某人的不法行为来实现对声誉名誉减损的影响；罚款、没收违法所得、没收非法财物属于财产罚；暂扣、吊销许可证件、降低资质等级属于资格罚；限制开展生产经营活动、责令停产停业、责令关闭、限制从业属于行为罚；行政拘留属于人身罚，只能由法律来规定并由县级以上公安机关等法定机构来决定和执行。

行政处罚种类较多，分公司存在违法行为，需要实施行政处罚时，行政处罚对象应具体情况具体分析。

1. 资格罚应以实现惩处目的为处罚对象

分公司的违法行为需处以暂扣许可证件、降低资质等级、吊销许可证件的，需要根据行政许可资质授权对象区别对待。

（1）分公司具备行政许可资质、资格因违反行政管理秩序行为的资格罚应只能限定于实施违法行为的分公司。

分公司具备行政许可资质且违反行政管理秩序行为的行政处罚不能以法律规定“分公司的民事责任由公司承担”为由认定分公司的行政责任也应由公司承担，进而影响公司的投标资格，否则就是扩大了行政处罚的对象。不仅剥夺了公司的法律救济权，违反了行政比例性原则，且现实中也行不通。譬如石化、通信、金融、保险等特定行业的市场主体，一般只有一个法人单位，在地方设立的都是不具有法人资格的分公司，但实践中诸如中国石油、中国移动、中国银行的分公司都可以参与政府采购，如果分公司被取消投标资格而导致总公司也同样被取消投标资格，将导致总公司的投标资格受到影响，其结果是该类公司及其所有分公司均不具备政府采购供应商资格条件，影响整个公司而不仅是违法的分公司在全国范围内的经营活动，形同“杀鸡取卵”，明显有悖于行政行为的比例性原则。

实践中还有一种情形，即分公司具备行政许可资质但总公司不具备的，如食品经营许可证实行的是一地一证原则，此时涉及资格罚的，也只能处罚分公司而不能处罚总公司。

（2）分公司不具备行政许可资质因违反行政管理秩序行为的资格罚应归责于总公司。

实践中大量存在的是总公司具备行政许可资质，分公司不具备行政许可资质的，如建设工程施工总承包资质。因分公司无行政许可资质，无法对分公司处以资格罚，因此资格罚只能罚总公司，否则处罚就会流于形式，无法落实，如分公司违章作业导致重大安全事故需吊销安全生产许可证的，当然是吊销总公司的，因为分公司不具备。

许可证和资质是行政主管机关应公民、法人或者其他组织申请依法颁发的准许申请人从事某种活动的书面文件，是公民、法人或者其他组织享有某种权利的凭证。暂扣许可证件、降低资质等级、吊销许可证是指行政机关暂时扣押、降低资质等级或者取消违法行为人已经获得的从事某种活动的权利或者资格证书，限制或者剥夺行为人从事某项生产或者经营活动权利的行政处罚。申请人获得行政主管机关的许可后，对其在行政许可范围内的经营活动负有直接的行政管理责任和遵守国家相关法律法规的义务。因此，资格罚的对象只能是未尽到管理义务的行政许可的被许可人。

原国家工商行政管理局也做过相关的执法解释:《国家工商行政管理局关于认定违法主体有关问题的答复》规定，“各类企业法人设立的不能独立承担民事责任的分支机构，均属于从事经营活动的经济组织（企业和经营单位），依照《行政处罚法》等现行有关规定，该经济组织可以作为行政处罚案件的当事人，当该经济组织不能完全承担有关行政责任时，应由其所隶属的企业法人承担”。

2. 申诫罚、名誉罚、财产罚、行为罚、人身罚的行政处罚对象

行政处罚是行政机关依法对行政相对人的违反行政法上义务行为所给予的一种法律制裁，受制裁的违反行政法上义务的行政相对人，即为行政处罚对象。申诫罚、名誉罚、财产罚、行为罚、人身罚的行政处罚对象根据总公司对违法行为是否存在直接或间接的控制、暗示、默许等情形处理。

二、分公司被取消投标资格且在处罚期内的，总公司投标有效

《行政处罚法》将总公司、分公司作为两个独立的行政处罚对象，因此非经法定程序，也无行政责任由法人承担的法律依据，就要求公司替代分公司承担行政处理决定书载明的行政责任，不仅与行政处理决定上的行政相对人有明显冲突，且使得分公司作为“其他组织”成为行政责任主体的法律规定失去了意义，也将造成公司没有参与行政处理程序、没有行使救济权却要承担行政责任的权利失衡的法律结果。

《国务院办公厅关于进一步完善失信约束制度构建诚信建设长效机制的指导意见》指出，要确保过惩相当，按照失信行为发生的领域、情节轻重、影响程度等，严格依法分别实施不同类型、不同力度的惩戒措施，切实保护信用主体合法权益。按照合法、关联、比例原则，依照失信惩戒措施清单，根据失信行为的性质和严重程度，采取轻重适度的惩戒措施，防止小过重惩。任何部门（单位）不得以现行规定对失信行为惩戒力度不足为由，在法律法规或者党中央、国务院政策文件规定外增设惩戒措施或在法定惩戒标准上加重惩戒。

本案例中，分公司已经因其违法行为受到惩处，任何单位或个人不得以该惩处不足以对总公司构成惩戒为由，变相加重处罚，因此尽管分公司被取消投标资格且在处罚期内的，总公司投标仍然有效（参考判例：西安铁路运输中级人民法院[（2020）陕 71 行终 1498 号]）。

【启示】

总公司、分公司作为两个独立的行政处罚对象，不宜将行政处罚的资格罚作扩

大化解释，分公司被取消投标资格的，总公司投标应当有效。

思考题

招标人是否可以在招标文件中规定，分公司被取消投标资格且在行政处罚有效期内的，总公司及其他分公司投标无效？

【案例 43】

财产被冻结，投标一定无效吗?

关 键 词 财产被冻结 / 丧失履行合同的能力

案例要点

财产被冻结而取消投标资格的，应当是投标公司财产被冻结所造成的法律后果为丧失履行合同的能力。

【基本案情】

A 公司新建 30 万吨储备粮库建设项目施工图设计、采购、施工工程于 2018 年 9 月 25 日发布招标公告。招标文件规定，投标人不得具有如下情形之一：……（9）被责令停业的;（10）被暂停或取消投标资格的（以相关行业主管部门的行政处理决定为准）;（11）财产被接管或冻结的。该项目于 11 月 2 日完成评标。11 月 13 日，建兴建工公司依法向行政监督部门提起投诉。投诉主要内容为：B 公司、C 公司存在财产被冻结或者查封的情形，因此应废除 B 公司、C 公司的中标候选人资格，并依法纠正违法行为。11 月 22 日，行政监督部门作出投诉处理决定：B 公司不存在应当作出否决处理的情形。对于 C 公司，因建兴建工公司的异议函未提及对 C 公司的异议，故对于建兴建工公司的投诉均不予受理。建兴建工公司对投诉处理决定不服，向人民法院提起诉讼，经一审、二审审理终结。申请再审也被以在财产被冻结未能造成履约不能的情形下，直接否决第三人 B 公司的投标，不符合立法本意为由裁定驳回。理由是根据第三人 B 公司 2017 年度年报审计报告来看，即使是按原告建兴建工公司主张的冻结金额，其所占比例不到第三人 B 公司净资产的 1%，显然对第三人 B 公司的履约能力未造成实质性的影响。

【问题引出】

问题一：第一中标候选人存在财产被冻结的情况，投标是否有效?

问题二：行政监督部门对投诉人关于 C 公司的投诉不予受理是否合法?

【案例分析】

一、财务能力是工程建设项目判定投标人是否具备履约能力的重要指标

《招标投标法》第二十六条规定，投标人应当具备承担招标项目的能力；国家

有关规定对投标人资格条件或者招标文件对投标人资格条件有规定的，投标人应当具备规定的资格条件。

《工程建设项目施工招标投标办法》第二十条第三项规定，资格审查应主要审查潜在投标人或者投标人是否符合下列条件：（三）没有处于被责令停业，投标资格被取消，财产被接管、冻结，破产状态……

建设工程招标与货物采购对供应商的财务能力资格条件要求不同。大部分的货物采购是现货，对现货不满意，可以退货也可以换货，因此货物采购的，财务指标并不是必要的资格条件。比如到商场采购衣服，我们不会要求商场提供财务报告后再决定是否购买，而工程是期货，在建设工程合同履行期间，财务能力直接影响工程的施工安全、质量、进度等。

综上所述，在建设工程招标中，财务能力是判定投标人是否具备履约能力的重要指标，直接影响投标人资格有效性。

二、财产被冻结时投标是否有效，取决于是否影响投标人履约能力

一方面，《工程建设项目施工招标投标办法》第二十条第三项“投标人没有处于被责令停业，投标资格被取消，财产被接管、冻结，破产状态”的三种情形是并列的，均是对投标公司履约能力的审查规定。因此，关于投标人财产被冻结的理解就应将其与其他两种情形进行综合比较、考量，而不应该将该条款人为割裂、片面地解读，认为只要存在财产被冻结，不论冻结金额和程度即不具有投标资格。

另一方面，从文义分析，财产被接管、冻结，接管和冻结是并列的两项情形，也就是说因财产被冻结而取消投标资格的应当是投标人财产被冻结所造成的法律后果达到了财产被接管所造成的法律后果，严重影响甚至丧失履行合同的能力。

三、资格审查条款属格式条款，因格式条款存在歧义，作出不利于格式条款提供者一方的解释，符合法律规定和交易习惯

本案例中，对投标人资格要求中的“没有财产被接管、冻结”有两种理解，一种是只要投标人在投标期间存在资产被冻结的，无论因何冻结，无论金额多少，即符合上述条款要求；另一种是投标人被冻结资产所导致的后果，达到了与“被责令停业”“破产状态”相当的程度，对履行合同产生实质的影响，从而判断为不符合“没有处于被责令停业，投标资格被取消，财产被接管、冻结，破产状态”资格要求。评标标准出现两种或两种以上解释时，应当参照《民法典》按不利于提供格式条款一方的解释即第二种解释为合理解释。

从招标文件看，“财产被接管、冻结、破产状态”之间均使用顿号，即“财产被接管”“破产状态”与“冻结”是并列关系，该“冻结”的后果应当与财产被接管、破产状态的情形和严重程度相当。即该“冻结”财产范围和程度应达到足以让整个企业面临破产风险等重大不良状况，导致中标后无法履行合同，使合同目的不能实现。

四、财产被冻结有多种原因导致

市场主体经营活动中发生纠纷以至于形成诉讼，存在多种原因，诉讼本身是一个文明的争议解决途径，诉讼当事人具有平等地位，原被告任何一方均有胜诉可能。诉讼过程中的财产被冻结，只是原告方行使的诉讼权利，并不代表对方当事人实体权利的丧失。而且，被告方也可以通过提供担保等方式，申请解除相应的财产被冻结措施。换一个角度看，现行招标文件中规定的禁止投标情形还有一项，是“失信被执行人”，即不履行生效法律文书义务而被执行法院列为“失信被执行人”的败诉方，其形成的过程包括相关诉讼或仲裁法律文书已生效、胜诉方申请强制执行后败诉方仍不履行生效法律文书规定义务、执行法院按相关规定程序列为失信被执行人三个阶段，未经该三个阶段程序就不可能被列入失信被执行人、不可能禁止其投标。比较来看，对于仍在诉讼过程中，还没有确认原告已胜诉情况下，仅因原告行使财产保全措施导致被告财产被冻结，而丝毫不考虑这种冻结的性质、后果及对企业经营的影响程度，就立马剥夺了企业的投标权，其行为是把诉讼过程中的财产保全措施完全等同于执行程序中的“失信被执行人”，显然不当，不符合立法及招标文件规定的本意。

五、财产被冻结是否影响履约能力，由评标委员会根据招标文件来判定

对财产被冻结的影响范围及程度的认定和把握，《招标投标法实施条例》将主动权交给了招标人，例如第五十六条规定，中标候选人的经营、财务状况发生较大变化或者存在违法行为，招标人认为可能影响其履约能力的，应当在发出中标通知书前由原评标委员会按照招标文件规定的标准和方法审查确认。

六、投诉人对 C 公司财产被冻结的投诉应当不予受理

招标投标活动，有严格的程序性规定，即程序正义。此种程序正义，是对工程招标投标活动中各方当事人的合法权益的正当保护。投标人对特定事项，如对资格预审文件和招标文件、开标、评标结果的投诉，必须先向招标人提出异议，履行异议前置程序，否则其投诉将依法不予受理。

案涉项目的投诉事项共两项，一是第一中标候选人的联合体成员 B 公司存在财产被冻结情形，不符合招标文件中投标人资格条件的规定；二是第一中标候选人的联合体成员 C 公司存在财产被冻结的情形，也不符合招标文件中投标人资格条件的规定。投诉人只对第一个投诉事项进行了异议前置；对第二个投诉事项没有异议前置。

投标人对中标候选人的联合体成员财产被冻结事宜的投诉属于对评标结果的投诉，须先向招标人提出异议，不得直接提出投诉，故行政监督部门对于本次投诉，应当是受理第一个投诉事项，对第二个投诉事项不予受理。

根据招标文件的规定，投标人对中标候选人财产被冻结的事宜进行投诉，即投诉该中标候选人资格审查不应通过，应取消其中标资格。因投标人的资格审查事宜，属于评标委员会的职权，而是否通过资格审查则属于评标结果，那么，投标人对中标候选人财产被冻结事宜的投诉，就属于对评标结果的投诉。既然是属于对评标结果的投诉，则投诉人必须先向招标人提出中标候选人财产被冻结事宜的异议，而不能直接向行政监督部门提出投诉。如果投标人没有先向招标人提出异议，而直接向行政监督部门投诉中标候选人财产被冻结事宜的，其投诉依法不予受理（参考判例：江苏省盐城市中级人民法院［（2019）苏 09 行终 331 号］）。

【启示】

招标人、招标代理机构在编制招标文件时，不能简单地照搬照抄国家的法律规定和要求，要结合项目具体需求，在招标文件中予以细化，尽可能避免由此产生的歧义。招标文件在套用“财产被冻结”同时加以括弧备注说明，例如（此处所指的“冻结”，是指被“冻结”的财产影响到投标人或潜在投标人的履约能力。其中财产被全部冻结的，应当不具备投标资格；财产被部分冻结但不影响投标人对本项目履约能力的，具备投标资格。）。

思考题

如何判定财产被冻结但不影响履约能力？

【案例 44】

有行贿记录，投标一定无效吗？

关 键 词 行贿记录 / 行贿犯罪记录

案例要点

具有行贿行为的，并不等于存在行贿犯罪，也并非所有的行贿行为均会受到刑事处罚。

【基本案情】

某政府投资工程，投资金额约 4000 万元。招标文件规定，投标人及法定代表人（单位负责人）、项目经理均不得存在行贿犯罪记录，否则投标无效。经开标、评标，A 公司被推荐为第一中标候选人。公示期间，投标人 B 公司依法向行政监督部门提起投诉，要求取消第一中标候选人中标资格。投诉理由：经在中国裁判文书网查询，A 公司法定代表人存在为单位谋取利益，向某住房和城乡建设局局长王某行贿行为的记录，有王某受贿罪判决书为证。行政监督部门以 A 公司不存在犯单位行贿罪；法定代表人、项目经理也不存在被法院判决犯行贿罪的记录，符合招标文件规定为由驳回投诉。

【问题引出】

问题一：行政监督部门驳回投诉是否正确？

问题二：招标人是否可以在招标文件中明确规定，投标人及其法定代表人（单位负责人）、项目经理有行贿记录的不得投标？

【案例分析】

一、行政监督部门驳回投诉正确

（一）并非所有的行贿行为均会被人民法院判罪受到刑事处罚

行贿行为是一种违法犯罪行为，如果构成刑法规定的行贿罪，将有可能受到刑事处罚。但是并非所有的行贿行为都会被人民法院判罪受到刑事处罚。《刑法》第三百一十四条规定了贪污和受贿罪，明确了行贿行为的定罪量刑标准。人民法院在审理行贿案件时，将根据具体案情、事实证据以及适用法律，在公正、公平、合法的基础上进行判断和决策。人民法院对于行贿案件的判罪与量刑需要综合考虑诸多因素，包括行贿金额、性质、影响、立功表现等。此外，人民法院在司法实践中也会根据个案情况进行从轻、减轻甚至是免除刑罚等措施，以便更好地体现法律的公正性和灵活性。因此，具有行贿行为，并不等于存在行贿犯罪，并非所有的行贿行为均会被人民法院判罪，也并非所有的行贿行为均会受到刑事处罚。最高人民检察院、国家发展改革委《关于在招标投标活动中全面开展行贿犯罪档案查询的通知》（已废止）也只是查询“行贿犯罪记录的单位和个人”，而不是查询具有行贿行为的单位和个人。

（二）当事人行贿犯罪罪名成立才属于有行贿犯罪记录

最高人民检察院、国家发展改革委《关于在招标投标活动中全面开展行贿犯罪档案查询的通知》（已废止）以及最高人民检察院、交通运输厅、水利部、住房和城乡建设部《关于在工程建设领域开展行贿犯罪档案查询工作的通知》（已废止）中均明确，行贿犯罪记录应当通过人民检察院的行贿犯罪档案库查询。根据《最高人民检察院关于行贿犯罪档案查询工作的规定》（已废止）第八条，人民检察院收集、整理、存储经人民检察院立案侦查并由人民法院生效判决、裁定认定的行贿罪、单位行贿罪、对单位行贿罪、介绍贿赂罪等犯罪信息，建立行贿犯罪档案库。由此可见，有行贿犯罪记录的前提是当事人被人民法院的生效判决、裁定认定构成行贿罪或单位行贿罪，即当事人行贿犯罪罪名成立且需承担刑事责任才属于有行贿犯罪记录。

行贿犯罪记录是指在个人的司法档案中被记录下来的有关犯罪行为的信息。根据相关法律规定，只有当事人被人民法院判决犯有行贿犯罪并宣告罪名成立，才可以被认定为有行贿犯罪记录。同时，这些记录也会被记入个人的司法档案，作为个人犯罪行为的记录依据。

需要注意的是，在司法程序进行期间，应本着“无罪推定”原则对案涉人员保持谨慎的态度。只有在人民法院经过正当程序判决行贿罪名成立后，方可认定有行贿犯罪记录存在。

（三）第一中标候选人仅有行贿记录，但无行贿犯罪记录，投标有效

本案例中，招标文件明确规定，投标人及法定代表人（单位负责人）、项目经理均不得存在行贿犯罪记录，否则投标无效。判定行贿犯罪的核心，就是在于当事人是否犯罪。

从行政监督部门调查结果来看，第一中标候选人 A 公司法定代表人存在为单位谋取利益，向某住房和城乡建设局局长王某行贿行为的记录，但第一中标候选人的法定代表人没有因为行贿的违法行为而被判刑，因此 A 公司符合招标文件的规定，投标有效（参考判例：安徽省合肥市中级人民法院［（2020）皖 01 行终 489 号］、安徽省高级人民法院再审裁定［（2019）皖行申 251 号］)。

二、招标人有权禁止有行贿行为的投标人参与投标

（一）法律对行贿人员的制约具有天然的局限性

翻开我国刑法典，对行贿者的处置不可谓不严，“行贿家族”有四个罪名：行贿罪、

对非国家工作人员行贿罪、对单位行贿罪、单位行贿罪。受贿和行贿犹如一对“孪生兄弟”,不仅涉嫌犯罪,而且都危害经济社会正常运行。但在实践中,基于查处受贿,鼓励行贿人员检举揭发的需要，行贿者受到司法追究的比例较低。

（二）招标人在招标文件中规定属于私权，是强化招标人主体责任的重要体现

《招标投标法》第五条规定，招标投标活动应当遵循公开、公平、公正和诚实信用的原则；第十九条规定，招标人应当根据招标项目的特点和需要编制招标文件。因此一方面，招标人对投标人资格条件的规定属于私权，在不违反国家强制性规定的情况下,根据“约定大于法定原则”,招标人有权提出比国家规定更加严格的要求；另一方面，为了更好打击投标人违法行为，净化招标投标市场，招标人有权在招标文件中作出规定，禁止有行贿记录的投标人参与投标，这也是强化招标人主体责任的重要体现。

【启示】

行贿记录不等于行贿犯罪记录,判定行贿犯罪记录的核心在于当事人是否犯罪,仅有记录但不构成犯罪的不构成行贿犯罪记录。从有利于构建诚信体系建设角度出发，招标人有权在招标文件中规定，禁止有行贿记录的投标人参与竞争。

思考题

无行贿记录可以作为加分因素吗?

【案例 45】

原法定代表人有行贿犯罪记录，投标有效吗？

关 键 词 法定代表人变更 / 行贿犯罪记录

案例要点

原法定代表人有行贿犯罪记录，其法定代表人的变更不应改变行贿犯罪的违法行为导致的惩戒后果。

【基本案情】

2019 年 5 月 10 日，某政府投资市政工程公开招标，投资估算价 1 亿元，招标文件规定投标人及其法定代表人、拟派项目经理在近三年内不得存在行贿犯罪记录（从投标截止日 2019 年 6 月 6 日起算，往前推三年）。A 公司被推荐为第一中标候选人，评标结果公示期间投标人 B 公司向招标人提出异议，异议事项为第一中标候选人 A 公司不符合招标文件规定的资格条件，投标无效。理由是 A 公司原法定代表人小明在 2019 年 1 月有行贿犯罪记录，且小明为 A 公司的绝对控股股东和实际控制人。投标人 A 公司辩称公司法定代表人已于 2019 年 3 月变更为小王，投标人 B 公司及现法定代表人小王和拟派的项目经理均不存在行贿犯罪记录，符合招标文件规定，因此投标应当有效。

【问题引出】

问题一：A 公司投标是否有效？

问题二：从减少行贿犯罪记录争议角度，招标文件应当如何优化？

【案例分析】

一、A 公司投标无效

本案例的焦点在于如何准确理解招标文件中规定的投标人法定代表人不得有行贿犯罪记录，否则投标无效的含义。

（一）从立法目的角度出发，行贿犯罪记录查询的“法定代表人”应作扩大化理解

为了推动健全社会信用体系，营造诚实守信的市场环境，有效遏制贿赂犯罪，促进招标投标公平竞争，最高人民检察院、国家发展改革委决定在招标投标活动中全面开展行贿犯罪档案查询。根据最高人民检察院、国家发展改革委发布的《关于在招标投标活动中全面开展行贿犯罪档案查询的通知》（已废止）规定，行贿犯罪

记录应当作为依法必须进行招标的工程建设项目资质审查、评标专家入库审查、招标代理机构选定、中标人推荐和确定等活动的重要依据；最高人民检察院等《关于在工程建设领域开展行贿犯罪档案查询工作的通知》（已废止）规定工程项目招标投标，投标人应提供投标人、法定代表人和项目负责人的行贿犯罪记录查询告知函。

案涉项目第一中标候选人A公司原法定代表人小明有行贿犯罪记录，但在投标前变更了法定代表人，如果该投标有效，将导致行贿犯罪记录查询制度形同虚设，从而违背行贿犯罪记录查询制度设立的初衷。因此，招标文件规定的“近三年内，法定代表人不得存在行贿犯罪记录”应当理解为“近三年内的所有曾经担任过该公司的法定代表人均不得存在行贿犯罪记录”。

（二）从诚实信用角度出发，行贿犯罪记录查询的“法定代表人”应作扩大化理解

《招标投标法》明确规定，招标投标活动应当遵循诚实信用的原则。在招标投标活动中开展行贿犯罪记录查询，对有行贿犯罪记录的单位和个人参与招标投标活动进行限制，是健全招标投标失信行为联合惩戒机制，推动社会信用体系建设的重要举措，有利于规范招标投标活动当事人行为，提高其违法失信成本，遏制贿赂犯罪；有利于形成“一处行贿，处处受制”的信用机制，促进招标投标行业持续健康发展。

案涉项目第一中标候选人A公司原法定代表人小明有行贿犯罪记录，本应投标无效，但A公司在投标前变更了法定代表人，表面上看符合招标文件规定，但究其本质仍属以变更法定代表人的方式规避行贿犯罪违法行为的惩戒机制，属于以合法手段达到规避制裁的目的，对其他投标人构成非公平竞争。因此原法定代表人的变更不应影响其行贿犯罪的违法行为导致的惩戒后果（参考判例：浙江省高级人民法院［（2016）浙行申84号］）。

二、为减少争议，招标文件对行贿犯罪记录查询应更精细化

为填补法律漏洞，减少不必要的争议纠纷，招标文件投标人须知的正文部分1.4.3条应作如下修改：投标人不得存在下列情形之一：投标人或其法定代表人（单位负责人）、拟委派的项目经理在近三年内有行贿犯罪记录的（近三年内投标人名称变更、法定代表人变更的，项目经理姓名变更的，应当一并查询）。

【启示】

在处理招标投标争议纠纷时，在招标文件规定存在漏洞时，应当结合评审条款设定的依据、设定的目的，按照公开、公平、公正、诚实信用的原则处理。

思考题

投标人A公司参加某市政府投资的依法必须进行招标的工程投标，其法定代表人一审被判行贿罪，正处于上诉期，问：该投标人的投标文件是否有效？

【案例 46】

提供不属于资格条件和加分因素的虚假材料，投标有效吗？

关 键 词 虚假投标资料 / 诚实信用

案例要点

投标人提交的投标文件，必须是真实的，不得存在虚假，否则违背诚实信用原则，投标无效。

【基本案情】

某政府投资建设工程中央空调设备招标，A 公司为第一中标候选人，公示期间，投标人 B 公司向招标人提起异议，要求取消 A 公司中标资格，理由是 A 公司的检测报告涉嫌造假。招标人经调查后发现情况属实，取消 A 公司中标资格。A 公司不服，向行政监督部门提起投诉。投诉理由为：A 公司提供的设备检测报告部分参数存在虚假，但涉及虚假的部分指标既不是投标人的资格条件，也不是评分标准中的加分因素，对中标结果不产生实质性影响，中标应当有效。

【问题引出】

问题一：A 公司提供虚假材料不属于资格条件和加分因素，投标有效吗？

问题二：假如 A 公司以检测报告由设备制造商提供，A 公司对此不知情，无主观过错，可以免除处罚吗？

【案例分析】

一、A 公司存在提供虚假材料谋取中标的行为，投标无效

《招标投标法》第五条规定，招标投标活动应当遵循公开、公平、公正和诚实信用的原则。弄虚作假属违法行为，严重影响了招标投标的公平竞争和违反诚实信用原则，因此《招标投标法》第三十二条和第三十三条，以及《招标投标法实施条例》第四十二条明确予以禁止。

本案例中，投标人 A 公司提供的设备检测报告虚假部分尽管既不属于招标文件规定的投标人资格条件，也不属于评分标准中的加分因素，表面上看不影响中标结果，但是一方面，在评审 A 公司的主观分时基于 A 公司提供的参数比较优秀，客观上可能对评标委员会产生影响，从而最终影响中标结果；另一方面，根据《招

标投标法实施条例》第五十一条，“有下列情形之一的，评标委员会应当否决其投标：……（七）投标人有串通投标、弄虚作假、行贿等违法行为”的规定，判定A公司投标是否有效的标准不在于其虚假材料是否一定影响中标结果，而是要看投标人虚假投标是否属实。本案例中，A公司提供虚假材料属实，无论其虚假材料是否对中标结果造成影响，影响有多大，均应判定其投标无效（参考判例：广东省高级人民法院［（2018）粤行申1722号］）。

二、A公司以检测报告由制造商提供，提供虚假材料无主观故意不一定可以免除处罚

（一）投标人主观过错包括故意和过失

新《行政处罚法》实施以后，投标人的虚假投标行为有无主观过错，成为行政机关作出处罚决定的关键。实务中，投标人通常以其无主观故意作为理由，申辩请求免于处罚，如“虚假材料系由第三方出具”“对虚假材料不知情”“虚假材料系员工个人所为”或“所提供的虚假材料曾经过交易中心的公示”等。但必须注意地是，主观过错包括主观故意和过失，投标人对“提供虚假材料谋取中标”存在过错不应当仅限缩解释为对“提供虚假材料谋取中标”存在故意，即明知自己在造假并且通过造假而谋取中标，并完成提供虚假材料的行为，还应当包括存在过失导致的过错。首先，根据公平竞争原则，在投标文件中提供真实材料，是投标人的义务；其次，根据诚实信用原则，审查投标文件是否有虚假材料，也是投标人的义务；投标人对其提交的投标文件的真实性负责，投标人想要证明自己对其所提供的虚假材料不存在过失，应当证明自己在投标过程中按照法律的规定和招标文件的要求充分履行了义务。

综上所述，在招标投标活动中，无论是投标人故意提供虚假材料谋取中标，还是供应商在提供投标材料前未对材料的真实性尽到审慎的审查义务，主观上都具有可谴责性，都应受到法律的追究。只有当投标人竭尽所能对自己提供的投标材料进行审慎的审查后，仍然不能避免材料为假的结果发生，此时对其进行行政处罚，不仅对其不公平，也很难起到预防违法的作用，故免予处罚。

（二）投标人应当承担无主观过错的举证责任

2021年修订施行的新《行政处罚法》第三十三条第二款规定，当事人有证据足以证明没有主观过错的，不予行政处罚。法律、行政法规另有规定的，从其规定。据此，主观过错明确成为行政处罚的构成要件，当事人在陈述申辩时未提出其主观无过错时，行政机关可根据其客观违法行为推定其主观上有过错，从而对其进行处罚。若当事人在申辩中提供的证据足以证明其主观无过错，在法律无特别规定的情况下，即使当事人客观违法行为的证据确实充分，行政机关也不得对当事人作出行政处罚。事后制裁只是行政处罚的初级功能，其要实现的深层目标是教育行政相对人，预防其再次作出违反行政管理秩序、损害社会公共利益的行为。行为人在作出违法行为时，可能是基于主观过错，也可能没有主观过错。只有对在自由意志控制下的违法行为作出惩罚，才能真正贯彻处罚和教育相结合的原则。如果对没有主观过错的违法行为人和具有主观过错的违法行为人施以相同的法律后果，将造成实质意义上的不公平。

投标人承担其不具有主观过错的证明责任，即对提供虚假材料的主观过错采用过错推定原则，只要投标人实施了提供虚假材料的行为，则应推定其具有过错，只有在投标人证明其不具有过错的情况下，行政监督部门根据其申辩理由作出予以采纳决定的才不承担法律责任。由投标人来证明其不具有主观过错是合理的，不但可以减轻行政监督部门的举证负担，也能够促使投标人更好地履行审慎义务。

【启示】

诚实信用原则是招标投标的基本原则，投标人存在虚假投标行为的，无论是否影响中标结果，投标均应当无效。投标人能够证明自己不具有主观过错，则其可以免予行政处罚。投标人在证明自己不具有主观过错时，应以自己是否履行对招标文件中的响应内容进行审慎审查的义务为证明标准。

思考题

如何判定投标人对投标文件尽到审慎审查义务？

【案例 47】

投标人具有相同的股东，投标有效吗?

关 键 词 相同的股东 / 利害关系 / 控股或管理关系

案例要点

投标人之间尽管存在相同的股东，但投标人相互没有控股、管理关系，且法定代表人不是同一人，招标文件也未作出禁止性规定时，投标有效。且招标文件也不宜作禁止性规定。

【基本案情】

某政府投资工程招标，投标人 A 公司被推荐为第一中标候选人。公示期间，投标人 C 公司向招标人提出异议，要求取消 A 公司中标候选人资格。异议理由是投标人 A 公司和投标人 B 公司均为甲、乙两个股东，A 公司、B 公司两个投标人存在利害关系，影响中标结果，A 公司、B 公司的投标应当无效。招标人答复:经调查，甲持有 A 公司 80% 股份，乙持有 B 公司 70% 股份。A、B 两公司的股东按其出资份额行使表决权，且 A、B 两公司法定代表人也不同，不属于《招标投标法实施条例》第三十四条规定的投标无效情形，且招标文件的否决条款中也没有相关的规定，因此 A 公司投标有效。C 公司不服，向行政监督部门提起投诉。

【问题引出】

问题一：投标人 A 公司与投标人 B 公司股东相同，投标有效吗?

问题二：招标文件中可以规定禁止此类情形的投标人参与投标吗?

【案例分析】

一、投标人 A 公司和投标人 B 公司无控股和管理关系，投标有效

（一）股东相同不等于存在控股或管理关系

《招标投标法实施条例》第三十四条规定，与招标人存在利害关系可能影响招标公正性的法人、其他组织或者个人，不得参加投标。单位负责人为同一人或者存在控股、管理关系的不同单位，不得参加同一标段投标或者未划分标段的同一招标项目投标。违反前两款规定的，相关投标均无效。

《招标投标法实施条例》第三十四条第二款限制的是两个以上投标人的单位负

责人为同一个人或者其相互之间存在控股、管理关系时的投标资格，但并没有禁止两个以上投标人为同一人控制、股东相同或有部分股东重叠时的投标资格，因为投标人股东相同不等于投标人具备控股或管理关系。此条款的立法目的是既要鼓励竞争，也要维护投标竞争的公平公正。控股或管理关系是指投标人与投标人之间存在控股或管理关系，因此当投标人之间全部或仅有部分股东相同，不能据此认定其相互之间存在控股、管理关系，从而影响其投标资格。也就是说，在招标文件没有特别规定的情况下，同一公司下属的子公司，或者同一个股东或相同的多个股东共同出资设立的公司，只要其单位负责人不是同一人，就可以同时参加同一标段的投标或者未划分标段的同一招标项目的投标。

（二）在没有其他证据佐证 A 公司和 B 公司存在串通投标情况下，适用“疑罪从无”原则

A 公司和 B 公司股东完全相同，存在利害关系，在共同股东的影响下发生协同一致采取行动串通投标的可能性确实很大，但在没有其他证据佐证 A 公司和 B 公司存在串通投标情况下，应适用“疑罪从无”原则，不得直接否决其投标。

综上所述，本案例中，投标人 A 公司、投标人 B 公司尽管存在相同的股东，但 A、B 两公司相互没有控股、管理关系，且法定代表人不是同一人，招标文件也未作出禁止性规定，因此不会影响其参加同一招标项目的投标资格（参考判例：河南省郑州市金水区人民法院［（2015）金行初字第 143 号］、南宁市中级人民法院［（2018）桂 01 民初 319 号］、海口市中级人民法院［（2017）琼 01 民终 46 号］、河南省郑州市中级人民法院［（2015）郑行终字第 464 号］)。

二、招标文件不宜作出禁止性规定

（一）招标人有权根据项目特点设定投标人资格条件

投标人资格是指投标人参与具体项目投标所需具备的条件，是招标文件的核心内容。《招标投标法》第十八条规定，招标人可以根据招标项目本身的要求，在招标公告或者投标邀请书中，要求潜在投标人提供有关资质证明文件和业绩情况，并对潜在投标人进行资格审查；国家对投标人的资格条件有规定的，依照其规定。第十九条第一款规定，招标人应当根据招标项目的特点和需要编制招标文件。招标文件应当包括招标项目的技术要求、对投标人资格审查的标准、投标报价要求和评标标准等所有实质性要求和条件以及拟签订合同的主要条款。

投标人资格条件可分为法定资格条件和约定资格条件。法定资格条件，是指法律规定的投标人参与项目投标所必须具备的条件，主要为资质要求，即国家为了保障生产安全、人民健康和交易秩序，对特定行业授予的经营资格、资质等行政许可，如工程勘察设计、施工、监理项目需要建筑业企业资质，货物有工业产品生产许可证、安全生产许可证等生产许可、强制认证，律师、注册会计师等服务行业也有执业许可证等行政许可证书。对于法定条件，即使招标文件没有规定，如果投标人不满足这些条件，仍需依据法律规定否决其投标。约定资格条件，是指招标人根据招标项

目实际需求，在不违反国家法律法规的前提下设置的资格条件，比如关于业绩、财务等资格条件，由招标人自主决定，但是必须与招标项目相关，且不违反法律规定。

（二）招标人设定的资格条件不得排斥潜在投标人

《招标投标法》第二十条规定，招标文件不得要求或者标明特定的生产供应者以及含有倾向或者排斥潜在投标人的其他内容。投标人存在相同股东的情形，法律并未明令禁止其参与同一项目的投标，如果招标文件设定的资格条件禁止其投标，涉嫌以其他不合理条件限制、排斥潜在投标人或者投标人。因此为避免不必要的争议，从有利于项目顺利实施角度出发，不宜将其作为资格条件。

【启示】

《招标投标法实施条例》第三十四条所指的“控股关系以及管理关系”仅限于直接控股或管理关系，并不包括间接控股和管理关系。“直接控股或管理关系”也仅限用于约束投标人与投标人之间的关联关系，对于投标人背后的股东，或者实际控制人是否与同一合同项下的另一投标人存在关联关系，均不在该法条约束限制的范围内。招标文件也不宜设置禁止性资格条件规定。

思考题

1. 投标人A公司和投标人B公司同时参加同一项目同一标段的投标。投标人A公司的法定代表人为张三，投标人B公司的法定代表人为李四，张三和李四为夫妻关系，问：投标人A公司和投标人B公司本次投标是否有效？
2. 投标人A公司和投标人B公司同时参加同一项目同一标段的投标。投标人A公司和投标人B公司控股股东同为张三，问：投标人A公司和投标人B公司本次投标是否有效？

【案例48】

同一公司的多个分公司参加未划分标段的同一项目投标，投标有效吗?

关 键 词 同一公司的分公司 / 参加同一项目投标

案例要点

同一公司的分公司参与未划分标段的同一项目投标，属于单位负责人为同一人的情形，相关投标均无效。

【基本案情】

某政府投资的依法必须进行招标的园林绿化工程采用公开招标方式，共有15家投标人按时递交投标文件。评标时，评标委员会发现A公司下属的10个分公司参与本项目投标，招标文件对此未作禁止性规定。

对于如何处理，评标委员会产生争议：

观点一：A公司的各分公司投标有效。理由是根据《评标委员会和评标方法暂行规定》第十七条第一款的规定，评标委员会应当根据招标文件规定的评标标准和方法，对投标文件进行系统的评审和比较。招标文件中没有规定的标准和方法不得作为评标的依据。本项目招标文件并未禁止同一公司的各分公司同时参与投标，因此各分公司的投标有效。

观点二：A公司的各分公司投标无效。理由是A公司下属的多个分公司均受总公司控制，同时参加本项目的投标，有串通投标的风险，对其他投标人不公平。

【问题引出】

问题一：A公司下属的10个分公司投标是否有效?

问题二：招标人和投标人应当如何避免此类情形出现?

【案例分析】

一、A公司下属的多个分公司参与未划分标段的同一项目投标，相关投标均无效

《招标投标法实施条例》第三十四条第二款规定，单位负责人为同一人或者存在控股、管理关系的不同单位，不得参加同一标段投标或者未划分标段的同一招标项目投标。

单位负责人，是指单位法定代表人或者法律、行政法规规定代表单位行使职权的主要负责人。所谓法定代表人，是指由法律或者法人组织章程规定，代表法人对外行使民事权利、履行民事义务的负责人。如《公司法》规定，公司法定代表人依照公司章程的规定由董事长、执行董事或者经理担任；《全民所有制工业企业法》规定，厂长是企业的法定代表人；国家机关的最高行政官员是机关法人的法定代表人等。所谓法律、行政法规规定代表单位行使职权的主要负责人，是指除法人以外，法律、行政法规规定的代表单位行使职权的主要负责人。如个人独资企业的负责人，依照《个人独资企业法》的规定，是指个人独资企业的投资人；代表合伙企业执行合伙企业事务的合伙人等（摘录自《招标投标法实施条例释义》）。

案涉项目属园林绿化招标，根据国家有关规定，园林绿化资质不需要具备相关的资质，也不得以其他行政许可资质代替，因此依法设立的具备营业执照分公司可以自己名义参与投标。但必须指出，一方面，考虑到分公司的法律后果由法人承担，如果允许法人的多个分支机构同时参与投标，相当于一个法人递交了两个或两个以上的投标报价，理当无效；另一方面，A公司的下属各分公司不属于独立法人，其单位负责人不是各分公司的负责人，而是其总公司的法定代表人。

综上所述，根据《招标投标法实施条例》第三十四条规定，A公司下属各分公司参与未划分标段的同一项目的投标，因单位负责人为同一人，相关投标均无效。

二、招标人和投标人应当分别采取相应措施，避免投标无效

从招标人角度看，招标人应在投标人须知的“投标人资格条件”提醒各投标人注意；在评标办法“资格审查”中增加同一公司的多个分公司投标将被否决的条款。

从投标人角度看，各分公司在作出是否参与项目投标决策时，应当与总公司及其他分公司及时沟通，确保信息畅通，避免出现同时参与某一项目投标导致相关投标均无效的情形。

需要注意的是，根据《工程建设项目货物招标投标办法》（2013年修正）第三十二条规定，一个制造商对同一品牌同一型号的货物，仅能委托一个代理商参加投标。因此，如果是与工程有关的货物采购，被代理的制造商不得与授权的代理商同时参与投标，否则相关投标无效；也不能同时授权两家或两家以上的同一品牌同一型号的代理商参与同一项目投标，否则投标无效。如果是同一品牌但不同型号的，可以委托多个代理商参与投标。

【启示】

招标投标活动应当遵守公开、公平、公正、诚实信用原则，同一公司的多家分支机构参加未划分标段的同一项目或同一项目的同一标段投标，对其他投标人构成不公平，也容易产生串通投标行为，因此相关投标均无效。

思考题

1. 法人和分公司同时参与同一项目的同一标段投标，问：投标是否有效？
2. 分公司投标，是否需要总公司的一事一授权？

【案例 49】

母公司撤销投标文件后，子公司的投标是否有效？

关 键 词 控股或管理关系 / 撤销投标文件

案例要点

具有控股或管理关系的不同投标人参与未划分标段的同一项目投标，相关投标均无效，无论具有控股或管理关系的投标人是否已撤销投标文件。

【基本案情】

2019 年 8 月，某市政府拟投资 3 亿元建设市政道路，招标人为市住房和城乡建设局，采用公开招标方式，投标保证金 80 万元，评标办法为综合评估法。为增强吸引力，本次招标未划分标段，共有 28 家投标人按时递交投标文件，A 公司和 B 公司也参与了本项目的投标，其中 A 公司是 B 公司的母公司。评标期间，A 公司向招标人提出撤销投标文件，并愿意承担撤销投标文件的法律后果。招标人及时将情况反馈给评标委员会。

关于 B 公司投标是否有效，评标委员会有不同意见：

观点一：B 公司投标有效。理由是尽管 A、B 两公司属控股或管理关系，但 A 公司已经撤销投标文件，只保留 B 公司，法定的否决情形已经消除。

观点二：B 公司投标无效。理由是无论 A 公司是否撤销投标文件，只要 A、B 两公司都参与了本项目的投标，就属于《招标投标法实施条例》第三十四条规定的投标无效情形。

【问题引出】

问题一：B 公司投标是否有效？

问题二：A 公司撤销投标文件，且未给招标人造成损失，招标人是否可以退还投标保证金？

【案例分析】

一、B 公司投标无效

（一）法律已有明文规定

《招标投标法实施条例》第三十四条第二款规定，单位负责人为同一人或者存在控股、管理关系的不同单位，不得参加同一标段投标或者未划分标段的同一招标项目投标。

法律禁止单位负责人为同一人或存在控股或者管理关系的不同投标单位参与同一个项目竞争，是为了维护招标投标活动的公正性而作出的限制性规定。在招标投标实践中，存在控股或者管理关系的两个单位参加同一招标项目投标，容易发生事先沟通、私下串通等现象，影响竞争的公平，有必要加以禁止。案涉项目 A、B 两公司之间存在控股或管理关系，A 公司为 B 公司的母公司，属法律规定的禁止情形。

《招标投标法实施条例》第三十四条第三款进一步规定，违反前两款规定的，相关投标均无效。这里的投标无效，是指投标活动自始无效。也就是说，只要存在《招标投标法实施条例》第三十四条第一款、第二款规定的禁止情形，不论何时发现，相关投标均应作无效处理。

具体地说，如在评标环节发现这一情况，评标委员会应当否决其投标；如在中标候选人公示环节发现这一情况，招标人应当取消其中标资格；如在合同签订后发现这一情况，则该中标合同无效，招标人应当撤销合同，重新依法确定其他中标候选人为中标人，或重新招标；如该合同已经履行，无法恢复原状，则该中标合同无效，中标人应当赔偿因此造成的损失。案涉项目在评标环节发现 A、B 两公司属母、子公司同时参加同一项目投标的情形，评标委员会应当对 A、B 两公司的投标文件均作否决投标处理。评标委员会否决投标的行为，应当依法自行作出，而不受母公司是否作出撤销投标文件行为的影响。

（二）A 公司退出，B 公司投标有效不符合公平原则

本项目为综合评估法，投标报价得分占一定的权重，如果允许具有控股或管理关系的投标人适当退出，然后保留一家参与本项目的竞争，会让投标人根据开标现场各投标人的报价情况选择报价得分低的退出，这从某种意义上讲相当于变相给了具有控股或管理关系的投标人二次报价甚至多次报价的机会，对其他投标人不公平。

综上所述，基于公平、公正原则，存在控股或管理关系 A、B 两公司参加未划分标段的同一项目的投标，相关投标自始无效。

二、A 公司投标保证金不宜退还

《招标投标法实施条例》第三十五条第二款规定，投标截止后投标人撤销投标文件的，招标人可以不退还投标保证金。

投标截止后，投标有效期开始计算。投标有效期内投标人的投标文件对投标人具有法律约束力。根据《民法典》第一项“要约可以撤销，但是有下列情形之一的除外：（一）要约人以确定承诺期限或者其他形式明示要约不可撤销”的规定，投标人不得在投标有效期内撤销其投标，否则将削弱投标的竞争性。投标人撤销其投标给招标人造成损失的，应当根据《民法典》第五百条的规定，承担缔约过失责任。如果招标文件要求投标人递交投标保证金的，投标人在投标有效期内撤销投标可能

付出投标保证金不予退还的代价，投标保证金不足以弥补招标人损失的，投标人依法还应对超出部分的损失承担赔偿责任。

实践中，由于投标人撤销投标文件并不必然影响竞争，也不必然造成招标人损失，所以《招标投标法实施条例》第三十五条第二款规定，投标截止后投标人撤销投标文件的,招标人可以不退还投标保证金。“可以不”在法律上通常理解为“可以”，因此是否退还由招标人根据潜在投标人数量在招标文件中明确。

但必须说明的是，案涉项目为政府投资项目，招标人为市住房和城乡建设局，根据《招标投标法实施条例》第三十五条第二款规定，招标人享有是否退还投标保证金的自主决定权，但是根据《审计法》等相关法律规定，如果市住房和城乡建设局退还投标保证金将直接造成国有资产流失，情节严重的，还可能构成国有资产流失罪。

综上所述，招标人为国家机关、事业单位、国有企业等单位时，对《招标投标法实施条例》第三十五条第二款的“可以不”应理解为“应当不”，即招标人无自主选择权，否则造成国有资产流失将被追究相关人员责任。

【启示】

存在控股或管理关系的不同单位之间利益具有一致性，为保证招标投标活动的公平性，防范投标人之间的串通行为，《招标投标法实施条例》规定存在控股或管理关系的不同单位参加同一标段的投标的，相关投标均无效。

为避免争议，招标人应当在招标文件中明确规定不予退还投标保证金的适用情形；为防止国有资产流失，当招标人为国家机关、事业单位、国有企业等单位时，投标人撤销投标保证金的，也应不予退还投标保证金。

思考题

1. A公司有下属两家子公司B公司、C公司，B公司与C公司下属的子公司D公司同时参加同一项目同一标段的投标，问：在无其他瑕疵的情况下，B公司和D公司投标是否有效？
2. A公司与C公司同时参加未划分标段的同一项目投标，C公司为A公司下属子公司B公司的下属子公司。问：在无其他瑕疵的情况下，A公司和C公司投标是否有效？

【案例 50】

被列为失信被执行人，投标一定无效吗？

关 键 词 非依法必须进行招标的项目 / 失信被执行人

案例要点

非依法必须进行招标的项目，除招标文件另有规定外，失信被执行人投标有效。

【基本案情】

2019 年 10 月，某民营企业房地产开发项目招标。中标候选人公示期间，第二中标候选人 B 公司向招标人提出异议，异议事项为第一中标候选人 A 公司被法院列为失信被执行人，投标应当无效。招标人答复：经查，A 公司是失信被执行人属实，但招标文件未将投标人不得被相关部门列为失信被执行人且在有效期内作为资格条件，因此 A 公司投标有效。

【问题引出】

问题一：限制失信被执行人投标，适用所有招标情形吗？

问题二：案涉项目 A 公司投标是否有效？

【案例分析】

一、限制失信被执行人参与投标的法律适用

（一）限制失信被执行人参与投标的相关规定

1. 顶层设计

现代市场经济是信用经济，建立健全社会信用体系，是整顿和规范市场经济秩序、改善市场信用环境、降低交易成本、防范经济风险的重要举措。《国务院关于印发社会信用体系建设规划纲要（2014—2020 年）的通知》中明确提出了信用建设的要求，该要求涉及工程建设项目招标投标领域以及政府采购领域。2016 年 5 月 30 日，国务院发布的《国务院关于建立完善守信联合激励和失信联合惩戒制度加快推进社会诚信建设的指导意见》指出，要营造公平诚信的市场环境，加快推进社会诚信建设，建立跨地区、跨部门、跨领域的联合激励与惩戒机制。

2. 联合惩戒

2016 年 8 月，最高人民法院、国家发展改革委员会、住房和城乡建设部、水

利部等联合发布的《关于在招标投标活动中对失信被执行人实施联合惩戒的通知》明确要求，依法必须进行招标的工程建设项目，招标人应当在资格预审公告、招标公告、投标邀请书及资格预审文件、招标文件中明确规定对失信被执行人的处理方法和评标标准，在评标阶段，招标人或者招标代理机构、评标专家委员会应当查询投标人是否为失信被执行人，对属于失信被执行人的投标活动依法予以限制。

《最高人民法院关于公布失信被执行人名单信息的若干规定》（2013 年 7 月 1 日发布，2017 年 1 月 16 日修正）第八条第一款规定，人民法院应当将失信被执行人名单信息，向政府相关部门、金融监管机构、金融机构、承担行政职能的事业单位及行业协会等通报，供相关单位依照法律法规和有关规定，在政府采购、招标投标、行政审批、政府扶持、融资信贷、市场准入、资质认定等方面，对失信被执行人予以信用惩戒。

2017 年 12 月，住房和城乡建设部印发《建筑市场信用管理暂行办法》（以下简称《办法》），《办法》第十七条第一款规定，各级住房城乡建设主管部门应当将列入建筑市场主体“黑名单”和拖欠农民工工资“黑名单”的建筑市场各方主体作为重点监管对象，在市场准入、资质资格管理、招标投标等方面依法给予限制。

（二）限制失信被执行人参与投标的适用情形

《国务院办公厅关于进一步完善失信约束制度构建诚信建设长效机制的指导意见》进一步指出，在社会信用体系建设工作推进和实践探索中，要把握好以下重要原则：一是严格依法依规，失信行为记录、严重失信主体名单认定和失信惩戒等事关个人、企业等各类主体切身利益，必须严格在法治轨道内运行。二是准确界定范围，准确界定信用信息和严重失信主体名单认定范围，合理把握失信惩戒措施，坚决防止不当使用甚至滥用。三是确保过惩相当，按照失信行为发生的领域、情节轻重、影响程度等，严格依法分别实施不同类型、不同力度的惩戒措施，切实保护信用主体合法权益。

根据《关于在招标投标活动中对失信被执行人实施联合惩戒的通知》《关于对公共资源交易领域严重失信主体开展联合惩戒的备忘录》《关于对政府采购领域严重违法失信主体开展联合惩戒的合作备忘录》等相关文件规定，除招标文件另有规定外，限制失信被执行人参与投标仅限于依法必须进行招标的工程建设项目和政府采购活动。

二、A 公司投标有效

（一）投标资格条件的两种要求

公法管秩序，私法管效率。投标的权利为基本人权，非经法律程序不得剥夺。国家相关文件的确对限制失信被执行人参与投标作出了规定，但国家规定不能直接实施，必须以具有法律效力的文书为依据，包括但不限于生效的司法裁判文书和仲裁文书、行政处罚和行政裁决等行政行为决定文书，以及法律法规或者党中央、国务院政策文件规定可作为失信行为认定依据的其他文书或者由招标人在招标文件中明确约定，只有程序正义才能确保结果正义。

《招标投标法》第十八条第一款规定，招标人可以根据招标项目本身的要求，在招标公告或者投标邀请书中，要求潜在投标人提供有关资质证明文件和业绩情况，并对潜在投标人进行资格审查；国家对投标人的资格条件有规定的，依照其规定。第二十六条规定，投标人应当具备承担招标项目的能力；国家有关规定对投标人资格条件或者招标文件对投标人资格条件有规定的，投标人应当具备规定的资格条件。

依据上述规定，可以得出结论：投标资格条件有两种要求，一是国家规定，二是招标文件的规定。任何投标人均必须同时满足国家规定的资格条件和招标文件规定的资格条件。这意味着，招标文件没有规定的资格条件，但国家有规定的，投标人不能以招标文件没有规定为由提出抗辩或不予以遵守。

《招标投标法实施条例》第五十一条第三项规定，有下列情形之一的，评标委员会应当否决其投标：（三）投标人不符合国家或者招标文件规定的资格条件……此处的“国家规定”，不仅包括法律、行政法规的强制性规定，还应当包括党中央、国务院的有关规定，这一点在《国务院办公厅关于进一步完善失信约束制度构建诚信建设长效机制的指导意见》中就有明确体现“设列严重失信主体名单的领域，必须以法律法规或者党中央、国务院政策文件为依据，任何部门（单位）不得擅自增加或扩展”。

（二）招标文件未禁止失信人参与投标，规定有效

本案例的招标人并未在招标文件中设置不接受纳入失信名单的投标人的资格条件，即招标人放弃该项权利，降低了该项目的投标门槛，允许“纳入失信名单的投标人”参与投标，该规定是否有效呢?

招标是民事合同订立的过程，信用属于合同主体对于履约风险的判定，本案例中的招标人未禁止失信人参与投标，由此造成的履约风险由当事人承担。公权力在招标监督管理中解决的是公平问题，本案例不存在不公平的问题，因此当招标文件明确不将信用记录纳入资格条件时，其约定有效。实践中，约定大于法定的前提条件是约定不违反公序良俗，不违反国家法律法规的强制性规定。就本案例而言，招标文件的规定不违反公序良俗，也不必然造成公共利益受损，因此规定有效。

市场主体信用具有相对性，同一失信行为对于不同的市场交易主体、不同交易领域、不同时期、不同环境和不同的交易客体，其失信行为导致的履约风险和法律责任是有差别的。对于非依法必须进行招标的项目，第一中标候选人为失信被执行人，招标人评估后如果认为该中标候选人的失信行为不构成履约风险，也可以接受该中标候选人中标，且不构成违法行为，中标合同有效。招标人自行承担这个评估选择可能产生的履约风险。市场信用秩序管理是政府与市场关系的边界和连接点。市场必须通过自律与法律相结合，才能建立和规范市场信用秩序。市场主体应当自行识别评价、自主采信、自律约束、自担风险责任并严格依法禁止和惩戒违法失信行为。对于法律没有涉及取消资格和禁止交易的某类失信行为，则公权部门不能随

意禁止某类失信行为投标。政府对市场主体滥用信用统一评价和滥用失信惩戒禁入，同样属于政府行为的无序失信，必将损害市场诚信体系和公平竞争秩序。

综上所述，案涉工程资金来源为民营资本投资的房地产开发项目，不属于国家规定的必须限制失信被执行人参与投标的依法必须进行招标的工程建设项目，招标文件也未限制失信人参与投标，故A公司投标有效。

【启示】

从招标文件决策权角度出发，招标文件编制属于招标人的自主权，招标人对招标采购的后果承担主体责任。但从政府投资角度而言，招标人属于政府在此项目上的委托代理人，即招标人有权但不可任性，基于保护公共利益不受损害的角度出发，尽管招标文件未作规定，但如果第一中标候选人被列入失信名单是以国家法律法规或者党中央、国务院政策文件为依据，且该失信行为属于严重危害人民群众身体健康和生命安全、严重破坏市场公平竞争秩序和社会正常秩序、拒不履行法定义务严重影响司法机关和行政机关公信力、拒不履行国家义务范畴的，投标文件理当无效。如果不在上述范畴或者没有相关法律依据被认定为失信名单的，招标人有权不予以认可或执行，投标文件有效。

思考题

1. 假定本案例为依法必须进行招标的项目，招标文件对限制失信被执行人参与投标作出限制，A公司投标是否有效？

2.A公司和B公司以联合体参加某依法必须进行招标的项目投标，A公司为失信被执行人，AB联合体投标是否有效？

【案例 51】

涉嫌串通投标被立案调查，投标一定无效吗？

关 键 词　涉嫌串通投标

案例要点

涉嫌串通投标不等于一定串通投标，除招标文件另有规定外，投标有效。

【基本案情】

2019 年 10 月，某政府投资工程招标，A 公司被推荐为第一中标候选人，公示期间，第二中标候选人 B 公司提出异议，要求取消 A 公司中标资格，理由是 2019 年 9 月，A 公司在其他招标投标活动中因涉嫌串标，被 C 市公安局经侦大队立案调查，案情正在进一步审理中。经调查核实，招标人以 B 公司异议情况属实为由取消了 A 公司中标资格，并确定 B 公司为中标人。A 公司认为招标文件并未明确规定涉嫌串通投标被立案调查，投标无效，故向行政监督部门提起投诉。

【问题引出】

问题一：A 公司涉嫌串通投标被立案调查，投标一定无效吗？

问题二：招标人可以在招标文件中规定立案调查期间不得投标，否则投标无效吗？

【案例分析】

一、A 公司涉嫌串通投标被立案调查，投标有效

（一）A 公司在本次招标投标活动中无串通投标行为且招标文件未设置限制性条款

串通投标、弄虚作假、行贿等违法行为，严重影响了招标投标的公平竞争，因此《招标投标法》《招标投标法实施条例》明令禁止。《招标投标法实施条例》第五十一条规定，有下列情形之一的，评标委员会应当否决其投标……（七）投标人有串通投标、弄虚作假、行贿等违法行为。

实践中需要注意的是，《招标投标法实施条例》第五十一条第七项所指的“违法行为”通常是指在本次招标投标活动中发生的。在其他招标投标活动中发生同样违法行为而没有被限制市场准入的，除招标人在招标文件载明不得投标的特殊情形

外，不应当否决其投标（摘选自《招标投标法实施条例释义》）。

（二）涉嫌串通投标不等于一定串通投标

本案例中第一中标候选人A公司存在因涉嫌串通投标被立案调查的情形，但涉嫌串通投标被立案调查不等于一定存在串通投标行为；因为最终的调查结果可能是串通投标违法行为成立，也可能是经查证确认串通投标行为不成立。

众所周知，对于涉嫌串通投标被立案调查的，无论是行政监督部门还是公安部门，均需要一定的法律程序方可最终认定其是否串通投标，并依法作出相应的处理。因此基于无罪推定的原则，只要相关部门没有依法确定其存在串通投标行为，第一中标候选人A公司仅能认为其存在串通投标嫌疑而不是事实违法。

二、招标人有权在招标文件中规定涉嫌串通投标被立案调查的，立案调查期间不得投标，否则投标无效

《招标投标法》第五条规定，招标投标活动应当遵循公开、公平、公正和诚实信用的原则。招标人在招标文件中明确规定涉嫌串通投标被立案调查期间不得投标正是诚实信用原则的具体应用。市场经济是开放经济，但不是无序经济，相反是法治经济和信用经济的重要体现。如果招标投标市场不讲信用，没有规则，那只能是一片混乱。招标投标健康有序发展便无从谈起，公开、公平、公正和诚实信用原则则无法保证。失信行为频发会使建设工程招标投标无法遵循价值规律，公平竞争也无从谈起。

本案例中，第一中标候选人已因涉嫌串通投标被公安机关立案调查，而被立案调查是要具备下列前提条件的：①有证据证明违法事实存在；②有明确的违法主体；③达到法律规定的处罚条件（刑法和行政法规不同）；④属于该机关管辖范围。一旦串通投标被查证属实，第一中标候选人的履约能力有可能受到影响，但此时中标通知书可能已经发出或合同已经签订，将直接影响工程建设项目的顺利实施，给招标人造成不可挽回的影响。

实践中，雄安新区的做法值得借鉴。《雄安新区工程建设项目招标投标管理办法（试行）》第二十七条规定，招标人可以拒绝有下列情形之一的企业或从业人员参与投标，并在资格预审公告、招标公告或招标文件中予以明确。（一）被有关部门评为严重失信企业且正处在信用评价结果公示期内的；（二）近3年内（从截标之日起倒算）曾被本项目招标人评价为履约不合格的；（三）近2年内（从截标之日起倒算）在本项目招标人实施的项目中存在无正当理由放弃中标资格、拒不签订合同、拒不提供履约担保情形的；（四）近3年内（从截标之日起倒算）受到警告、罚款等行政处罚，达到招标文件约定的次数或金额的；（五）因违反工程质量、安全生产管理规定，或者因串通投标、转包、以他人名义投标或者违法分包等违法行为，正在接受有关部门立案调查的。

综上所述，基于诚实信用原则和项目顺利实施的需要，招标人可以在招标文件中明确规定，涉嫌串通投标被立案调查的，立案调查期间不得投标，否则投标无效。

【启示】

串通投标认定有其必要的法律程序，为净化招标投标市场，强化市场主体诚信体系建设，招标人可以事先在招标文件中约定投标人因工程质量、安全生产或因串通投标等违法行为正在被有关部门立案调查，有可能影响其履约的，投标无效。如果招标文件事先未作规定，则不得直接否决其投标。

思考题

本案例中，A 公司未经异议直接投诉，行政监督部门应当受理吗？

【案例 52】

在乙省被禁止投标，在甲省投标是否有效？

关 键 词 取消投标资格

案例要点

取消投标资格的行政处罚具有地域性、行业性等限制，超出行政处罚范围的，除招标文件另有约定外，投标不受限制。

【基本案情】

2022 年 10 月 10 日，甲省某依法必须进行招标的水利项目招标，投标人 A 公司被推荐为第一中标候选人。公示期间，投标人 B 公司向招标人提出异议，请求取消 A 公司中标资格，理由是 A 公司于 2022 年 6 月 20 日，因虚假投标被乙省水利厅取消参加依法必须进行招标的项目的投标资格一年，不符合招标文件中投标人须知正文部分 1.4.3 条规定“投标人不得存在下列情形之一：（10）被暂停或取消投标资格的”。招标人提请评标委员会复评后否决 A 公司投标，A 公司不服，依法向行政监督部门投诉。

【问题引出】

问题一：A 公司投标有效吗？

问题二：招标人可以在招标文件中规定，投标人不得存在被相关部门取消投标资格且在有效期内情形，否则投标无效吗？

【案例分析】

一、A 公司投标有效

（一）行政处罚具有地域性

《招标投标法》规定了行政监督主管部门可对投标人的串通投标、虚假投标等违法行为作出取消其一定时期内参与依法必须进行招标的项目投标资格的行政处罚。实践中需要思考的是，行政监督部门根据《招标投标法》的规定作出取消投标资格的行政处罚时，是否需明确处罚决定有效的地域范围？若无明确，则该项处罚决定是否将导致投标人无法参加全国范围内招标项目的投标资格呢？

《行政处罚法》规定，一般行政处罚种类分为：警告、通报批评、罚款，没收违法所得、没收非法财物等，而这些行政处罚通常为一次性处理完毕即结束，即使是责令停产停业、暂扣或吊销许可证，暂扣或吊销执照所产生的后果也是被处罚单位暂时或永久不能经营，而鉴于无证或无照经营的法律后果已有其他法律明确规定，所以无须行政处罚实施机关在作出处罚决定时还需明确该处罚决定适用的地域范围。但是取消投标资格的法律后果不同于暂扣或吊销执照。

《招标投标法》仅规定，取消投标资格的处罚决定有期限及项目性质的限制，但是没有规定地域限制。这就必然带来一个问题：行政主管部门作出取消某公司参加依法必须进行招标的项目的投标资格处罚决定时，是否将导致该公司不能参加全国范围内依法必须进行招标的项目的投标，即取消投标资格这一行政处罚是否具有地域性呢?

众所周知，行政机关原则上都只能在其管辖区域内行使行政执法权（法律另有规定的除外），因此基于行政处罚机关的行政处罚权的地域性，行政处罚当然也应当有其地域性。无论行政处罚决定书上是否载明取消投标资格的地域范围及行业范围，依据作出行政处罚的行政机关的职权范围，其行政处罚理所应当地只能在其管辖的区域和行业内有效。以本案例而言，乙省水利厅的行政处罚显然无法适用甲省，其处罚决定仅在乙省行政管辖范围内有效，且应仅限于水利行业。

（二）行政处罚及其适用应遵循比例原则

比例原则又称为“禁止过分原则”或“最小侵害原则”。比例原则包括合目的性原则、适当性原则、损害最小原则。《行政处罚法》第六条规定，实施行政处罚，纠正违法行为，应当坚持处罚与教育相结合，教育公民、法人或者其他组织自觉守法。

根据上述规定，行政机关在处理投诉时，应当把握过惩相当原则，即投标人 A 公司在乙省被取消参加依法必须进行招标的项目的投标资格一年，如果行政处罚在全国范围内有效，既不符合惩戒与教育相结合的原则，也不符合比例原则，过与惩不相匹配。

（三）招标文件有歧义时应按有利于投标人原则处理

本案例中，招标文件规定投标人不得存在被暂停或取消投标资格情形有两种理解：一种理解认为，投标人不得在全国范围内存在被暂停或取消投标资格情形；另一种理解认为，投标人不得在项目所在地存在被暂停或取消投标资格情形。招标文件是招标人制定的格式文本，当有两种或两种以上理解且依据招标文件无法得出唯一结论时，评标委员会应当按有利于投标人的原则去理解。

为避免类似情形出现，《湖北省房屋建筑和市政工程施工招标文件范本》针对此种情形有明确约定：

1.4.3　投标人不得存在下列情形之一：

（12）被依法暂停或取消投标资格（指被本招标项目所在地县级及以上住房城乡建设主管部门或其他行政主管部门暂停或取消投标资格或禁止进入该区域建设市场且处于有效期内）；

（16）在“国家企业信用信息公示系统”中被列入严重违法失信企业名单；

（17）在“信用中国”网站被列入失信被执行人名单。

二、招标人对招标文件资格条件设置享有自主权

《招标投标法》第十八条第一款规定，招标人可以根据招标项目本身的要求，在招标公告或者投标邀请书中，要求潜在投标人提供有关资质证明文件和业绩情况，并对潜在投标人进行资格审查；国家对投标人的资格条件有规定的，依照其规定。

《国务院办公厅关于进一步完善失信约束制度构建诚信建设长效机制的指导意见》明确要求，对失信主体采取减损权益或增加义务的惩戒措施，必须基于具体的失信行为事实，直接援引法律法规或者党中央、国务院政策文件为依据，并实行清单制管理。但必须指出，该项规定是针对行政监督部门而言，即“法无授权不可为”；而对招标人而言，应当适用“法无禁止即可为”的原则。

在招标投标过程中，投标人的信用记录和诚信状况是重要的评估因素之一。如果投标人有失信行为，如虚假投标、串通投标、违约失信等，都将被视为不良记录，招标人从维护市场秩序和公平竞争角度出发，通过限制有不良记录的投标人参与投标，可以提升招标过程的诚信度和透明度，保证合同执行的可靠性，最终达到完善市场秩序、提升经济效益的目标。

综上所述，对行政监督部门而言，不得超出行政处罚范围对失信主体采取减损权益或增加义务的惩戒措施；对招标人而言，可以根据项目本身的实际需要，自主设定限制其参与投标。

【启示】

取消投标资格的处罚是行政管理手段而不是目的。行政监督部门在行政处罚时应当明确其行政处罚适用的地域和所属行业范围，更不可任性扩张；招标人有权在招标文件中设立“一地受罚，处处受限”的资格条件，但不应有歧义。

思考题

假定本案例中A公司被本次招标项目所在地的房屋建筑行业主管部门禁止投标资格一年且在有效期内，A公司投标是否有效？

【案例 53】

投标人名称与资质证书名称不一致，投标一定无效吗？

关 键 词 投标人名称变更 / 名称不一致 / 资质证书

案例要点

因营业执照发生变更，导致投标人名称与资质证书、安全生产许可证书名称不一致的，不影响投标文件有效性。

【基本案情】

2019 年 8 月 2 日，某政府投资建设工程招标，招标文件的评标办法中规定，投标人名称应当与营业执照、资质证书、安全生产许可证书一致，否则投标文件将会被否决。2019 年 9 月 5 日开标、评标。评标时，评标委员会发现投标人 A 公司的投标人名称及公章与营业执照名称一致，但与资质证书、安全生产许可证书名称不一致。经过进一步审查后发现，A 公司投标文件中附有营业执照变更的说明：该公司于 2019 年 7 月 25 日获批准予变更营业执照名称，但资质证书、安全生产许可证书的名称未及时办理变更手续。

评标委员会对 A 公司的投标是否有效产生争议：

观点一：A 公司投标无效。理由是招标文件评标办法明文规定，投标人名称应当与营业执照、资质证书、安全生产许可证书一致，否则投标文件将会被否决。A 公司投标文件存在投标人名称与资质证书、安全生产许可证书不一致，且未按国家相关规定及时办理变更手续，因此应当否决。

观点二：A 公司投标有效。理由是核实投标人名称与资质证书、安全生产许可证书名称是否一致的出发点是招标文件要求在形式评审时核查投标人名称与营业执照、资质证书、安全生产许可证书是否一致，其根本目的是防止投标人假借他人资质等。本案例符合不一致的条件，但必须指出，该不一致又属特殊情况下导致的不一致，应结合其他规定来判定是否应当否决。A 公司投标文件名称与资质证书、安全生产许可证书名称不一致的原因是基于 A 公司发生了营业执照变更，资质证书、安全生产许可证书未及时办理变更手续，但仍属同一公司，投标有效。

【问题引出】

问题一：营业执照发生变更的，资质证书、安全生产许可证书未及时办理变更是否继续有效?

问题二：A 公司投标人名称不一致，投标一定无效吗?

【案例分析】

一、营业执照发生变更的，未及时办理资质证书、安全生产许可证书的变更，不影响其有效性

公司成立后，在后期经营发展过程中，随时可能会因为经营需要发生变化，如公司股东股权调整、经营范围增加、注册地址更换等，这时，营业执照上的内容也会相应地及时做变更。根据上述规定，当营业执照发生名称、地址、法定代表人等发生变更的，应当及时办理资质证书、安全生产许可证书的变更手续。但需要注意的是，未及时办理相关的变更手续并不会导致相关证书无效。

（一）企业名称发生变更时未办理资质变更手续不导致资质无效

《建筑业企业资质管理规定》第十九条规定，企业在建筑业企业资质证书有效期内名称、地址、注册资本、法定代表人等发生变更的，应当在工商部门办理变更手续后 1 个月内办理资质证书变更手续。第三十八条规定，企业未按照本规定及时办理建筑业企业资质证书变更手续的，由县级以上地方人民政府住房城乡建设主管部门责令限期办理；逾期不办理的，可处以 1000 元以上 1 万元以下的罚款。

从上述规定可以看出，住房和城乡建设部认为，在建筑企业资质证书的有效期内发生名称、地址、法定代表人等变更的，没有按规定办理变更手续不影响资质证书的有效性，但应当承担相应的行政责任。

（二）企业名称发生变更时未办理安全生产许可证书变更手续不导致安全生产许可证无效

《建筑施工企业安全生产许可证管理规定》（2004 年 7 月 5 日建设部令第 128 号发布，2015 年 1 月 22 日住房和城乡建设部令第 23 号修正）第九条规定，建筑施工企业变更名称、地址、法定代表人等，应当在变更后 10 日内，到原安全生产许可证颁发管理机关办理安全生产许可证变更手续。需要加以注意的是，该规章没有规定未及时办理安全生产许可证书变更的罚则。

综上所述，因营业执照发生变更，原则上应当及时办理资质证书、安全生产许可证书变更手续；未按规定及时办理变更手续的，仅需承担相应的行政责任，但不影响资质证书和安全生产许可证书的效力。

二、因营业执照变更导致的不一致，不影响投标文件有效性

评标委员会对投标人名称一致性进行形式性审查时，并不只是机械比对文字上的一致性，最重要地是看是否属于同一个主体。投标人营业执照名称变更后，原法人消亡，新的法人成立，但新法人依法继承原法人所有的权利和义务，因此原法人依法取得的资质证书许可和安全生产许可证许可也当然继承给新法人。

本案中，投标人 A 公司出具的《企业名称变更核准通知书》足以证明 A 公司的营业执照、资质证书、安全生产许可证书上载明的名称为同一公司。招标的本质是合同的订立形成过程，企业名称变更不涉及企业主体的消灭，不影响企业的民事行为能力，根据鼓励交易原则，鼓励市场主体参与民事活动，而不是限制其经营活动，是法律实施的价值取向。判断其投标行为是否有效，要综合考虑行为的产生是否确属客观原因，行为的后果是否足以代表该企业而不可能有歧义，以及鼓励交易活动、维持交易稳定性的社会效果，尽最大可能地保障企业的正常经营活动。

【启示】

招标人在制作招标文件时，要简化投标文件形式要求，一般不得将装订、纸张、文件排序、明显的文字错误等非实质性的格式、形式问题列为否决投标情形，限制和影响潜在投标人参与投标；评标委员会专家在评审时不能机械化地理解形式性评审，要把握问题的本质，区分细微性偏差与实质性偏差；投标人应当根据国家有关规定，营业执照发生变更的，及时办理资质证书、安全生产许可证书等相关证书的变更手续，来不及办理变更的，应当在投标文件中附《企业名称变更核准通知书》，并用醒目的方式提醒评标委员会注意，避免因评标委员会没有及时发现而导致投标文件被否决。

思考题

1. 假定 A 公司在投标文件中未附营业执照的变更说明，问：A 公司投标是否有效？

2. 电子招标项目，A 公司在投标前两天发生营业执照名称变更，因投标人来不及办理 CA 证书的变更，为保持投标人名称的一致性，在投标文件中使用旧的营业执照扫描件及加盖未变更的电子公章，且未告知存在名称变更情形。问：A 公司投标是否有效？

【案例 54】

投标函中招标人名称错误，投标有效吗?

关 键 词 招标人名称错误 / 细微性偏差

案例要点

细微性偏差不影响投标文件的有效性。

【基本案情】

A 市一中拟投资 3000 万元新建教学楼建设工程,采用公开招标方式。评标期间,评标委员会发现投标人甲公司将投标函中招标人名称写成了 B 市一中。招标文件对此情形无明确规定如何处理，评标委员会以投标函是合同文件重要组成部分，投标函中招标人名称错误，属要约对象错误，要约理当无效为由否决其投标。甲公司不服，向招标人提出异议，异议理由是投标文件中只有一处出现招标人名称错误，其他地方如投标保函、已标价工程量清单的投标总价扉页中招标人名称均无错误，且投标文件中招标项目名称、标段、已标价工程量清单中的工程量等与招标文件一致,上述情形足以证明投标函名称错误属明显的文字错误，应当启动澄清予以修正，评标委员会直接否决不合法。

对于如何处理异议，招标人形成两种意见：

观点一：投标函是构成合同文件的重要组成部分，且合同效力优先级要高于已标价工程量清单等，投标人的投标函中招标人名称错误，属投标人的要约对象错误，应当否决。

观点二：投标函中招标人名称错误，但投标文件并非仅一处出现招标人名称，投标人甲公司在投标文件的其他地方名称没有出现错误，可以佐证其投标函的名称错误属于笔误，应当予以澄清修正。

【问题引出】

问题一：评标委员会否决甲公司投标正确吗?

问题二：评标委员会应当启动澄清吗?

【案例分析】

一、评标委员会否决甲公司投标不正确

（一）细微性偏差不影响投标文件有效性

《评标委员会和评标方法暂行规定》（2013年修正）第二十四条第二款规定，投标偏差分为重大偏差和细微偏差。第二十六条进一步规定，细微偏差是指投标文件在实质上响应招标文件要求，但在个别地方存在漏项或者提供了不完整的技术信息和数据等情况，并且补正这些遗漏或者不完整不会对其他投标人造成不公平的结果。细微偏差不影响投标文件的有效性。评标委员会应当书面要求存在细微偏差的投标人在评标结束前予以补正。拒不补正的，在详细评审时可以对细微偏差作不利于该投标人的量化，量化标准应当在招标文件中规定。

本案例中，尽管投标文件的投标函中招标人名称有误，但投标文件中只有一处出现招标人名称错误，其他地方如投标保函、已标价工程量清单的投标总价扉页中招标人名称均无错误，且投标文件中招标项目名称、标段、已标价工程量清单中的工程量等与招标文件一致，足以证明投标函中招标人名称错误是笔误，属细微性偏差，不影响投标文件有效性，评标委员会可以在评标结束前予以补正。

（二）投标人不构成未实质性响应招标文件要求

《招标投标法实施条例》第四十九条第一款规定，评标委员会成员应当依照招标投标法和本条例的规定，按照招标文件规定的评标标准和方法，客观、公正地对投标文件提出评审意见。招标文件没有规定的评标标准和方法不得作为评标的依据。

《评标委员会和评标方法暂行规定》（2013年修正）第二十五条规定，下列情况属于重大偏差：（一）没有按照招标文件要求提供投标担保或者所提供的投标担保有瑕疵；（二）投标文件没有投标人授权代表签字和加盖公章；（三）投标文件载明的招标项目完成期限超过招标文件规定的期限；（四）明显不符合技术规格、技术标准的要求；（五）投标文件载明的货物包装方式、检验标准和方法等不符合招标文件的要求；（六）投标文件附有招标人不能接受的条件；（七）不符合招标文件中规定的其他实质性要求。投标文件有上述情形之一的，为未能对招标文件作出实质性响应，并按本规定第二十三条规定作废标处理。招标文件对重大偏差另有规定的，从其规定。

《工程建设项目施工招标投标办法》（2013年修正）第二十四条第二款进一步规定，招标人应当在招标文件中规定实质性要求和条件，并用醒目的方式标明。

本案例中，尽管投标人甲公司的投标函中招标人名称错误，但招标文件没有明确规定，出现此类情形必须否决投标，也未在招标文件中规定“投标函中招标人名称属于实质性内容”，因此投标人甲公司的投标函中招标人名称填写错误，但投标函的项目名称填写正确，不构成未能对招标文件作出实质性响应情形，不应当否决其投标。

二、评标委员会应当启动澄清

（一）从体现投标人真实意思表示角度，应当启动澄清

《民法典》第一百四十三条规定，具备下列条件的民事法律行为有效：（一）行为人具有相应的民事行为能力；（二）意思表示真实；（三）不违反法律、行政法规的强制性规定，不违背公序良俗。第一百四十六条第一款规定，行为人与相对人以虚假的意思表示实施的民事法律行为无效。

招标投标活动的本质是订立合同的一种方式，也是一种民事行为，对投标文件的评审应当充分体现投标人真实意思表示。本案例中，投标人甲公司的投标函中招标人名称错误，但招标项目名称、标段、已标价工程量清单中的工程量等与招标文件一致，因此有充分的理由可以认定投标人甲公司的真实意思表示是向本项目的招标人发出要约，但要约存在明显的文字错误。根据《招标投标法实施条例》第五十二条第一款规定，投标文件中有含义不明确的内容、明显文字或者计算错误，评标委员会认为需要投标人作出必要澄清、说明的，应当书面通知该投标人。

有人认为，这不属于明显的文字错误，不应当启动澄清，理由是投标函上的投标人名称很清楚地显示为 B 市一中，只有当投标人名称写成 AA 市或 A* 市等才属于明显的文字错误。就好比湖北大学写成了“湖北大大学”，算文字错误，但写成武汉大学就不能算文字错误了。这种观点属于对法条的机械理解。文字错误的核心是指想要表达的是 A，但写成了 B，所写非所想，但所有人都知道或者通过其行为能证明其想要表达的内容。澄清的根本目的是体现投标人的真实意思表示。

（二）从鼓励交易角度出发，除非明文规定的否决情形，原则上应当允许其通过澄清补正

鼓励交易是指在不损害公众利益，且遵循现行法律的前提下，赋予当事人快速处理交易的可能，促进交易成功，进而达到提高经济效益的目的。在司法领域，是指法律对交易中合同的效力最大可能地予以维护，在法律的具体制度设计上，在合理的范围里，给予交易以最大限度地支持。就本案例而言，从投标人按照规定获取招标文件、按时递交投标文件、按招标文件提供的工程量清单编制投标报价等实际行为已经明确表示投标人向招标人发出要约的真实意思表示，因此在非必要的情况下否决其投标既不利于竞争，也不符合鼓励交易的原则。

【启示】

为防止评标委员会专家滥用否决权，招标人应当对招标文件的实质性要求用醒目的方式加以提示，且为避免不必要的纠纷，招标文件的实质性要求不得存在歧义，从而影响评标委员会专家的评审。为防止因细小错误导致投标文件被否决，投标人应当对投标文件仔细审查，避免因小失大。

招标采购的最终目的是签订合同，因此评标委员会专家在评标过程中，应当充分考虑投标人真实意思表示，防止因投标人细微失误而否决其投标。在理解与适用

法律条文时，不宜孤立、机械地照搬适用，而应结合整部法律法规的立法目的、立法原则和其他相关法律法规的规定作出全面、准确、系统的分析，从而不至于被法律条文表面的文字意思所误导。

思考题

假设某招标项目的投标截止时间为 2023 年 1 月 10 日，投标人 A 公司在投标截止时间前递交了投标文件，但是该投标文件中的投标函落款时间为 2023 年 1 月 11 日，晚于投标截止时间，投标函附录中按照招标文件要求写明了投标有效期为 90 日。问：A 公司投标是否有效？

【案例 55】

平台运营机构的子公司，参与该平台项目投标，一定无效吗？

关 键 词 存在利害关系 / 可能影响公正性

案例要点

只有同时满足“存在利害关系”和“可能影响招标公正性”两个条件才会导致投标无效。

【基本案情】

某 A 国有企业投资 1 亿元新建厂房，在 A 国有企业自建自用的电子交易平台公开招标，该交易平台依法通过相关检测认证，且与国家公共服务平台对接，纳入统一的公共资源交易平台体系，评标结果公示期间，投标人 B 公司向招标人提出异议，异议事项为第一中标候选人 C 公司系招标人 A 公司的子公司，且 A 公司同时还是平台运营机构，C 公司投标影响公平公正，应当投标无效。

【问题引出】

问题一：C 公司与招标人存在控股和管理关系，投标是否有效？

问题二：C 公司参与控股公司 A 公司运营的电子交易平台项目投标，是否一定无效？

【案例分析】

一、C 公司与招标人存在控股或管理关系，也不必然影响投标公正性

《招标投标法实施条例》第三十四条规定，与招标人存在利害关系可能影响招标公正性的法人、其他组织或者个人，不得参加投标……违反前两款规定的，相关投标均无效。

首先，该条款整体是对投标人在招标投标活动中的限制性规定，也是对《招标投标法》第六条“依法必须进行招标的项目，其招标投标活动不受地区或者部门的限制。任何单位和个人不得违法限制或者排斥本地区、本系统以外的法人或者其他组织参加投标，不得以任何方式非法干涉招标投标活动”的进一步补充。

其次，立法目的是既要维护投标竞争的公平公正，也要鼓励竞争。国家发展改革委法规司在“国有企业下属参股子公司能否作为投标人公平参与国有企业组织的招标投标工作”的答复中指出，本条没有一概禁止与招标人存在利害关系法人、其他组织或者个人参与投标，构成本条第一款规定情形需要同时满足“存在利害关系”和“可能影响招标公正性”两个条件。即使投标人与招标人存在某种“利害关系”，但如果招标投标活动依法进行、程序规范，该“利害关系”并不影响其公正性的，就可以参加投标。

二、C 公司与平台运营机构具有控股或管理关系，但并不必然影响投标公正性

《电子招标投标办法》第二十三条规定，电子招标投标交易平台的运营机构，以及与该机构有控股或者管理关系可能影响招标公正性的任何单位和个人，不得在该交易平台进行的招标项目中投标和代理投标。

本条有两个关键词，一是“与该机构有控股或者管理关系”；二是“可能影响”。

“与该机构有控股或者管理关系”有两种可能，一种是平台运营机构控股或管理投标人；另一种是投标人控股或管理平台运营机构。所谓“控股”，应参照《公司法》（2023 年修订）第二百六十五条关于控股股东和实际控制人的理解执行，即“其出资额占有限责任公司资本总额 50% 以上或者其持有的股份占股份有限公司股本总额 50% 以上的股东；出资额或者持有股份的比例虽然不足 50%，但依其出资额或者持有的股份所享有的表决权已足以对股东会、股东大会的决议产生重大影响的股东”；所谓“管理关系”，是指不具有出资持股关系的其他单位之间存在的管理与被管理关系，如一些事业单位。

“可能影响”，要参照《招标投标法实施条例》第三十四条第一款的“可能影响”来理解。简单一句话概括就是：与平台运营机构有控股或管理关系的投标人投标存在可能影响或可能不影响公正性的，除非有明显的证据证明已经影响公正性，应按“不影响公正性”的原则处理，在无其他瑕疵情况下，投标有效。

哪些属于可能影响公正性的呢？实践中比较常见的包括：招标文件具有很强的排他性和针对性，“萝卜招标”；招标人的子公司与其他投标人获取的信息不一致；招标人与子公司串通或违规泄露潜在投标人的名称、数量、投标信息等影响招标投标活动公正性的情形。

理解这个问题，我们还可以从传统的纸质招标中得出相同的结论，在传统纸质招标情况下，与招标人有控股或管理关系的投标人原则上可以参加投标，除非因为该投标人的存在明显影响公正性的情形，否则投标有效，如果仅是将纸质招标改成电子招标，原来可以投标的人就不能投标了，这不符合逻辑，因此应当参照《招标投标法实施条例》第三十四条的“可能影响”来准确解读。

综上所述，尽管 C 公司为招标人 A 国有企业的子公司，且 A 国有企业同时还是本次电子交易的平台运营机构，但只要不影响本次投标公正性，投标有效。

【启示】

在认定投标人是否属于无效投标时，应准确理解和适用，同时满足“存在利害

关系”和“可能影响招标公正性”两个条件的才投标无效。母公司招标，子公司可以参与投标，但需要遵守相关法律法规和招标文件的规定，并确保不影响投标的公正性，不得利用优势地位获得不公平的竞争优势。同时投标人更应当遵守诚实信用原则，依法依规参加投标活动，避免被其他投标人异议或投诉后因其他违法或不当行为而被认定投标无效，影响招标投标活动的进展。

思考题

1. 某政府投资依法必须进行招标的工程设计招标，B公司前期为招标人提供了科研咨询服务，因招标文件未作禁止性规定，该设计项目招标时，B公司的子公司A公司参与了投标，问：A公司的投标是否有效？

2. 某施工招标，投标人A公司与本项目监理单位B公司同属一个集团的下属子公司，问：A公司的投标文件是否有效？

【案例 56】

同一品牌同一型号的货物授权不唯一，投标有效吗？

关 键 词 同品牌同型号货物 / 制造商授权

案例要点

同一品牌同一型号授权不唯一的，评标委员会具有启动澄清的自由裁量权，根据投标人提供的证明材料，评标委员会合理判定，仍无法判定的，视为不唯一。

【基本案情】

某国有企业固定资产投资设备采购，采用公开招标方式，招标文件对投标人的资格要求规定，一个制造商对同一品牌同一型号的货物，仅能委托一个代理商参加投标；投标人须知正文部分 1.4.3 条规定，投标人不得存在下列情形之一……（4）不得存在与本招标项目其他投标人代理同一个制造商同一品牌同一型号的设备情形；评标办法前附表 2.1.2 条资格评审标准规定，投标人不存在第二章“投标人须知”1.4.3 条规定的任何一种情形。报价得分采用基准价中间值法，评标基准价为各有效投标人的投标报价的平均值 ×（1– 随机抽取的下浮系数）。

开标时发现，投标人 A 公司和投标人 B 公司代理的品牌、型号相同且均为制造商甲公司授权。A、B 两公司现场提出异议，认为自己才是制造商甲公司在本项目投标的唯一授权代理商，对方为“冒牌”，要求招标人进一步核查。招标人如实记录后提交评标委员会评审。评标委员会进一步审查后发现，A 公司和 B 公司的制造商甲公司授权书的公章不一致，A 公司的授权委托书加盖的制造商行政公章有数字编码，B 公司的授权委托书加盖的制造商行政公章没有数字编码。对 A、B 两个投标人的投标文件的处理，评标委员会有两种观点：

观点一：由于 A 公司和 B 公司的制造商甲公司授权书的公章不一致，评标委员会应当启动澄清，根据澄清的结果再判定谁才是真正的唯一授权商。

观点二：招标文件明确规定投标人是代理商或经销商的，应当是制造商的唯一授权，A 公司和 B 公司同时为制造商甲公司同一品牌同一型号的代理商，不符合招标文件规定，应直接否决两公司的投标。

【问题引出】

问题一：评标委员会启动澄清、说明的规定有哪些？

问题二：评标委员会能否要求投标人就授权委托书的真伪作澄清、说明？

问题三：A 公司、B 公司投标文件是否有效？

【案例分析】

一、评标委员会启动澄清、说明的相关规定

（一）启动澄清、说明的权限

《招标投标法实施条例》第五十二条第一款规定，投标文件中有含义不明确的内容、明显文字或者计算错误，评标委员会认为需要投标人作出必要澄清、说明的，应当书面通知该投标人。投标人的澄清、说明应当采用书面形式，并不得超出投标文件的范围或者改变投标文件的实质性内容。

《评标委员会和评标方法暂行规定》第二十一条规定，在评标过程中，评标委员会发现投标人的报价明显低于其他投标报价或者在设有标底时明显低于标底，使得其投标报价可能低于其个别成本的，应当要求该投标人作出书面说明并提供相关证明材料。投标人不能合理说明或者不能提供相关证明材料的，由评标委员会认定该投标人以低于成本报价竞标，其投标应作废标处理。

从上述规定可以看出，有权向投标人发起澄清、说明的只能是评标委员会，但评标委员会不得接受投标人主动发起的澄清；招标人、招标代理机构或行政监督部门没有启动澄清、说明的权限。同时《招标投标法实施条例》第五十二条使用“认为需要”字样，表明三种情形是否启动澄清是评标委员会的自由裁量权，评标委员会可根据实际情况判断是否启动，但应当注意的是，评标委员会有权但不可任性。三种情形影响投标有效性判定的，应当先请投标人作必要的澄清、说明，不得直接否决投标。《评标委员会和评标方法暂行规定》第十九条对于低于成本的判定使用的是“应当”，表明此类情形的澄清说明是必选动作。

（二）法定可以启动澄清、说明的情形

《国家发展改革委等部门关于严格执行招标投标法规制度进一步规范招标投标主体行为的若干意见》强调指出，发现投标文件中含义不明确、对同类问题表述不一致、有明显文字或计算错误、投标报价可能低于成本影响履约的，应当先请投标人作必要的澄清、说明，不得直接否决投标。

1. 含义不明确的

含义不明确，是指投标人在投标文件中表达了但评标委员会看不明白的内容。例如，招标文件规定，产品质保期至少一年。某投标人在该条款上应答满足，但没具体说明承诺的质保期究竟是一年、两年还是三年，会导致履约时存在不确定因素，但其应答又满足招标文件基本要求，此情形评标委员会可以要求该投标人进行澄清，说明具体质保期限。

在投标文件中未表达的内容，不属于含义不明确的情形。不能因为投标文件中缺失大量的应答材料而认为无法判断其投标是否满足招标文件要求，都归为含义不明确予以澄清，对于缺失的内容，应视其为不具备、不响应，否则投标人可利用此

机会进行二次应答，违反《招标投标法》的“公平”原则。例如，招标文件要求投标人提供建筑工程施工总承包资质扫描件，某投标人投标文件中未提供，则不能因“无法判断该投标人是否具备该资质”而归为含义不明确的情形，此情形应当视为其不具备资质。再比如，对于投标文件中资质明显过期的情形，也不能因为“无法得知其资质是否有效力”而将其归为含义不明确的情形，不能要求投标人予以澄清、补正。

2. 对同类问题表述不一致的

对同类问题表述不一致，是指在投标文件不同的地方，对相同问题前后表述不一致的。例如，以前面招标文件要求质保期至少为一年为例，如果某投标人在投标函中承诺为一年，在投标文件的技术方案中承诺为三年，招标文件又未规定投标文件前后内容不一致时的修正规则时，评标委员会可以向该投标人启动澄清。

3. 有明显文字或计算错误的

明显的文字错误，是指文字个别内容存在笔误、错别字或者明显不合逻辑的情形。例如，某依法必须进行招标的工程项目的最高限价为 800 万元，某投标人投标函大写报价为柒佰柒拾万万元，小写 770 万元，已标价工程量清单合计 770 万元，此时不能以投标函大写为准修正小写，而是应当将投标函的大写理解为存在明显的文字错误，多写了一个万字；明显的计算错误，是指产品单价 × 数量≠合价，或者∑合价≠总价等情形，这时可根据《评标委员会和评标方法暂行规定》第十九条规定“总价金额与单价金额不一致的，以单价金额为准，但单价金额小数点有明显错误的除外”以单价修正总价。评标委员会可启动确认型澄清，请该投标人确认修正后的总价。

4. 涉嫌低于成本价的

与投标文件存在算术性错误的确认型澄清、说明不同，低于成本的澄清、说明是投标人自证清白。当评标委员会发现投标人报价明显低于均价时，不能直接以其“低于成本价竞标”而否决其投标，应当通过澄清给予其解释的机会，当投标人不能作出合理说明，或者未作说明时，评标委员会才能以其“低于成本价竞标”否决其投标。该投标人澄清时，只要能证明其报价不低于其自身成本即可，而不能要求该投标人报价不低于行业平均成本。

（三）其他可以启动澄清、说明的情形

有观点认为，评标委员会启动澄清、说明仅限于以下四种情形：含义不明确、对同类问题表述不一致、有明显文字或计算错误的内容、可能低于成本影响履约。笔者认为，这种观点是片面的，机械的。理解可以启动澄清、说明的情形应从评标委员会可以启动澄清、说明的立法目的角度去理解。

评标过程中的澄清、说明，是指评标委员会要求投标人对投标文件中特定内容进行解释、说明。该操作一方面有利于评标委员会准确地理解投标文件的内容，把握投标人的真实意思表示，从而对投标文件作出更为公正客观的评价；另一方面也有助于消除评标委员会和投标人对招标文件、投标文件理解上的偏差，避免招标人和中标人在合同履行过程中出现不必要的争议。

实践中可以启动澄清的情形还包括但不限于以下几种。

1. 被视为串通投标的澄清、说明

《招标投标法实施条例》第四十条列出了六种视为投标人相互串通投标的情形，但其中有可能为意外情形导致的。“视为”是一种将具有不同客观外在表现的现象等同视之的立法技术，是一种法律上的拟制。尽管如此，“视为”的结论并非不可推翻和不可纠正。为避免适用法律错误，评标过程中评标委员会可以视情况给予投标人澄清、说明的机会（摘录自《招标投标法实施条例释义》）。比如投标人 A 和投标人 B 上传投标文件，出现 IP 地址一致，视为串通投标，但两个投标人在同一栋写字楼办公,且均使用电信网络。对于此种“视为”的情形,除招标文件另有规定外，应当允许投标人 A 和投标人 B 分别进行澄清说明，通过澄清、说明可以避免误伤，评标委员会根据澄清说明的情况再进行判断。

2. 细微偏差的澄清说明

《评标委员会和评标方法暂行规定》第二十六条规定，细微偏差是指投标文件在实质上响应招标文件要求，但在个别地方存在漏项或者提供了不完整的技术信息和数据等情况,并且补正这些遗漏或者不完整不会对其他投标人造成不公平的结果。细微偏差不影响投标文件的有效性。评标委员会应当书面要求存在细微偏差的投标人在评标结束前予以补正。拒不补正的，在详细评审时可以对细微偏差作不利于该投标人的量化，量化标准应当在招标文件中规定。

3. 涉嫌虚假的澄清、说明

《招标投标法实施条例》第五十一条规定，有下列情形之一的，评标委员会应当否决其投标……（七）投标人有串通投标、弄虚作假、行贿等违法行为。

虚假投标严重扰乱招标投标市场秩序，影响招标采购活动的公平、公正。评标委员会虽然既不是行政监督部门也不是鉴定机构，不能鉴定投标文件相关信息的真假，但是这不妨碍评标委员会有对投标人相关信息的合理质疑并启动澄清、说明的权利。质疑和鉴定本就是两个不同的概念，质疑是合理的怀疑，不是去判断，只是往判断的方向要投标人予以澄清说明，由投标人进一步自证清白。比如某投标人拟派的建造师小明 2015 年才注册到 A 公司，但投标文件中却提供了小明 2014 年在 A 公司担任项目经理的业绩，评标委员会就有理由怀疑业绩可能涉嫌虚假，要求投标人进一步澄清、说明。投标人拒绝澄清、说明或者其澄清、说明不具有合理性的，评标委员会可以否决其投标。

需要注意的是，评标委员会不是鉴定机关，多数情况下，评标委员会的评标专家没有能力，也无法核实其信息真伪，因此《招标投标法实施条例》第五十一条规定的弄虚作假应当否决应作限制解释，即仅指评标委员会根据其专业能力和知识，对投标人存在弄虚作假情形在评标现场能够发现也应当发现的，经评标委员会启动澄清、说明后，根据澄清、说明情况判定属于虚假投标的，才属于评标委员会应当否决其投标的义务。比如某投标人在投标文件中提供了经图像处理的类似项目业绩用于资格条件或加分项评审，且图像处理的水平达到以假乱真的地步，在无其他辅助的情况下，评标委员会专家在评标现场无法核查业绩真假，也没有理由怀疑并启动澄清、说明程序，评标委员会当然也无法否决其投标。

（四）授权不唯一，评标委员会具有启动澄清自由裁量权

需要说明的是，对于同一品牌同一型号货物的代理权授权不具备唯一性的，根据各投标人授权委托书的对比情况，评标委员会具有是否启动澄清的自由裁量权，即评标委员会认为需要投标人澄清说明的，可以启动澄清程序，反之则可以不予以启动。

二、案涉项目，评标委员会应当启动澄清、说明程序

本案例中，评标委员会已经发现A公司和B公司的制造商甲公司授权书的公章不一致，A公司的授权委托书加盖的制造商行政公章有数字编码，B公司的授权委托书加盖的制造商行政公章没有数字编码。通常情况下，制造商的公章应当是唯一的，A公司与B公司授权委托书加盖的公章明显不同，可能涉嫌虚假投标，因此启动澄清更有利于体现公平、公正原则，也更有利于保护投标人的合法权益。

需要注意的是，由于本项目的报价得分采用基准价中间值法，且基准价以有效投标人投标报价的平均价为基准，故有可能造成制造商故意委托两家或两家以上代理投标，然后根据报价得分情况选择认可最有利的某个投标人为其唯一授权代理商，对其他中标可能性不大的代理商的授权不予承认，这对其他投标人不公平。必须指出，尽管澄清可能被人恶意利用，但启动澄清的目的是判定投标人唯一授权的真实性，招标人应当加强澄清引发漏洞的治理措施，比如对自认虚假授权的采取相应的诚信惩戒措施等，不能因为澄清可能引发一些影响而“因噎废食”不予启动澄清。

三、A、B两公司投标是否有效，需要根据评标委员会启动澄清、说明的情况具体分析

投标人须知正文部分1.4.3条规定，投标人不得存在下列情形之一……（4）不得存在与本招标项目其他投标人代理同一个制造商同一品牌同一型号的设备情形；评标办法前附表2.1.2条资格评审标准规定，投标人不存在第二章“投标人须知”1.4.3条规定的任何一种情形。

本案例中，投标人A公司和投标人B公司代理的品牌、型号均相同且均为制造商甲公司授权，因投标人A公司和投标人B公司互相指认对方的授权虚假，故投标人A公司和投标人B公司的投标是否有效取决于评标委员会对投标人澄清、说明的情况的判定结果。

为了证明自己是制造商的唯一授权人，投标人可以采取以下措施：

一是提供官方授权文件原件。投标人可以提供制造商签署的官方授权文件原件，明确指出该投标人是制造商的唯一合法授权代表。这个文件应该包括制造商的名称、

日期、签署人的身份等重要信息。

二是提供合同和协议。投标人可以提供与制造商签订的合同和协议作为证明。这些文件应涵盖双方的权利和义务，并明确供应商作为制造商的唯一授权代表。

三是提供相关证明文件。投标人可以提供其他相关的证明文件，如生产许可证、商标注册证书、技术合作协议等。这些文件可以证明供应商与制造商有着密切的经营关系，并具备合法的授权地位。

四是参考第三方认证和验证。投标人可以提供来自独立第三方机构的认证和验证报告，证明其是制造商的唯一授权代表。这些认证和验证报告应该具有权威性和可信度，可以加强供应商的主张。

五是提供品牌宣传资料。投标人可以提供制造商的品牌宣传资料，如宣传册、广告、市场推广活动等。这些资料可以证明供应商与制造商有着紧密的合作关系，并且是其唯一授权的销售渠道。

在提供这些证明材料时，供应商应确保文件的真实性和完整性。评标委员会会对提供的证明文件进行审查和评估，以判断供应商是否合法地享有制造商的唯一授权地位。对于投标人提交的澄清、说明材料的采信，可参考司法实践中的高度盖然性规则或优势证据规则。

（一）高度盖然性规则在评标委员会启动澄清、说明中的应用

高度盖然性是指某个事件或事实非常确定且不容置疑，几乎无须进一步证明或解释即可达成共识。在评标委员会启动澄清说明中，高度盖然性可以被应用于判断投标人的资格或提供材料的真实性和合规性。

就本案例而言，如果投标人A公司或投标人B公司中的一方有充分的证据足以证明对方提供的授权委托书是虚假的，比如制造商甲公司对双方授权函真实性的确认函，对提供虚假授权投标人的律师函，甚至是对方授权委托书的司法鉴定证明材料，则提供充分证据证明自己授权委托书是真实的且对方授权委托书是虚假的一方，其投标有效。

（二）优势证据规则在评标委员会启动澄清、说明中的应用

优势证据规则又称为"高度盖然性占优势的证明规则"。即当证据显示待证事实存在的可能性明显大于不存在的可能性，可据此进行合理判断以排除疑问，在已达到能确信其存在的程度时，即使还不能完全排除存在相反的可能性，但也可以根据已有证据认定这一待证事实存在的结论。

就本案例而言，如果双方当事人对同一事实分别举出相反的证据，但都没有足够的依据否定对方证据的，评标委员会应当结合双方的证明材料，判断一方提供证据的证明力是否明显大于另一方提供证据的证明力，并对证明力较大的证据予以确认。比如A公司提供了制造商甲公司的区域代理合同、订货单、往来业务记录、关于本项目授权的沟通记录、排他协议等，而B公司无法提供相关证明材料或者提供

的证明材料没有 A 公司提供的证明材料更具说服力，则可以适用优势证据规则。

（三）当澄清说明均无法证明授权具有唯一性时，相关投标均无效

本案例中，如果投标人 A 公司和投标人 B 公司提供的澄清、说明材料均无法让评标委员会认可其授权具有唯一性，则视为制造商甲公司同时对两个代理商予以授权，根据招标文件规定，投标人 A 公司和投标人 B 公司投标均无效。

需要说明的是，如果投标人 A 公司或投标人 B 公司认为竞争对手伪造授权造成损失的，与招标人无关，投标人 A 公司或投标人 B 公司可以依法提起民事诉讼，请求对方承担赔偿责任。

【启示】

同一品牌同一型号的货物授权不唯一的，投标人评标委员会可以视情况启动澄清、说明，不限于法定的四种情形，对于可能涉嫌虚假投标的，评标委员会可以启动澄清。投标人澄清、说明材料无法直接判定真伪的，应当结合高度盖然性规则和优势证据规则等多方面因素加以判定。澄清、说明材料仍无法判定的，视为不具备唯一授权。

思考题

与工程有关的货物招标，招标文件规定，一个制造商对同一品牌同一型号的设备，仅能委托一个代理商参加投标。评标时发现制造商甲公司和其委托的代理商同时参加本项目的投标，招标文件对此类情形未作明确规定。问：制造商甲公司和其委托的代理商投标是否有效？

【案例 57】

使用变更登记前企业名称、印章，投标是否有效？

关 键 词 营业执照变更 / 鼓励交易

案例要点

因特定原因造成的使用变更登记前身份证件参与招标投标活动，不能简单直接地认定为无效投标。判断企业使用原名称的投标行为是否有效，要综合考虑行为的产生是否确属客观原因，行为的后果是否足以代表该企业而不可能有歧义，以及鼓励交易活动、维持交易稳定性的社会效果，尽最大可能地保障企业的正常经营活动。

【基本案情】

2020 年 10 月 15 日，某政府投资工程发布招标公告，采用电子招标投标方式。招标文件规定：投标人必须在 10 月 15 日上午 9：00 至 10 月 21 日 24：00 止，用 CA 数字证书登录“电子交易平台”，在所投标段免费下载招标文件，投标文件递交截止时间为 11 月 5 日 9：00。10 月 18 日，投标人 A 公司下载招标文件。11 月 9 日发布中标候选人公示，A 公司被推荐为第一中标候选人。公示期间，投标人 B 公司提出异议，异议事项为投标人 A 公司已于 11 月 4 日变更为 AE 公司，法定代表人小明也变更为小王，因此投标人 AE 公司使用原 CA 加盖的电子公章和法定代表人签名投标文件应当无效。

经查，A 公司于 11 月 4 日 14:30 收到市场监管部门准予变更登记通知书，16:00 取得变更后的营业执照。因无法在投标截止前办理 CA 的变更手续，为不影响本次投标，投标人仍以 A 公司名义投标，加盖 A 公司的电子公章和原法定代表人小明的电子签名印章，且在投标文件中未如实告知营业执照已变更的事实。

招标人对异议事项如何答复形成两种观点：

观点一：投标人的营业执照名称变更不影响投标有效性，当事人使用其更名前的名称、单位公章投标时，虽然不符合法律规定，但究其实质，由于更名前与更名后的企业实属同一主体，故不应因当事人在公章及名称上具有表面瑕疵而否决投标。

观点二：《招标投标法实施条例》第五十一条第一项规定，有下列情形之一的，评标委员会应当否决其投标……（一）投标文件未经投标单位盖章和单位负责人签字。第一中标候选人名称已经发生变更，法定代表人也发生了更换，变更前的公章和印章已经失效，应推定为未盖章和签字，因此投标无效。

【问题引出】

问题一：投标人使用变更登记前企业名称、印章实施的投标行为，是否有效？

问题二：投标人隐瞒变更事实，是否构成虚假投标？

【案例分析】

一、因特殊原因导致的投标人使用变更前企业名称和印章实施的投标行为有效

（一）营业执照名称变更不影响法人的行为能力

《民法典》第五十九条规定，法人的民事权利能力和民事行为能力，从法人成立时产生，到法人终止时消灭。

本案中投标人 A 公司只是进行了企业名称变更，法人主体并未变更，A 公司与 AE 公司系同一公司主体，A 公司名称只是一种形式上的变更，法律人格并未发生实质改变，变更登记后获得新的营业执照、按照新名称去刻制新印章等行为，不改变该企业已自原营业执照签发之日起成立，其民事行为能力并未消亡的事实。因此 A 公司使用其更名前的名称以及更名前的单位公章投标，究其实质，由于更名前与更名后的企业实属同一主体，故不应因当事人使用旧公章及名称上具有表面瑕疵而否认其投标效力。

企业作为法人组织，本应当使用自己当时有效的名称、印章去从事相关民事活动，否则，企业名称的确定与变更及其刻制的相应印章便失去了代表企业的意义。但是，即便企业没有使用变更后有效的名称和印章，而是使用了原名称及原印章从事民事活动，也不代表该民事行为无效，只要企业对此认可，该行为就具有法律效力。

（二）根据鼓励交易原则，因特定的客观原因使用原名称、营业组织及印章投标，应当有效

《电子招标投标办法》第四十条第三项规定，招标投标活动中的下列数据电文应当按照《中华人民共和国电子签名法》和招标文件的要求进行电子签名并进行电子存档……（三）资格预审申请文件、投标文件及其澄清和说明。

现行的电子交易系统一般采用 CA 介质实现投标文件的盖章和签名，但 CA 存储介质实现电子化盖章和签名的基础源自投标人办理 CA 时提交的相关资料，因此当投标人名称、法定代表人发生变更时，需要办理 CA 变更手续。

案涉项目采用电子招标方式，投标人 A 公司于 11 月 4 日 14：30 收到市场监管部门准予变更登记通知书，16：00 取得变更后的营业执照，投标文件递交截止时间为 11 月 5 日 9：00。要求投标人在投标截止时间前，完成公司法人和法定代表人印章刻制、备案和会员库资料更新、CA 变更等工作后再投标，客观上明显不可能。企业名称变更不涉及企业主体的消灭，不影响企业的民事行为能力，鼓励市场主体参与民事活动，而不是限制其经营活动，应当是法律实施的价值取向。

综上所述，企业作为营利法人，应当以其当时有效的名称、营业执照及印章等证件参与投标活动，否则企业变更登记即失去意义，但因特定原因造成的使用原身份证件参与招标投标活动，不能简单直接地认定为无效投标。判断其投标行为是否有效，要综合考虑行为的产生是否确属客观原因，行为的后果是否足以代表该企业而不可能有歧义，以及鼓励交易活动、维持交易稳定性的社会效果，尽最大可能地保障企业的正常经营活动。

二、投标人隐瞒企业名称及法定代表人变更属于提供虚假信息，但不构成虚假投标

《招标投标法实施条例》第三十八条规定，投标人发生合并、分立、破产等重大变化的，应当及时书面告知招标人。投标人不再具备资格预审文件、招标文件规定的资格条件或者其投标影响招标公正性的，其投标无效。

企业名称及法定代表人变更属于投标人的重大变化，应当及时告知招标人。案涉项目中，投标人隐瞒该信息实属不当，以变更前的营业执照和法定代表人印章参与本次招标投标活动，属于变相提供虚假信息；但一方面，受客观条件限制，没有采用变更后的名称及法定代表人的印章情有可原；另一方面，该虚假信息并不影响投标公正性，因此不构成虚假投标（参考判例：最高人民法院［（2005）民二终字第217号］、山东省德州市中级人民法院［（2021）鲁14民终1472号］）。

【启示】

投标人因客观原因受限，只能使用变更前的企业名称及相关印章参与投标的，应当在投标文件中如实告知信息变更相关信息，尽到诚信义务；招标人、评标委员会专家、行政监督部门在处理此类情形时，应当具体情形具体分析，要综合考虑行为的产生是否确属客观原因，行为的后果是否足以代表该企业，从鼓励交易角度出发，保障企业正常生产经营活动，尽可能地促进招标投标的公平竞争。

思考题

某投标人营业执照名称变更后，投标文件中投标函、授权委托书等加盖的是变更后的公章，但落款处写的仍是变更前的名称。问：投标是否有效？

【案例 58】

已标价工程量清单出现大量一致，投标一定无效吗?

关 键 词 工程量清单异常一致 / 政府指导价

案例要点

视为串通投标不等于一定串通投标，评标委员会可以启动澄清，并根据投标人的澄清、说明材料行使自由裁量权。

【基本案情】

某建设工程招标，评标委员会发现投标人 A、B、C 三家公司的投标文件已标价工程量清单中有近 40% 综合单价一致，但工程量清单计价软件加密锁序号信息不一致。

评标委员会在如何评审上产生争议:

观点一: 需要通过综合单价分析表看综合单价一致的部分是否仍然一致，如果仍然一致，启动澄清，由投标人说明原因。

观点二: 符合不同投标人的投标文件异常一致，视为串通投标可否决其投标。

【问题引出】

问题一: 视为串通投标情形有哪些?

问题二: 本案例应如何处理?

【案例分析】

一、视为串通投标情形

《招标投标法实施条例》第四十条规定，有下列情形之一的，视为投标人相互串通投标:（一）不同投标人的投标文件由同一单位或者个人编制;（二）不同投标人委托同一单位或者个人办理投标事宜;（三）不同投标人的投标文件载明的项目管理成员为同一人;（四）不同投标人的投标文件异常一致或者投标报价呈规律性差异;（五）不同投标人的投标文件相互混装;（六）不同投标人的投标保证金从同一单位或者个人的账户转出。

串通投标隐蔽性强，认定难，查处难。这是串通投标屡禁不止的原因之一。为有效打击串通投标行为，《招标投标法实施条例》在第四十条采用了“视为”这一立法技术。对于有某种客观外在表现形式的行为，评标委员会、行政监督部门、司法机关和仲裁机构可以直接认定投标人之间存在串通。

（一）“视为串通投标”的地方规定

为增加操作性和指导性，各地对视为串通投标作了进一步的细化。如浙江省人民政府《关于进一步加强工程建设项目招标投标领域依法治理的意见》规定，电子招标投标过程中，同一项目不同投标人的电子投标文件的文件制作机器码或文件创建标识码相同的，结合相关事实证据，认定属于《中华人民共和国招标投标法实施条例》第四十条第一项规定的“不同投标人的投标文件由同一单位或者个人编制”的情形；不同投标人从同一投标单位或同一自然人的IP地址下载招标文件、上传投标文件、购买电子保函或参加投标活动的人员为同一标段其他投标人的在职人员的，结合相关事实证据，认定属于《中华人民共和国招标投标法实施条例》第四十条第二项规定的“不同投标人委托同一单位或者个人办理投标事宜”的情形；不同投标人通过同一单位或者个人账户购买电子保函的，结合相关事实证据，认定属于《中华人民共和国招标投标法实施条例》第四十条第六项规定的“不同投标人的投标保证金从同一单位或者个人的账户转出”的情形。以上情形应按串通投标予以处罚。

类似的规定还有《新疆维吾尔自治区建设工程串通投标行为认定和处理办法（试行）》《福建省住房和城乡建设厅关于施工招标项目电子投标文件雷同认定与处理的指导意见》《黑龙江省房屋建筑和市政基础设施工程串通投标行为认定和处理办法》《江苏省房屋建筑和市政基础设施工程招标投标中串通投标和弄虚作假行为认定处理办法（试行）》《上海市建设工程招标投标管理办法》等。

（二）“视为串通投标”的司法实践

视为串通投标，投标无效也被司法实践所采纳。如不同投标人软件加密锁号一致视为串通投标案（参考判例：辽宁省本溪市中级人民法院［（2020）辽05行终140号］）；不同投标人在投标过程中递交投标文件的IP地址、MAC地址、CPU码和硬盘序列号等硬件信息均相同视为串通投标案（参考判例：福建省三明市三元区人民法院［（2020）闽0403行初86号］）；不同投标人的商务标资料制作出自同一份U盘文件视为串通投标案（参考判例：安徽省望江县人民法院［（2020）皖0827行初35号］）；五家投标人的投标报价基准价下浮率呈规律性报价视为串通投标案（浙江省湖州市中级人民法院［（2020）浙05行终24号］）；两家投标联合体的项目技术投标文件中“勘察方案”封面落款单位名称相同，且“勘察方案”中“拟投入本工程的主要人员表”异常一致视为串通投标案（参考判例：广州铁路运输法院［（2019）粤7101行初1517号］）；六家投标人的投标总价相对招标限价下浮比例存在规律性差异、投标文件综合单价分析表异常一致视为串通投标案（参考判例：重庆市第一中级人民法院［（2019）渝01行终145号］）。

二、本案例需要具体情况具体分析

本案例中，投标人A、B、C三家公司的投标文件已标价工程量清单中有近

40% 综合单价一致，但工程量清单计价软件加密锁序号信息不一致，属有串通投标的嫌疑。但除招标文件有明确规定外，评标委员会不宜直接否决其投标。“视为”的结论并非不可推翻和不可纠正。为避免适用法律错误，评标过程中评标委员会可以视情况给予投标人澄清、说明的机会；评标结束后投标人可以通过投诉寻求行政救济，由行政监督部门作出认定（摘引自《招标投标法实施条例释义》）。因此评标委员会应当启动澄清，要求投标人在规定时间内说明其报价的编制依据，并据此判定其综合单价异常一致的合理性。

当投标文件已标价工程量清单异常一致时，评标委员会应当进一步核查其综合单价分析表是否也异常一致。实践中，很多投标人在编制投标报价文件时，大多会以当地政府有关部门发布的指导性定额和信息价为依据，因此不可避免地出现投标文件中列出的人工费、材料费、机械使用费异常一致，甚至当其管理费和利润的取费基数是一样时，该部分综合单价就会完全相同，经过澄清、说明可以不视为串通投标。但应当指出，政府信息价只是一种参考，而且也不是工程量清单所有分部分项工程均有信息价，投标综合单价为施工单位结合施工图纸及招标清单自主进行报价，每份投标文件的分部分项综合单价分析表中定额子目套用及定额工程量不应完全一致。当投标文件中政府没有发布信息价的综合单价组成也有大量相同时，可以视为串通投标。

【启示】

视为串通投标是一种法律拟制，除招标文件另有规定外，评标委员会可以视情况启动澄清，要求投标人在规定时间内就“视为”的情况予以说明。当有足够证据表明该“视为”情形实属巧合，且合情合理时，不再视为串通投标。

思考题

行政监督部门在对存在视为串通投标情形的投标人立案调查时，投标人承担哪些举证责任？行政监督部门在实施行政处罚时，应当收集哪些证据？

【案例 59】

安全生产许可证即将过期，投标有效吗?

关 键 词 评标依据 / 合同效力 / 风险防范

案例要点

有履约风险不等于投标一定无效，招标人可以通过一定措施合理预防和规避采购风险。

【基本案情】

某建设工程招标，招标文件规定，投标人须具备有效的建筑工程施工总承包二级及以上资质证书和安全生产许可证。投标文件有效期 90 天，投标截止时间为 2020 年 9 月 10 日。经开标、评标，9 月 11 日发布中标候选人公示，公示期为 9 月 11 日至 9 月 13 日，投标人 A 公司为第一中标候选人。公示期间，投标人 B 公司提出异议，异议事项为 A 公司的安全生产许可证有效期的截止日期为 2020 年 9 月 13 日，低于投标有效期，履约无法保证，应取消其中标资格。

对于如何答复，招标人有两种观点：

观点一：异议成立，A 公司投标无效。因在投标有效期内无法保持有效。如不否决，一旦中标将有履约不能，给招标人造成损失的风险。

观点二：异议不成立，A 公司投标有效。评标评的是投标文件，因此只需要投标人 A 在评标时是有效的即可。

【问题引出】

问题一：A 公司投标是否有效?

问题二：招标人应当如何预防投标人可能无法履约的风险?

【案例分析】

一、A 公司投标有效

《招标投标法实施条例》第四十九条第一款规定，评标委员会成员应当依照招标投标法和本条例的规定，按照招标文件规定的评标标准和方法，客观、公正地对投标文件提出评审意见。招标文件没有规定的评标标准和方法不得作为评标的依据。

（一）A 公司的安全生产许可证在评标时有效，符合招标文件规定的资格条件案涉项目招标文件仅规定，投标人必须具备有效的安全生产许可证，而未要求投标人的安全生产许可证在投标有效期内或者合同签订前保持有效。评标委员会评审的是投标文件，在评标时 A 公司具备有效的安全生产许可证，故 A 公司符合招标文件规定关于安全生产许可证的资格条件，在无其他瑕疵情况下，投标有效。

（二）安全生产许可证即将过期，不影响合同效力

《安全生产许可证条例》（2014 年 7 月 29 日第二次修正）第十九条规定，违反本条例规定，未取得安全生产许可证擅自进行生产的，责令停止生产，没收违法所得，并处 10 万元以上 50 万元以下的罚款；造成重大事故或者其他严重后果，构成犯罪的，依法追究刑事责任。第二十条规定，违反本条例规定，安全生产许可证有效期满未办理延期手续，继续进行生产的，责令停止生产，限期补办延期手续，没收违法所得，并处 5 万元以上 10 万元以下的罚款；逾期仍不办理延期手续，继续进行生产的，依照本条例第十九条的规定处罚。

从上述规定可以看出，未取得安全生产许可证或安全生产许可证逾期未办理延期手续的法律后果是面临行政处罚或承担刑事责任，并不直接导致民事合同无效。故安全生产许可证即将到期不影响建设施工合同效力。

需要说明的是，尽管评标委员会不能否决其投标，但应当在评标报告中提示招标人注意选择该投标人为中标人会存在的法律风险，并有针对性地采取相应措施加以应对。

二、招标人可在多个节点采取相应的应对措施做好风险防范

（一）中标通知书发出前，可以启动履约能力审查

《招标投标法实施条例》第五十六条规定，中标候选人的经营、财务状况发生较大变化或者存在违法行为，招标人认为可能影响其履约能力的，应当在发出中标通知书前由原评标委员会按照招标文件规定的标准和方法审查确认。

案涉项目投标人 A 公司为第一中标候选人，招标人完全可以在中标通知书发出前启动履约能力审查，由原评标委员会按照招标文件规定的标准和方法审查确认。如果在启动履约能力审查时，投标人 A 公司的安全生产许可证过期，评标委员会可以确认其中标无效，取消其中标资格。

（二）中标通知书发出后，可以要求投标人在签订合同前提交有效的安全生产许可证，否则拒绝签订合同

《民法典》第五百二十七条第一款规定，应当先履行债务的当事人，有确切证据证明对方有下列情形之一的，可以中止履行：（一）经营状况严重恶化；（二）转移财产、抽逃资金，以逃避债务；（三）丧失商业信誉；（四）有丧失或者可能丧失履行债务能力的其他情形。

案涉项目 A 公司的安全生产许可证在签订合同时可能过期，对建设工程项目的按期履行造成一定的影响，也存在履约不能的可能性，属于《民法典》第五百二十七条第一款第四项规定的情形，招标人可以依法启动不安抗辩权，要求中

标人A公司在签订合同前必须办理完成延期手续。

需要说明的是，实践中还有一种特殊的视为准予延期的情形。《行政许可法》（2019年4月23日修正）第五十条规定，被许可人需要延续依法取得的行政许可的有效期的，应当在该行政许可有效期届满30日前向作出行政许可决定的行政机关提出申请。但是，法律、法规、规章另有规定的，依照其规定。行政机关应当根据被许可人的申请，在该行政许可有效期届满前作出是否准予延续的决定；逾期未作决定的，视为准予延续。如果中标人A公司属于上述视为准予延期的情形时，可以提供相关证据来证明。

（三）合同签订后，招标人可以视情况责令暂停施工，由此造成的损失由中标人承担

合同签订后，招标人可以根据中标人安全生产许可证有效期截止，在必要时可以暂停施工，因暂停施工给招标人造成损失的，由中标人承担相应的赔偿责任（参考判例：重庆五中院［（2019）渝05民再10号］）。

【启示】

评标委员会应当依照国家法律和招标文件规定的评标标准及方法，客观、公正地对投标文件提出评审意见。国家法律和行政法规强制性规定以及招标文件没有规定的评标标准和方法不得作为评标的依据。第一中标候选人因资质等证书可能到期，存在履约风险的，招标人可以依法采取相应措施预防风险。

思考题

假定本案例因投标人较多，9月10日开标当天没有评审完毕，9月11日评标委员会继续评审时发现投标人A公司安全生产许可证截止日期为9月10日。问：A公司投标是否有效？

【案例60】

两家投标人授权代表来自同一公司，投标有效吗？

关 键 词 授权同一单位员工 / 视为串通投标

案例要点

除法律另有规定外，授权代表可以不是本单位员工，多家投标人授权同一单位不同员工参与投标的，是否构成“视为串通投标”需要具体情况具体分析。

【基本案情】

某国有建筑企业中标某学校教学楼工程，经发包人同意将装饰装修工程分包，采用线下招标方式，共有6家企业参与投标。中标候选人公示期间，投标人A公司向招标人提出异议，异议事项为第一中标候选人B公司和第二中标候选人C公司授权委托人均为D公司的员工（D公司因不具备资质条件，没有参与本次投标），B公司和C公司分别委托D公司的小明和小王，A公司认为B公司和C公司委托同一公司员工办理投标事宜，属于《招标投标法实施条例》第四十条“视为串通投标”情形，应当投标无效。招标人认为，法律未规定投标人授权代表必须是投标人本公司的员工，也并未规定授权代表来自同一单位视为串通投标，因此异议不成立。A公司对异议答复不满，向行政监督部门提起投诉，行政监督部门以相同理由驳回其投诉。

【问题引出】

问题一：投标人授权代表必须为投标人本公司员工吗？

问题二：A公司的异议是否成立？

【案例分析】

一、除招标文件另有规定外，授权代表可以为非本公司员工

《民法典》第一百六十一条第一款规定，民事主体可以通过代理人实施民事法律行为。第一百六十二条规定，代理人在代理权限内，以被代理人名义实施的民事法律行为，对被代理人发生效力。第一百六十五条规定，委托代理授权采用书面形式的，授权委托书应当载明代理人的姓名或者名称、代理事项、权限和期限，并由被代理人签名或者盖章。

关于公司是否可以授权非本公司员工代表公司参加招标投标事宜的问题，相关法律法规并没有强制的禁止性规定。只要行为人具有完全民事行为能力且已经取得参与投标公司书面的委托授权书，就可以代表该公司参加相关的招标投标事宜。法定代表人通过签发授权委托书的方式授权代理人作为投标人的授权代表。授权代表的行权范围由授权书约定。在授权书约定的范围内，授权代表在投标活动中作出的民事行为对投标人产生法律约束力。

在具体招标投标项目中，投标人是否可以授权非该公司员工参加招标投标活动，则需要具体查看招标人的招标文件中是否有相关的明确规定。如果招标文件中并未明确要求投标人的投标授权代表必须为本公司员工的话，那么投标人的行为既未违反相关法律规定，也没有违反招标要求；但如果招标文件中已明确要求投标人的投标授权代表必须为本公司员工，则投标人的行为违反了招标文件要求。

综上所述，如果招标文件没有明确规定受托人必须是投标人本单位员工，委托授权有效，不得轻易否决其投标。

二、A 公司异议是否成立需要具体情况具体分析

《招标投标法实施条例》第四十条第二项规定，有下列情形之一的，视为投标人相互串通投标……（二）不同投标人委托同一单位或者个人办理投标事宜。

案涉项目投标人 B 公司和投标人 C 公司分别委托了 D 公司的员工小明和小王，但委托小明和小王不等于委托 D 公司，从表面上看不符合《招标投标法实施条例》第四十条第二项的规定，因为 B 公司和 C 公司既不是委托的同一人，也不是委托的同一公司。但是必须指出，在处理此类异议投诉时，应当透过现象看本质。

《民法典》第一百四十六条规定，行为人与相对人以虚假的意思表示实施的民事法律行为无效。以虚假的意思表示隐藏的民事法律行为的效力，依照有关法律规定处理。

判定 A 公司的异议是否成立的关键在于 B 公司和 C 公司同时委托同一单位的员工代理投标的行为是否属于该单位的意思表示，即如果有充足证据表明小明和小王的行为属于代表 D 公司的职务行为，则“视为串通投标”成立，投标人 B 公司和投标人 C 公司通过合法的形式（分别委托 D 公司的员工小明和小王）掩盖其非法目的（实为委托 D 公司）的投标应当视为串通投标，投标无效。

判定小明和小王是否属于职务行为，要从多方面判定，比如小明和小王在工作日代表 B 公司和 C 公司投标，其是否属于 D 公司委派？ D 公司是否知情？ D 公司是否因此而获利？ B 公司、C 公司分别与小明和小王的来往信件记录等（参考判例：安徽省高级人民法院作出［（2020）皖行申 20 号］）。

【启示】

投标人的授权代表，可以不是投标人本公司的员工。不同投标人之间，均同时委托了其他某一家公司的不同员工作为授权代表参加同一个政府采购项目的投标，并不一定因此被认定为串通投标，需要看被委托人接受委托是否属于职务行为，被委托人所在的公司是否因此直接或间接获利等。

思考题

某政府投资工程，中标候选人公示期间，投标人 C 公司提出异议。异议事项为投标人 A 公司委托 B 公司的法定代表人办理投标事宜，经查，B 公司为失信被执行人，不具备本项目的投标资格，因此怀疑 B 公司假借 A 公司资质投标。问：A 公司投标是否有效？

【案例 61】

一个顿号引发的争议

关 键 词 投标保证金 / 格式条款

案例要点

招标人根据诚信原则，在不违反公平的情况下，规定投标保证金非法定不予退还的情形合理合法。当约定不予退还的情形有歧义时，应当作出不利于招标人一方的解释。

【基本案情】

某建设工程招标，采用电子招标投标方式，投标保证金 26 万元。招标文件投标人须知 3.4.4 条规定，反映投标文件个性特征的内容（含编制文件机器码、上传投标文件的 MAC 地址）出现明显雷同的，视为串通投标，投标保证金不予退还。投标人须提供《诚信投标承诺书》，承诺无虚假投标、不存在属于串通投标和视为串通投标的行为，否则自愿接受招标人作出的投标保证金不予退还的处理。

投标人 A 公司和 B 公司参与投标，评标时发现 A 公司与 B 公司上传投标文件的 MAC 地址相同，但编制文件机器码不相同。招标人以投标人须知 3.4.4 条规定以及投标人在投标文件中的响应承诺为由拒绝退还 A 公司和 B 公司的投标保证金。A 公司认为招标文件规定投标人出现“反映投标文件个性特征的内容（含编制文件机器码、上传投标文件的 MAC 地址）出现明显雷同的”时，投标保证金不予退还，但本案中，投标人 A 公司和 B 公司上传投标文件的 MAC 地址相同，但编制文件机器码不相同，不符合招标文件规定的可以不予退还情形，故诉至人民法院。经一审、二审审理终结。

【问题引出】

问题一：招标人能否在招标文件中规定，发生视为串通投标情形的，投标保证金不予退还？

问题二：A 公司关于投标保证金应当退还的主张是否合理？

【案例分析】

一、招标人可在招标文件中规定其他不予退还投标保证金的情形

（一）投标保证金不予退还的法定情形

《招标投标法实施条例》第三十五条第二款规定，投标截止后投标人撤销投标文件的，招标人可以不退还投标保证金。第七十四条规定，中标人无正当理由不与招标人订立合同，在签订合同时向招标人提出附加条件，或者不按照招标文件要求提交履约保证金的，取消其中标资格，投标保证金不予退还。

（二）投标保证金的性质

根据上述规定，可以得出以下结论：投标保证金，是指投标人按照招标文件的要求向招标人出具的，以一定金额表示的、约束自己履行投标义务的一种担保。其实质是为了避免因投标人在投标有效期内随意撤销投标、中标后无正当理由不与招标人签订合同等行为给招标人造成损失。其目的是维护招标投标关系、保证招标投标活动顺利进行。

（三）招标文件规定投标保证金不予退还其他情形，符合诚实守信基本原则

除了行政法规和部门规章规定不予退还投标保证金的情形，招标人是否可以在招标文件中约定其他的不予退还投标保证金的情形，有两种观点。

持反对观点的人认为：依照《招标投标法实施条例》规定，投标保证金不予退还的情形有两种，一是投标截止后，投标人撤销投标文件的；二是中标人无正当理由不与招标人订立合同，在签订合同时向招标人提出附加条件，或者不按照招标文件要求提交履约保证金的。同时由2007年国家发展改革委、财政部、建设部、铁道部、交通部、信息产业部、水利部、民航总局、广播电影电视总局九部委联合编制的《标准施工招标文件》（2007年版）中的“投标人须知”投标保证金不予退还的情形也仅有两种，与上述规定情形一致。《〈标准施工招标资格预审文件〉和〈标准施工招标文件〉试行规定》中，对《标准施工招标文件》（2007年版）的使用作出了明确要求：行业标准施工招标文件应不加修改地引用《标准施工招标文件》中的“投标人须知”（投标人须知前附表和其他附表除外）。因此，当招标文件在法定不予退还投标保证金的两种情形外，增加了“以他人名义投标或者以其他方式弄虚作假，投标保证金不予退还”的内容时，该内容明显加重了投标人的责任，也不符合上述规定，且与《〈标准施工招标资格预审文件〉和〈标准施工招标文件〉试行规定》中如何引用《标准施工招标文件》（2007年版）的要求相悖。

持支持观点的人认为：投标保证金是缔约过失责任的一种保证形式或者说是一种预先安排。投标人违反约定虚假投标，构成违反诚实信用的行为，招标人有权追究其缔约过失责任。招标人在法律规定之外另行约定一种情形将投标保证金作为追究缔约过失责任的一种便利方式，也是可以的，符合缔约过失责任追究的法律情形。实践中，投标人承诺如果自己存在某些情形，则不予退还投标保证金，是一种民事

法律行为。招标文件系公开文件，投标人在投标阶段可选择是否接受招标文件的规定，并自由决定最终是否选择投标，也可以在规定时间内向招标人提出异议，但一经投标并缴纳投标保证金，招标文件的规定即对投标人产生约束力。投标人就该招标投标活动签订了诚信投标承诺书，完全认可招标文件，愿意接受招标文件约定的所有处理，可认定双方已就招标文件条款达成合意，该项规定内容不违反法律规定，双方约定合法有效。招标人依据该民事合同，可以主张不予退还投标保证金的民事权利。

持支持观点的人还认为：意思自治原则是民法的核心。首先，民事主体有权自愿从事民事活动。民事主体参加或不参加某一民事活动由其自己根据自身意志和利益自由决定，其他民事主体不得干预，更不能强迫其参加。其次，民事主体有权自主决定民事法律关系的内容。民事主体决定参加民事活动后，可以根据自己的利益和需要，决定与谁建立民事法律关系，并决定具体的权利和义务内容，以及民事活动的行为方式。再次，民事主体有权自主决定民事法律关系的变动。最后，民事主体应当自觉承受相应的法律后果。招标投标人直接进行招标投标活动，是民事主体之间的意思自治，招标文件中约定不予退还保证金的情形，是招标人根据自身意志和利益的自由决定，投标人接受招标文件，自愿进行投标是自觉履行约定义务的体现。

从中国裁判文书网现有公开的裁判文书上看，多数法院认为：诚实信用是投标人应当遵守的基本行为准则，招标人在招标文件中约定投标人违反诚信原则，存在虚假投标、串通投标情形的，投标保证金不予退还合理合法。投标人既不提出异议，又在投标文件中予以承诺的，该承诺一经作出即具备法律效力。

综上所述，招标人在招标文件中约定法定不予退还外的其他不予退还投标保证金的情形是民事主体意思自治的体现，在双方遵循公平合理和诚实信用原则基础上，招标投标双方应该遵守意思自治的原则，遵守招标文件的约定，在投标人出现违反约定情形时，招标人不予退还投标保证金。

（四）投标保证金约定不予退还情形，应当符合公平原则

《招标投标法实施条例》第二十六条第一款规定，招标人在招标文件中要求投标人提交投标保证金的，投标保证金不得超过招标项目估算价的 2%。投标保证金有效期应当与投标有效期一致。

《工程建设项目施工招标投标办法》第三十七条第二款规定，投标保证金不得超过项目估算价的百分之二，但最高不得超过八十万元人民币。

《工程建设项目勘察设计招标投标办法》（2013 年修改）第二十四条规定，招标文件要求投标人提交投标保证金的，保证金数额一般不超过勘察设计预算费用的百分之二，最多不超过十万元人民币。

需要注意的是，《工程建设项目施工招标投标办法》第三十七条第二款、《工程建设项目勘察设计招标投标办法》（2013 年修改）第二十四条是对《招标投标法实施条例》第二十六条第一款规定的细化，两者并不冲突，因此招标人应当遵守。对

超出规定要求的部分，发生招标文件约定的不予退还情形时，也应根据“公平”原则，予以退还超出投标保证金最高限额部分，否则招标人将因此获得巨额利益，双方的权利和义务明显失衡，不符合公平原则。

二、A 公司主张合理

《民法典》第四百九十八条规定，对格式条款的理解发生争议的，应当按照通常理解予以解释。对格式条款有两种以上解释的，应当作出不利于提供格式条款一方的解释。格式条款和非格式条款不一致的，应当采用非格式条款。

本案例的争议焦点在于对于招标文件规定不予退还情形有歧义。招标人认为：招标文件中“编制文件机器码、上传投标文件的 MAC 地址”用的是顿号，顿号表示并列，因此反映投标文件个性特征的内容出现明显雷同不予退还投标保证金的条件为只要出现“编制文件机器码、上传投标文件的 MAC 地址”之一即可；但 A 公司认为：顿号表示并列，并列就必须同时存在才属于，即必须是“编制文件机器码、上传投标文件的 MAC 地址”均雷同的，才可不予退还投标保证金。根据《民法典》第四百九十八条规定，应当按不利于提供格式条款一方的解释为合理解释，也就是说，应当认定投标人 A 公司的解释为合理解释（参考判例：安徽省高级人民法院［（2020）皖民终 1038 号］、四川省高级人民法院［（2020）川民申 3806 号］、江苏省高级人民法院（2020）苏民申 644 号）。

【启示】

招标人、招标代理机构在制定条款规则时，应当尽可能地表述清楚。以本案例为例，如果在顿号的最后面加上“之一”，则本案例的争议就可以避免。投标保证金具有缔约担保性质，能起到保证投标人完整参与招标投标活动的作用。在行政法规和部门规章中有招标人不予退还投标保证金的规定，投标人存在违反该规定的情形，招标人不予退还投标保证金。除此之外，招标人在招标文件中约定其他的不予退还投标保证金的情形是意思自治的体现，在不违反公平原则的前提下，投标人在投标文件中一经作出承诺，该约定即发生法律效力。

思考题

招标人不予退还投标保证金，投标人如何救济？

【案例 62】

联合体成员虚假投标引发的争议

关 键 词 联合体 / 虚假投标 / 行政处罚

案例要点

联合体成员存在虚假投标行为的，其他联合体成员不一定承担行政处罚的连带责任。

【基本案情】

2023 年 5 月 10 日，某政府投资工程采用工程总承包发包模式，允许联合体参加投标。A 公司和 B 公司联合体为第一中标候选人。为体现公平、公正，招标人公示了中标候选人的业绩、奖项等与资格条件、加分因素有关的信息。公示期间，投标人 CD 联合体向招标人提出异议，异议事项为第一中标候选人联合体成员 B 公司业绩造假，投标应当无效。招标人收到异议后，提请行政监督部门启动立案调查，经查证属实后给予 A 公司和 B 公司行政处罚。A 公司对行政处罚不服，理由是自己对 B 公司的虚假投标行为不知情，行政监督部门认为 A 公司为联合体牵头人，对联合体成员负有一定的管理责任，因此应当承担相应的行政责任。

【问题引出】

问题一：联合体可以作为行政处罚的对象吗？

问题二：联合体成员虚假投标，其他联合体成员应当承担行政连带责任吗？

【案例分析】

一、联合体不能作为行政处罚的对象

联合体能不能作为行政处罚的对象，首先应当分析行政处罚的对象有哪些。其次应当根据联合体的法律属性，判定其是否属于行政处罚规定对象范畴。

（一）行政处罚的对象

《行政处罚法》（2021 年修订）第二条规定，行政处罚是指行政机关依法对违反行政管理秩序的公民、法人或者其他组织，以减损权益或者增加义务的方式予以惩戒的行为。因此行政处罚的对象只能是公民、法人或者其他组织。

（二）现行法律法规、规章未将联合体作为行政处罚对象

《行政处罚法》（2021 年修订）第十六条规定，除法律、法规、规章外，其他规范性文件不得设定行政处罚。我国现行《建筑法》《招标投标法》等相关法律法规及规章中亦未明确联合体行政处罚责任，因缺乏上位法依据，联合体违反行政管理秩序时，不能对联合体作出行政处罚，联合体不属于行政处罚的对象，只能对联合体中的成员按照法律规定作出行政处罚。

（三）联合体不是行政处罚对象

联合体不是公民，这点没有任何争议，那它是不是法人或其他组织呢？

1. 联合体的定义与特征

《招标投标法》第三十一条第一款规定，两个以上法人或者其他组织可以组成一个联合体，以一个投标人的身份共同投标。

联合体各方均应当具备承担招标项目的相应能力；国家有关规定或者招标文件对投标人资格条件有规定的，联合体各方均应当具备规定的相应资格条件。由同一专业的单位组成的联合体，按照资质等级较低的单位确定资质等级。联合体各方应当签订共同投标协议，明确约定各方拟承担的工作和责任，并将共同投标协议连同投标文件一并提交招标人。联合体中标的，联合体各方应当共同与招标人签订合同，就中标项目向招标人承担连带责任。

《招标投标法实施条例》第三十七条第三款规定，联合体各方在同一招标项目中以自己名义单独投标或者参加其他联合体投标的，相关投标均无效。

综上所述，联合体特征总结起来就是“一个身份、协议分工、三个共同、连带责任”。

2. 联合体不是法人

《民法典》第五十七条规定，法人是具有民事权利能力和民事行为能力，依法独立享有民事权利和承担民事义务的组织。第五十八条规定，法人应当依法成立。法人应当有自己的名称、组织机构、住所、财产或者经费。法人成立的具体条件和程序，依照法律、行政法规的规定。设立法人，法律、行政法规规定须经有关机关批准的，依照其规定。第六十条规定，法人以其全部财产独立承担民事责任。

（1）联合体无独立的责任能力

联合体没有独立的人格权，不是一个独立的法律主体，组成联合体的自然人、法人、其他组织才是合法的法律主体，联合体仅是在具体的采购项目中被视为一家投标人，它没有自己的名称、组织机构和独立的财产，没有经过登记注册，无须承担任何法律责任，其对外责任和义务由组成联合体的成员承担。

（2）联合体无独立的缔约能力

联合体的三个共同（共同签订联合体协议、共同委托授权、共同签订合同）决定了联合体本身不具备订立合同的主体资格。

（3）联合体无诉讼能力

联合体既不能当原告，也不能当被告。

（4）联合体无执行能力

联合体无自己独立的财产来独立承担民事责任，既不能当执行申请人，也不能当执行被申请人。

3. 联合体不是其他组织

联合体属“强强联合”的临时性组织，组成联合体的目的是增强投标竞争力，分散联合体各方的投标风险，弥补各方技术力量的相对不足，提高共同承担项目质量的可靠性。联合体不是其他组织。关于其他组织的定义，有两个法律规定可以参考。《民法典》第一百零二条规定，非法人组织是不具有法人资格，但是能够依法以自己的名义从事民事活动的组织。非法人组织包括个人独资企业、合伙企业、不具有法人资格的专业服务机构等。《最高人民法院关于适用〈中华人民共和国民事诉讼法〉的解释》（2022 年修正）第五十二条规定，民事诉讼法第五十一条规定的其他组织是指合法成立、有一定的组织机构和财产，但又不具备法人资格的组织，包括：（一）依法登记领取营业执照的个人独资企业；（二）依法登记领取营业执照的合伙企业；（三）依法登记领取我国营业执照的中外合作经营企业、外资企业；（四）依法成立的社会团体的分支机构、代表机构；（五）依法设立并领取营业执照的法人的分支机构；（六）依法设立并领取营业执照的商业银行、政策性银行和非银行金融机构的分支机构；（七）经依法登记领取营业执照的乡镇企业、街道企业；（八）其他符合本条规定条件的组织。

综上所述，无论是法人还是其他组织均要求其具备独立的组织机构和财产，而联合体无法具备。因此，联合体既不是法人，也不是其他组织，更不是公民，当然也就不是行政处罚法处罚的对象。

二、联合体成员的行政处罚是否连带需要具体情况具体分析

目前，我国现行法律并未对联合体承担行政处罚责任是否应“责任连带”作出明确规定。由于联合体的性质并不属于行政处罚责任的承担主体，故当联合体中出现了违反行政法律规定的行为，行政机关原则上将依据联合体各方的行为分别进行追责。

有观点认为基于权利义务的一致性和利益责任的对等性，联合体各成员通过组成联合体之方式享有相关权益，就应承担成员的相应义务，互相督促依法依规参加招标投标活动。特别是联合体的牵头人更加负有审慎行为之义务。作为未尽审慎职责的联合体牵头人，应当承担连带行政责任。这种观点在《行政处罚法》修订后是站不住脚的。《行政处罚法》（2021 年修订）第三十三条第二款规定，当事人有证据足以证明没有主观过错的，不予行政处罚。法律、行政法规另有规定的，从其规定。即如果行为人没有故意或者过失，主观不具备可惩罚性，哪怕造成了危害后果，也不予惩罚。因此，在判定联合体成员是否需要承担连带行政责任时，应当具体情况具体分析。

（一）联合体其他成员主观上有过错

联合体其他成员主观上有过错，主要表现为明知其他成员有虚假投标行为为谋取一致利益未表示反对，甚至是客观上提供相关的帮助或者采取教唆、引导等手段等。

联合体投标时，对外是一个身份，当联合体成员明知其他联合体成员有虚假投标的违法行为的，因虚假投标骗取中标的收益共享，因此其行政处罚的责任也应共担。

案涉项目联合体成员 B 公司虚假投标，无论联合体成员 A 公司是否提供相关的帮助或者通过教唆、引导等手段最终让 B 公司提供虚假投标资料，只要 A 公司对 B 公司虚假投标行为知情，均应当视为该虚假投标的违法行为系联合体成员共同完成，故也应当承担其法律后果。

（二）联合体其他成员无过错

假设联合体成员 B 公司虚假投标，A 公司不知情，更谈不上提供帮助或教唆。联合体成员 A 公司主观上没有虚假投标的故意，客观上也没有虚假投标的行为（包括作为与应作为而不作为），因此 A 公司不应当承担相应的行政法律责任。

需要说明的是，联合体成员是否存在主观过错，由行政相对人承担举证责任。

【启示】

《招标投标法》第三十一条第三款规定，联合体中标的，联合体各方应当共同与招标人签订合同，就中标项目向招标人承担连带责任。该连带责任是指民事责任的连带，不包括行政责任、刑事责任的连带。在区分是否应当承担连带责任时，应当根据联合体其他成员是否就联合体成员的违法行为存在主观过错分别处理。

思考题

1. 联合体成员 B 公司在投标文件中提交虚假材料，A 公司知情后明确表示反对，但 B 公司没有改正。问：联合体成员 A 公司是否构成无主观过错，不予处罚？

2. 本案例中，假设联合体成员 A 公司对联合体成员 B 公司提供虚假材料投标知情，行政监督部门拟按最低标准从轻处罚。问：对 A 公司的罚款应当是处中标项目金额千分之二点五还是千分之五？

【案例63】

虚假投标的处罚标准引发的争议

关 键 词 虚假投标 / 处罚标准

案例要点

二次招标的中标金额与首次招标失败中的投标人违法行为无法律关系，因此不能以二次招标的中标金额为首次招标中的投标人虚假投标行政处罚基准；初次不处罚须同时满足三个条件，缺一不可。

【基本案情】

2023年6月9日某政府投资工程公开招标，投资估算价1000万元，共有三家投标人按时递交投标文件。评标时，评标委员会发现投标人A公司拟派项目经理大学本科毕业不足6年，却提供了高级工程师职称证书（招标文件规定，项目经理具备高级职称的加2分）。根据专业技术职务任职资格申报评审条件相关规定，申请高级工程师职称，大学本科毕业的一般为：大学本科毕业后，从事本专业技术工作10年以上，取得并被聘任工程师工作5年以上。评标委员会认为其涉嫌造假，依法启动澄清，要求投标人在规定时间内提供相关的佐证材料，投标人拒绝澄清后评标委员会否决其投标。因有效投标人不足3家，评标委员会判定没有竞争性，否决所有投标。2023年8月招标人进行二次招标，中标金额880万元。

2023年9月，行政监督部门经相关调查程序后对投标人A公司下达行政处罚告知书，因A公司积极主动配合调查，拟处以第二次中标合同金额千分之六的罚款。A公司不服，理由是，因在首次招标投标中并未中标，亦未参加重新招标后的投标，故不能依据重新招标投标的中标价款作出处罚决定，而应当按照首次招标时A公司投标报价800万元为基准进行处罚。

【问题引出】

问题一：行政监督部门将第二次招标的中标金额作为罚款金额基准正确吗？

问题二：假定投标人A公司在项目所在地属初次违法，是否适用“初次不处罚”？

【案例分析】

一、行政监督部门做法不正确

本案例的焦点在于确定行政处罚的基数问题。《招标投标法》第五十四条第二款规定，依法必须进行招标的项目的投标人有前款所列行为尚未构成犯罪的，处中标项目金额千分之五以上千分之十以下的罚款。但由于案涉项目首次招标失败，没有中标金额，故行政监督部门拟采用二次招标的中标金额为基数进行处罚。这种做法是错误的。

（一）投标人A公司虚假投标行为与二次招标无任何法律关联

从逻辑上讲，投标人A公司的虚假投标行为发生在首次招标时，招标人的二次招标，A公司没有参与，因此二次招标的中标结果与A公司虚假投标行为无关联关系。有专家认为二次招标是首次招标失败的延续，是基于A公司虚假投标导致的招标失败，因此两者有关联。但应当指出，一方面二次招标与A公司虚假投标没有必然的因果关系，如果其他两家投标人的投标具备竞争性，首次招标仍然可以确定中标人；另一方面，即使A公司虚假投标与招标人二次招标存在关联，A公司仅承担民事责任，即赔偿因虚假投标给招标人带来的损失，而不用承担行政责任。

《招标投标法》（修订草案送审稿）对虚假投标的行政处罚以中标项目金额或者招标项目估算金额为处罚基准的规定也充分体现了立法者不赞成以二次招标的中标金额为处罚基准。第七十一条明确规定，投标人以他人名义投标、允许他人以本人名义投标或者以其他方式弄虚作假，骗取中标的，中标无效，给招标人造成损失的，依法承担赔偿责任；构成犯罪的，依法追究刑事责任。依法必须进行招标的项目的投标人有前款所列以他人名义投标、允许他人以本人名义投标或者以其他方式弄虚作假投标行为尚未构成犯罪的，处中标项目金额或者招标项目估算金额5%以上10%以下的罚款……

行政监督部门不能以二次招标的中标金额为处罚基准，还可以通过一个最为极端的情形来解释和说明，假设案涉项目因特殊原因导致项目终止，不再实施，也就是说不可能再有中标金额，如果必须严格以中标金额为基准给予行政处罚，则行政监督部门将面临无法处罚的局面，违法不究对招标投标诚信体系建设将造成极大的破坏。

（二）从违法预期利益与违法行为的关联性角度出发，宜以投标人A公司的投标报价为处罚基准

实践中，投标人之所以虚假投标，是期望通过虚假投标骗取中标从而获得预期利益，无论其是否骗取中标成功，其预期利益均与虚假投标的违法行为构成关联性，因此以投标人A公司的投标报价为处罚基准，无论是否中标，无论本次招标是否失败，均不影响其依法受到行政处罚。从这个意义上讲，《招标投标法》第五十四条第二款规定的“中标项目金额”应作扩大化解释，当投标人A公司虚假投标，骗

取成功时，处罚基数为中标金额；骗取没有成功时，处罚基数为投标报价，即投标人的预期中标金额。

二、投标人A公司不适用“初次不处罚”

《行政处罚法》（2021年修订）第三十三条第一款规定，违法行为轻微并及时改正，没有造成危害后果的，不予行政处罚。初次违法且危害后果轻微并及时改正的，可以不予行政处罚。

初次违法不处罚是《行政处罚法》（2021年修订）的亮点之一，但并不是所有的初次违法均不处罚，初次违法不处罚应当同时满足三个条件：一是初次违法，需要注意的是初次违法不等于初次发现，如某投标人2021年5月虚假投标一次未被发现，2021年10月又因相同的虚假资料投标被发现，经立案调查，5月的虚假投标行为一并被发现，该投标人10月的虚假投标行为不属于初次违法；二是危害后果轻微，主要是指给招标人造成的损失较小，造成的社会影响不大等情形；三是及时改正，这是最为关键的一环，相当于刑法学上的犯罪终止。

案涉项目投标人A公司虚假投标，即使其属于初次违法，但其违法行为在递交投标文件截止时间前未及时改正，因此不符合初次违法不予处罚的三个必要条件，依法应当给予行政处罚。

【启示】

法律不可能穷尽一切，当法律没有明确规定时，应当探寻立法目的，对法条作出合理化的解释。投标人从事虚假投标、串通投标等违法行为的目的一般是获得预期的不当利益，对违法行为的处罚应当与其获得的预期利益相匹配，虚假投标、串通投标等骗取中标的，有中标金额的以中标金额为基准处罚，无中标金额的，应以预期收益为基准处罚。

思考题

案涉项目，行政监督部门修改行政处罚基准后，可以提高原行政处罚告知书中的处罚比例吗？

第三部分

开标评标定标案例

【案例 64】

投标文件未成功解密引发的争议

关 键 词 开标 / 解密失败 / 责任归属

案例要点

电子招标投标模式下，因投标人原因造成投标文件未解密的，视为撤销其投标文件；因投标人之外的原因造成投标文件未解密的，视为撤回其投标文件，投标人有权要求责任方赔偿因此遭受的直接损失。部分投标文件未解密的，其他投标文件的开标可以继续进行。招标人可以在招标文件中明确投标文件解密失败的补救方案，投标文件应按照招标文件的要求作出响应。

【基本案情】

某依法必须进行招标的项目使用第三方电子招标投标交易平台（以下简称交易平台）进行公开招标，招标文件规定投标文件采用招标代理机构和投标人组合加密解密的方式。至投标截止（开标）时间，有 12 家投标单位准时登录交易平台，进入网上开标大厅在线签到。交易平台发出解密指令后，在招标文件规定的解密时限内，有 11 家投标单位成功解密，只有 1 家投标单位 A 公司没有完成解密。开标解密过程中，投标人 A 公司没有向招标代理机构反映开标系统故障或进行解密操作咨询，也没有按照招标文件中明确投标文件解密失败的补救方案，对上传的投标文件进行处理。开标记录刚刚公布，A 公司投标文件成功解密。于是，A 公司对网上开标过程提出异议，认为自己的招标文件未按时解密是招标代理机构造成的，要求招标代理机构将本公司的开标信息增加到已公布的开标记录中，并重新公布开标记录。招标代理机构对异议当场作出答复，明确表示交易平台开标系统未出现异常情况，A 公司投标文件解密失败与招标代理机构无关，开标记录已经公布无法更改。

【问题引出】

问题一：A 公司投标文件解密失败应当由谁负责？

问题二：对 A 公司的投标文件应如何处理？

【案例分析】

一、关于 A 公司投标文件解密失败的原因分析及责任归属

交易平台采用的加密解密方式，是影响电子招标投标模式下判定投标文件解密失败原因的重要因素。

一是采用招标人或者招标代理机构单方加密解密方式的，由于不存在投标人任意操作失误导致投标文件不能解密的可能，所以，开标时投标文件解密失败的，应当是招标人或者招标代理机构原因造成的，解密失败的责任应当由招标人或者招标代理机构承担。

二是采用投标人单方加密解密方式的，由于投标人可以任意使用计算机设备、网络，自主、自愿操作参与开标，他人无法对其解密操作行为进行约束和控制，因此，开标时投标文件未解密成功的，应当是投标人自身原因造成的，解密失败的责任也应当由投标人自己承担。

三是采用招标人或者招标代理机构和投标人组合加密解密方式的，由于双方共同进行加密解密操作，因此，开标时投标文件未解密成功的，既可能是招标人或者招标代理机构原因造成的，也可能是投标人原因造成的，需要从解密失败的投标人数量、交易平台提供的技术佐证、投标人提供的证据材料、第三方提供的技术鉴定等方面进行综合分析，找出解密失败的原因，认定过错方责任。

就本案例而言，虽然采用招标代理机构和投标人组合加密解密的方式，但从开标解密过程看，一是 A 公司开标前已成功登录交易平台，进入网上开标大厅签到，证明其使用的计算机和网络环境在开标时处于正常状态；二是解密指令下达后，除 A 公司外，其他 11 家投标单位均在招标文件规定的解密时限内完成解密，证明 A 公司投标文件未成功解密并非招标代理机构和其他投标人原因造成的；三是招标文件规定的投标文件解密时限内，A 公司没有向招标代理机构或者交易平台机构反映开标系统故障或进行解密操作咨询，且在开标记录公布后成功解密，证明开标系统没有出现故障或网络卡顿、崩漏等导致 A 公司无法解密操作的异常情况。综上分析可以认定，A 公司投标文件解密失败的原因应当是其自身原因造成的，解密失败的责任也应当自己承担，与招标代理机构无关。

二、关于对 A 公司投标文件的处理

鉴于本案例中 A 公司投标文件解密失败是其自身原因造成的，且 A 公司未按招标文件要求采取相应补救措施，依据《电子招标投标办法》第三十一条“因投标人原因造成投标文件未解密的，视为撤销其投标文件”“部分投标文件未解密的，其他投标文件的开标可以继续进行。招标人可以在招标文件中明确投标文件解密失败的补救方案，投标文件应按照招标文件的要求作出响应”的规定，对 A 公司按撤销投标文件处理，对其提出的修改开标记录的要求不予采纳。此外，招标人还可以依据《招标投标法实施条例》第三十五条第二款“投标截止后投标人撤销投标文

件的，招标人可以不退还投标保证金”的规定，不退还 A 公司的投标保证金。

【启示】

电子招标投标模式下，开标的核心工作是完成投标文件解密。为避免开标时投标文件解密失败，投标人应提前检查计算机和网络环境，熟悉开标系统解密操作流程，并做好解密失败的补救准备工作。开标解密过程中，出现系统故障、网络卡顿或操作失误等异常情况的，应及时向招标人或交易平台运营机构反映，咨询解决办法或者采取相应措施进行补救。此外，为降低解密失败的风险，明确解密失败责任归属，建议采用投标人单方加密解密的方式，这也是当前应用实践中采取的主流方式。

思考题

1. 采用全流程电子化招标的项目，投标人是否必须在线参加开标？
2. 电子招标投标交易平台是否可以不设置签到环节？
3. 投标文件解密失败按招标文件要求采取补救措施的，开标记录公布后，其投标文件应如何处理？

【案例 65】

电子开标时解密不足 3 个的案例

关 键 词 投标文件解密 / 不足 3 个 / 竞争性

案例要点

递交投标文件时间截止时，投标人满足 3 个的，应当开标；投标文件解密不足 3 个的，开标活动继续进行。

【基本案情】

某工程建设项目招标，共有 6 家潜在投标人下载招标文件，至投标截止时间止，共有 6 家投标人递交了投标文件，在招标文件规定的解密时间内仅有 2 家投标人解密成功，其余 4 家均因非电子交易平台原因导致解密失败，招标人决定继续组织开标。评标过程中，评标委员会一致认定投标具有竞争性，推荐 A 公司为第一中标候选人。解密失败的投标人 B 公司向招标人提出异议，异议事项为解密成功的投标文件不足 3 个，招标人不得继续组织开标、评标，要求招标人重新招标。

【问题引出】

问题：递交投标文件满足 3 个，但投标文件解密成功不足 3 个，可以继续开标、评标吗？

【案例分析】

一、投标人少于 3 个的，不得开标

《招标投标法实施条例》第四十四条第二款规定，投标人少于 3 个的，不得开标；招标人应当重新招标。案涉项目在投标截止时共有 6 家投标人递交了投标文件，满足投标人不少于 3 个的要求，可以开标。

二、部分投标文件解密失败的，开标活动应当继续进行

《电子招标投标办法》第三十一条规定，因投标人原因造成投标文件未解密的，视为撤销其投标文件；因投标人之外的原因造成投标文件未解密的，视为撤回其投标文件，投标人有权要求责任方赔偿因此遭受的直接损失。部分投标文件未解密的，其他投标文件的开标可以继续进行。

案涉项目共有 6 家投标人按时递交投标文件，因投标人原因有 4 家投标人未在规定时间内完成解密，部分投标文件未解密的，对开标活动不产生影响。“视为”

属于法律拟制，投标人因自身原因未能完成投标文件解密的，应当根据《电子招标投标办法》第三十一条的规定认定为撤销投标，但撤销投标并不影响投标人数量的认定，本项目参加投标的投标人数量仍应当认定为6个。

《招标投标法》第三十六条第二款规定，招标人在招标文件要求提交投标文件的截止时间前收到的所有投标文件，开标时都应当当众予以拆封、宣读。《电子招标投标办法》第三十条规定，开标时，电子招标投标交易平台自动提取所有投标文件，提示招标人和投标人按招标文件规定方式按时在线解密。解密全部完成后，应当向所有投标人公布投标人名称、投标价格和招标文件规定的其他内容。

必须指出，"解密全部完成后"并不是指所有投标文件全部解密成功，而是指全部解密成功后或虽有部分未解密成功但解密时间已截止，均应当公布投标人名称、投标价格和招标文件规定的其他内容。只有这样才符合《招标投标法》第三十六条第二款的立法目的。

三、有效投标人不足3个，是否有竞争性由评标委员会判定

《评标委员会和评标方法暂行规定》第二十七条规定，评标委员会根据本规定第二十条、第二十一条、第二十二条、第二十三条、第二十五条的规定否决不合格投标或者界定为废标后，因有效投标不足3个使得投标明显缺乏竞争的，评标委员会可以否决全部投标。

有观点认为：当解密成功不足3个时，不能由评标委员会去判定其是否有竞争性。因为评标委员会判定其有竞争性一定是对至少3份投标文件通过初步评审后少于3个的情形，案涉项目解密成功的只有2个，可以交由评标委员会初步评审的投标文件只有2个，不足3个，因此不适用《评标委员会和评标方法暂行规定》第二十七条的规定。

招标投标领域的一名资深专家认为：表面上看本案例给评标委员会评审的投标文件不足3个，实际上却不是，应当看到，投标截止时间止递交的投标文件是6个，虽然只有2个解密成功，但其余4个投标文件实质上属于撤销，而撤销是法律禁止的，因此适用《评标委员会和评标方法暂行规定》第二十七条没有任何问题，其本质是一样的，都是只有2个，都是交由评标委员会判定是否有竞争性，这既符合《电子招标投标办法》规定，也更符合招标的本质和初衷，国际招标只有1个也能开标评标，我们应当转变观念，不能舍本求末，不能一味地追求形式而忘了招标的本质。

【启示】

只要投标人满足3个就应当开标，招标人应当对投标截止前收到的所有在规定时间内完成解密的投标文件予以公开宣读。投标是否具备竞争性应交由评标委员会依法判定。

思考题

招标文件能否规定解密不足 3 个的，重新招标或经批准采用其他方式采购？

【案例 66】

招标文件未规定解密失败补救措施引发的争议

关 键 词 电子招标投标 / 解密失败 / 补救方案

案例要点

设置解密失败的补救方案是招标人的权利而非义务，招标人有权结合电子交易平台运行状况，自主决定是否设置解密失败的补救方案。

【基本案情】

某工程建设项目招标，采用电子招标方式，投标截止时间为 9 月 15 日上午 9：00，解密时间为 30 分钟。投标人 A 公司在规定时间内上传投标文件且收到电子交易平台投标文件递交成功的确认回执通知。9 月 15 日上午 9：00，A 公司准时进入开标大厅，因 A 公司忘记投标文件的解密密码导致投标文件无法在规定时间内完成解密。

9 月 20 日，招标人向投标人 A 公司发出投标保证金不予退还的通知。A 公司不服，以招标文件未设置解密失败的补救措施导致解密失败为由向招标人提出异议，要求退还投标保证金。

【问题引出】

问题一：招标文件必须设置投标文件解密失败的补救措施吗？

问题二：招标人不予退还 A 公司的投标保证金合法吗？

【案例分析】

一、招标人可以不设置投标文件解密失败补救措施

（一）投标文件加密

为了提高投标文件的安全性和保密性，《电子招标投标办法》第二十六条规定，电子招标投标交易平台应当允许投标人离线编制投标文件，并且具备分段或者整体加密、解密功能。投标人应当按照招标文件和电子招标投标交易平台的要求编制并加密投标文件。投标人未按规定加密的投标文件，电子招标投标交易平台应当拒收并提示。

实践中加密方式主要有：一是招标人和投标人联合密钥加密和解密。该解密方

式各方信任程度最高，但因为参与操作解密的主体增多，解密失败的风险也最高。二是交易平台运营机构使用密钥进行加密和解密。该模式不存在投标人操作不当造成加密和解密失败进而影响开标顺利进行的风险，但容易出现交易平台运营机构失误和对其不信任的风险，实践中用得最少。三是投标人使用密钥加密和解密。此模式采用“公钥加密，私钥解密”的非对称加密方式，安全和保密性最高，且不存在对交易平台运营机构失误和是否信任的问题，但易因网络通信条件、投标人密钥管理不善或者操作失误、终端软件环境等因素造成解密失败，影响开标效率，甚至产生各种纠纷。

（二）投标文件解密

由于电子招标投标交易平台的建设标准化程度不够、监管机构的监督要求不一致、软件技术水平参差不齐、投标人操作失误等原因，实践中出现了部分投标文件无法解密等解密失败的情形，对电子招标投标活动开展造成不利影响。为了保障电子招标活动顺利进行，《电子招标投标办法》第三十一条第二款规定，招标人可以在招标文件中明确投标文件解密失败的补救方案，投标文件应按照招标文件的要求作出响应。

1. 实践中常见的补救措施

实践中常见的补救措施主要包括以下三种：

（1）采用纸质文件作备份代替解密

在电子招标投标时，允许投标人递交一份纸质文件作为备份。在解密失败时，采用纸质文件。按相关规定，在投标截止时间前，投标人提交纸质形式的投标文件，招标人对此进行密封检查；在开标时由投标人或监标人进行密封检查，而后拆封、唱标、录入开标一览表的信息等。

需要说明的是，除要求投标人在投标截止时间之前同时递交纸质的投标文件外，实践中还有一些补救措施与采用纸质文件作备份的形式相似，如允许投标人在投标截止时间前以密封好的 U 盘的形式递交投标文件加密时生成的备用文件，投标文件解密失败的，提取备用文件继续开标程序。投标人可制作非加密的电子投标文件（PDF 格式）刻入光盘，在投标截止时间前递交密封好的电子光盘，开标现场投标文件解密失败的，通过现场读取光盘内容，继续开标程序。

由于邮寄和快递的递交方式难以保证文件的保密性，备用纸质文件、U 盘、光盘通常只能现场递交，不接受邮寄、快递等递交方式。

采用上述补救措施的，投标人递交电子投标文件的同时，还需要现场递交备份文件，这种“双轨制”的做法，实质上增加了投标成本，丧失了“网上投标”“不见面开标”的优势。此外，U 盘和光盘的形式也难以保证备份投标文件签章和签名的有效性。因此，上述补救措施，通常仅在电子招标投标试运行阶段作为过渡手段采用。

（2）采用“电子文件哈希摘要备份”解密

在电子投标文件加密递交前，做一个哈希摘要。哈希摘要是一组定长的数据，该数据对任何一份文件都是唯一的。只要文件发生任何变化，该摘要数据就会发生变化。通常用于对消息或文件的完整性进行验证，验证原文是否被篡改。该摘要数据不包含任何可识别的招标文件内容信息。投标人将此摘要数据托管到可信的第三方，如电子招标投标公共服务平台。如果解密正常，此摘要数据无用。如果解密失败，电子招标投标公共服务平台可以要求投标人再行通过网络递交一份投标文件。电子招标投标公共服务平台在收到原文后做哈希运算，如果得到的数值与投标人托管的哈希摘要数据完全一致，则该文件与原投标文件内容一致，可用作开标时补救的投标文件。

哈希摘要备份补救方式的效率最高，也可较好地解决解密失败风险的防范问题，但是因涉及公共服务平台等第三方的服务投入，因此额外的成本很高，实践中采用得很少。

（3）采用密码信封解密

部分交易平台提供密码信封解密的补救措施，可在CA解密失败时发挥作用。投标人在加密投标文件时，可另行设置一个解密密码即密码信封，当CA解密投标文件失败时，可使用密码信封进行解密。投标人应注意保存密码信封，避免遗忘，招标人也可在招标文件中作相应提醒。

密码信封解密通常适用于因CA损坏、丢失、失效、密码遗忘等问题造成的无法正常使用CA解密投标文件的情形。对于网络不良、系统故障、文件损坏等非CA原因造成的解密失败，招标文件还需另行约定补救措施。

2. 设置解密失败的补救措施非强制规定

《电子招标投标办法》第三十一条第二款规定的“招标人可以在招标文件中明确投标文件解密失败的补救方案”用的是“可以”而不是“必须”，因此，招标人可以根据电子招标的特点选择性规定何种情况下的解密失败允许采取补救措施或者仅规定非投标人原因导致的解密失败的补救措施。如《公路工程标准施工招标文件》（2018年版）“5.3 开标补救措施”中没有规定由于投标人原因造成解密失败后的补救措施，其具体规定如下：

5.3　开标补救措施

5.3.1　开标过程中因本章第5.3.2项、第5.3.3项所列原因，导致系统无法正常运行，将按投标人须知前附表的规定采取补救措施。

5.3.2　因“电子交易平台”系统故障导致投标人无法正常上传加密的投标文件，投标人应打印并递交电子交易平台自动生成的上传失败的异常记录单。

5.3.3　当出现以下情况时，应对未开标的中止电子开标，并在恢复正常后及时安排时间开标：

（1）系统服务器发生故障，无法访问或无法使用系统；

（2）系统的软件或数据库出现错误，不能进行正常操作；

（3）系统发现有安全漏洞，有潜在的泄密危险；

（4）出现断电事故且短时间内无法恢复供电；

（5）其他无法保证招标投标过程正常进行的情形。

5.3.4 采取补救措施时，必须对原有资料及信息作出妥善保密处理。

从上述规定可以看出，第 5.3.2 项是由于电子交易系统原因导致未在规定时间内上传投标文件的补救，第 5.3.3 项是对开标现场出现不可控因素导致无法正常开标的补救，但均未规定因投标人原因导致解密失败的补救措施。

二、招标人不予退还投标保证金合理合法

《电子招标投标办法》第三十一条第一款规定，因投标人原因造成投标文件未解密的，视为撤销其投标文件；因投标人之外的原因造成投标文件未解密的，视为撤回其投标文件，投标人有权要求责任方赔偿因此遭受的直接损失。部分投标文件未解密的，其他投标文件的开标可以继续进行。

《招标投标法实施条例》第三十五条第二款规定，投标截止后投标人撤销投标文件的，招标人可以不退还投标保证金。

案涉项目投标人 A 公司因自身原因导致未在规定时间内解密，视为撤销投标文件，因此招标人可以不退还投标保证金。

【启示】

招标人有权根据电子招标项目的特点，选择性规定解密失败的补救措施。投标人应当加强业务培训和加密解密的密码管理，减少因自身原因造成解密失败的风险。

思考题

因投标人之外原因导致解密失败的，投标人是否应当承担举证责任？

【案例 67】

投标人未按招标文件要求出席开标会引发的争议

关 键 词 开标 / 开标会 / 唱标 / 开标记录

案例要点

招标人邀请所有投标人参加开标会是招标人的义务，是否出席开标会是投标人的权利。投标人未派人参加开标会意味着自愿放弃对开标会的知情权，并视同认可开标结果，且不影响其投标的有效性。

【基本案情】

2016 年 4 月 20 日，某市经开区新建日处理 5 万吨污水处理厂设备采购项目委托招标代理机构采用纸质方式公开招标。招标公告载明递交投标文件的截止时间为 2016 年 5 月 13 日上午 9 时，地点为市公共资源交易中心开标大厅。招标文件同时规定，招标人邀请所有投标人的法定代表人或其委托代理人参加开标会，投标人的法定代表人或其委托代理人应当按时参加，并向招标人提交法定代表人身份证明文件或法定代表人授权委托书原件、出示本人身份证，以证明其出席，否则按无效投标处理。至投标截止时间（开标时间），招标代理机构共收到 17 份投标文件，经现场查验，有 1 家投标单位 A 公司未派人参加开标会，另有 1 家投标单位 B 公司委托代理人未携带身份证出席开标会。据此，招标代理机构当场宣布 A 公司和 B 公司的投标无效，没有对其投标文件进行拆封和唱标。

【问题引出】

问题一：A 公司和 B 公司未按照招标文件要求参加开标会，是否导致其投标无效？

问题二：招标代理机构没有对 A 公司和 B 公司的投标文件进行拆封、唱标是否合法？

【案例分析】

一、A 公司和 B 公司未按招标文件要求参加开标会并不直接导致其投标无效

《招标投标法》第三十五条规定，开标由招标人主持，邀请所有投标人参加。《工程建设项目货物招标投标办法》第四十条第二款规定，投标人或其授权代表有权出

席开标会，也可以自主决定不参加开标会。前述条款规定了招标人邀请所有投标人参加开标会的义务，赋予了投标人出席开标会的权利，但并没有规定投标人必须参加开标会或以什么方式参加开标会，更没有规定投标人不参加开标会其投标就无效。

举行开标会是贯彻招标投标活动“公开原则”的具体体现。对投标人而言，参加开标会，可以了解投标活动的竞争情况，评估自己在投标竞争中所处的地位和中标的可能性，监督开标过程并及时提出异议；不参加开标会，则意味着放弃了法律赋予的出席开标会的权利，同时放弃了对开标会的知情权，并视同认可开标结果。但无论投标人是否参加开标会，都与其投标的有效性无关，也并不直接导致其投标无效。

本案例中，A 公司未派人参加开标会，B 公司委托代理人未携带身份证出席开标会，均不属于法定投标无效的情形，且认定投标无效的主体是评标委员会而非招标人或其委托的招标代理机构。因此，招标文件中关于投标人不按招标文件规定参加开标会的，按无效投标处理的规定于法无据，招标代理机构当场宣布 A 公司和 B 公司投标无效的做法缺乏法律依据。这种规定和做法，不仅在主观上非法剥夺了投标人参与竞争的权利，损害了投标人的合法权益，而且在客观上也削弱了竞争，导致招标人失去了更多机会选择最佳合格中标人的可能。

二、招标代理机构没有对 A 公司和 B 公司的投标文件当场拆封、唱标不合法

《招标投标法》第三十六条第一款和第二款规定，开标时，由投标人或者其推选的代表检查投标文件的密封情况，也可以由招标人委托的公证机构检查并公证；经确认无误后，由工作人员当众拆封，宣读投标人名称、投标价格和投标文件的其他主要内容。招标人在招标文件要求提交投标文件的截止时间前收到的所有投标文件，开标时都应当当众予以拆封、宣读。据此可见，对于招标人在投标截止时间前收到的所有投标文件，只要密封情况经确认无误的，都应当场拆封并唱标。

本案例中，招标代理机构已经在投标时间截止前接收了 A 公司和 B 公司的投标文件，开标时又以 A 公司和 B 公司未按招标文件要求参加开标会为由，没有对其投标文件当场拆封、唱标，明显违反了上述规定，实质上属于变相拒收投标文件的行为。

【启示】

对于投标人是否应参加开标会及不参加开标会的法律后果，现行法律法规对纸质开标与电子开标的要求不同。就纸质招标而言，投标人可以不参加开标会，且不参加开标会不影响其投标的有效性，但投标人不参加开标会的，视为认可开标结果，即使开标记录与投标文件内容不一致的，也无权提出异议。对于采用电子招标的，随着“互联网 + 招标”的推行和电子化交易平台的广泛应用，“不见面”开标已成为常态，在这种形势下，投标人参加开标会不再是权利而是义务，即必须在招标文件规定的投标截止时间（开标时间）登录电子交易平台准时参加开标会，按照电子交易平台下达的指令完成签到、解密投标文件、确认开标记录等操作，如不参加开标会，可能影响投标文件正常解密，若解密失败，则可能被认定为撤回或者撤销其投标文件，还可能造成投标保证金不予退还的损失。

思考题

1. 投标人未按招标文件要求参加开标会，是否属于违约或者不诚信？
2. 投标人未参加开标会，开标记录与投标文件内容不一致的应如何处理？

【案例 68】

评标专家是投标人子公司员工引发的争议

关 键 词 评标委员会 / 利害关系 / 主动回避

案例要点

评标专家与投标人有利害关系的，应当主动回避，否则，其评审结论无效，将导致重新招标或者评标。

【基本案情】

2019 年 5 月 7 日上午 9 点，依法必须进行招标的某省界内高速公路服务区房建工程施工项目，在省公共资源交易中心交易大厅开标、评标，A 公司等 9 家施工企业参加投标。评标委员会由 5 名成员组成，其中 1 名评标专家黄某来自一家股份制建筑企业 B 公司。经过评审，A 公司被推荐为第一中标候选人。评标结果公示期间，有一家投标企业的委托代理人向招标人提出异议，异议书中称，5 月 7 日开标结束后，他在交易大厅等候区遇到了前来参加评标的同学黄某，现黄某就职的 B 公司是 A 公司的子公司，并且半年前黄某在 A 公司任项目经理，认为黄某参加评标不符合规定，应当回避，其评审结论影响了评标结果，要求招标人重新评标或者重新招标。

经招标人调查，异议反映的情况属实。在处理异议时，招标人出现了三种不同的意见：

第一种意见认为：虽然 A 公司是 B 公司的母公司，评标专家也曾在 A 公司任职，但黄某现在在 B 公司工作，只与 B 公司存在利益关系，黄某不属于必须回避的情形不需要回避，评审结论有效。

第二种意见认为：评标专家黄某与 A 公司有经济利益关系，其评审结论无效，但其他评标委员会评审结论有效，只需更换 1 名评标专家代替黄某重新评审即可，不会影响评标结果。

第三种意见认为：评标专家黄某应当回避而不回避，其评审结论无效，应当重新组织评标。

【问题引出】

问题：招标人的哪种意见正确？

【案例分析】

本案例中，招标人中之所以出现三种不同的意见，主要是对利害关系、专家回避、专家更换、重新评标的理解上存在分歧，需要逐一分析加以判断。

一、评标专家黄某与A公司存在利害关系，应当回避，其评审结论无效

《招标投标法》第三十七条第三款规定，与投标人有利害关系的人不得进入相关项目的评标委员会；已经进入的应当更换。

《招标投标法实施条例》第四十六条第三款规定，评标委员会成员与投标人有利害关系的，应当主动回避。

《招标投标法实施条例释义》对利害关系的解释是，所谓利害关系主要指：一是投标人或者投标人主要负责人的近亲属，包括配偶、父母、子女、兄弟姐妹、祖父母、外祖父母、孙子女、外孙子女和其他具有抚养、赡养关系的亲属。二是与投标人有经济利益关系，可能影响对投标公正评审的，其中经济利益关系通常是指3年内曾在参加该招标项目的投标人中任职（包括一般职务）或担任顾问，配偶或直系亲属在参加该招标项目的投标人中任职或担任顾问，与参加该招标项目的投标人发生过法律纠纷，以及其他可能影响公正评标的情况。结合各行业、各地方的有关规定，其他可能影响公正评标的情形主要有：投标人的上级主管、控股或被控股单位的工作人员；评标委员会成员任职单位与投标人单位为同一法定代表人；评标委员会成员持有某投标单位股份等。

本案例中，评标专家黄某所在的B公司是A公司的子公司，且黄某半年前曾在A公司任项目经理，属于与A公司有经济利益关系，可能影响公正评标的情形。依据上述法律法规规定和解释，评标专家黄某应当主动回避，其评审结论无效。所以，招标人的第一种意见错误。

二、找评标专家代替黄某重新评标不符合相关规定

《招标投标法实施条例》第四十八条第三款规定，评标过程中，评标委员会成员有回避事由、擅离职守或者因健康等原因不能继续评标的，应当及时更换。被更换的评标委员会成员作出的评审结论无效，由更换后的评标委员会成员重新进行评审。

《招标投标法实施条例》第七十条第一款规定，依法必须进行招标的项目的招标人不按照规定组建评标委员会，或者确定、更换评标委员会成员违反招标投标法和本条例规定的……违法确定或者更换的评标委员会成员作出的评审结论无效，依法重新进行评审。

本案例中，评标专家黄某虽有回避事由，但评标工作已经结束，评标委员会已告解散，更换专家已错过时机，因此不能再进行更换。如果招标人另找评标专家代替黄某重新评标并替换黄某的评审结论，则属于违规更换评标委员会成员，其更换的评标专家作出的评审结论仍无效。显然，招标人的第二种意见也是错误的。

三、应当依法重新组织评标委员会进行评标

《招标投标法实施条例》第八十一条规定，依法必须进行招标的项目的招标投标活动违反招标投标法和本条例的规定，对中标结果造成实质性影响，且不能采取补救措施予以纠正的，招标、投标、中标结果无效，应当依法重新招标或者评标。

本案例中，评标专家黄某应当回避而不回避，其评标结论无效，因对中标结果造成了实质性影响，且无法通过更换评标专家重新评标来纠正，因此，本项目应当重新评标。由此可见，招标人的第三种意见正确。

【启示】

现行招标投标法律法规对利害关系没有作出明确定义，《评标委员会和评标方法暂行规定》第十二条中“与投标人有经济利益关系，可能影响对投标公正评审的”的表述也很笼统，造成实践中对应当回避情形的理解存在一些差异，且由于评标专家是通过专家库随机抽取方式确定的，其身份和社会关系比较复杂，是否与投标人有利害关系需要回避，对于招标人来说很难作出判断。因此，评标专家应强化自律意识，严格执行专家回避制度，避免违规参加评标影响评标结果，导致重新招标或者评标。

思考题

1. 母公司招标项目，来自子公司的评标专家需要回避吗？
2. 同属一家母公司的两家子公司，其中一家子公司投标的项目，另一家子公司的评标专家能否参加评标？
3. 评标时应当回避的近亲属范围按《民法典》还是《公务员法》的规定来认定？
4. 本案例中，评标专家黄某应当受到什么处理？

【案例 69】

投标报价算术性错误修正的案例

关 键 词 评标委员会 / 投标报价 / 算术性错误修正

案例要点

对投标文件中存在的投标报价算术性错误，评标委员会应当按照招标投标相关法律法规规定及招标文件中约定的修正原则和方法进行修正，并以修正并经投标人确认后的投标报价进行评审。投标人不接受修正的投标报价的，可以否决其投标。

【基本案情】

某县高级中学新建教学楼项目，县发展改革局批复总投资为 1800 万元，建筑面积为 4192.80m^2，资金来源为中央财政预算内资金 1000 万元，争取省级财政资金 250 万元，县级财政资金 550 万元。该项目委托招标代理机构采用公开招标方式进行招标。招标公告载明评标方法采用综合评估法，报价采用工程量清单计价模式，评标委员会由 4 名评标专家、1 名招标人代表共 5 人组成。至投标截止时间，有 12 家施工企业提交了投标文件。开标时，某 XW 建设工程有限公司（以下简称 XW 公司）投标函唱出的报价为 1578.13 万元，接近评标基准价，得分最高。评标时，评标委员会对通过初步评审的各投标文件报价进行了校核，发现 XW 公司投标文件中工程量与综合单价的乘积与总价不一致，修正后的总价为 1588.43 万元，两者相差 10.3 万元。因招标文件没有对投标报价算术性错误修正作出具体规定，在处理 XW 公司投标报价算术性错误时，评标委员会成员之间产生了分歧。

有 3 名评标专家认为：评标委员会应当启动澄清程序，要求 XW 公司书面形式对投标报价的算术性错误进行修正并确认，修正后的价格为最终投标报价。评标委员会应当以修正并经投标人确认的投标报价进行评审。XW 公司不接受修正的投标报价的，可以否决其投标。

另外 2 名评标专家认为：评标委员会可以通过澄清要求 XW 公司对投标文件中存在的投标报价算术性错误进行修正，但算术性错误修正并不改变开标时公布的投标价格的效力。评标委员会只能以 XW 公司的开标价作为评标价，投标人不予确认的则否决其投标。

由于评标委员会对 XW 公司投标文件中存在的算术性错误修正难以达成一致意

见，最终按照“少数服从多数”的原则，采纳了多数人的意见。

【问题引出】

问题：算术性错误修正能否改变投标报价？

【案例分析】

一、对投标报价算术性错误修正的有关规定

《招标投标法》实施后，《评标委员会和评标方法暂行规定》（以下简称 12 号令）应当是最早对投标报价进行算术性错误修正作出规定的部门规章。12 号令第十九条规定，“评标委员会可以书面方式要求投标人对投标文件中含义不明确、对同类问题表述不一致或者有明显文字和计算错误的内容作必要的澄清、说明或者补正。澄清、说明或者补正应以书面方式进行并不得超出投标文件的范围或者改变投标文件的实质性内容。投标文件中的大写金额和小写金额不一致的，以大写金额为准；总价金额与单价金额不一致的，以单价金额为准，但单价金额小数点有明显错误的除外；对不同文字文本投标文件的解释发生异议的，以中文文本为准”。《工程建设项目施工招标投标办法》（以下简称 30 号令）在 12 号令的基础上对工程建设项目施工中涉及的报价修正原则作出了更为具体的规定，其中第五十三条规定，“评标委员会在对实质上响应招标文件要求的投标进行报价评估时，除招标文件另有约定外，应当按下述原则进行修正：（一）用数字表示的数额与用文字表示的数额不一致时，以文字数额为准；（二）单价与工程量的乘积与总价之间不一致时，以单价为准。若单价有明显的小数点错位，应以总价为准，并修改单价。按前款规定调整后的报价经投标人确认后产生约束力。投标文件中没有列入的价格和优惠条件在评标时不予考虑”。国家发展改革委会同有关行政监督部门制定的《标准施工招标文件》（2007 年版）第三章“评标办法”中，对投标报价算术性错误修正也作了相应规定，3.1.3 条规定，“投标报价有算术错误的，评标委员会按以下原则对投标报价进行修正，修正的价格经投标人书面确认后具有约束力。投标人不接受修正价格的，其投标作废标处理。（1）投标文件中的大写金额与小写金额不一致的，以大写金额为准；（2）总价金额与依据单价计算出的结果不一致的，以单价金额为准修正总价，但单价金额小数点有明显错误的除外”；3.3.2 条规定，“澄清、说明和补正不得改变投标文件的实质性内容（算术性错误修正的除外）。投标人的书面澄清、说明和补正属于投标文件的组成部分”。

鉴于部门规章和各地规范性文件中对投标报价进行算术性错误修正的规定不尽一致，《招标投标法实施条例》从行政法规层面对此作了明确统一，第五十二条规定，“投标文件中有含义不明确的内容、明显文字或者计算错误，评标委员会认为需要投标人作出必要澄清、说明的，应当书面通知该投标人。投标人的澄清、说明应当采用书面形式，并不得超出投标文件的范围或者改变投标文件的实质性内容。

评标委员会不得暗示或者诱导投标人作出澄清、说明，不得接受投标人主动提出的澄清、说明”。

从上述规定中可以得出这样的结论：算术性错误修正可以改变投标人的投标报价；评标时，评标委员会应当对投标报价的算术性错误进行修正，修正的价格经投标人确认后为最终投标报价并对投标人产生约束力；投标人不接受修正价格的，可以否决其投标。

二、对投标报价算术性错误修正的必要性

投标报价存在的算术性错误是指投标报价在算术上的、累加运算上的及其结果表达上的差错或误差。按照投标人的投标报价与准确地计算各算术过程得到的修正价格之间的大小关系，可以将算术性错误分为两类：一类是投标报价小于修正价格，另一类是投标报价大于修正价格。按照投标人是否存在主观过错，行业中将算术性错误分为故意和过失或失误。从立法意愿上理解，《招标投标法实施条例》第五十二条中所指“投标文件中有明显计算错误”，应当是投标人主观上累加运算和数字表述上的错误。

对投标报价算术性错误进行修正，是评标工作的必要环节，其必要性在于：

（1）对投标报价算术性错误进行修正，修正的价格经投标人确认后为最终投标报价，并对投标人产生约束力，从而使投标价、评标价、中标价、合同价保持一致，可有效防止“阴阳合同”“低中高结”等违法违规行为发生，以维护“公开、公平、公正和诚实信用”的招标投标市场秩序。

（2）通过对投标报价算术性错误修正，可以准确把握投标人的实际价格，防止投标人存在低价抢标、利用不平衡报价漏洞恶意投标等不良行为影响合同履行，保证合同顺利实施和工程质量，避免发生合同履行中不必要的纠纷与合同变更。

（3）投标报价算术性错误修正还可以提醒投标人减少失误或损失，避免因较高的错误报价丧失竞争优势，或因错误的低价中标后无利可图拒签合同而造成更多损失。

三、对投标报价算术性错误修正后的处理

根据招标投标相关法律法规规定，结合上述分析，本书认为对投标报价算术性错误修正后，采用以下办法进行处理：

（1）评标委员会应当启动澄清程序，书面形式要求投标人对投标报价算术性错误进行修正并确认，修正的价格经投标人书面形式确认后具有约束力，投标人不接受修正价格的可以否决其投标。

（2）投标人应当按照评标委员会要求，采用书面形式对投标文件中存在的算术性错误进行修正并确认。同时，评标委员会不得允许投标人通过修正或撤销其不符合要求的差异或保留，使之成为具有响应性的投标。

（3）修正并经投标人确认的价格为投标人的真实意思表示和最终投标报价，评标委员会应当以此投标报价进行评审。投标人一旦中标，该投标报价既是中标价，也是签约合同价（招标文件另有规定的除外，如交通工程采用固化清单，签约价采用就低不就高的方式）。

就本案例而言，评标委员会对发现的 XW 公司投标文件中工程量与综合单价的乘积与总价不一致的算术性错误，应当启动澄清程序，要求 XW 公司书面形式对投标报价的算术性错误进行修正并确认，修正后的投标报价为最终投标报价和评标价，XW 公司不接受修正的投标报价的可以否决其投标。

【启示】

一是招标人在编制招标文件时，应当明确算术性错误修正的原则和具体方法，以避免评标委员会在处理投标文件算术性错误时产生分歧，影响评标工作正常进行。

二是投标人在投标截止时间前，应认真校核投标报价，尽量避免出现算术性错误，否则容易造成评标时因算术性错误修正后的报价低于成本竞标或高于招标文件设定的最高投标限价而导致投标文件被否决。

三是评标委员会在评标过程中，只允许对实质性响应招标文件要求的投标文件中出现的算术性错误，要求投标人书面形式进行修正。除算术性错误修正外，评标委员会不得对投标人的投标价格进行任何调整。

思考题

1. 允许算术性错误修正可以改变开标时公布的投标报价，是否违背了招标投标活动的公开原则？
2. 对投标报价算术性错误修正是否属于改变投标文件的实质性内容？
3. 投标人不接受算术性错误修正的报价，其投标保证金能否退还？
4. 评标委员会按修正并经投标人确认的投标报价进行评审，是否会对其他投标人造成不公平的结果？

【案例 70】

夫妻关系参加同一招标项目评标的案例

关 键 词 评标委员会 / 评标专家 / 利害关系 / 评委回避

案例要点

招标人在组建评标委员会或者组织评标时，应当对评标委员会成员是否需要回避作出正确判断，既要严格执行评标专家回避制度，也不得随意更换评标专家。

【基本案情】

某市广电局演播大厅装修改造工程公开招标，在市公共资源交易中心评标，评标委员会由 5 名评标专家和 2 名招标人代表共 7 人组成。评标专家陆续进入评标室后，从专家库中随机抽取的评标专家王某发现自己的妻子李女士作为招标人代表也来参加评标，因两人系夫妻关系，评标专家王某在评标开始前向招标代理机构工作人员说明了情况，招标代理机构工作人员认为夫妻二人存在经济利益关系，同时参加评标可能影响评标结果的公平公正，要求评标专家王某回避，并重新从省评标专家库中随机抽取了 1 名评标专家替换了王某。

【问题引出】

问题一：夫妻二人参加同一招标项目的评标，是否需要一方回避？

问题二：实践中如何落实评标专家回避制度？

【案例分析】

一、夫妻二人参加同一项目的评标，不能以夫妻关系为由，要求其中一方回避

《招标投标法》第三十七条第四款规定，与投标人有利害关系的人不得进入相关项目的评标委员会；已经进入的应当更换。

《招标投标法实施条例》第四十六条第三款规定，评标委员会成员与投标人有利害关系的，应当主动回避。

《评标委员会和评标方法暂行规定》第十二条规定，有下列情形之一的，不得担任评标委员会成员：

（一）投标人或者投标人主要负责人的近亲属；

（二）项目主管部门或者行政监督部门的人员；

（三）与投标人有经济利益关系，可能影响对投标公正评审的；

（四）曾因在招标、评标以及其他与招标投标有关活动中从事违法行为而受过行政处罚或刑事处罚的。

评标委员会成员有前款规定情形之一的，应当主动提出回避。

从上述规定看，夫妻二人同时参加评标，并未列为应当回避的情形。因此，对于夫妻关系能否同时参加同一招标项目的评标，不能仅从夫妻二人有经济利益关系来考量，而应当从夫妻二人与投标人之间是否存在经济利益等利害关系的事实来判断。只要夫妻二人与投标人之间没有经济利益、亲属等利害关系，或者有其他可能影响招标投标活动公平、公正进行的事由，则不需要回避，可以同时参加评标。

本案例中，评标专家王某在评标前主动向招标代理机构工作人员说明自己与招标人代表李女士是夫妻关系，表明其对是否需要回避把握不准。对此，招标代理机构工作人员应当提醒王某需要回避的情形，并可以要求其签订承诺书，由王某自主决定是否回避，而不能以评标专家王某与招标人代表李女士系夫妻，二人之间有经济利益关系，同时参加评标可能影响评标的公平公正为由，要求王某回避，这种主观臆断的做法缺乏法律法规依据，是对评标专家回避情形的曲解。

二、实践中，应以评标专家自行回避（主动回避）为主

虽然招标投标相关法律法规中明确规定了不得担任评标委员会成员的情形，但由于评标专家身份比较复杂、与投标人之间的利害关系较为隐蔽，评标时，无论是招标人或其委托的代理机构，还是有关行政监督部门都很难发现评标专家中是否有应当回避的情形。因此，实践中应以评标专家自行回避为主，并辅之申请回避和指令回避方式，推动评标专家回避制度的落实，以确保评标结果客观公正。

【启示】

落实评标专家回避制度，既要严格执行招标投标法律法规有关评标专家回避的规定，防止评标专家应当回避而不回避，也要认真核实评标专家身份和与投标人的利害关系，避免以不当理由申请评标专家回避，侵害评标专家依法参加评标的权利。

思考题

1. 评标专家持有投标企业股票的是否需要主动回避？
2. 评标结束后，发现应当回避的评标专家参加评标的，应当如何处理？

【案例 71】

行政监督部门直接认定中标无效引发的争议

关 键 词 虚假投标 / 中标无效 / 职权法定

案例要点

从减少争议的角度出发，行政监督部门在处理评标结果投诉时，不宜直接认定中标无效，仅需对中标候选人的违法行为及影响中标结果作出认定。

【基本案情】

某政府投资房屋建筑工程招标，投资估算价 1 亿元。经评标委员会推荐，A 公司为第一中标候选人。为增强招标投标活动的透明度，保障公平竞争的市场秩序，招标人在中标候选人公示中一并公示了中标候选人响应招标文件要求的资格能力条件情况、中标候选人按照招标文件要求承诺的项目负责人职称证书情况、中标候选人在投标文件中所提供的企业业绩、项目负责人业绩、奖项等相关内容。公示期间，第二中标候选人 B 公司向招标人提出异议，异议事项为 A 公司存在项目经理业绩造假行为。因对招标人答复不满，B 公司向行政监督部门提起投诉，行政监督部门调查后发现，A 公司虚假投标情况属实。对如何处理投诉，行政监督部门有三种观点：

观点一：投诉处理决定书对第一中标候选人 A 公司虚假投标行为予以认定，确认 A 公司中标无效；虚假投标的违法行为由行政监督部门另行处罚。

观点二：投诉处理决定书仅对第一中标候选人 A 公司虚假投标行为予以认定，评标委员会根据行政监督部门查实结果出具 A 公司投标无效的复评报告；其虚假投标的违法行为由行政监督部门另行处罚。

观点三：投诉处理决定书仅对第一中标候选人 A 公司虚假投标行为作出认定，招标人根据《招标投标法实施条例》第五十五条规定，可以按照评标委员会提出的中标候选人名单排序依次确定其他中标候选人为中标人或重新招标，无须评标委员会认定 A 公司投标无效、中标无效。A 公司虚假投标的违法行为由行政监督部门另行处罚。

【问题引出】

问题一：行政监督部门是否有权认定中标无效？

问题二：第一中标候选人虚假投标查证属实，是否需要评标委员会出具复评报告否决其投标？

【案例分析】

一、司法实践对行政监督部门是否有权认定中标无效观点不一

《招标投标法》第五十四条和《招标投标法实施条例》第六十八条关于“投标人以他人名义投标或者以其他方式弄虚作假骗取中标的，中标无效……”均未具体规定宣告中标无效的主体，由此也导致在司法实践中人民法院的观点不一。

（一）无权认定说

该观点认为：对于行政监督部门而言，行政监督部门职权法定，根据“法无授权不可为”的原则，行政监督部门作出的行政行为必须在法律法规赋予该机关的权限范围之内，不得越权行使，不得超范围行使。《招标投标法》第七条第一款和第二款规定，招标投标活动及其当事人应当接受依法实施的监督。有关行政监督部门依法对招标投标活动实施监督，依法查处招标投标活动中的违法行为。《工程建设项目招标投标活动投诉处理办法》第二十条第（二）项规定，行政监督部门应当根据调查和取证情况，对投诉事项进行审查，按照下列规定作出处理决定：（二）投诉情况属实，招标投标活动确实存在违法行为的，依据《中华人民共和国招标投标法》及其他有关法规、规章作出处罚。因此，行政监督部门对招标投标活动依法享有行政监督权，但该行政监督权不包括认定投标无效、中标无效。司法实践中，黑龙江省高级人民法院的（2017）黑行终 577 号、江西省高级人民法院的（2015）赣行终字第 23 号、江西省吉安市中级人民法院的（2016）赣 08 行终 42 号等裁判文书中均采用此观点。

（二）有权认定说

该观点认为：《招标投标法》第七条第三款规定，对招标投标活动的行政监督及有关部门的具体职权划分，由国务院规定。《关于国务院有关部门实施招标投标活动行政监督的职责分工的意见》也明确各类房屋建筑及其附属设施的建造和与其配套的线路、管道、设备的安装项目和市政工程项目的招标投标活动的监督执法，由建设行政主管部门负责。《房屋建筑和市政基础设施工程施工招标投标管理办法》第五条第二款规定，建设行政主管部门依法对施工招标投标活动实施监督，查处施工招标投标活动中的违法行为；第四十九条规定，招标投标活动中有《招标投标法》规定中标无效情形的，由县级以上地方人民政府建设行政主管部门宣布中标无效……根据上述规定，建设行政主管部门依法具有确认中标无效的资格。司法实践中，浙江省温州市中级人民法院的（2020）浙 03 行终 643 号、江苏省常州市中级人民法院的（2020）苏 04 行终 185 号、江苏省盐城市中级人民法院的（2020）苏 09 行终 276 号、江苏省南京市中级人民法院的（2020）苏 01 行终 592 号、重庆市高级人民法院的（2019）渝行申 223 号等裁判文书中均采用了此观点。

二、第一中标候选人虚假投标查证属实的，不需要评标委员会出具复评报告否决其投标

实践中有人认为，第一中标候选人存在虚假投标行为经查实的，应当由评标委员会通过复评来否决弄虚作假的中标人的投标，其依据为《招标投标法实施条例》第五十一条第（七）项的规定，有下列情形之一的，评标委员会应当否决其投标：（七）投标人有串通投标、弄虚作假、行贿等违法行为。但事实上该观点是错误且片面的，持该观点的人将评标与定标予以混同。

投标人在评标期间被发现存在虚假投标行为的，由评标委员会否决其投标，这无可厚非；但当进入定标阶段，经查实第一中标候选人存在虚假投标的违法行为时，为提升采购效率，《招标投标法实施条例》第五十五条规定，招标人可以按照评标委员会提出的中标候选人名单排序依次确定其他中标候选人为中标人，也可以重新招标。

需要说明两点：一是招标人可以依序确定其他中标候选人为中标人的适用前提是评标委员会依法履职，投标人虚假投标的行为是评标专家根据其自身的专业能力和专业知识在评标时无法发现也不可能发现的情形，否则行政监督部门应当根据《招标投标法实施条例》第七十一条，责令评标委员会成员改正，招标人根据改正后的评审结果确定中标人；二是虽然《招标投标法实施条例》第五十五条赋予了招标人自主选择权，但招标人要理性行使这一权利。在其他中标候选人符合中标条件，能够满足采购需求的情况下，招标人应尽量依次确定中标人，以节约时间和成本，提高效率。当然，在其他中标候选人与采购预期差距较大，或者依次选择中标人对招标人明显不利时，招标人可以选择重新招标。例如，排名在后的中标候选人报价偏高，或已在其他合同标段中标，履约能力受到限制，或同样存在串通投标等违法行为等，招标人可以选择重新招标。

【启示】

第一中标候选人经查实存在影响中标结果的违法行为的，可以不经评标委员会复评；行政监督部门在处理此类投诉时，为减少争议，不宜直接认定其中标无效，仅需对投标人的违法行为及影响中标结果作出认定，是否给予行政处罚另案处理。招标人根据行政监督部门查实情况依法定标。

思考题

如果投诉人投诉评标专家没有依法履职，对第一中标候选人应当否决而没有否决，行政监督部门是否有权确认其中标无效？

【案例 72】

行政监督部门禁止招标人派代表参与依法必须进行招标的项目评标的案例

关 键 词 评标委员会 / 评标委员会组成 / 招标人代表

案例要点

依法必须进行招标的项目，评标委员会成员应当由招标人代表和评标专家组成，任何单位和个人不得以任何方式非法干涉或者限制招标人代表参加评标。

【基本案情】

某市招标投标行政监督部门制定出台的文件规定，本市行政区域内依法必须进行招标的工程建设项目，评标委员会成员一律从省综合评标专家库中随机抽取，项目主管部门或行政监督部门人员不得担任评标委员会成员，项目建设单位（招标人）不得派代表参加评标。

【问题引出】

问题一：依法必须进行招标的项目的评标委员会成员中没有招标人代表，其组成是否合法？

问题二：行政监督部门要求招标人不得派代表参加依法必须进行招标的项目的评标，是否合法？

【案例分析】

一、依法必须进行招标的项目的评标委员会成员中没有招标人代表，其组成不合法

（一）招标人委派代表参加依法必须进行招标的项目的评标是落实法定要求

《招标投标法》第三十七条第二款规定，依法必须进行招标的项目，其评标委员会由招标人的代表和有关技术、经济等方面的专家组成，成员人数为五人以上单数，其中技术、经济等方面的专家不得少于成员总数的三分之二。显然，依法必须进行招标的项目的评标委员会成员中不仅应当有招标人代表参加，而且还可以占评标委员会成员人数不超过三分之一。因此，招标人委派代表参加依法必须进行招标的项目评标，是落实法定要求，保证评标委员会合法组成的需要。

（二）招标人委派代表参加依法必须进行招标的项目的评标，是履行评标法定义务和行使评标自主权

《招标投标法实施条例》第四十八条第一款规定，招标人应当向评标委员会提供评标所必需的信息，但不得明示或者暗示其倾向或者排斥特定投标人。

《评标委员会和评标方法暂行规定》第十六条第一款规定，招标人或者其委托的招标代理机构应当向评标委员会提供评标所需的重要信息和数据。

2022 年 7 月 18 日，国家发展改革委会同有关部门印发的《国家发展改革委等部门关于严格执行招标投标法规制度进一步规范招标投标主体行为的若干意见》明确指出，要强化招标人的主体责任，切实保障招标人在组建评标委员会、委派代表参加评标等方面依法享有的自主权。

上述规定和要求，不但明确了招标人在评标过程中应当履行的义务，也强调了招标人在评标工作中应当承担的主体责任。因此，招标人委派代表参加依法必须进行招标的项目的评标，既是招标人的法定义务，也是招标人行使评标自主权的具体体现。

综上所述，依法必须进行招标的项目，招标人应当委派代表参加评标，否则，评标委员会组成不合法。

此外，依法必须进行招标的项目，招标人在组建评标委员会时还应把握以下几点：

一是评标委员会的专家成员应当从依法组建的评标专家库内相关专业的专家名单中以随机抽取方式确定，技术复杂、专业性强或者国家有特殊要求的招标项目，采取随机抽取方式确定的专家难以保证其胜任评标工作的，报有关主管部门批准后，可以由招标人直接确定。

二是评标委员会中的招标人代表可以是本单位熟悉招标业务的人员，也可以是外部专家，其中聘用外单位专家的，其在评标委员会中的身份应是招标人代表，且不应占专家的比例。

三是评标委员会成员名单在中标结果确定前应当保密，评标委员会负责人由评标委员会成员推举产生或者由招标人确定。

四是任何单位和个人不得以明示、暗示等任何方式指定或者变相指定参加评标委员会的专家成员，非因招标投标法及其实施条例规定的事由，不得更换依法确定的评标委员会成员。

二、行政监督部门规定招标人不得派代表参加依法必须进行招标的项目的评标不合法

对于依法必须进行招标的项目，《招标投标法》第三十七条第一款规定，评标由招标人依法组建的评标委员会负责。《招标投标法实施条例》第四十六条第四款规定，有关行政监督部门应当按照规定的职责分工，对评标委员会成员的确定方式、评标专家的抽取和评标活动进行监督；第七十条第二款规定，国家工作人员以任何方式非法干涉选取评标委员会成员的，依照本条例第八十条的规定追究法律责任。

从上述规定可以看出，评标委员会由招标人依法组建，有关行政监督部门只是对评标委员会成员的确定方式进行监督，而没有组建评标委员会的权利，要求招标人不得派代表参加依法必须进行招标的项目的评标，属于非法干涉评标委员会的组建，是不合法的。

本案例中，某市招标投标行政监督部门出台的文件中规定“本市行政区域内依法必须进行招标的工程建设项目，项目建设单位（招标人）不得派代表参加评标”不合法，应当予以纠正。

【启示】

依法必须进行招标的项目，招标人应当根据《招标投标法》第三十七条规定，委派代表参加评标，否则评标委员会组成不合法。非依法必须进行招标的项目，招标人可以依据《评标委员会和评标方法暂行规定》第五十八条“依法必须招标项目以外的评标活动，参照本规定执行”的规定，自行决定是否委派代表参加评标。但无论是依法必须进行招标的项目还是非依法必须进行招标的项目，任何单位和个人都不得以任何方式非法干涉或者限制招标人代表参加评标。

思考题

1. 规定评标委员会由招标人负责组建体现了什么原则？
2. 评标委员会成员中没有招标人代表有何弊端？
3. 招标人自行聘请的外部专家在评标委员会成员中的身份为何是招标人代表？

【案例 73】

评标专家主观打分异常一致引发的争议

关 键 词 评标委员会 / 评标专家 / 独立评审 / 异常一致

案例要点

评标专家在评标过程中，应当遵守评标纪律和职业道德，充分发挥自身专业和经验优势，对投标文件独立评审并承担个人责任。招标人对评标专家主观打分异常一致的，应当依照法定程序进行复核和纠正。评标专家协商打分、抄袭他人分数的，属于违规评标行为，应当受到处理。

【基本案情】

2017 年 4 月，某国有热电厂脱硫项目，投资估算额 8300 万元，委托招标代理机构公开招标，有 A、B、C、D 四家企业参与投标。评标委员会由招标人代表周某及评标专家刘某、夏某、韩某、赵某共 5 人组成。经评审，评标委员会推荐投标企业 C 为第一中标候选人，投标企业 B 为第二中标候选人，投标企业 A 为第三中标候选人。招标人收到评标报告后发现，评标专家夏某与评标专家刘某的主观打分异常一致，除小数点后第二位数值不同外，其他数值均相同。招标人将上述情况书面报告有关行政监督部门，并请求作出处理。经有关行政监督部门查看评标现场视频资料，发现在评审过程中评标专家夏某多次就评分项向邻座的评标专家刘某征询评审意见，并抄袭了刘某的评分表。通过对夏某、刘某质询，也证实了夏某按照刘某评审意见和评分表进行打分的事实。

【问题引出】

问题一：对本案例中主观打分异常一致的两名评标专家应该如何处理？

问题二：本案例招标项目是否需要重新评标？

【案例分析】

一、对两名主观打分异常一致的评标专家的处理建议

《招标投标法》第四十四条规定，评标委员会成员应当客观、公正地履行职务，遵守职业道德，对所提出的评审意见承担个人责任……评标委员会成员和参与评标的有关工作人员不得透露对投标文件的评审和比较、中标候选人的推荐情况以及与

评标有关的其他情况。

《招标投标法实施条例》第四十九条规定，评标委员会成员应当依照招标投标法和本条例的规定，按照招标文件规定的评标标准和方法，客观、公正地对投标文件提出评审意见。招标文件没有规定的评标标准和方法不得作为评标的依据。评标委员会成员……不得接受任何单位或者个人明示或者暗示提出的倾向或者排斥特定投标人的要求，不得有其他不客观、不公正履行职务的行为。

《评标专家和评标专家库管理暂行办法》第十三条规定，评标专家享有下列权利……（二）依法对投标文件进行独立评审，提出评审意见，不受任何单位或者个人的干预。

本案例中，评标专家夏某不遵守评标工作纪律，不按照招标文件规定的评标标准和方法对投标文件进行独立评审，向评标专家刘某征询评审意见并抄袭其评分表的行为，违反了上述规定；评标专家刘某不遵守评标工作纪律，向评标专家夏某透露对投标文件的评审和比较情况并允许其抄袭评分表的行为，也违反了上述规定。对此，有关行政监督部门应当依据《招标投标法》第五十六条、《招标投标法实施条例》第七十一条规定，视评标专家夏某、刘某的违规情节轻重，依法分别作出相应处理。

二、本案例招标项目应当重新组建评标委员会进行评标

本案例中，两名评标专家主观打分异常一致的违规评标行为，对中标结果造成了实质性影响，有关行政监督部门应当依据《招标投标法实施条例》第八十一条“依法必须进行招标的项目的招标投标活动违反招标投标法和本条例的规定，对中标结果造成实质性影响，且不能采取补救措施予以纠正的，招标、投标、中标无效，应当依法重新招标或者评标”的规定，依法认定该项目评标无效，并要求招标人重新组建评标委员会评标。

值得提醒的是，招标人在重新组建评标委员会评标时，应当注意以下两点：一是重新组建的评标委员会人数应当与招标文件规定的人数一致，原评标委员会中有违规评标行为的专家不得进入重新组建的评标委员会；二是重新组建评标委员会评标时，不得改变招标文件规定的评标标准和方法。

【启示】

评标活动中，出现评标专家对主观评审因素打分异常一致的问题，主要原因为：一是有的评标专家不懂某项专业不会评标，征询或抄袭他人打分；二是有的评标专家不愿担责，按照评标委员会中招标人代表的意见进行打分；三是有的评标专家私下收受投标人好处，为左右评标结果，相互串通打分。对此，有关部门应当通过严格专家入库审查、强化专家业务培训、建立专家动态考核机制、加强评标过程监督等措施加以制止和纠正，以规范专家评标行为，确保评标结果客观公正，避免项目重新招标或者评标。

思考题

1. 评标专家客观因素打分不一致应当如何纠正?

2. 评标委员会中技术方面专家如何对商务标进行独立评审?

3. 招标代理机构工作人员是否可以在评标现场制止评标专家协商打分或抄袭他人打分行为?

【案例 74】
评委评分畸高畸低引发的争议

关 键 词 评标委员会 / 评标专家 / 评标标准和方法 / 评分畸高畸低

案例要点

评标是招标投标活动中的关键环节，评标专家作为评标主体，在评标活动中具有独立评审权和自由裁量权。如果评标专家存在打分畸高畸低的现象，不但对评标结果造成实质性影响，甚至导致项目重新招标或者评标。

【基本案情】

某师范大学新建教学楼电梯采购项目，委托当地一家招标代理机构公开招标，招标文件规定评标方法为综合评估法，评标委员会由 4 名专家和 1 名招标人代表共 5 名成员组成。至投标截止时间，有 A、B、C、D、E 五家投标人参加投标。经 5 名评标委员会成员评审打分，报价次高的 C 公司得分最高 92 分排名第一，报价最低的 A 公司得 89.6 分排名第二，报价居中的 D 公司得 89.2 分排名第三。招标代理机构工作人员在汇总评标委员会打分表时，发现评标专家刘某给 C 公司的打分为 95.3 分，给 A 公司的打分为 80.1 分，给 D 公司的打分为 82.6 分，分值悬殊；而其他 4 位评委对 A 公司和 D 公司打分较为接近，基本在 90 分左右，且给 A 公司打分普遍高于 C 公司 4 ~ 6 分，给 D 公司打分普遍高于 C 公司 3 ~ 5 分。如果除去评标专家刘某的打分，正常情况应是 A 公司中标。很明显，评标专家刘某的打分存在畸高畸低的问题。

对如何处理评标中出现的专家打分畸高畸低问题，招标代理机构工作人员认为，相关法律法规规定，评标由评标委员会负责，评标专家依法独立评审，对评审意见承担个人责任，不受任何单位或者个人的干预。因此，评标专家打分畸高畸低是专家自由裁量权的体现，只要评分在规定的区间范围内，招标代理机构没有必要，也没有权利要求评标专家对打分情况进行复核或纠正，否则就有干预评标的嫌疑，招标代理机构只要保证招标程序合法即可。

【问题引出】

问题一：评标中出现评标专家打分畸高畸低的情况，应当如何处理？

问题二：实践中如何规范评标专家行使自由裁量权？

【案例分析】

一、评标中出现评标专家打分畸高畸低的情况，招标人或者招标代理机构应当依照法定程序要求评标委员会进行复核或者纠正

相关法律法规赋予了评标专家独立评审权和自由裁量权。评标实践中，特别是采用综合评估法的招标项目，由于评标专家对招标文件规定的评标标准和方法理解上存在差异，同时受专业水平、认知能力、工作经验等限制，不同评标专家出现对同一主观评审因素打分不一致的现象是可以理解的，但对于个别评标专家打分畸高畸低的情况，招标人或者招标代理机构应当重点关注并采取必要措施加以纠正。

结合多数业内专家的观点，认为招标代理机构作为招标项目的组织者，虽然不直接参与评标，但为了确保招标项目的顺利实施和评标结果的客观公正，有责任对招标投标活动各环节进行必要的把控。尤其是评标报告签署前，招标代理机构工作人员应及时提请评标委员会对打分情况进行复核，特别是对排名第一的、报价最低的、投标文件被否决的投标人，在商务、技术及价格等各方面进行重点复核；对评标专家打分超出评分标准范围、客观评审因素打分不一致或者经评标委员会认定打分畸高畸低的,应当提请评标委员会当场修改评标结果。同时,招标人应当依据《关于严格执行招标投标法规制度进一步规范招标投标主体行为的若干意见》第一部分第（五）项加强评标报告审查的要求，在中标候选人公示前认真审查评标委员会提交的书面评标报告，重点关注评标委员会是否按照招标文件规定的评标标准和方法进行评标，是否存在对客观评审因素评分不一致，或者评分畸高畸低现象，发现异常情形的，依照法定程序进行复核，确认存在问题的，依照法定程序予以纠正。

就本案例而言，招标代理机构工作人员应当在评标报告签署前，及时提请评标委员会对评标专家刘某的打分进行复核。评标委员会如认定刘某打分畸高畸低，可建议刘某更改评分，并修改评标结果。如果评标专家刘某坚持自己意见不作更改，则应当要求其对打分理由作出书面说明并记录在案，上报有关行政监督部门。

值得注意的是，评标专家打分相差多少才可认定为畸高或畸低，相关法律法规没有明确规定。因此在实际操作中，对畸高畸低评分的重大差异如何定性、如何量化，还需要进一步探讨。

二、有效规范评标专家行使自由裁量权

根据国家发展改革委会同有关部门制定的标准招标示范文本评标办法前附表量化因素、量化标准设置，结合评标工作实际，认为规范评标专家自由裁量权应采取以下措施：

（1）细化量化评审因素。招标人应当根据招标项目特点和实际需求，科学合理地设定技术、商务、价格、服务等主观评审因素，将每项评审因素进行拆分细化，按照量化指标的等次，设置对应的不同分值，不能量化的细化到较低分值，以限制评标专家打分时自由发挥，出现评分项畸高或畸低的现象。

（2）压缩主观分权重。招标人在制定评标标准和方法时，尽量增加客观分权重，减少主观分权重，弱化评标专家自由裁量权。

（3）公开评标专家打分情况。加大评标结果公开力度，将评标专家评分情况向社会公开，接受社会监督，以约束评标专家评标行为。

（4）强化评标专家监督管理。有关行政监督部门对评标专家的监督管理应当做到全方位、常态化。一是注重评标专家培训，不断提高评标专家的业务水平和职业道德素养；二是加强评标过程监督，及时纠正评标专家违规评标行为；三是建立评标专家动态考核机制，将评标专家依法客观公正履行职责情况作为主要考核内容，纳入信用评价体系，及时清退不合格专家并予以通报；四是建立评标专家问责机制，落实评标专家对评标结果终身负责的主体责任。

【启示】

根据法律法规规定，评标委员会负责评标，向招标人推荐中标候选人或者根据招标人的授权直接确定中标人。鉴于评标专家在招标投标活动中的重要地位和作用，如果不对评标专家畸高畸低打分的行为加以规范或约束，任由其发挥自由裁量权，评标结果极易被个别专家左右，造成评标结果不公，甚至导致招标失败。

思考题

1. 招标代理机构请求评标委员会对打分情况进行复核，是否属于不当干预？
2. 实践中，如何认定评标专家打分畸高或畸低？
3. 本案例中，如果复核时评标专家刘某不同意更改自己的打分，能否依据多数评委的打分情况，修改评标结果？
4. 本案例招标项目是否需要重新招标或者评标？

【案例 75】

评标委员会不按招标文件规定的评标标准和方法评审引发的争议

关 键 词 评标委员会 / 评标标准和方法 / 修改招标文件 / 违规评标

案例要点

评标委员会的权利就是依据招标文件中的评标标准和方法进行评标，没有权利修改与制定评标标准。评标委员会认为招标文件违反国家法律法规的强制性规定，且影响中标结果的，应当停止评标。

【基本案情】

某政府投资的依法必须进行招标的市政工程招标，总投资额约 1000 万元。招标文件规定：投标人须具备市政公用工程施工总承包三级及以上资质，并提供建设行政主管部门颁发的有效资质证书原件，否则投标无效。投标人 A 公司的资质证书遗失，投标时来不及补办，于是顺着路边广告找到一个专门做假证的，根据证书的扫描件克隆一个资质证书参与了投标。不想克隆技术不过关，评标时被评标委员会发现。经委托招标代理机构在“四库一平台”查询发现该企业确实具备市政公用工程施工总承包三级，满足法定资格条件。评标委员会经讨论后形成两种观点：

观点一：招标文件明确要求提供真实有效的资质证书原件，投标人 A 公司提供了克隆的原件，属虚假投标行为，未实质性响应招标文件要求，因此 A 公司投标无效。

观点二：《住房城乡建设部办公厅〈关于规范使用建筑业企业资质证书〉的通知》要求，各有关部门和单位在对企业跨地区承揽业务监督管理、招标活动中，不得要求企业提供建筑业企业资质证书原件，企业资质情况可通过扫描建筑业企业资质证书复印件的二维码查询。因此招标文件要求提供资质证书原件不合法，投标人 A 公司即使不提供资质证书也不应当被否决，因此 A 公司投标有效。

经评标委员会成员举手表决，最终选择第二种观点，A 公司投标有效，并经进一步评审，推荐为第一中标候选人。招标人认为评标委员会没有依法履职，向行政监督部门提起投诉。

【问题引出】

问题一：评标委员会是否可以修改招标文件规定的评标标准和方法并据此进行评标？

问题二：不按招标文件规定的评标标准和方法进行评审应当如何处理？

问题三：招标文件违反国家有关规定，评标委员会如何正确处理？

【案例分析】

一、评标委员会无权修改招标文件规定的评标标准和方法并不得据此进行评标

（一）编制或修改招标文件是招标人的权利

《招标投标法》第十九条规定，招标人应当根据招标项目的特点和需要编制招标文件。

《招标投标法实施条例》第二十一条规定，招标人可以对已发出的资格预审文件或者招标文件进行必要的澄清或者修改；第二十三条规定，招标人编制的资格预审文件、招标文件的内容违反法律、行政法规的强制性规定，违反公开、公平、公正和诚实信用原则，影响资格预审结果或者潜在投标人投标的，依法必须进行招标的项目的招标人应当在修改资格预审文件或者招标文件后重新招标。

从以上规定可以看出，编制或者修改招标文件是招标人的权利，而不是评标委员会的权利。评标标准和方法属于招标文件的内容，评标委员会无权修改，且投标截止时间后，任何人不得修改。

本案例中，评标委员会发现招标文件规定的评标标准和方法不合理，应当停止评标活动并向招标人说明情况，建议招标人修改招标文件后重新招标。评标委员会擅自修改招标文件规定的评标标准和方法，不符合上述规定，属于越权行为。

（二）招标文件中规定的评标标准和方法是评标的依据

《招标投标法》第四十条第一款规定，评标委员会应当按照招标文件确定的评标标准和方法，对投标文件进行评审和比较。

《招标投标法实施条例》第四十九条第一款规定，评标委员会成员应当依照招标投标法和本条例的规定，按照招标文件规定的评标标准和方法，客观、公正地对投标文件提出评审意见。招标文件中没有规定的评标标准和方法不得作为评标的依据。

上述规定突出强调两点：一是评标委员会应当按照招标文件规定的评标标准和方法进行评标；二是除法律法规另有规定外，招标文件中没有规定的标准和方法不得作为评标的依据。

本案例中，评标委员会不按照招标文件规定的评标标准和方法进行评标，而是按擅自修改的评标标准和方法作为依据进行评标，明显违反了上述规定，属于违规评标行为。

（三）修改评标标准和方法进行评标的不良后果

1. 违背招标人要约邀请与投标人要约的意思表示。招标文件作为要约邀请，投标文件作为要约，是招标投标活动当事人双方希望订立合同的两个要件。投标截止时间后，要约已对要约邀请作出实质性响应，要约即受法律约束，要约邀请亦不得

随意改变。本案例中，评标委员会自作主张修改评标标准和方法，改变了招标人和投标人对招标文件内容的认同，违背了招标人和投标人的真实意思表示，损害了招标人和投标人的合法权益。

2. 违反招标投标活动“公开公正”原则。法律法规要求招标文件中载明评标标准和方法，体现了招标投标活动的公开原则，目的是让投标人了解招标人的真实意图，有效引导投标人投标；要求评标委员会按照招标文件规定的评标标准和方法评标，体现了招标投标活动的公正原则，评标委员会据此对所有投标文件进行系统的评审和比较，能够保证评标结果客观公正，帮助招标人实现招标预期目的。如果评标过程中修改评标标准和方法，或者调整评审因素所对应的分值，不但违反公开原则，形成暗箱操作，而且违反公正原则，导致评标结果不公。

本案例中，评标委员会按照擅自修改的评标标准和方法进行评标，虽然评标委员会观点一致，但不是招标人和投标人的真实意思表示，其做法因违反相关规定而事与愿违，必然导致评标结果不公。

二、不按招标文件规定的评标标准和方法进行评审的处理建议

实践中，对评标委员会不按招标文件规定的评标标准和方法进行评审如何处理，有两种观点：

观点一：应由招标人自行组织重新评审。理由是：招标人在编制招标文件、组建评标委员会、确定中标人等方面依法享有自主权并承担主体责任，评标委员会未依照招标文件规定的评标标准和方法评审，应由招标人予以纠正。

观点二：应当向行政监督部门报告，由行政监督部门责令改正。理由是：《招标投标法实施条例》第七十一条第三款规定，评标委员会成员有“不按照招标文件规定的评标标准和方法评标”情形的，由有关行政监督部门责令改正。

业内专家普遍认为，上述两种观点均存在片面性，观点一过于强调招标人的自主权，但如果遇到评标委员会拒绝改正时会束手无策。而观点二又完全忽视了招标人的主体责任，从一个极端走向另一个极端，过于夸大了行政监督部门的作用，对于招标人能自行解决和纠正的问题，没必要动用行政手段，让行政监督部门插手。因此，应具体情况具体分析，建议依据《招标投标法实施条例》关于异议和投诉的处理程序，按“先民事后行政”的原则进行处理。

（一）能够采取补救措施的，依照法定程序进行复核并予以纠正

招标人在审查评标委员会提交的评标报告时，发现评标委员会不按招标文件规定的评标标准和方法进行评标的，应当依据《国家发展改革委等部门关于严格执行招标投标法规制度进一步规范招标投标主体行为的若干意见》第一部分第（五）项相关规定，依照法定程序予以纠正，即招标人可以要求原评标委员会按照招标文件规定的评标标准和方法重新评标。

（二）评标委员会拒绝改正的，由有关行政监督部门责令改正

如果评标委员会坚持按修改的评标标准和方法进行评标的，招标人应当向有

关行政监督部门进行投诉，由有关行政监督部门依据《招标投标法实施条例》第七十一条规定，责令其改正。

（三）招标文件规定的评标标准和方法不合理的，招标人应当修改招标文件后重新招标

如果评标委员会一致认为招标文件规定的评标标准和方法不合理，不符合招标项目的特点和实际需要，据此评审可能导致评标结果不公或者对中标结果造成实质性影响的，评标委员会应当停止评标活动，及时向招标人说明情况，建议招标人修改招标文件后重新招标。如果招标人不同意修改招标文件重新招标的，评标委员会应当记录在案，并报告有关行政监督部门，由有关行政监督部门依据《招标投标法实施条例》第八十一条规定，认定招标无效，责令招标人修改招标文件后重新招标。

三、招标文件违反国家强制性规定的，评标委员会应当停止评标

《国务院办公厅转发国家发展改革委关于深化公共资源交易平台整合共享指导意见的通知》明确要求：取消没有法律法规依据的投标报名、招标文件审查、原件核对等事项以及能够采用告知承诺制和事中事后监管解决的前置审批或审核环节。

案涉项目的招标文件存在违反上述强制性规定，且影响中标结果，评标委员会应当停止评标，招标人应当修改招标文件后重新招标。

【启示】

招标文件中设置的评标标准和方法应当符合招标项目的具体特点和实际需要，不得违反法律法规的强制性规定。评标委员会不得自作主张修改评标标准和方法并进行评标，否则不但徒劳无功，还可能因违规评标行为受到相应处罚。招标文件违反法律法规强制性规定的，评标委员会应当停止评标；依法必须进行招标的项目，招标人应当修改招标文件后重新招标。

思考题

1. 评标时，如果经招标人同意，评标委员会是否可以修改招标文件规定的评标标准和方法？
2. 如果招标文件规定的评标标准和方法不合理，评标委员会是否可以据此进行评标？

【案例 76】

评标过程中变更评标基准价引发的争议

关 键 词 评标委员会 / 评标办法 / 评标基准价

案例要点

除开标现场公布的评标基准价计算错误外，评标基准价在评标过程中应当保持不变。

【基本案情】

某省界内高速公路机电工程公开招标，评标方法采用合理低价法，评标因素为投标人的有效报价。招标文件设定最高投标限价为 7200 万元，评标价格占 100 分，评标基准价为各投标人有效投标价格的平均值乘以开标现场随机抽取的系数。各投标报价与评标基准价的偏差率每负偏差 1 个百分点在 100 分的基础上扣 1 分，每正偏差 1 个百分点在 100 分的基础上扣 2 分，中间值按插入法计算，投标人有效投标报价等于评标基准价的得满分 100 分，按得分由高到低排序，依次确定 3 名中标候选人。该项目有 14 家单位投标，开标现场，先由监标人随机抽取了 98% 的价格浮动系数，后按提交投标文件的顺序进行了唱标，所有投标人的投标报价均低于最高投标限价，经招标代理机构工作人员现场计算，并经公证机构工作人员核实确认之后，当场公布了评标基准价和各投标单位的得分排名，A 公司得分最高排名第一，B 公司排名第二，C 公司排名第三，各投标单位委托代理人均在开标记录表上予以签字确认。进入评审环节后，评标委员会对所有投标文件进行了符合性审查，对投标报价作了算术性修正，其中排名第五和排名第十一的两家投标单位未通过符合性审查，投标文件被否决，排名第七的投标单位的投标报价经算术性修正，核减了 310 万元，并经该投标单位委托代理人书面确认。据此，评标委员会根据剩余 11 家合格投标单位的有效投标报价重新计算了评标基准价，并按得分高低作了排序，B 公司排名第一，A 公司排名第四。中标结果公示后，A 公司认为评标委员会未按招标文件规定的评标标准和方法进行评标，评标结果不公，向招标人提出异议。招标人组织原评标委员会复核时，原评标委员会认为评标是按修正的基准价进行评审的，评标结果无误。招标人据此向 A 公司作出答复，A 公司对此不满意，向行政监督部门提起投诉。

行政监督部门在处理投诉时，对评标委员会的做法产生了分歧，有两种观点：

观点一：评标基准价已在评标现场公布并经投标单位和公证机构确认，评标时应保持不变，应当确定 A 公司为中标人。

观点二：招标文件规定的评标基准价是各投标单位有效投标报价的算术平均值，被否决的投标文件和算术性修正有错误的投标报价，均不应参与评标基准价计算，评标委员会的做法正确。

【问题引出】

问题：行政监督部门的哪种观点正确？

【案例分析】

评标基准价公布后非因特殊情形不得更改。依据和理由是：

评标基准价是指根据招标文件规定的计算方法得出的数值。对评标基准价的计算和评审，应当执行交通运输部门的有关规定。

《公路工程标准施工招标文件》（2018 年版）评标办法中规定，公路施工项目招标的评标基准价应在开标现场计算得出并公布，并在整个评标过程中保持不变，但评标基准价计算错误的除外。也就是说，参与评标基准价计算的是开标现场所有投标人的有效投标报价（投标人的投标报价低于招标文件设定最高投标限价的，应当视为有效投标报价），而非经评标委员会符合性审查后确认的评标价。因此，评标过程中，除非开标现场计算公布的评标基准价错误外，评标委员会不得因否决投标后投标人数量变化或者经算术性修正后投标人投标价格的调整而重新计算评标基准价并据此进行评审。

但评标基准价计算时，并非开标现场所有投标人的投标报价均可参与评标基准价的计算。依据《公路工程标准施工招标文件》（2018 年版）有关规定，投标文件出现以下情形时，其投标报价不得参加评标基准价计算：一是未在投标函上填写投标总价的；二是投标报价或调价函中的报价超出招标人公布的最高投标限价的（如有）；三是投标报价或调价函中报价的大写金额无法确定具体数值的；四是投标函上填写的标段号与投标文件封套上标记的标段号不一致的。因此，评标过程中，评标委员会如果发现投标文件中的投标报价有上述情形之一的，应当及时以书面方式进行澄清或补正，重新计算评标基准价，并按经所有投标人和公证机构书面形式确认的评标基准价进行评审。

本案例中，评标基准价计算结果经所有投标单位和公证机构工作人员确认，不存在评标基准价计算错误的情形。因此，开标现场公布的评标基准价在评标过程中应保持不变，评标委员会应当依据开标现场公布的评标基准价进行评审，推荐 A 公司为中标人。行政监督部门的第一种观点正确。

【启示】

评标基准价是根据各投标单位的投标报价和招标文件确定的评标办法设置的一

个价格分基准价，是计算各投标单位投标报价得分的依据。评标基准价在开标现场计算得出并经各投标单位确认或经公证机构公证后公布，必须在整个评标过程中保持不变，才能确保评标结果的客观公正。评标过程中如无正当理由变更评标基准价，将会对中标结果造成实质性影响，引发异议和投诉，导致重新招标或者评标。

思考题

1. 投标报价与有效投标报价、评标价有何区别？

2. 评标过程中，评标委员会发现开标现场投标人投标函的报价与投标文件中工程量清单的报价不一致，是否可以修正评标基准价？

【案例 77】

招标文件未作规定，但投标产品不符合国家强制性规定引发的争议

关 键 词 评标委员会 / 资格条件 / 国家强制性规定

案例要点

国家对投标人的资格条件有规定的，投标人应当具备规定的资格条件。招标文件未作规定，但投标产品不符合国家强制性规定的，其投标应当被否决，签订的合同也应当无效。

【基本案情】

某建设工程采用甲供材发包模式，现对施工所需的电缆进行招标。评标时，评标专家发现投标人 A 公司投标文件中未提供电缆的 3C 认证证书（所投电缆属强制认证产品目录内），对此评标专家有不同观点：

观点一：招标文件中没有要求投标人必须在投标文件中提供所投产品 3C 认证证书，也未将其作为否决投标的条件，评标委员会只能依据招标文件规定评审，因此不能否决。投标不是销售活动，只要投标人中标后在销售前取得即可。

观点二：应当启动澄清。经澄清后，如果 A 公司所投产品具备 3C 认证证书，投标有效，否则投标无效。

观点三：3C 认证是国家强制性规定，A 公司的投标文件未提供，应当视为所投产品不符合国家标准，投标无效。

【问题引出】

问题一：招标文件未作规定，但投标产品不符合国家强制性规定，投标是否有效？

问题二：未经 3C 认证的产品是否可以用来参加投标？

【案例分析】

一、投标产品不符合国家强制性规定的，其投标无效

理由一：投标产品违反国家强制性规定，其投标应当被否决

实践中有一种观点认为：一方面，当招标文件对强制性资格条件未作规定，投

标人尽管具备该资格条件，但未提供，不应当否决，否则有可能造成招标人乱用该规则排斥潜在投标人，投标人不能也不应该为招标人的错误买单；另一方面，根据《招标投标法实施条例》第二十三条规定招标人编制的资格预审文件、招标文件的内容违反法律、行政法规的强制性规定，违反公开、公平、公正和诚实信用原则，影响资格预审结果或者潜在投标人投标的，依法必须进行招标的项目的招标人应当在修改资格预审文件或者招标文件后重新招标。投标人未提供证书属于招标文件的问题，应在修改招标文件后重新招标。笔者认为该观点值得商榷。

《招标投标法》第二十六条规定，投标人应当具备承担招标项目的能力；国家有关规定对投标人资格条件或者招标文件对投标人资格条件有规定的，投标人应当具备规定的资格条件。本案例中，A公司作为一个理性的投标人，投标人承揽该项目应当具备的法定资格条件是其知道或应当知道的，投标文件未提供所投电缆的3C认证证书，不符合《中华人民共和国认证认可条例》《强制性产品认证管理规定》要求列入认证目录产品的生产者或者销售者、进口商应当委托经国家认监委指定的认证机构对其生产、销售或者进口的产品进行认证的强制性规定，不具备国家规定的资格条件，属于《招标投标法实施条例》第五十一条第三项“投标人不符合国家或者招标文件规定的资格条件”，评标委员会应当否决其投标的情形，其投标应当被否决。

需要说明的是，评标委员会不能以招标文件未作规定来启动澄清，并以澄清结果作为是否具备国家强制资格条件并否决投标的依据。否则将构成以启动澄清修改投标文件实质性内容，违反《招标投标法》第三十九条的规定，因此即使投标人A公司所投产品具备3C认证证书，但在投标文件中没有提供，投标文件依然无效。

理由二：违反国家法律、行政法规强制性规定订立的合同无效

3C（China Compulsory Certification）认证，即中国强制性产品认证制度，是国家对强制性产品认证使用的统一标志。本招标项目采购的电缆属于3C认证产品，第一中标人候选人A公司提供的产品在投标时没有经过3C认证，不具备《民法典》第一百四十三条规定的民事法律行为有效条件，属于《民法典》第一百五十三条规定的违反法律、行政法规的强制性规定民事法律行为无效的情形。即使双方签订了合同，也会因违反法律、行政法规的强制性规定导致合同无效。

二、未经3C认证的产品不得用来参加投标

《中华人民共和国认证认可条例》第二十七条规定，为了保护国家安全、防止欺诈行为、保护人体健康或者安全、保护动植物生命或者健康、保护环境，国家规定相关产品必须经过认证的，应当经过认证并标注认证标志后，方可出厂、销售、进口或者在其他经营活动中使用。

投标本身是一种经营活动，也是销售的一种方式和手段。本案例中投标人A公司如果使用未经3C认证的产品参加投标，属于销售未经认证产品的行为，即使供货前取得3C认证，但仍属于未办理3C认证，也不得用来参加投标。因此，评标

委员会成员中有人认为投标不是销售活动，只需供应商在供货前取得 3C 认证的观点是错误的。

需要说明的是，为避免争议发生，招标人或招标代理机构在设置投标人资格条件时可以加上一句兜底条款“投标人应当具备国家法律、法规规定的其他资格条件”，避免因能力受限或工作失误漏掉一些强制性资格条件。

【启示】

凡国家法律、行政法规对投标人资格条件有强制性规定的，即使招标文件没有规定，投标人也应当严格遵守，否则投标被否决，导致投标无效。值得提醒的是，投标人违反国家强制性产品认证制度，擅自使用未经认证产品投标的，将承担相应法律责任，有关部门可依据《中华人民共和国认证认可条例》第六十六条规定对其作出行政处罚。

思考题

1. 如果第一中标候选人 A 公司中标，评标委员会需要承担什么责任？
2. 招标文件能否将“非强制资质认证”设为资格条件？

【案例 78】

认定投标报价低于成本价的案例

关 键 词 评标委员会 / 投标报价 / 成本价 / 合同效力

案例要点

成本价作为企业个别成本，只有投标人能够证明。评标委员会认为投标人的投标报价可能低于其个别成本的，应当要求投标人作出书面说明并提供相关证明材料；投标人不能合理说明或者不能提供相关证明材料的，评标委员会应当认定投标人以低于成本报价竞标并否决其投标。

【基本案情】

2006 年 3 月 17 日，招标人 A 公司发布招标公告，确定以最高投标限价 2915 万元进行某工程施工项目总承包招标。2006 年 4 月 20 日，投标人 B 公司以投标总价 29134105.62 元进行投标（工程量清单报价表中夜间施工费、脚手架、环境保护费等措施项目费均为零），经评标委员会评审，B 公司中标，中标价 29134105.62 元。2006 年 5 月 23 日，A 公司与 B 公司按中标价签订了《建设工程施工合同》。在合同履行中，双方就工程质量、工期延误、工程造价等事宜多次发生纠纷。2007 年 8 月 2 日，B 公司向人民法院提起诉讼，请求判令《建设工程施工合同》无效。在诉讼过程中双方就中标价是否低于成本价、《建设工程施工合同》是否有效各执一词，经人民法院一审、二审、再审审理终结。

一审法院观点：

《招标投标法》第四十一条第二款规定，中标人的投标应当能够满足招标文件的实质性要求，并且经评审的投标价格最低；但是投标价格低于成本的除外。A 公司将自身需建造的工程发包亦受此强制性规定约束。因双方约定的中标价远低于鉴定认定的造价，违反了上述法律规定，依照《合同法》第五十二条第（五）项规定的“违反法律、行政法规的强制性规定的合同无效”，据此 B 公司请求确认与 A 公司就案涉工程所签订的《建设工程施工合同》无效正当合法，予以支持（参见（2007）佛中法民五初字第 20 号民事判决书。注:《民法典》于 2021 年 1 月 1 日起施行,《合同法》同时废止。另外,《最高人民法院关于适用〈中华人民共和国民法典〉时间效力的若干规定》第一条规定，建设工程施工法律实施发生在民法典施行前，应当适用当时的法律和司法解释，下同）。

二审法院观点：

案涉工程的投标价远低于成本价，不符合《招标投标法》第四十一条第二款的规定。一审法院依照《合同法》第五十二条第（五）项规定的“违反法律、行政法规的强制性规定的合同无效”，确认 B 公司与 A 公司就案涉工程所签订的《建设工程施工合同》应属无效，并无不当（参见（2013）粤高法民终字第 21 号民事判决书）。

再审法院观点：

最高人民法院认为，法律禁止投标人以低于成本的报价竞标，主要目的是规范招标投标活动，避免不正当竞争，保证项目质量，维护社会公共利益，如果确实存在低于成本价投标的，应当依法确认中标无效，并相应认定建设工程施工合同无效。但是，对何为“成本价”应作正确理解，所谓“投标人不得以低于成本的报价竞标”应指投标人投标报价不得低于其为完成投标项目所需支出的企业个别成本。招标投标法并不妨碍企业通过提高管理水平和经济效益降低个别成本以提升其市场竞争力。原判决根据定额标准所作鉴定结论为基础据以推定投标价低于成本价，依据不充分。B 公司未能提供证据证明对案涉项目的投标报价低于其企业的个别成本，其以此为由主张《建设工程施工合同》无效，无事实依据。案涉《建设工程施工合同》是双方当事人真实意思表示，不违反法律和行政法规的强制性规定，合法有效（参见最高人民法院（2015）民提字第 142 号民事判决书）。

【问题引出】

问题一：什么是成本价？

问题二：如何认定投标人以低于成本报价竞标？

问题三：评标委员会认为投标人的投标报价低于成本价的应如何进行评审？

问题四：低于成本价订立的合同是否有效？

【案例分析】

一、成本价应当是投标人为完成投标项目所需支出的企业个别成本

由于不同投标人的施工能力、技术设备、员工技能、管理水平等各不相同，故针对同一个项目工程所付出的成本亦不相同。因此，法律禁止投标人以低于成本价进行投标，该成本价应指投标人为完成投标项目所需支出的企业个别成本，而非相应行业的社会平均成本。根据评标规则可知，投标人的报价一般被分为三个部分予以综合考量：第一部分为不可竞争费用，如税金、规费、安全文明施工费；第二部分为有限竞争费用，如人工工资、材料费、机械使用费；第三部分为完全竞争费用，如施工利润、企业管理费。在认定投标人的成本价时，一般以第一、第二部分费用总和是否低于成本作为认定依据，其中第二部分的有限竞争费用需要投标人提供证明材料以合理说明相应投标报价的编制依据和计算方法，然后评标委员结合市场供求关系及竞争情况等认定实际费用或个别成本。

二、低于成本价的认定标准

在判断投标人是否低于成本价报价时，评标委员会应主要从不可竞争费用和经合理说明后的有效竞争费用两个部分综合判断，在司法实践中，亦应当从投标人为完成投标项目所需支出的企业个别成本是否低于报价进行个案判断，而不能以司法鉴定结论作为成本价的唯一计算依据。由于企业完全可通过降低个别成本以提升其市场竞争力，因此，只要投标人的报价不低于自身的个别成本，即使是低于行业平均成本，也是完全可以的。同时，工程造价鉴定机构出具的鉴定意见是依据建筑行业主管部门颁布的工程定额标准和价格信息编制的，由于没有考量不同承建主体之间的特殊性，鉴定意见仅具有参考价值，其更接近于社会平均成本，而并非实际中标人的实际成本价。因此，最终成本价的确定，仍应按照投标人为完成投标项目所需支出的企业个别成本加以判断。

三、低于成本价的评审方法

评标过程中，评标委员会认为投标人报价或主要单项工程报价明显低于其他通过符合性审查投标人的报价，或者在设有标底时明显低于标底，有可能影响合同履约的，应当要求投标人作出澄清或者说明，投标人不能说明其报价合理性，不能提供相关证明材料证明该报价能够按招标文件规定的质量标准和工期完成招标项目，或者不同意响应招标文件要求的，评标委员会应当否决其投标。如果投标人提供的证明材料，能够证明其投标报价不低于成本价竞标的，评标委员会应当接受该投标人的投标报价并据此进行评标。

四、低于成本价订立的建设项目施工合同效力认定

《招标投标法》第三十三条规定，投标人不得以低于成本的报价竞标，也不得以他人名义投标或者以其他方式弄虚作假，骗取中标。因此，法律禁止低于成本价中标，但是对于低价中标所订立的建设工程施工合同的效力如何认定未予以明确。最高人民法院在 2011 年的《全国民事审判工作会议纪要》第二十四条明确规定，对按照“最低价中标”等违规招标形式，以低于工程建设成本的工程项目标底订立的施工合同，应当依据《招标投标法》第四十一条第（二）项的规定认定无效。江苏省高级人民法院在《建设工程施工合同案件审理指南 2010》中规定，中标合同约定的工程价款低于成本价的，建设工程施工合同无效。广东省高级人民法院、深圳市中级人民法院、沈阳市中级人民法院的指导意见及解答中明确中标合同约定的工程价款低于成本价的，建设工程施工合同无效。此外，最高人民法院（2015）民申字第 884 号、（2015）民提字第 142 号等裁判案例中，对于低于成本价订立的建设工程施工合同效力也持否定态度（参考中国采购与招标网《司法如何认定低于成本价》）。

【启示】

1. 法律禁止投标人以低于成本价进行投标，一方面是为了限制恶性竞争，维护

招标投标公正竞争的市场秩序；另一方面是为了防止中标人在日后的工程建设过程中通过减少技术输入、粗制滥造、偷工减料等手段，降低项目质量，损害社会公共利益。因此，对于能够准确判定投标报价低于成本价的，应依法认定中标无效，其对应的建设工程施工合同亦无效。

2. 招标投标是一种竞争机制，投标人为提升其市场竞争力，完全可以不低于自身个别成本的报价参与竞标。评标委员会发现投标报价可能低于成本价影响中标后履约的，应当先请投标人作必要的澄清、说明，而不得直接否决其投标。如果评标委员会没有充分依据和合理理由，仅凭报价低直接认定投标人以低于成本价竞标的，不但会削弱投标竞争，损害投标人合法权益，也不利于鼓励企业提效降本，帮助建设单位节省资金。

思考题

1. 对于采用经评审的最低投标价法的招标项目，如何防止投标人恶性竞争、低价抢标？

2. 你认为以什么标准认定低于成本价竞标比较合理？

3. 你对本案例中人民法院的不同判决有何见解？

【案例 79】

投标文件提供的安全员配置不符合政策规定引发的争议

关 键 词 规范性文件 / 管理性规定

案例要点

施工现场管理人员配置规定属管理性规定，除招标文件另有规定外，不得以投标文件不符合管理性规定要求为由否决其投标。

【基本案情】

某市一中新建教学楼工程项目，投资估算价 30000 万元，建筑面积约 2 万平方米，采用公开招标方式。招标文件仅要求投标人配备的专职安全员必须提供安全生产考核合格证书（C 类）。

2023 年 4 月 10 日项目如期开标。评标期间，评标委员会发现投标人 A 公司投标文件仅提供了 1 名安全员。评标委员会对该投标文件是否有效发生争议。

观点一：投标无效。理由是该项目建筑面积超 1 万平方米以上，根据国家有关规定，需要至少配备 2 名专职安全员，投标文件不符合国家规定，故否决其投标。

观点二：投标有效。理由是招标文件仅要求投标人配备的专职安全员必须提供安全生产考核合格证书（C 类），未对配备人员数量作具体要求，评标委员会只能依据招标文件的评标标准和方法评审，故不得否决。

【问题引出】

问题一：在无其他瑕疵情况下，A 公司投标文件是否有效？

问题二：假定投标人 A 公司被确定为中标人，招标人应当如何应对？

【案例分析】

一、A 公司投标有效

（一）案涉项目应配备不少于 2 名专职安全员

住房和城乡建设部曾于 2008 年 5 月 13 日发布《建筑施工企业安全生产管理机构设置及专职安全生产管理人员配备办法》，对建筑施工企业的安全管理人员配备问题进行了规范，具体规定如下：

第十三条 总承包单位配备项目专职安全生产管理人员应当满足下列要求：

（一）建筑工程、装修工程按照建筑面积配备：1. 1万平方米以下的工程不少于1人；2. 1万～5万平方米的工程不少于2人；3. 5万平方米及以上的工程不少于3人，且按专业配备专职安全生产管理人员……

根据上述规定，案涉项目建筑面积约2万平方米，应当配备不少于2名专职安全员。

（二）招标文件未对专职安全员数量作规定，评标委员会不得随意否决

《招标投标法》第四十条第一款规定，评标委员会应当按照招标文件确定的评标标准和方法，对投标文件进行评审和比较。

《招标投标法实施条例》第四十九条第一款规定，评标委员会成员应当依照招标投标法和本条例的规定，按照招标文件规定的评标标准和方法，客观、公正地对投标文件提出评审意见。招标文件中没有规定的评标标准和方法不得作为评标的依据。

《国家发展改革委等部门关于严格执行招标投标法规制度进一步规范招标投标主体行为的若干意见》要求：（五）加强评标报告审查。招标人应当在中标候选人公示前认真审查评标委员会提交的书面评标报告，发现异常情形的，依照法定程序进行复核，确认存在问题的，依照法定程序予以纠正。重点关注评标委员会是否按照招标文件规定的评标标准和方法进行评标……

招标文件中的评标标准和方法，直接影响评标委员会能否客观、准确地对投标人作出评价，进而选择最满足招标文件要求的投标人，是招标投标是否公平公正的衡量标尺和判定标准。评标委员会也应当严格依据招标文件确定的评标标准和方法客观公正独立评标，这是对评标委员会成员最基本的要求。

评标委员会如果不按照招标文件规定的评标标准和方法进行评标，则会影响评标结果的公正性。《招标投标法实施条例》第七十一条第（三）项规定了相应的法律责任，即："评标委员会成员有下列行为之一的，由有关行政监督部门责令改正；情节严重的，禁止其在一定期限内参加依法必须进行招标的项目评标；情节特别严重的，取消其担任评标委员会成员的资格……（三）不按照招标文件规定的评标标准和方法评标"。

综上所述，案涉项目未对专职安全员的人数作具体要求，评标委员会不得随意否决其投标。

（三）投标人不符合国家规定应当否决的情形不包括不符合规范性文件规定

《招标投标法实施条例》第五十一条第三项规定，有下列情形之一的，评标委员会应当否决其投标：（三）投标人不符合国家或者招标文件规定的资格条件。

根据上述规定，评标委员会在否决投标时，除依据招标文件中明确规定的资格条件外，还应当审查投标人是否符合国家规定。不符合国家规定的资格条件的，也应当否决其投标。但必须指出，《招标投标法实施条例》第五十一条第（三）项所称的"国家规定"仅指法律、行政法规的强制性规定，且并不是所有的法律、行政

法规的强制性规定一定导致否决投标。《民法典》第一百五十三条第一款规定，违反法律、行政法规的强制性规定的民事法律行为无效。但是，该强制性规定不导致该民事法律行为无效的除外。《最高人民法院关于民法典合同编通则司法解释》（法释〔2023〕13号）第十六条对《民法典》第一百五十三条的除外条款作了进一步的细化和明确。

案涉项目中，住房和城乡建设部关于现场专职安全员的规定属管理性规定，违反该规定，不会导致合同无效，其法律后果仅为责令改正、不予发放施工许可、责令停工、处以罚款等行政责任。故尽管投标人A公司投标文件中未按国家政策规定配足相应的专职安全员，但不影响投标文件的有效性。

需要注意的是，评标委员会尽管不能否决其投标，但仍可以在评标报告中对A公司配备的专职安全员不符合国家规定予以说明，提醒招标人在签订合同时注意。

二、A公司如被确定为中标人的，招标人应当做好风险防范

案涉项目A公司投标文件提供的专职安全员人数不满足国家政策要求，为有利于合同顺利实施与履行，招标人可以参照交通部《公路工程建设项目招标投标管理办法》第二十二条，招标人应当根据国家有关规定，结合招标项目的具体特点和实际需要，合理确定对投标人主要人员以及其他管理和技术人员的数量和资格要求。专职人员的数量及具体人选由招标人和中标人在合同谈判阶段确定。即招标人在发出中标通知书时，应当要求中标人在规定时间内按照国家规定补足专职安全员，并写入合同。

【启示】

投标人应当具备承担招标项目的能力；国家有关规定对投标人资格条件或者招标文件对投标人资格条件有规定的，投标人应当具备规定的资格条件。但国家规定仅指法律和行政法规的强制性规定，不包括部门规章、规范性文件等管理性规定。投标人不符合部门规章或规范性文件的管理性政策要求的，除招标文件已有明确规定外，不得否决其投标。

思考题

1. 房屋建筑和市政工程招标时，可以将现场管理人员持有岗位培训考核合格证书作为资格条件吗？
2. 房屋建筑和市政工程招标时，可以将现场管理人员持有岗位培训考核合格证书作为加分项吗？

【案例 80】

评标委员会客观评审因素打分不一致的案例

关 键 词 评标委员会 / 评审因素 / 打分不一致

案例要点

招标文件中规定的评标标准和方法属于格式条款，应当条理清晰、表述准确、内容完整，不得存在歧义或重大缺陷，否则容易出现评标委员会对评审因素打分不一致的情形。

【基本案情】

某省平安工程信息化系统招标项目，评标办法前附表评审因素中列明，“售后服务人员和研发人员须驻点 5 年，投标文件中提供承诺函；30% 以上研发人员在本单位工作经历不少于 3 年，投标文件中提供社会保险金缴纳证明材料，不提供不得分”，该项评审标准为 2 分。投标人 A 公司的投标文件中未提供承诺函。招标人收到评标报告后发现，评标委员会打分不一致，7 名评标委员会成员中，4 名评标委员会成员打了 2 分，3 名评标委员会成员打了 0 分。经组织原评标委员会复核，打分不一致的原因是评标委员会对评标办法中“不提供不得分”的理解存在分歧。打 2 分的 4 名评标委员会成员认为，不提供不得分仅指分号后投标文件中不提供社会保险金缴纳证明材料的不得分，不包括分号前提供承诺函的内容，投标人 A 公司的投标文件中提供了社会保险金缴纳证明材料，所以得 2 分；打 0 分的 3 名评标委员会成员则认为，不提供不得分应包括提供承诺函和社会保险金缴纳证明材料两项，只要有一项没有提供，就不应得分，投标人 A 公司的投标文件中没有提供承诺函，所以得 0 分。

【问题引出】

问题一：本案例中，如何理解“不提供不得分”的真实意思表示？

问题二：评标委员会客观因素打分不一致应如何处理？

【案例分析】

一、对“不提供不得分”真实意思表示的分析

本案例中，招标文件的评审因素“售后服务人员和研发人员须驻点 5 年，投标

文件中提供承诺函；30% 以上研发人员在本单位工作经历不少于 3 年，投标文件中提供社会保险金缴纳证明材料，不提供不得分”之间使用的是分号，按照语法解释，分号用在分句之间表示大于逗号小于句号的停顿，两个分句之间如果是并列关系，则表明分号前后语义相同；如果是选择关系，则表示分号前后语义有别。显然，认为是并列关系的评标专家打了 0 分，认为是选择关系的评标专家打了 2 分。那么，究竟哪些评标专家的理解正确呢？这要从两个分句所表示的意思有无关联性来分析。从两个分号表述的意思看，两个分句中都包括对研发人员的要求，仅提供承诺函的，是对研发人员驻点 5 年的保证，但不能证明有 30% 以上的研发人员工作经历不少于 3 年；仅提供研发人员社会保险金缴纳证明材料的，也只能证明工作经历不少于 3 年的研发人员占 30% 以上，但不能保证研发人员驻点 5 年。综上分析不难得出：分号前后两个分句是并列关系，不提供不得分应当是指：不提供承诺函或者不提供社会保险金缴纳证明材料之一的不得分，也就是说，既要提供承诺函，也要提供社会保险金缴纳证明材料，两者缺一不可，否则研发人员不符合招标文件要求，不能得分。

二、对评标委员会客观打分不一致的处理意见

依据《招标投标法实施条例》第五十三条、第八十一条、《评标委员会和评标方法暂行规定》第二十一条，以及《关于严格执行招标投标法规制度进一步规范招标投标主体行为的若干意见》第一部分第（五）项相关规定，评标委员会对客观评审因素打分不一致的，一般按以下原则进行处理：

一是评标委员会成员对投标文件某项客观评审因素存在争议，需要共同认定的，应当进行集体讨论，按照少数服从多数的原则作出评审结论，持不同意见的评标委员会成员应当在评标报告上签署不同意见及理由，否则视为同意评标结果。

二是评标委员会一致认为招标文件中规定的评标标准和方法不合理、表述不完整或者存在歧义、重大缺陷，评标委员会难以理解和把握，导致评标无法进行时，评标委员会应当停止评标活动并向招标人说明情况，建议招标人依据《招标投标法实施条例》第二十三条规定，修改招标文件后重新招标。

三是招标人在审查评标报告时，发现评标委员会成员对客观评审因素打分不一致的，应当要求原评标委员会进行复核并修改评标结果，评标委员会拒绝改正的，招标人可以向有关行政监督部门投诉。有关行政监督部门经审查认为确实存在问题的，应当责令评标委员会改正，或者要求招标人重新组建评标委员会进行评标。

四是评标委员会对客观评审因素打分不一致，导致评标结果不公或者对中标结果造成实质性影响，且不能采取补救措施予以纠正的，招标人应当重新招标或者评标。

本案例中，鉴于评标委员会成员对客观因素打分不一致且分歧较大难以达成共识，因此，招标人应当修改招标文件后重新招标。

【启示】

招标人在编制招标文件时，特别是涉及公共利益、社会关注度较高的项目，以及技术复杂、专业性强的项目，应当认真组织审查，确保合法合规、科学合理、符合需求。招标文件中的技术、商务条款应清晰、明确、无歧义。以本案例为例，如果将评标标准“不提供不得分”修改为“不提供承诺函和社会保险金缴纳证明材料的不得分”或者修改为“不提供承诺函或者社会保险金缴纳证明材料之一的不得分”，则本案例可避免评标委员会打分不一致的问题。

思考题

1. 评标委员会成员对招标文件中规定的评标标准和方法理解不一致时，能否按照少数服从多数的原则进行打分？

2. 本案例中，招标人发现评标委员会客观评审因素打分不一致的情况，能否在定标前修改评标方法让原评标委员会重新打分？

【案例 81】

两家投标人提供的业绩存在项目转包情形引发的争议

关 键 词 评标委员会 / 工程转包 / 业绩认定

案例要点

工程转包合同无效，但转包合同已经履行完毕并通过验收的，因合同履约既成事实，项目业绩客观存在，转包合同的业绩应当归合同实际履行方。

【基本案情】

2021 年 3 月 5 日，某市轨道交通集团有限公司对地铁 2 号线 ×× 型号机电设备安装工程公开招标。招标文件对业绩的要求是：投标人须提供 2018 年 3 月 1 日以来近三年的同类项目中标合同业绩证明材料，中标合同以签订时间为准，若无签订时间，以合同中约定服务开始时间为准。该评审因素设定分值为 5 分，其中，没有业绩的，得 0 分；业绩合同累计总金额在 0（不含）~ 100（不含）万元的，得 1 分；100（含）万 ~ 200（不含）万元的，得 2 分；200（含）万 ~ 300（不含）万元的，得 3 分；300（含）万 ~ 400（不含）万元的，得 4 分；400 万元及以上的，得 5 分。同时要求提供的业绩证明材料应包括合同关键页（合同首页、金额页、服务内容页、签字盖章页）扫描件及中标通知书，缺少任一项或合同金额模糊不清的，视为无效业绩，合同签订日期或约定服务开始时间无法判断的，不计入业绩。

评标过程中，评标委员会发现，投标人 A 与投标人 B 提供的业绩中均附有《某航站大楼 ×× 型号机电设备安装项目合同》。投标人 A 提供的合同签订方是投标人 A 和招标人某机场集团有限公司，合同签订时间是 2019 年 6 月 10 日；投标人 B 提供的合同签订方是投标人 A 和投标人 B，合同签订时间是 2019 年 6 月 16 日。两份合同除合同签订方、合同金额、签订时间不同外，其余合同条款均完全相同，且合同已履行完毕并通过验收投入使用。

评标委员会对两份合同仔细比对后认为，投标人 A 与某机场集团有限公司签订合同后有将该项目转包给投标人 B 的嫌疑。针对该项目合同是否有效、合同的业绩如何认定，评标委员会有四种不同的观点：

第一种观点认为，虽然投标人 A 有转包项目的嫌疑，但《招标投标法》没有明确规定转包合同无效，因此，评标委员会无权认定转包合同及业绩无效。本招标项目中，两家投标人提供的合同都是真实的，所以合同的业绩应该分别计入两家投标人。

第二种观点认为，评标委员会可以按照《民法典》的规定，认定转包合同无效，合同无效的业绩也应当无效。投标人 B 提供的是转包合同，所以业绩不能计入投标人 B，而投标人 A 提供的是与招标人签订的中标合同，故业绩应当计入投标人 A。

第三种观点认为，转包合同无效并不等于业绩无效，投标人 A 将中标的某航站大楼 ×× 型号机电设备安装项目违法转包给投标人 B，属于转包无效，但合同已经履行，业绩应当有效，因合同实际履行方是投标人 B，所以应该将业绩计入投标人 B，不能计入投标人 A。

第四种观点认为，投标人 A 将中标项目转包给投标人 B，违反了法律的强制性规定，应当认定转包合同及业绩均无效，合同业绩既不能计入投标人 A，也不能计入投标人 B。

【问题引出】

问题一：评标委员会能否认定工程转包合同的效力？

问题二：本案例中转包合同的业绩应如何认定？

【案例分析】

一、评标委员会可以认定转包合同的效力

在工程建设领域，我国现行法律体系中，同时定义并使用了“转让”和“转包”的概念。《招标投标法》中使用的是“工程转让”，《建筑法》和《民法典》中使用的是“工程转包”。

《招标投标法》第四十八条第一款规定，中标人应当按照合同约定履行义务，完成中标项目。中标人不得向他人转让中标项目，也不得将中标项目支解后分别向他人转让；第五十八条规定，中标人将中标项目转让给他人的，将中标项目支解后分别转让给他人的，违反本法规定将中标项目的部分主体、关键性工作分包给他人的，或者分包人再次分包的，转让、分包无效……

《建筑法》第二十八条规定，禁止承包单位将其承包的全部建筑工程转包给他人，禁止承包单位将其承包的全部建筑工程肢解以后以分包的名义分别转包给他人。

《民法典》第七百九十一条第二款规定，……承包人不得将其承包的全部建设工程转包给第三人或者将其承包的全部建设工程支解以后以分包的名义分别转包给第三人。

从上述规定看，工程转让和转包的概念虽然不同，但在形式上并无本质区别，都是法律强制性规定所禁止的行为。本案例中，评标委员会经核验投标人 A 和投标人 B 提供的业绩，发现两家投标人提供的业绩所附合同不仅来自同一项目，且投标人 A 先后与某机场集团有限公司及投标人 B 签订的两份合同关键条款完全相同，据此，评标委员会可以判定投标人 A 和投标人 B 在某航站大楼 ×× 型号机电设备

安装项目中存在转包行为，并依据上述规定，认定转包无效。

关于转包合同效力的认定，《民法典》第一百五十三条第一款规定，违反法律、行政法规的强制性规定的民事法律行为无效。但是，该强制性规定不导致该民事法律行为无效的除外。《最高人民法院关于审理建设工程施工合同纠纷案件适用法律问题的解释（一）》第一条第二款规定，承包人因转包、违法分包建设工程与他人签订的建设工程施工合同，应当依据民法典第一百五十三条第一款及第七百九十一条第二款、第三款的规定，认定无效。

本案例中，投标人 A 与投标人 B 提供的业绩所附合同属于转包合同，违反了法律的强制性规定，评标委员会可依据《民法典》相关规定和司法解释，认定双方签订的转包合同无效。

二、转包合同的业绩应当归合同实际履行方

本案例中，虽然投标人 A 与投标人 B 签订的某航站大楼 ×× 型号机电设备安装项目转包合同无效，但该合同已经履行完毕并通过竣工验收投入使用，投标人 B 作为合同实际履行方（承包人）所付出的劳务和材料均已附着于项目之上，形成的实物工程量真实存在，按无效合同作返还或折价赔偿处理已不现实，而业绩与合同无效并无因果关系，因此，评标委员会应当认定转包合同的业绩是真实的，应当归合同实际履行方，评标时，计入投标人 B 的业绩。

【启示】

2021 年 1 月 1 日《民法典》施行之前，相关法律法规只作出工程项目转让无效或者禁止工程转包的强制性规定，并未明确规定转包合同无效。因此，《民法典》施行之前发生的工程转包行为，其转包合同的效力应当依据《最高人民法院关于适用〈中华人民共和国民法典〉时间效力的若干规定》第一条第二款“民法典施行前的法律事实引起的民事纠纷案件，适用当时的法律、司法解释的规定，但是法律、司法解释另有规定的除外”的规定，由有关部门或者机构依法作出认定。同时，鉴于评标委员会主要依据招标投标相关法律法规开展评标工作，建议在修订《招标投标法》时，一是厘清“工程转让”和“工程转包”的概念，避免认定时产生分歧；二是增加工程转让（转包）、违法分包合同无效的条款并对无效合同内容的效力作出明确规定。

思考题

1. 工程转让与工程转包有何区别？
2. 你认为转包合同的业绩有效吗？

【案例 82】

评标专家违反评标纪律的案例

关 键 词 评标委员会 / 评标专家 / 评标纪律

案例要点

评标专家违反评标工作纪律的行为，并不一定属于法定违规评标情形，但给评标工作造成的不良影响不容忽视。

【基本案情】

2019年3月10日，某市迎宾大道绿化提升改造工程委托招标代理机构公开招标，分四个标段，至投标截止时间2019年3月30日（周六）上午9时，共有42家投标单位参加投标。招标文件规定评标委员会由1名招标人代表和4名评标专家组成。2019年3月30日上午8：30，招标代理机构工作人员通过省综合评标专家库抽取终端确定并通知张某、李某、袁某、刘某4名专家上午10点在市公共资源交易中心第三评标室参加评标。评标过程中出现以下现象：(一）评标专家张某无故迟到36分钟；(二）评标专家李某进入评标室前，未按规定将通信工具全部交给交易中心工作人员统一保管，上午11时许，用私自带进评标室的另一部手机接听电话，说自己在交易中心参加评标，中午不能参加同学聚会；(三）评标专家袁某下午3点多打完个人评分表后，以绿化项目利润高、自己担任评标委员会组长责任比较大为由，要求招标代理机构工作人员额外多给2000元评标费，否则拒绝在个人打分表上签字，招标代理机构工作人员坚持按省招标投标协会制定的《评标专家劳务报酬标准》支付评标费，没有答应袁某的要求，于是袁某当场撕掉个人评审打分表并擅自离开评标室，招标代理机构工作人员无奈只好追出评标室给了袁某2000元评标费，随后袁某返回评标室与其他评标委员会成员一起完成了评标，导致评标时间无故延长一个多小时。次日，招标代理机构工作人员向市住房和城乡建设局提交投诉书反映了上述情况，经市住房和城乡建设局调取评标现场视频影像资料，证实投诉反映情况属实，并书面报告省评标专家认证管理办公室，建议对违反评标纪律的3名专家进行处理。省评标专家认证管理办公室依据本省制定的《评标专家和评标专家库管理暂行办法》，给予评标专家张某通报批评；给予评标专家李某暂停3个月内参加依法必须进行招标的项目的评标资格；给予评标专家袁某取消担任评标委员会成员资格，不得再参加依法必须进行招标的项目的评标，并责令其3日内退回索要的 2000 元评标费的处理。

【问题引出】

问题：本案例中，受到处理的 3 名评标专家对评标活动造成了哪些不良影响？

【案例分析】

招标投标法律法规中，对于本案例中受到处理的 3 名评标专家违反评标纪律的不良行为，既没有作出定性，也没有相应处罚条款，依据《评标专家和评标专家库管理暂行办法》《评标委员会和评标方法暂行规定》，参照各地制定出台的《评标专家劳务报酬标准》《评标室管理规定》《评标纪律》等，就本案例中 3 名评标专家违反评标纪律对评标活动造成的不良影响逐一加以分析。

一、关于评标专家张某不按时参加评标的行为

评标是一项有组织的团体活动，需要评标委员会成员共同完成。评标专家按时参加评标，是对评标专家参加评标活动的基本要求，也是保证评标活动正常进行的前提。本案例中，评标专家张某无故迟到 36 分钟，不仅反映其缺乏大局意识，对其他评标委员会成员不够尊重，而且影响了评标活动的正常进行。

二、关于评标专家李某私自携带通信工具进入评标室并接打电话的行为

《评标委员会和评标方法暂行规定》中关于“保证评标活动在严格保密的情况下进行”“评标委员会成员名单在中标结果确定前应当保密”和“评标委员会成员不得透露与评标有关的其他情况”的规定，主要目的是防止与评标活动无关的人员非法干预评标过程，影响评标结果公平、公正。本案例中，评标专家李某私自将手机带进评标室的作弊行为，以及评标期间接打电话无意间透露自己专家身份和评标正在进行的泄密行为，不仅反映其缺乏自律意识，而且违反了评标活动应当保密的规定。

三、关于评标专家袁某额外索要劳务报酬的行为

《评标专家和评标专家库管理暂行办法》第十三条第（三）项规定，评标专家享有“接受参加评标活动的劳务报酬”的权利。由于国家层面没有对评标专家获得劳务报酬的标准作出统一规定，因此，各地评标专家劳务费支付标准不尽一致。据了解，目前全国多数地方以评标专家管理机构或者地方招标投标协会的名义制定出台了评标专家劳务报酬标准或者指导意见，对招标人或招标代理机构支付专家评标劳务费进行了规范。本案例中，招标代理机构工作人员按照当地招标投标协会制定出台的《评标专家劳务报酬标准》，支付袁某评标劳务报酬并无不妥。评标专家袁某不遵守职业道德，以绿化项目利润高、自己担任评标委员会组长责任比较大为由，并滥用权力以拒绝在个人评审打分表上签字、撕掉个人评审打分表、擅自离开评标室等手段相要挟，向招标代理机构工作人员额外索要 2000 元评标费的不道德行为，不仅败坏了自己的声誉，也严重损害了评标专家的良好形象。

【启示】

通过浏览各地招标投标公共服务平台的违法行为记录公告，发现各地对评标专家不按时参加评标、额外索要评标劳务报酬、故意拖延评标时间、擅离职守、不遵守职业道德等违反评标纪律行为的处理幅度存在较大差异，主要原因是缺乏上位法依据。因此，一是建议国家层面在修订《评标专家和评标专家库管理暂行办法》时，增加评标纪律和违纪处理条款，以强化对专家评标行为的制度约束，规范违纪评标的处理方式和幅度。二是建议有关行政监督部门切实加强对评标活动的监督，及时纠正评标过程中出现的违规违纪行为。三是建议各地根据当地工资标准和收入水平，结合招标项目规模和评标价值，制定评标劳务费支付标准，规范评标专家评标劳务报酬。

思考题

1. 评标专家完成个人评审打分表后，能否提前在所有签名处签字并离开评标现场？
2. 评标专家额外索要评标费，招标人或者招标代理机构同意的是否合理？
3. 评标结果公示前，评标委员会成员向投标人透露评标结果是否违法？
4. 评标专家私自建立评标微信群、QQ 群的，属于什么行为？

课外阅读材料

1.《招标投标法》第四十四条、第五十六条。
2.《招标投标法实施条例》第四十九条、第七十一条。
3.《评标委员会和评标方法暂行规定》第五条、第十三条、第十四条。
4.《评标专家和评标专家库管理暂行办法》第十三条、第十五条。
5.《国家发展改革委等部门关于严格执行招标投标法规制度进一步规范招标投标主体行为的若干意见》第三部分第（十二）项。

【案例 83】

投标人使用配套供应商业绩参加投标引发的争议

关 键 词 评标委员会 / 供货业绩 / 弄虚作假

案例要点

工程建设货物招标项目，招标文件要求投标人在投标文件中提供的供货业绩，是指投标人以前完成同类项目的供货业绩，而不包括投标人投标时选择的配套设备供应商以前的供货业绩，否则属于以其他方式弄虚作假骗取中标行为。

【基本案情】

某工程 2017 年 4 月 25 日发布招标公告，5 月 17 日开标，2017 年 5 月 18 日公示评标结果，L 公司为第一中标候选人。公示时间为 5 月 19 日至 5 月 21 日。公示信息显示，L 公司的业绩中列有淮安项目，建设单位署名为 X 公司。

2017 年 5 月 22 日，招标人以中标候选人信息发布有误为由进行了第二次公示，第一中标候选人 L 公司业绩中的淮安项目的建设单位修改为 H 工程建设处、韩庄项目的建设单位修改为 Z 管理处。公示时间为 5 月 22 日至 5 月 24 日。2017 年 5 月 19 日，投标人 R 公司以中标候选人 L 公司公示的业绩涉嫌造假为由向招标人提出异议，因招标人未予以答复，于 2017 年 5 月 24 日向行政监督部门提起投诉。

经查，“淮安项目”由 R 公司中标，“韩庄项目”由 N 公司与 C 公司联合中标，以上两项业绩均与被投诉人 L 公司无关。据此，行政监督部门依法作出投诉处理决定书。

投标人 L 公司对投诉处理不服，认为 R 公司的投诉不成立，向人民法院提起诉讼。经一审、二审审理终结。

L 公司观点：

L 公司认为：本次投标中，我公司选用了 X 公司产品为配套电机，并提供了 X 公司的相关业绩，此业绩是 X 公司的真实业绩，其在投标文件中使用 X 公司的业绩符合招标文件要求。

R 公司观点：

R 公司认为：L 公司使用 X 公司的“淮安项目”业绩进行投标，属于虚假业绩。

法院裁判要旨：

法院经审理认为：本案双方当事人争议的焦点是淮安项目业绩归配套供应商还

是投标人，使用配套供应商业绩参加投标是否属于弄虚作假。

一、淮安项目业绩不属于投标人 L 公司业绩

R 公司于 2015 年 4 月 23 日中标淮安项目，与 H 工程建设处签订了灯泡贯流泵机组成套设备采购合同，向 H 工程建设处提供了成套设备的设计、制造、试验、出厂检验等，故淮安项目业绩应当归属于 R 公司。

R 公司与 X 公司签订技术协议，X 公司在淮安项目中实际供应了配套电动机，其将此作为自身的电动机供货业绩用于涉及电动机投标的相关活动符合客观实际。但不可将配套供应商与投标人混为一谈，将配套供应商的业绩直接与投标人的业绩画等号。

二、L 公司构成以其他方式弄虚作假骗取中标

L 公司在本次招标项目的投标文件中如实披露了 R 公司与 X 公司于 2015 年 5 月 22 日签订的《技术协议》、X 公司的《业绩证明》等文件，并表明其使用的是经 X 公司授权的电动机业绩，上述业绩真实存在，L 公司并不存在虚构客观事实的行为。但 L 公司使用 X 公司授权的电动机业绩投标，属于“以其他方式弄虚作假骗取中标”。

判决结果：判决 L 公司不正当竞争构成侵权，承担侵权责任（参见江苏省高级人民法院（2018）苏民终 1412 号）。

【问题引出】

问题一：本案例中，配套供应商的业绩是否可以作为投标人的业绩？

问题二：本案例中，L 公司是否构成以虚假业绩投标？

【案例分析】

一、配套供应商的业绩不能作为投标人的业绩

（一）从招标文件规定的角度分析

从招标文件中使用的词句本身来看，交易平台发布的招标公告明确载明“招标文件评标办法所涉业绩评分有如下内容：业绩评分（0 ~ 3）分……（2）投标人水泵（泵组）成套供货水利工程业绩中需具有自 2012 年 2 月 1 日以来高压变频同步电动机（6kV 及以上、极数 40 极及以上）的，有 1 个业绩的得 0.5 分，每增加 1 个业绩加 0.5 分，本项最高得 1 分……”，应当理解为相关高压变频同步电动机的业绩应当来源于本招标项目投标人以前所从事的水泵（泵组）成套供货水利工程，而不包括投标人投标时选择的配套设备供应商以前所从事的供货业绩，从该评标办法的其他条款及合同目的等方面亦均无法得出评分业绩既包括投标人供货业绩也包括投标人投标时选择的配套设备供应商供货业绩的结论。因此，本案例中，L 公司认为，上述业绩评分内容并未明确表明配套供应商的电动机业绩不可以作为招标项目的业绩证明，其在投标文件中使用 X 公司的业绩符合招标文件要求，是对招标公告的错误理解。

（二）从公示内容的角度分析

本案例中，交易平台于2017年5月18日公示中标候选人，其中“评分业绩”一栏显示“该业绩证明对象：投标人；业绩名称：淮安项目；建设单位：X公司”。从该公示所表述的内容来看，评分业绩应指投标人的供货业绩。

二、L公司属于以虚假业绩投标

根据《招标投标法实施条例》第四十二条第二款第二项规定，提供虚假的财务状况或者业绩，属于招标投标法第三十三条规定的以其他方式弄虚作假的行为。

本案例中，由于L公司投标文件中使用X公司的配套电动机业绩参加投标，并在业绩评分中获得本不应当得分的加分项，被推荐为第一中标候选人，且交易平台公示的中标人信息也证实了L公司的业绩包括淮安项目，因此，L公司使用配套供应商的业绩作为自己的业绩投标，属于《招标投标法》第三十三条“以其他方式弄虚作假，骗取中标”行为。

【启示】

业绩因履行合同而产生，因此业绩也具有相对性和依附性，不可转移或转让。投标人以配套供应商的业绩作为自己的业绩投标，混淆了业绩的归属，导致虚假投标行为，受到处罚得不偿失。

思考题

1. 联合体投标人是否可以共享投标业绩？
2. 一个制造商对同一品牌同一型号的货物能否委托不同代理商参加投标？
3. 工程建设项目货物招标中，制造商出具的代理授权和产品授权有何区别？

【案例 84】

逾期发出中标通知书签订中标合同的案例

关 键 词 确定中标人 / 投标有效期 / 签订合同 / 强制性规定

案例要点

招标人和投标人应当按照法律法规规定的有效期签订中标合同，违反法律法规强制性规定逾期发出中标通知书并签订合同的，如果合同内容是双方当事人的真实意思表示，合同仍然有效。

【基本案情】

某依法必须进行招标的工程项目采用公开招标方式确定施工企业。经过招标，A 公司中标。招标人向中标人发出中标通知书后，因双方对招标文件中所附合同的个别条款理解存在争议，经反复协商，直到中标通知书发出后 42 天才正式签订施工合同。此后，A 公司按照合同约定完成中标项目并顺利通过验收。在工程价款结算时，A 公司要求招标人支付拖欠的工程款及利息，否则属于违约行为。招标人称施工合同是在中标通知书发出之日起 30 日后才签订，违反了《招标投标法》第四十六条的规定，所签施工合同属于无效合同，不存在违约问题，只答应支付拖欠的工程款，但无须支付违约金。A 公司将招标人诉至人民法院。

A 公司观点：

A 公司认为，签订合同属于民事法律行为，《招标投标法》第四十六条第一款的规定虽然属于法律强制性规定，但不属于效力性强制性规定，逾期签订的合同并不违反《民法典》第一百五十三条规定，导致该民事行为无效，因此该合同有效。

招标人观点：

招标人认为，施工合同是在中标通知书发出之日起 30 日后才签订，违反了《招标投标法》第四十六条第一款的规定，该条款属于法律强制性规定，违反强制性规定的民事行为无效，因此双方逾期签订的合同没有法律效力，且自始无效。

人民法院裁判要旨：

人民法院经审理认为，招标人和中标人超过中标通知书发出 30 日后签订合同的民事行为，属于违反《招标投标法》第四十六条第一款管理性强制性规定，但并不属于违反《民法典》第一百五十三条效力性强制性规定导致该民事行为无效的情形，因此，双方签订的施工合同有效。鉴于 A 公司已全面履行合同约定，施工项目已顺利通过验收，招标人应当向A公司支付拖欠的工程款，并支付自该款项逾期支付之日起计算的利息。

【问题引出】

问题：招标人和中标人超过中标通知书发出30日签订的合同是否有效？

【案例分析】

本案例争议的焦点：一是《招标投标法》第四十六条第一款规定的法律效力；二是超过中标通知书发出30日签订的合同是否必然导致合同无效。

一、对《招标投标法》第四十六条第一款规定的效力分析

《招标投标法》第四十六条第一款规定，招标人和中标人应当自中标通知书发出之日起30日内，按照招标文件和中标人的投标文件订立书面合同。这条规定是强制性规定不容置疑，但该条款是管理性强制性规定还是效力性强制性规定，需要作进一步分析。

通常而言，管理性强制性规定，是指法律及行政法规没有明确规定违反此类规定将导致合同无效或者不成立，违反此类规定继续履行合同，将会受到国家制裁，但合同本身并不损害国家、社会公共利益以及第三人的利益，只是破坏了国家对交易秩序的管理规定。违反此类规定后，如果使合同继续有效也并不损害国家利益或者社会公共利益，只是损害当事人的利益。效力性强制性规定，是指法律及行政法规明确规定违反了这些禁止性规定将导致合同无效或者合同不成立的规定；或者是法律及行政法规虽然没有明确规定违反这些禁止性规定后将导致合同无效或者不成立，但是违反了这些禁止性规定后，如果使合同继续有效将损害国家利益和社会公共利益的规定。

根据上述分析，由于《招标投标法》第四十六条第一款只规定了订立合同的时间，而没有明确规定违反该条规定将导致合同无效或者不成立，因此，应当认为，该条规定属于管理性强制性规定。即使招标人和中标人违反该条款规定，也不必然导致订立的书面合同无效。

二、对超过中标通知书发出30日签订合同的效力分析

《民法典》第一百四十三条规定，具备下列条件的民事法律行为有效：（一）行为人具有相应的民事行为能力；（二）意思表示真实；（三）不违反法律、行政法规的强制性规定，不违背公序良俗。第一百四十六条第一款规定，行为人与相对人以虚假的意思表示实施的民事法律行为无效。第一百五十三条第一款规定，违反法律、行政法规的强制性规定的民事法律行为无效。但是，该强制性规定不导致该民事法律行为无效的除外。

本案例中，招标人和中标人超过中标通知书发出30日后签订的合同，表明双方就交易达成了合意，是双方真实意思表示，应当认为该民事行为有效，即双方签

订的施工合同有效。

三、对本案例的综合分析

根据相关法律规定，应当认为:《招标投标法》第四十六条第一款的规定，仅是限定一定时间约束合同双方当事人尽快订立合同，并未规定在限定时间内未签订合同而导致合同无效或者不成立的法律后果，这一规定体现了效率优先和意思自治、鼓励交易的原则，符合《民法典》关于民事法律行为有效的规定。因此，不能仅因双方当事人签订合同超过了规定时间，就认定合同无效。

本案例中，招标人和中标人超过中标通知书发出 30 日后签订的合同，属于双方意思自治，表明双方就交易达成了合意，虽然违反了《招标投标法》第四十六条第一款规定，由于该规定是管理性强制性规定而不是效力性强制性规定，因此，双方签订的施工合同有效（参考《招标采购管理》2019 年第 7 期《中标通知书发出之日起 30 日后签订的合同有效》)。

【启示】

招标人或者中标人未在中标通知书发出之日起 30 日内订立书面合同的，即为逾期签约。如果招标文件中规定了投标有效期的，一方逾期签约，则存在法律风险。

对于招标人而言，如果招标人在招标文件中规定了投标有效期，招标人应在投标有效期内完成评标和与中标人签订合同；逾期要求与中标人签订合同的，中标人有权拒绝签订合同并可以要求招标人承担缔约过失责任。

对于中标人而言，无正当理由逾期未与招标人签订合同的，投标文件失效，取消其中标资格，中标人无权要求再与招标人签订合同，并承担相应缔约过失责任。

思考题

1. 什么情形下建设工程施工合同无效?
2. 招标人无正当理由不发出中标通知书应当承担什么责任?
3. 如果施工合同无效，但建设工程质量合格的，如何结算工程价款?

【案例 85】

行政监督部门以函方式要求招标人取消中标候选人资格引发的争议

关 键 词 确定中标人 / 中标候选人 / 非法干预评标结果

案例要点

招标人应当依法确定中标人。行政监督部门以函方式要求招标人取消中标人候选人资格，属于不当行政行为且无法律效力。

【基本案情】

某县江南实验学校新建校舍，县教育局委托某招标代理机构进行公开招标，包括 A 公司在内的 14 家企业参加了投标。评标结束后，招标代理机构于 2015 年 3 月 20 日公示了评标结果，A 公司为第一中标候选人。评标结果公示期间，互联网网站"天涯论坛"之"网络天下"版块出现了《质疑江南学校工程招标》的匿名网帖。县住房和城乡建设局（以下简称住建局）在调查中，以函询方式要求 A 公司对网上质疑问题进行了说明，认为 A 公司在该项目投标活动中有弄虚作假、骗取中标行为，遂向县教育局发出《关于建议取消江南实验学校建设项目第一中标人资格的函》，建议县教育局取消第一中标候选人资格，确定第二中标候选人为中标人。

2015 年 4 月 20 日，县教育局根据住建局的建议，向 A 公司发出《关于取消 A 公司江南实验学校建设项目第一中标候选人资格的通知》，A 公司对此不服，2015 年 5 月 12 日，就住建局作出《关于建议取消江南实验学校建设项目第一中标人资格的函》的行为，向当地人民法院提起行政诉讼，经人民法院审理终结。

A 公司观点：

A 公司认为，依据《招标投标法》第七条的规定，招标投标活动及其当事人应当接受依法实施的监督。住建局作为本项目招标投标活动的行政监督部门，启动对案涉招标投标活动进行调查，因认为 A 公司在投标活动中有弄虚作假、骗取中标行为，遂致函招标人县教育局，建议取消 A 公司第一中标候选人资格，均系依据《招标投标法》第七条的规定，行使自身行政监督职责的行为表现，但住建局作出的《关于建议取消江南实验学校建设项目第一中标人资格的函》违法无效。

住建局、县教育局观点：

住建局认为，该局对县教育局的建议函只是行政机关内部往来函件，不具行政约束力，其取消 A 公司第一中标候选人资格的建议是否被采纳，完全取决于县教育局的意志。县教育局则认为，其依据住建局的建议取消 A 公司第一中标候选人的资格并无不当。

人民法院裁判要旨：

人民法院经审理后认为，住建局以《关于建议取消江南实验学校建设项目第一中标候选人资格的函》，建议县教育局取消 A 公司第一中标候选人资格的具体行政行为程序违法；县教育局取消第一中标候选人资格，实质撤销行政协议要约缺乏合法依据，均应予以撤销。判决撤销住建局作出的《关于建议取消江南实验学校建设项目第一中标候选人资格的函》；撤销县教育局作出的《关于取消 A 公司江南实验学校建设项目第一中标候选人资格的通知》。

【问题引出】

问题一：住建局以函方式建议招标人取消第一中标候选人资格是否合法?

问题二：县教育局以住建局建议函为由取消 A 公司第一中标候选人资格是否合法?

【案例分析】

一、住建局以函方式建议招标人取消第一中标候选人资格不合法

根据《招标投标法》第七条、第五十四条，《招标投标法实施条例》第四条、第六十八条，《国务院办公厅印发国务院有关部门实施招标投标活动行政监督的职责分工意见的通知》第三条等有关规定，住建局作为建筑行业招标投标活动的行政监督部门，有权对房屋建筑工程招标投标活动依法实施监督，依法查处招标投标活动中的违法行为。对投标人弄虚作假骗取中标的行为，住建局应当按照行政处罚的法定程序，依据《招标投标法》第五十四条第一款“投标人以他人名义投标或者以其他方式弄虚作假，骗取中标的，中标无效”的规定，认定中标无效，作出行政处罚，并制作行政处罚决定书，依法送达当事人，同时告知招标人县教育局。

本案例中，住建局在调查中仅以信函方式征询了 A 公司就网帖质疑问题的说明，就认定该公司存在弄虚作假骗取中标行为，并以信函方式建议县教育局取消 A 公司第一中标候选人资格，其行政行为不当，不符合《行政处罚法》有关程序和规定，属于变相实施行政处罚。因此，住建局向县教育局发出建议招标人取消第一中标候选人资格的函属于不当行政行为，不符合相关法律法规的规定。

二、县教育局取消 A 公司第一中标候选人资格缺乏法律依据

招标投标法律法规对招标人确定中标人有明确规定。《招标投标法》第四十条第二款规定，招标人根据评标委员会提出的书面评标报告和推荐的中标候选人确定中标人。《招标投标法实施条例》第五十五条规定，国有资金占控股或者主导地位的依法必须进行招标的项目，招标人应当确定排名第一的中标候选人为中标人。排名第一的中标候选人……被查实存在影响中标结果的违法行为等情形，不符合中标

条件的，招标人可以按照评标委员会提出的中标候选人名单排序依次确定其他中标候选人为中标人，也可以重新招标。第五十六条规定，中标候选人的经营、财务状况发生较大变化或者存在违法行为，招标人认为可能影响其履约能力的，应当在发出中标通知书前由原评标委员会按照招标文件规定的标准和方法审查确认。

本案例中，招标人县教育局应当按照上述规定依法确定中标人，也就是说，只有第一中标候选人 A 公司在该项目投标中弄虚作假骗取中标行为被住建局查实，认定中标无效，或者经原评标委员会重新审查确认其违法行为不符合中标条件的，县教育局才能取消 A 公司第一中标候选人的资格，依次确定第二中标候选人为中标人，或者重新招标。县教育局以住建局建议函为由取消 A 公司第一中标候选人的资格，缺乏法律依据（参考《招标采购管理》2016 年第 7 期《招标监管部门建议招标人取消中标候选人资格是否违法？》）。

【启示】

依法行政是对行政机关及国家工作人员从事行政管理活动的基本要求。招标投标行政监督部门应当依法履行职责，依法查处招标投标活动中的违法行为，不得以信函、通知等形式变相实施行政处罚，不得要求评标委员会成员或者招标人以其指定的投标人作为中标候选人或者中标人，或者以其他方式非法干涉评标活动，影响中标结果。同时，招标人应当依法确定中标人，取消中标候选人资格必须有法律依据或正当理由，并不得随意改变评标结果。

思考题

1. 行政监督部门是否可以认定中标无效？
2. 本案例中，招标人应当如何确定中标人？

【案例 86】

招标人以考察不合格为由取消第一中标候选人中标资格的案例

关 键 词 确定中标人 / 中标候选人 / 实地考察 / 取消中标资格

案例要点

法定招标投标程序中，并没有设定招标人对投标人进行实地考察的环节。依法必须进行招标的项目，招标人应当根据评标委员会推荐的中标候选人确定中标人，并不得以考察方式改变评标结果。以实地考察不合格为由取消中标候选人资格，不符合法律法规规定。

【基本案情】

某市新建一座 10 万吨 / 日污水处理厂，投资估算额 4.3 亿元，由市属国有企业——市城建投资控股集团有限公司投资建设，委托招标代理机构进行工程总承包公开招标。招标结束后，招标代理机构将评标委员会出具的评标报告及推荐的 3 名中标候选人名单提交给招标人，A 公司为第一中标候选人，B 公司为第二中标候选人，C 公司为第三中标候选人，并在当地招标投标公共服务平台公示了评标结果。招标人在确定中标人时，项目经办人提出，招标前 B 公司帮助我们做了大量工作，我们给招标代理机构的招标方案包括污水生物处理技术标准、MBR 膜处理工艺流程、节能环保措施、设备技术参数、工程量清单、最高投标限价等都是由 B 公司提供的，我们和这家公司比较熟悉，让它中标比较理想，但对 A 公司和 C 公司情况不了解，建议进行实地考察后再确定中标人。

投资公司项目负责人采纳了项目经办人的建议，随后，招标人组成由项目经办人、公司监察机构负责人参加的考察小组，对 A 公司进行了实地考察。在考察过程中，考察小组认为 A 公司资质、资格条件一般，技术能力不足，作为中标人不太理想。在对 B 公司进行考察后，认为这家公司资格、资质以及技术能力等方面均符合招标项目要求，因此未对 C 公司进行考察就决定取消 A 公司第一中标候选人中标资格，直接确定第二中标候选人 B 公司为中标人，并在中标结果公示期满后，让招标代理机构向 B 公司发出中标通知书。

【问题引出】

问题一：招标人能否以考察不合格为由取消第一中标候选人中标资格？

问题二：第二中标候选人 B 公司是否有中标资格？

问题三：本案例中，招标人有无对投标企业进行实地考察的必要？

【案例分析】

一、招标人以实地考察不合格为由取消第一中标候选人中标资格不合法

本案例招标项目，由国有控股企业投资，属于国有资金占控股和主导地位的依法必须进行招标的项目。《招标投标法实施条例》第五十五条规定，国有资金占控股或者主导地位的依法必须进行招标的项目，招标人应当确定排名第一的中标候选人为中标人。排名第一的中标候选人放弃中标、因不可抗力不能履行合同、不按照招标文件要求提交履约保证金，或者被查实存在影响中标结果的违法行为等情形，不符合中标条件的，招标人可以按照评标委员会提出的中标候选人名单排序依次确定其他中标候选人为中标人，也可以重新招标。《工程建设项目施工招标投标办法》第五十八条第一款同时规定，依次确定其他中标候选人与招标人预期差距较大，或者对招标人明显不利的，招标人可以重新招标。

上述规定中，对国有资金占控股和主导地位的依法必须进行招标的项目，招标人确定中标人、排名第一的中标候选人不符合中标条件的情形及招标人可以依次确定其他中标候选人为中标人的条件均作了明确规定。本案例中，招标人通过实地考察，认为 A 公司资质、资格条件一般，技术能力不足，并以此为由取消 A 公司第一中标候选人中标资格，于法无据，不符合相关法律法规规定，其做法不合法。

二、第二中标候选人 B 公司不具备中标资格

《房屋建筑和市政基础设施项目工程总承包管理办法》第十一条第一款规定，工程总承包单位不得是工程总承包项目的代建单位、项目管理单位、监理单位、造价咨询单位、招标代理单位。该条款是对总承包项目中标单位的限制性规定，主要目的是保证潜在投标人公平竞争，确保中标结果客观公正。

本案例招标项目是国有企业投资的依法必须进行招标的总承包招标项目。由于排名第二的中标候选人 B 公司在招标前参与了该项目前期工作，给招标人提供了污水生物处理技术标准、MBR 膜处理工艺流程、节能环保措施、设备技术参数、工程量清单、最高投标限价等咨询服务，因此，B 公司作为该总承包招标项目的招标方案提供单位和造价咨询单位，不符合总承包单位的投标资格，其投标无效，评标委员会应当否决其投标。招标人确定 B 公司为中标人，违反了工程总承包中标单位的限制性规定，B 公司中标无效。

三、定标前招标人对中标候选人进行实地考察没有必要，应当被禁止

就整个招标投标程序看，在编制招标文件环节，对于技术复杂、专业性强或者有特殊要求的招标项目，招标人为了确保编制的招标文件合法合规、科学合理、符合需求，通过市场调研、专家论证、实地考察等方式，明确招标需求、优化招标方案有其必要性。但在确定中标人前，招标人再组织对中标候选人的资格、资质条件

及技术能力等情况进行实地考察，就显得多此一举，甚至会涉嫌违反《招标投标法》第四十三条“在确定中标人前，招标人不得与投标人就投标价格、投标方案等实质性内容进行谈判”的规定。即使评标结果公示后，招标人认为中标候选人履约能力不足，不符合中标条件的，也应当依据《招标投标法实施条例》第五十六条“中标候选人的经营、财务状况发生较大变化或者存在违法行为，招标人认为可能影响其履约能力的，应当在发出中标通知书前由原评标委员会按照招标文件规定的标准和方法审查确认”的规定，组织原评标委员会进行审查确认，而不能以自行实地考察的意见为由改变评标结果。本案例中，招标人在确定中标人前组织实地考察的针对性、目的性很强，主要是因为第一中标候选人 A 公司不是自己的意向中标人，而假借实地考察名义找出种种理由取消 A 公司的中标资格，让其意向中标人 B 公司中标。这种借实地考察之名行违规定标之实的行为，不仅违反法律法规规定，侵害了 A 公司的合法权益，也严重破坏了“公开、公平、公正”的招标投标市场秩序，有关行政监督部门应当对这种考察行为加以制止和纠正。

【启示】

招标投标活动中，招标人以正当理由组织对投标人进行实地考察无可厚非。但类似本案例通过所谓考察取消第一中标候选人中标资格，让意向中标人中标的情况，在招标投标实践中屡见不鲜，甚至有的招标人在招标文件中规定“招标人有权在投标人中标后对其进行实地考察，如发现虚假情况，则可取消其中标资格”。对于招标人这种随意扩大自主权、损害投标人合法权益的做法和不合理规定，潜在投标人、投标人、中标候选人或者其他利害关系人，应当及时向招标人提出异议或者依法进行投诉，以维护自己的合法权益，共同推动招标投标市场规范运行、健康发展。

思考题

1. 第一中标候选人有哪些情形时，招标人可以取消其第一中标候选人中标资格？
2. 本案例中，对于招标人以实地考察不合格为由取消第一中标候选人中标资格的做法，应如何进行纠正和处理？

【案例 87】

招标人不按评标委员会推荐的中标候选人顺序确定中标人的案例

关 键 词 确定中标人 / 中标候选人 / 违规定标

案例要点

确定中标人是招标人的权利，对于国有资金占控股或者主导地位的依法必须进行招标的项目，招标人应当根据评标委员会推荐的中标候选人排序依法确定中标人，而不得在中标候选人中随意确定中标人。

【基本案情】

某市政府投资建设的图书馆项目，总投资 2.3 亿元，项目建设单位市文化和旅游局委托招标代理机构进行公开招标，有 7 家建筑公司投标。招标文件规定本项目采用综合评估法，要求评标委员会按得分高低推荐 3 名中标候选人并排序。经评标委员会评审，推荐 A 公司为第一中标候选人，B 公司为第二中标候选人，C 公司为第三中标候选人。招标人在复核评标报告和投标文件时发现，A 公司的资产负债率为 94%，B 公司的资产负债率为 67%，C 公司的资产负债率为 22%。招标人从投标人财务状况角度考虑，担心 A 公司中标后，履约有风险，认为 C 公司也在评标委员会推荐的范围内，于是直接确定排名第三的中标候选人 C 公司为中标人，并向 C 公司发出中标通知书。

【问题引出】

问题：本案例招标项目，招标人是否有权直接确定 C 公司为中标人？

【案例分析】

本案例招标项目由政府投资建设，属于国有资金占控股或者主导地位的依法必须进行招标的项目，因此，招标人应当依据招标投标有关法律法规的规定，依法确定中标人，而无权直接确定排名第三的中标候选人 C 公司为中标人。这是因为：

一、国有资金占控股或者主导地位的依法必须进行招标的项目，行政法规对招标人确定中标人有明确规定

《招标投标法实施条例》第五十五条规定，国有资金占控股或者主导地位的依法必须进行招标的项目，招标人应当确定排名第一的中标候选人为中标人。排名第一的中标候选人放弃中标、因不可抗力不能履行合同、不按照招标文件要求提交履约保证金，或者被查实存在影响中标结果的违法行为等情形，不符合中标条件的，招标人可以按照评标委员会提出的中标候选人名单排序依次确定其他中标候选人为中标人，也可以重新招标。

二、认定中标候选人履约能力的主体是原评标委员会，而不是招标人

《招标投标法实施条例》第五十六条规定，中标候选人的经营、财务状况发生较大变化或者存在违法行为，招标人认为可能影响其履约能力的，应当在发出中标通知书前由原评标委员会按照招标文件规定的标准和方法审查确认。

从本条规定可以看出，中标候选人的负债率状况是否属于影响其履约能力，不符合中标条件的情形，应当由原评标委员会进行审查确认，而招标人无权认定。

三、中标人应当依法确定

本案例中，招标人认为排名第一的中标候选人 A 公司负债率较高，有履约风险，应当依据《招标投标法实施条例》第五十六条规定，组织原评标委员会进行审查确认。如果原评标委员会认定 A 公司的负债率不影响其履约能力，符合中标条件的，招标人应当确定 A 公司为中标人；认定 A 公司负债率高，可能影响其履约能力，不符合中标条件的，招标人应当依次确定排名第二的中标候选人 B 公司为中标人。除非经原评标委员会审查确认，认定 A 公司和 B 公司均不符合中标条件，或者 A 公司和 B 公司虽符合中标条件，但接到中标通知书后 A 公司和 B 公司均有“放弃中标、因不可抗力不能履行合同、不按照招标文件要求提交履约保证金，或者被查实存在影响中标结果的违法行为”情形之一的，招标人才可以确定排名第三的中标候选人 C 公司为中标人。

综上分析，招标人直接确定 C 公司为中标人，不符合相关规定，属于违规定标。

【启示】

国有资金占控股或者主导地位的依法必须进行招标的项目，招标人应当根据评标委员会推荐的中标候选人排序依次确定中标人，而无权在评标委员会推荐的中标候选人中随意确定中标人。对于非依法必须进行招标的项目，招标人可以依据《评标委员会和评标方法暂行规定》第五十八条“依法必须招标项目以外的评标活动，参照本规定执行”的规定，从评标委员会推荐的中标候选人中自主确定中标人。此外，国务院对中标人的确定另有规定的，应当从其规定。

思考题

1. 非依法必须进行招标的项目，招标人可以在评标委员会推荐的中标候选人之外确定中标人吗?

2. 依法必须进行招标的项目，招标人与中标人签订合同后，发现中标人不符合中标条件的，是否可以从评标委员会推荐的中标候选人中重新确定其他中标候选人为中标人?

【案例 88】

第一中标候选人中标资格被取消后重新招标的案例

关 键 词 确定中标人 / 中标无效 / 重新招标

案例要点

国有资金占控股或者主导地位的依法必须进行招标的项目，第一中标候选人不符合中标条件的，招标人可以按照评标委员会提出的中标候选人名单排序依次确定其他中标候选人为中标人，依次确定其他中标候选人与招标人预期差距较大，或者对招标人明显不利的，招标人可以重新招标。

【基本案情】

2017 年 12 月 15 日某市政府投资建设项目在指定媒介公示评标结果：第一中标候选人为 JY 公司，第二中标候选人为 DP 公司，第三中标候选人为 XW 公司。评标结果公示期间，XW 公司对前两名中标候选人资格条件提出异议，因对招标人作出维持原评标结论的答复不满意，2017 年 12 月 29 日向市住房和城乡建设局（以下简称市住建局）进行投诉。经市住建局调查核实，认定 JY 公司第一中标候选人资格无效。同时，招标人发现第二中标候选人 DP 公司存在失信行为，第三中标候选人 XW 公司拟派项目技术负责人已在其他在建项目中担任项目负责人。2018 年 1 月 19 日招标人以依次确定的其他中标候选人履约能力受限为由，组织了重新招标。XW 公司虽认为第一次招标时自己符合中标条件，但重新招标时又参加了投标且未中标。期间，XW 公司先后两次向市住建局进行投诉，要求责令招标人依法确定其为中标人的请求均被驳回；两次向市人民政府申请行政复议要求撤销市住建局作出的投诉处理决定的请求也被驳回。2018 年 9 月 6 日，XW 公司向人民法院提起行政诉讼，请求：一、撤销市住建局作出的《处理决定》；二、撤销市人民政府作出的《行政复议决定》；三、责令市住建局限期重新对投诉事项作出处理决定。经一审、二审审理终结。

一审人民法院观点：

本案的争议焦点是市住建局作出的《处理决定》及市人民政府作出的《行政复议决定》是否应当撤销。

根据《招标投标法》第四十二条、《招标投标法实施条例》第五十五条的规定，如果排名第一的中标候选人被否决，招标人也应首先按照评标委员会提出的中标候选人名单排序依次确定其他中标候选人为中标人，其次才考虑重新招标。具体到本案而言，在所有投标都未被否决的情况下，招标人于 2018 年 1 月 19 日发布的招标失败公告违反了《招标投标法》第四十二条第二款关于“依法必须进行招标的项目所有投标被否决的，招标人应当依照本法重新招标”的规定。市住建局作出的《处理决定》，认为 XW 公司拟派项目负责人在某省建筑市场监管公共服务平台锁定的情形不能作为 XW 公司履约能力受到限制的事由。判决：撤销市住建局作出的《处理决定》；撤销市人民政府作出的《行政复议决定》；市住建局应在本判决生效之日起十日内重新对 XW 公司的投诉作出答复。

上诉人观点：

上诉人市住建局和市人民政府称：原审判决适用《招标投标法》第四十二条规定，否决招标人依法享有的选择重新招标的权利是完全错误的。该条法律应适用在工程项目的评标阶段，本案中，评标委员会已经完成了评标，并推选出了 3 名中标候选人，招标人作出重新招标的决定，符合《招标投标法实施条例》第五十五条和《工程建设项目施工招标投标办法》第五十八条的规定。另法律并未要求出现排名第一的中标候选人不符合中标条件时，需由原评标委员会否决其他排名在后所有中标候选人资格后才能进行重新招标。从本案看，出现第一中标候选人资格无效的情况后，招标人选择了重新招标，XW 公司也参与了第二次招标投标活动，并承诺接受第二次招标的全部招标文件。至此，第一次招标投标结束，XW 公司在第一次招标投标的中标资格已经自动终止。请求：1. 撤销原审判决；2. 改判驳回 XW 公司的诉讼请求。

被上诉人观点：

被上诉人 XW 公司答辩称：1. 本案不符合《招标投标法》重新招标的法定要求，完全不具备重新招标的法定条件。只有符合第二十八条、第四十二条、第六十四条任意一条才能重新招标。本案应适用《招标投标法》第四十条的规定，在原第一、第二中标候选人的中标资格均无效的情况下，招标人应当确定第三中标候选人为中标人。2.《招标投标法实施条例》第五十五条、《工程建设项目施工招标投标办法》第五十八条“依次确定其他中标候选人为中标人”或“重新招标”并不属于并列关系，其是先后关系，招标人应尽量依次确定中标人，只有当依次确定其他中标候选人为中标人时出现与招标人预期差距较大，或者对招标人明显不利的情况，招标人才可以重新招标。3. XW 公司第三中标候选人资格仍然客观存在并且合法有效。在原第一及第二中标候选人资格被依法取消后，XW 公司是目前唯一合法有效的中标候选人。请求驳回上诉，维持原审判决。

二审人民法院观点：

本院认为，《招标投标法实施条例》第五十五条规定，国有资金占控股或者主导地位的依法必须进行招标的项目，招标人应当确定排名第一的中标候选人为中标人。排名第一的中标候选人放弃中标、因不可抗力不能履行合同、不按照招标文件要求提交履约保证金，或者被查实存在影响中标结果的违法行为等情形，不符合中标条件的，招标人可以按照评标委员会提出的中标候选人名单排序依次确定其他中标候选人为中标人，也可以重新招标。《工程建设项目施工招标投标办法》第五十八条规定……排名第一的中标候选人放弃中标……招标人可以按照评标委员会提出的中标候选人名单排序依次确定其他中标候选人为中标人。依次确定其他中标候选人与招标人预期差距较大，或者对招标人明显不利的，招标人可以重新招标。根据上述法律法规的规定，首先，确定中标人是招标人的权利，即招标人应当确定排名第一的中标候选人为中标人；其次，招标人有选择权，即排名第一的中标候选人放弃中标或者不符合中标条件的情况下，招标人可以选择按中标候选人名单排序依次确定其他中标候选人为中标人，也可以选择重新招标；再次，招标人要理性行使选择权，即在其他中标候选人符合中标条件，能够满足采购需求的情况下，招标人应尽量依次确定中标人。在其他中标候选人与其采购预期差距较大或者依次选择中标人对招标人明显不利时，招标人可以选择重新招标。

本案例中，XW 公司是 2017 年 12 月 15 日公布的第三中标候选人。当第一中标候选人资格被确认无效后，招标人基于第二中标候选人存在失信行为及履约能力欠佳的原因，第三中标候选人 XW 公司拟派项目技术负责人已在中标的某在建项目担任项目负责人，不能完全响应招标文件对项目管理班子的要求，即不能履行项目实施过程中承包人的项目负责人和项目技术负责人必须全程跟踪负责的职责，所以没有选择在排名第二、第三的中标候选人中确定中标人，而是选择重新招标，体现了招标人比较理性地行使了选择权，招标人于 2018 年 1 月 19 日发布招标失败公告，未违反法律法规的规定。市住建局作出《处理决定》和市人民政府复议维持《处理决定》，并无不当。XW 公司提出第一中标候选人的资格被确认无效后，应当先按照评标委员会提出的中标候选人名单排序依次确定其他中标候选人为中标人，然后才考虑重新招标，是对《招标投标法实施条例》第五十五条和《工程建设项目施工招标投标办法》第五十八条的错误解读。XW 公司提出其是否存在履约能力受限，是否存在对招标人明显不利，应当由评标委员会重新审核进行修正，招标人无权自行认为对其不利就重新招标，亦无法律依据。

判决结果：一、撤销一审行政判决；二、驳回 XW 公司的诉讼请求（参见梅州市中级人民法院行政判决书（2019）粤行终 45 号）。

【问题引出】

问题一：本案例中，招标人作出重新招标的选择是否理性？

问题二：投标人 XW 公司的投诉请求及主张是否正当合理？

问题三：市住建局的投诉处理决定是否正确？

【案例分析】

一、招标人依法选择重新招标并无不当

国有资金占控股或者主导地位的依法必须进行招标的项目，第一中标候选人不符合中标条件的，依据《招标投标法实施条例》第五十五条、《工程建设项目施工招标投标办法》第五十八条的规定，招标人既可以选择依次确定其他中标候选人为中标人，也可以选择重新招标。《招标投标法实施条例释义》对《招标投标法实施条例》第五十五条的解读是：取消第一中标候选人中标资格后，在其他中标候选人符合中标条件，能够满足采购需求的情况下，招标人应尽量依次确定中标人。而对于依次确定其他中标候选人与招标人采购预期差距较大，或者对招标人明显不利的，招标人可以选择重新招标，既能防范中标候选人之间串通，也可以减少异议或投诉。本案例中，第一中标候选人的资格被认定无效后，因第二中标候选人存在失信行为及履约能力欠佳，第三中标候选人拟派项目技术负责人履约能力受限，所以招标人没有选择在排名第二、第三的中标候选人中确定中标人，而是选择重新招标，这一做法符合法律规定和释义解读要求，体现了招标人比较理性地行使了选择权。建议国有资金占控股或者主导地位的招标项目，第一中标候选人资格被取消后，招标人要对其他中标候选人是否符合招标预期作出科学合理的判断，并理性作出依次确定其他中标候选人为中标人或者重新招标的选择。遇有对评标结果提出异议的，招标人应当深入调查核实，认真作出答复，尽量避免引起投诉。

二、投标人 XW 公司的投诉请求及主张不尽合理

依据《招标投标法》第六十五条，《招标投标法实施条例》第五十四条、第六十条，《工程建设项目招标投标活动投诉处理办法》第三条的规定，投标人及其他利害关系人认为评标结果不公或者招标投标活动不符合法律、行政法规规定的，可以向招标人提出异议或者向有关行政监督部门投诉。这是法律法规赋予投标人维护自身合法权益的一项救济权，也是投标人对招标投标活动依法开展情况行使监督权的体现。但提出异议或者投诉，应当有充分的事实证据和理由，并提供有效线索和证明材料加以佐证，且须在规定期限内提出。本案例中，XW 公司两次投诉中反复要求责令招标人确定其为案涉项目中标人的请求，均被市住建局驳回，主要是因为其投诉事项缺乏依据且与事实不符。建议投标人及其利害关系人在提出异议和投诉时，要从维护国家利益、社会公共利益和招标投标当事人合法权益的角度出发，坚持公平、公正原则，既要维护自身的合法权益，更要共同维护招标投标市场公正竞争的良好秩序。

三、市住建局作出的投诉处理决定有不当之处

《招标投标法》第七条，《招标投标法实施条例》第四条、第十一条，《工程建设项目招标投标活动投诉处理办法》第四条、第十一条、第十二条规定，有关行政监督部门按照职责分工，依法对招标投标活动实施监督，依法查处招标投标活动中

的违法行为，受理投诉并依法作出处理决定，相关条款中同时规定了受理投诉及处理投诉的具体要求和有效期限。本案例中，市住建局所作投诉处理决定两次被投诉人申请行政复议，其中第一次投诉处理意见中认定第二中标候选人 DP 公司资格有效被行政复议撤销并责令重新回复，反映出市住建局在投诉处理中存在调查不深入、工作不严谨的问题。建议有关行政监督部门在处理投诉时，坚持公平、公正、高效的原则，切实做到程序合法，认定事实清楚，适用依据正确，确保投诉处理决定让投诉人满意，避免引起行政复议或诉讼，增加行政成本，浪费行政资源。

【启示】

1. 招标投标相关法律法规中有关招标人“应当重新招标”与“可以重新招标”的规定，在适用上有本质区别。“应当重新招标”，是指招标人除了重新招标别无选择；“可以重新招标”，是指招标人有选择重新招标或其他补救措施的权利。如果把两者混为一谈，认为只有出现“应当重新招标”情形时才“可以重新招标”，则是对相关规定的错误解读。

2. 招标人确定中标人时，经复核评标委员会提交的评标报告和推荐的中标候选人，发现中标候选人的经营、财务状况发生较大变化或者存在违法行为，认为可能影响其履约能力的，可以依据《招标投标法实施条例》第五十六条规定，在中标通知书发出前组织原评标委员会进行审查确认；但对于第一中标候选人不符合中标条件，如何认定其他中标候选人与招标人预期差距较大，或者对招标人明显不利两种情形，由于法律法规并未明确规定，导致招标人很难把握。建议招标人发现依次确定其他中标候选人存在前述情形的，参照《招标投标法实施条例》第五十六条的规定，组织原评标委员会进行审查确认，并要求评标委员会提供中标候选人履约能力和风险的认定依据，作出是否实质性影响中标结果的结论，招标人再据此选择依次从其他中标候选人确定中标人或者进行重新招标更为合理。

3. 有关行政监督部门应当在投诉处理有效期内依法作出处理决定，必要时，可以责令招标人暂停招标投标活动，以避免引起新的投诉，影响招标投标活动的正常进行。

思考题

1. 招标人在复核评标结果确定中标人时，发现评标委员会推荐的第一中标候选人的投标文件存在应当被否决的情形，是否可以直接确定排名第二的中标候选人为中标人？

2. 本案例中，XW 公司投标文件中拟派项目技术负责人已在其他项目任职，应当认定该公司投标无效还是中标无效？

【案例 89】

投标业绩与备案业绩不一致引发的争议

关 键 词 确定中标人 / 业绩认定 / 弄虚作假 / 失信行为 / 中标无效

案例要点

投标业绩与备案业绩不一致的，应当以备案业绩为准；投标人提供虚假业绩、伪造人员证明参与投标的，属于弄虚作假、骗取中标行为，其中标无效。

【基本案情】

招标人某市中心医院儿科住院综合楼项目土建（含装饰装修及安装）于 2015 年 9 月 28 日公开招标，2015 年 10 月 26 日开标，公示的评标结果为：第一名为 PR 公司，第二名为 ZJ 公司，第三名为 FD 公司。

被告某省住房和城乡建设厅（以下简称住建厅）于 2015 年 11 月 9 日收到 ZJ 公司投诉，投诉 PR 公司在投标中存在虚假投标骗取中标行为，公司业绩、项目经理业绩存在造假。住建厅于次日向招标人市中心医院作出暂停该项目招标后续工作的通知，并对投诉事项展开调查，其间收到 PR 公司举报 ZJ 公司被某市住房和城乡建设局（以下简称住建局）纳入诚信黑榜，存在限制投标情形的材料。

住建厅经派员调取、查阅本次招标投标的相关资料，认定：PR 公司在投标文件中提供的金茂园大酒店项目合同价格 17688.693 万元的业绩证明与该市住建局备案资料中载明的工程造价 7700.18 万元的业绩不符；提供的公司委托代理人伍 X 的社保证明存在虚假。同时查明，ZJ 公司因未按月足额支付劳动者工资等问题，受到某市人力资源和社会保障局（以下简称市人社局）罚款 6 万元的行政处罚。2015 年 7 月 21 日 ZJ 公司被某市住建局列入诚信黑榜，2015 年 9 月 20 日经某市住建局同意从诚信黑榜中移出。

2015 年 12 月 24 日，住建厅作出投诉处理意见：1. 被投诉人 PR 公司存在虚假投标行为，我厅将进一步调查处理；2. 被举报人 ZJ 公司不存在举报人所称的限制投标情形；3. 由招标人按照法律法规和招标文件相关规定依法开展后续工作。PR 公司不服住建厅投诉处理意见，向人民法院提起诉讼。经一审、二审审理终结。

一审人民法院观点：

本院认为，本案争议焦点为：一、投诉处理意见对 PR 公司存在虚假投标行为的事实认定是否正确；二、投诉处理意见对 ZJ 公司存在限制投标情形的事实及结果认定是否正确。

关于焦点一：根据《最高人民法院关于审理建设工程施工合同纠纷案件适用法律问题的解释》第二十一条“当事人就同一建设工程另行订立的建设工程施工合同与经过备案的中标合同实质性内容不一致的，应当以备案的中标合同作为结算工程价款的根据”的规定（注：该解释已于 2021 年 1 月 1 日起废止），住建厅认定 PR 公司项目负责人、项目业绩、委托代理人社会保险缴纳证明造假的虚假投标行为事实清楚，证据确凿，投诉处理意见并无不当。

关于焦点二：某市人社局对 ZJ 公司的行政处罚，不属于在招标投标过程中被招标投标行政监督部门和合同履行过程中被项目监督部门给予的行政处罚，不违反招标文件中“近半年内在所有招标投标和合同履行过程中被监督部门行政处罚的”限制投标规定。住建厅主张 ZJ 公司不存在举报人所称限制投标情形的意见，人民法院予以采纳。

综上所述，一审人民法院认为住建厅作出的投诉处理意见并无不当。判决：驳回 PR 公司的诉讼请求。

PR 公司观点：

PR 公司称，住建厅对 PR 公司不具有监督执法的主体资格，一审认定其具有法定职责错误；住建厅的投诉处理意见不符合国家规定，属滥用职权，一审认定住建厅有依法作出处理意见的法定职权错误；无论住建厅作何解释，ZJ 公司都属于限制投标情形，一审认定错误。请求二审法院撤销一审判决，撤销住建厅投诉处理意见，责令住建厅重新作出行政行为，对 ZJ 公司骗取中标进行处罚。

住建厅观点：

住建厅称，住建厅具有受理房屋建筑和市政基础设施工程招标投标投诉、举报、依法作出处理意见的法定职权，一审认定住建厅具有前述法定职权正确；住建厅作出的投诉处理意见符合国家规定，亦未滥用职权；ZJ 公司不属于限制投标情形，一审认定正确。请求二审人民法院驳回上诉，维持原判。

二审人民法院观点：

本院认为，根据《招标投标法》第七条，《国务院办公厅印发国务院有关部门实施招标投标活动行政监督的职责分工意见的通知》第三条的规定，住建厅具有受理房屋建筑和市政基础设施工程招标投标投诉、举报、依法作出处理意见的法定职权。PR 公司在参与案涉项目投标时提供的金茂园大酒店项目业绩的证明材料内容与该市住建局的备案资料内容明显不符，足以认定 PR 公司存在虚假投标行为。住建厅作为各类房屋建筑和市政工程项目招标投标活动及施工合同履行的行政监督管理部门，有权对招标文件中“近半年内在所有招标投标和合同履行过程中被监督部门行政处罚的”限制投标规定作出解释，即将“行政处罚”解释为被招标投标的监督部门或建设工程施工合同履行过程中的监督部门给予的行政处罚。另根据《工程建设项目施工招标投标办法》第二十条第一款“资格审查应主要审查潜在投标人或者投标人是否符合下列条件：……（三）没有处于被责令停业，投标资格被取消，财产被接管、冻结，破产状态；（四）在最近三年内没有骗取中标和严重违约及重大工程质量问题”的规定，限制投标主要针对停业、破产或有骗取中标和严重违约及重大工程质量问题的企业，并非近半年内受到过其他行政处罚即被限制投标。对ZJ公司作出行政处罚的某市人社局并非招标投标或建设工程施工合同履行过程中的监督部门，因此，该行政处罚不属于“近半年内在所有招标投标和合同履行过程中被监督部门行政处罚的”情形，故住建厅认定ZJ公司不存在举报人所称的限制投标情形正确。

判决结果：驳回上诉，维持原判（参见四川省高级人民法院（2017）川行终434号）。

【问题引出】

问题一：投标业绩与备案业绩不一致以哪个为准？

问题二：是否所有行政处罚和失信行为都属于限制投标的情形？

问题三：本案例中，省住建厅认定PR公司虚假投标行为及处理意见是否正确？

【案例分析】

一、投标人业绩应当以备案业绩为准

参照《最高人民法院关于审理建设工程施工合同纠纷案件适用法律问题的解释》第二十一条“当事人就同一建设工程另行订立的建设工程施工合同与经过备案的中标合同实质性内容不一致的，应当以备案的中标合同作为结算工程价款的根据”的规定，应当认为招标人向有关部门提供的招标项目备案资料的证明力大于当事人自行出具的证明材料。本案例中，投标人投标文件中的业绩与招标人经过备案的业绩不一致，应当以备案业绩为准。

二、并非所有的行政处罚或者失信行为都限制投标

根据《招标投标法实施条例》《工程建设项目施工招标投标办法》《标准施工招标文件》（2007年版）等规定，投标人被限制投标的情形主要有：与招标人存在利害关系可能影响招标公正性的单位，不得参加投标；单位负责人为同一人或者存在控股、管理关系的不同单位，不得同时参加投标；投标人不符合国家或者招标文件规定的资格条件，或者财产被接管、冻结，破产状态的，不得参加投标；投标人或者法定代表人、拟委任的项目主要负责人近三年内存在行贿犯罪记录的，不得参加投标；投标人近三年内有骗取中标或严重违约或重大工程质量问题的，不得参加投标。相关规定中同时载明，受到行政处罚被暂停或者取消投标资格的，或者处于被责令停业的，不得参加投标；在信用中国网站中被列入失信被执行人名单、企业经营异常名录、重大税收违法失信主体及国家企业信用信息公示系统中被列为严重违法失信企业名单的投标人，不得参加投标等。因招标投标相关法律法规中没有规定

其他限制投标的情形，应当认为，除前述规定情形外，投标人受到其他与招标投标活动无关的行政处罚和失信惩戒均不限制投标。需要说明的是，投标人受到有关行政监督部门行政处罚，相应处罚已经履行或者限制投标期限已届满的，失信被执行人的名单或记录已从相关网站移出的，可以参加投标。

本案例中，某市人社局对 ZJ 公司因未与员工订立劳动合同等行为依据劳动法作出的行政处罚，其处罚主体、处罚依据、处罚事由均与招标投标活动无关，且没有被责令停业，即使在行政处罚期内，也不属于招标文件规定的限制投标的情形。住建厅对招标文件中“近半年内在所有招标投标和合同履行过程中被监督部门行政处罚的”限制投标的规定作出的限缩性解释是正确的。另外，ZJ 公司在 2015 年 7 月 21 日被某市住建局列入建筑工程责任主体诚信黑榜，2015 年 9 月 20 日经某市住建局同意已从诚信黑榜移出，且在 2015 年 9 月 28 日案涉项目招标之前，因此，并不影响其投标。

三、住建厅对 PR 公司虚假投标行为的处理意见正确

招标人根据项目特点和实际需要，在招标文件中设定的资格能力、信用状况和业绩要求，是考核投标人履约能力的重要指标，一般均要求投标人在投标文件中提供拟任项目负责人或者主要技术人员的简历、劳动关系证明，有无不良行为记录证明，近年来完成同类项目中标业绩的证明等，并在资格审查办法或者评标办法中设定相应的评审因素和标准，目的是确保中标人具有完成中标项目的能力。由于招标处于买方市场，投标人竞争激烈，加上评标时评标委员会难以确认投标文件中所附证明材料的真伪，在一定程度上导致一些投标人为了谋取中标而不择手段弄虚作假，主要表现形式有：使用伪造、变造的许可证件，提供虚假的财务状况或者业绩，提供虚假的信用状况，提供虚假的项目主要负责人员证明材料等，以上弄虚作假行为在招标投标实践中经常出现，严重违反了“公开、公平、公平和诚实信用”的原则，扰乱了公平竞争的招标投标市场秩序。对此，《招标投标法》第五十四条第一款规定，投标人以他人名义投标或者以其他方式弄虚作假，骗取中标的，中标无效，给招标人造成损失的，依法承担赔偿责任；构成犯罪的，依法追究刑事责任。考虑到以弄虚作假方式骗取中标行为的严重性，根据《招标投标法实施条例》第六十八条规定，投标人弄虚作假投标的，不论是否中标，均应按《招标投标法》第五十四条的规定处罚。

本案例中，PR 公司提供的项目负责人、项目业绩、委托代理人社会保险缴纳三项证明均存在造假，属于典型的弄虚作假、骗取中标行为，不但中标无效，还应受到相应处罚。住建厅对 PR 公司虚假投标行为的认定无误，所作投诉处理意见正确。

【启示】

投标人业绩、人员造假，虽然手段隐蔽，但纸包不住火，终究会露馅。招标投标活动的公开原则、有关行政监督部门对招标投标活动依法实施的全过程监督以及投标人或者其他利害关系人提出异议投诉的渠道，是遏制弄虚作假骗取中标的有效途径。虚假投标行为一旦被查实，不但中标无效，还将受到行政处罚，赔了夫人又折兵，实属得不偿失。

思考题

1. 评标委员会能否认定投标文件中投标人提供的项目负责人或业绩证明材料的真假？
2. 合同履行期间，招标人发现中标人以他人名义投标或者弄虚作假投标的，应如何处理？

【案例 90】

超出投标有效期发出中标通知书，中标人放弃中标，招标人不退还投标保证金引发的争议

关 键 词 确定中标人 / 投标有效期 / 中标通知书 / 放弃中标 / 退还投标保证金

案例要点

投标有效期是要约的有效期限，投标有效期内投标文件受要约约束并不得随意撤销。投标有效期满后，投标文件失效，招标人向中标人发出中标通知书的，中标人可以拒绝接受，并要求招标人退还其投标保证金；中标人接受中标通知书的，视为同意延长投标有效期，放弃中标的，其投标保证金不予退还并承担违约责任。

【基本案情】

2013 年 11 月 7 日，HM 公司就厂房施工总承包项目委托某招标代理机构在市交易中心进行招标，投标截止时间为 2013 年 12 月 2 日，投标有效期 60 日。ZY 公司参与投标，向市交易中心支付投标保证金 41.2 万元。

2013 年 12 月 12 日，市交易中心对中标候选人进行公示。HC 公司为第一中标候选人，ZY 公司为第二中标候选人。12 月 18 日，HM 公司递交“厂房施工总承包中标单位的中标价确认函”给市招标办和交易中心，确定 HC 公司中标，中标价 19872820.37 元。同日，HC 公司向招标办和 HM 公司发出《中标放弃函》，申请放弃该项目的中标资格。2014 年 1 月 16 日，经市招标办同意，HM 公司确定 ZY 公司为第一中标候选人，并于 2014 年 2 月 10 日进行公示。2 月 21 日，ZY 公司缴纳了中标交易服务费 18076.5 元。2 月 26 日，HM 公司与招标代理机构、市交易中心三方签署了《中标通知书》，确定 ZY 公司为中标人，中标价为 2008.500526 万元。HM 公司于 2014 年 3 月 5 日向 ZY 公司发出《关于领取中标通知书的函件》，声明在 2014 年 3 月 10 日前到 HM 公司领取中标通知书，逾期视为自动放弃中标资格，上报招标管理机构处理，同时将追究违约责任。

2014 年 3 月 7 日，ZY 公司向市招标办和 HM 公司提交《中标放弃函》，申请放弃该项目的中标资格。2014 年 4 月 17 日，HM 公司向市交易中心递交“关于没收 HC 公司和 ZY 公司投标保证金的申请”，请求依法将两家公司的投标保证金共 82.4 万元划入 HM 公司银行账户。市交易中心于 2014 年 4 月 15 日将 ZY 公司 41.2

万元投标保证金划入 HM 公司银行账户。HM 公司于 2014 年 4 月 21 日经过重新招标，确定 DH 公司中标，中标价 20169610.46 元。

HM 公司以中标通知书有效，ZY 公司放弃中标，导致本公司重新招标额外增加工程款 84605.2 元为由，起诉至人民法院并请求：1. 没收 ZY 公司的投标保证金 41.2 万元不予退还；2. ZY 公司赔偿 HM 公司损失 84605.2 元。

ZY 公司辩称，招标人超过投标有效期公示 ZY 公司中标，且未将超过投标有效期的事实告知 ZY 公司和市交易中心，导致 ZY 公司缴纳了中标交易服务费，其行为欺骗了本公司，中标通知书应为无效。

一审人民法院观点：

一审人民法院认为，本案争议的焦点是“中标通知书”是否具有法律效力。

一、关于投标有效期问题。《招标投标法实施条例》第二十五条规定，招标人应当在招标文件中载明投标有效期。投标有效期从提交投标文件的截止之日起算。招标文件中明确规定了投标有效期为 60 日，本案递交投标文件截止时间为 2013 年 12 月 2 日，即投标有效期为 2013 年 12 月 2 日至 2014 年 1 月 30 日。2014 年 2 月 26 日，HM 公司确定 ZY 公司为中标人，已经超过投标有效期。招标文件规定“在特殊情况下，招标人在原定投标有效期内，可以根据需要以书面形式向投标人提出延长投标有效期的要求，对此要求投标人须以书面形式予以答复。投标人可以拒绝招标人这种要求，而且投标担保应当予以退还”等。HM 公司并未以书面形式向投标人提出延长投标有效期的要求，因此，HM 公司属于逾期发出《中标通知书》。

二、关于 ZY 公司缴纳中标交易服务费问题。招标文件第 15.2 条规定，强调的是书面提出要约和书面承诺，延长投标有效期才对双方产生约束力，HM 公司认为 ZY 公司缴纳了中标交易服务费的行为表示其同意延长有效期，并受投标文件的约束没有法律依据。

综上所述，HM 公司在投标有效期届满前未以书面形式向投标人提出延长投标有效期的要求，投标有效期届满后又作出《中标通知书》，但 ZY 公司不同意延长投标有效期放弃中标资格，《中标通知书》对 ZY 公司不具有法律效力。因此，HM 公司主张没收 ZY 公司投标保证金 41.2 万元和赔偿损失 84605.2 元，没有法律依据，一审人民法院不予支持。

判决结果：驳回 HM 公司的诉讼请求。

HM 公司观点：

HM 公司上诉请求：1. 撤销本案一审民事判决书；2. 判决 ZY 公司交付的 41.2 万元投标保证金归 HM 公司所有；3. 判决 ZY 公司赔偿 HM 公司损失 84605.2 元。

事实和理由：一、ZY 公司放弃中标资格的原因并非由于其不同意延长投标有效期，而是因为 ZY 公司的项目经理离职，无法承担该项目的正常施工。这个事实有 ZY 公司《中标放弃函》为证。二、ZY 公司在本案诉讼前从未表示过不同意延长投标有效期，也从未对其中标提出过异议。1. ZY 公司没有对公示其为第一中标候选人提出异议。2. ZY 公司缴纳了中标交易服务费 18076.5 元，进一步表明其对中标没有异议。3. ZY 公司对《关于领取中标通知书的函件》没有提出异议。4. ZY 公司提交的《中标放弃函》，申请放弃该项目的中标资格，再次对其中标没有提出异议。本案诉讼前，ZY 公司没有提出要求 HM 公司返还投标保证金的请求，也表明其知道因自己的原因放弃中标是不能退还投标保证金的。三、ZY 公司以行为作出其同意延长投标有效期的承诺。本案中，虽然 HM 公司没有以书面形式通知 ZY 公司延长投标有效期，但 ZY 公司对其被确定为第一中标候选人的公示没有提出异议等一系列行为，均表明其没有拒绝延长投标有效期的意思表示。四、根据《招标投标法》第四十五条、第六十条的规定，因 ZY 公司放弃中标项目其交付的 41.2 万元投标保证金应由 HM 公司收取。此外，因 ZY 公司放弃中标，HM 公司需重新招标，额外增加工程款 84605.2 元，该损失 ZY 公司应予以赔偿。请求二审人民法院依法撤销一审人民法院判决并支持 HM 公司的诉讼请求。

ZY 公司观点：

一、HM 公司未在投标有效期内以书面形式通知所有投标人延长投标有效期。二、ZY 公司的投标行为均在投标有效期内完成，HM 公司超过投标有效期 13 天后违法公示 ZY 公司中标，ZY 公司的《中标放弃函》发生在投标有效期之外，是合法的。HM 公司未将超过投标有效期的事实告知市交易中心和 ZY 公司，导致 ZY 公司误交了中标交易服务费。三、HM 公司公示 ZY 公司中标及签发《中标通知书》时已超出投标有效期。根据《招标投标法》等有关法律法规的规定，超出投标有效期公示中标人是无效的，不受法律保护。HM 公司招标失败，重新招标的责任与 ZY 公司无关，也无权没收 ZY 公司的投标保证金或要求赔偿其损失。请求二审人民法院维持一审原判。

二审人民法院观点：

本院认为，本案二审的争议焦点在于 HM 公司能否没收 ZY 公司的投标保证金并要求其赔偿。根据案涉招标文件规定，HM 公司作为招标人，本应以书面形式向 ZY 公司提出延长投标有效期的要求，但 HM 公司采取的是直接对确定 ZY 公司为第一中标人的结果进行了公示的形式。ZY 公司作为投标人，在此情况下，本可以拒绝 HM 公司在延长投标有效期后作出的公示结果，并要求退还投标保证金。但事实上，ZY 公司不仅在公示期内没有提出异议，并且在公示期满后自愿缴纳了中标交易服务费。ZY 公司的上述行为表明在 HM 公司未能以书面形式向 ZY 公司提出延长投标有效期要求的情况下，仍然自愿接受中标的结果，放弃了拒绝中标结果并要求 HM 公司退还投标保证金的权利。ZY 公司缴纳了中标交易服务费后，HM 公司也向 ZY 公司发出了领取中标通知书的函件，表明双方当事人对于中标一事已达成合意。故本院认定 ZY 公司并非是因为 HM 公司未能以书面形式向其提出延长投标有效期要求的原因而放弃中标。故 ZY 公司在缴纳了中标交易服务费，认可了中标结果之后又以项目经理离职为由放弃中标资格的行为，属于弃标行为，依约应承担相应的违约责任。HM 公司要求没收 ZY 公司的投标保证金符合约定，本院予以支持。ZY 公司抗辩称因 HM 公司超过投标有效期而导致其弃标，与事实不符，本院不予采纳。至于 HM 公司上诉称 ZY 公司需赔偿工程款差额 84605.2 元，对此，本院认为，由于 HM 公司未能举证证实其没收投标保证金之后还存在其他损失，且损失金额没有超过其没收的投标保证金金额。故 HM 公司上诉要求其在没收投标保证金同时还要求 ZY 公司支付工程款差额弥补其损失，证据不足，理据不充分，本院不予支持。

判决结果：一、撤销一审民事判决；二、ZY 公司向 HM 公司支付的投标保证金 41.2 万元归 HM 公司所有；三、驳回 HM 公司的其他诉讼请求（参见广东省广州市中级人民法院民事判决书（2018）粤 01 民终 9552 号）。

【问题引出】

问题一：超出投标有效期发出的中标通知书是否有效？

问题二：超出投标有效期发出中标通知书，中标人放弃中标的，招标人是否可以不退还投标保证金？

问题三：本案例中，双方当事人在招标投标中的做法有何不妥？

【案例分析】

一、对超出投标有效期发出的中标通知书的效力分析

（一）投标有效期及其法律效力

1. 投标有效期及其作用。投标有效期是指为保证招标人有足够的时间在开标后完成评标、定标、发出中标通知书、签订合同等工作而要求投标人提交的投标文件在一定时间内保持有效的期限。招标文件规定适当的投标有效期，一方面可以约束投标人在投标有效期内不能随意更改和撤回投标文件；另一方面可以促使招标人加快评标、定标和签约过程，从而保证投标人的投标不至于由于招标人无限期拖延而增加投标人因物价波动等因素带来的风险。

2. 投标有效期应当合理确定。《招标投标法实施条例》第二十五条规定，招标人应当在招标文件中载明投标有效期。投标有效期从提交投标文件的截止之日起算。《工程建设项目施工招标投标办法》第二十九条规定，招标文件应当规定一个适当的投标有效期，以保证招标人有足够的时间完成评标和与中标人签订合同……在原投标有效期结束前，出现特殊情况的，招标人可以书面形式要求所有投标人延长投标有效期。《评标委员会和评标方法暂行规定》第四十条第一款规定，评标和定标应当在投标有效期结束日 30 个工作日前完成。不能在投标有效期结束日 30 个工作日前完成评标和定标的，招标人应当通知所有投标人延长投标有效期。因此，招标人应当根据项目的规模和复杂程度及潜在投标人的数量等因素，合理确定投标有效期，尽量在投标有效期内完成评标、定标工作。

3. 投标有效期的法律效力。根据《民法典》有关规定，要约有效期（投标有效期）是要约效力的存续期间，也是受要约人承诺的时间。对于投标人而言，承诺期限届满，受要约人未作出承诺的要约失效，即投标有效期届满的，投标文件失去法律效力。对于招标人而言，超过承诺期限发出承诺，或者在承诺期限内发出承诺，按照通常情形不能及时到达要约人的，为新要约；但是，要约人及时通知受要约人该承诺有效的除外。即招标人在投标有效期届满且未经延长投标有效期的情况下发出中标通知书的，对该新要约投标人有权拒绝并收回投标保证金，也可以接受该中标通知书并与招标人签订合同。

（二）中标通知书及其法律效力

1. 中标通知书及其作用。中标通知书是指招标人确定中标人后，向中标人发出通知，告知其中标的书面凭证。中标通知书具有承诺的性质，招标人向中标人发出中标通知书后，合同即告成立。

2. 中标通知书发出后应当在投标有效期限内签订合同。根据《招标投标法》第四十五条、第四十六条和《评标委员会和评标方法暂行规定》第四十九条、《工程建设项目施工招标投标办法》第六十二条规定，中标人确定后，招标人应当向中标人发出中标通知书，同时将中标结果通知所有未中标的投标人，并与中标人在投标有效期内以及中标通知书发出之日起 30 日内，按照招标文件和中标人的投标文件订立书面合同。

3. 中标通知书的法律效力。《招标投标法》第四十五条和《评标委员会和评标方法暂行规定》第五十条规定，中标通知书对招标人和中标人具有法律效力。中标通知书发出后，招标人改变中标结果或者中标人放弃中标的，应当承担法律责任。

根据《民法典》关于要约、承诺的规定，要约是希望和他人订立合同的意思表示，要约中必须表明要约经受要约人承诺，要约人在要约有效期内受要约约束；承诺是受要约人同意要约的意思表示，承诺应当在要约确定的期限内到达要约人（中标通知书为发出即到达）。显然，投标文件属于要约，中标通知书属于承诺。对于招标人而言，超出投标有效期发出中标通知书要求与中标人签订合同的，中标人有权拒绝签订合同并可以要求招标人承担缔约过失责任。对于中标人而言，中标通知书发出后，未在投标有效期内与招标人签订合同的，投标文件失效，中标人无权要求再与招标人签订合同，并承担缔约过失责任。

综上分析不难得出：招标人未在投标有效期内发出中标通知书，属于违反了法律法规的管理性强制性规定，但法律法规并未规定此类情形中标通知书无效。因此，应当依据《民法典》第四百八十六条规定，视其为新要约，中标人有权拒绝接受。但是招标人在投标有效期届满且未经延长投标有效期的情况下发出中标通知书，中标人及时通知招标人接受的，中标通知书仍然有效。本案例中，ZY 公司的行为表明其已接受新要约，应当视为同意延长投标有效期，中标通知书对其具有法律约束力。

二、对超出投标有效期发出中标通知书，中标人放弃中标的，招标人是否可以不退还投标保证金的分析

关于超出投标有效期发出中标通知书的法律效力，前述已作分析，在此不再赘述。对于中标人接受新要约后放弃中标的，根据《工程建设项目施工招标投标办法》第八十一条规定，中标通知书发出后，中标人放弃中标项目的，无正当理由不与招标人签订合同的，在签订合同时向招标人提出附加条件或者更改合同实质性内容的，或者拒不提交所要求的履约保证金的，取消其中标资格，投标保证金不予退还。本案例中，ZY 公司自愿缴纳中标交易服务费等行为证明其接受了中标结果，放弃了收回投标保证金的权利，其以项目经理离职为由放弃中标，不是法定退还投标保证金的情形，其投标保证金应当不予退还。

三、对本案例双方当事人的评价

通过梳理案件基本事实、双方当事人争议焦点及人民法院审理观点，认为本案例中双方当事人均存在过错：一是 HM 公司作为招标人，在投标有效期内无法完成定标、签约的情况下，本应以书面形式通知所有投标人延长投标有效期，却违反程序在投标有效期满后直接公示中标候选人、向中标人发出中标通知书，其做法不仅不符合自己发出的招标文件“在特殊情况下，招标人在原定投标有效期内，可以根据需要以书面形式向投标人提出延长投标有效期的要求，对此要求投标人须以书面形式予以答复”的约定，也违反了《评标委员会和评标方法暂行规定》第四十条第一款“不能在投标有效期结束日 30 个工作日前完成评标和定标的，招标人应当通知所有投标人延长投标有效期”的规定和招标投标活动“诚实信用”的原则。此外，HM 公司在二审上诉请求中，引用《招标投标法》第六十条“中标人不履行与招标人订立的合同的，履约保证金不予退还……”作为不退还 ZY 公司投标保证金的依据不恰当，应当引用《工程建设项目施工招标投标办法》第八十一条“中标通知书发出后，中标人放弃中标项目的……取消其中标资格，投标保证金不予退还”作为依据。二是 ZY 公司作为投标人，明知招标人确定其为第一中标候选人和中标人时已超出投标有效期，不仅没有在公示期内提出异议，反而自愿在公示期满后缴纳了中标交易服务费，以其主动行为接受了中标结果，放弃了拒绝延长投标有效期、收回投标保证金的权利。再者，ZY 公司放弃中标的理由仅是项目经理离职，而不是向招标人提出因投标有效期届满原因而放弃中标，其放弃中标的行为不具有合法性。对此，招标人有权根据有关规定，不退还其投标保证金且还可以追究其缔约过失责任。

【启示】

招标人应当在投标有效期内完成评标和定标，不能在投标有效期内完成的，应当以书面形式通知所有投标人延长投标有效期。投标人拒绝延长投标有效期的，有权收回投标保证金，同意延长的，应当相应延长其投标保证金的有效期。招标人超出投标有效期发出中标通知书的，中标人既可以拒绝，也可以及时通知招标人接受中标通知书，并与招标人签订合同。

思考题

1. 投标有效期一般规定多长时间比较合适？
2. 超出投标有效期后招标文件是否自动失效？
3. 超出投标有效期签订的合同是否有效？

【案例 91】

第一名放弃中标，需要赔偿与第二名的报价差额吗？

关 键 词 诚实信用原则 / 国有资产流失 / 放弃中标

案例要点

第一中标候选人放弃中标的，给招标人造成损失的，招标人应基于诚实信用原则，合理定标或重新招标。为防止国有资产流失，招标人为国家机关、事业单位、人民团体或国有企业的，第一中标候选人在公示期内放弃中标的，投标保证金不应当退还。

【基本案情】

某住房和城乡建设局使用财政资金新建办公大楼，投资估算价 4300 万元，采用招标方式采购，招标文件规定投标保证金 80 万元。经评标委员会依法推荐，A 公司为第一中标候选人，投标报价为 3800 万元，B 公司为第二中标候选人，投标报价为 4020 万元。公示期间，招标人未收到任何异议。公示期内 A 公司向招标人发出书面声明，因本公司员工在投标时投标报价编制错误，经本公司反复测算，无法履约，现决定放弃中标。招标人依序确定第二中标候选人 B 公司为中标人，并要求 A 公司承担因 A 公司放弃中标导致招标人的损失，即 B 公司中标金额超过 A 公司投标报价 220 万元的差额损失，扣除不予退还 A 公司投标保证金 80 万元后，A 公司还应赔偿 140 万元。

【问题引出】

问题一：招标人要求 A 公司赔偿差额损失合理吗？

问题二：公示期内放弃中标，且没有给招标人造成损失的，招标人是否可以退还投标保证金？

【案例分析】

一、招标人要求 A 公司赔偿第一中标候选人与第二中标候选人的投标报价价差不合理

（一）第一中标候选人无正当理由放弃中标，应当赔偿损失

公示期内放弃中标，是否应当向招标人赔偿损失，《招标投标法》《招标投标法

实施条例》并未作具体规定，但招标投标本质是合同缔约过程，因此受《民法典》的制约。第一中标候选人在公示期内放弃中标应承担缔约过失责任。

本案例中，第一中标候选人以员工预算编制错误导致无法履约为由放弃中标，但该员工的职务行为的法律后果由公司承担，因此以预算编制不合理放弃中标属于非正当的放弃中标理由，应当承担相应的赔偿责任。

（二）第一中标候选人赔偿招标人的损失仅限于其决定投标时可以预见或应当预见到因放弃中标给招标人带来的损失

《民法典》第五百八十四条规定，当事人一方不履行合同义务或者履行合同义务不符合约定，造成对方损失的，损失赔偿额应当相当于因违约所造成的损失，包括合同履行后可以获得的利益；但是，不得超过违约一方订立合同时预见到或者应当预见到的因违约可能造成的损失。

案涉项目是一个政府投资的新建办公大楼工程，投标人可以预见到的因放弃中标可能给招标人带来的损失仅限于二次招标的成本，因重新招标导致办公大楼延期竣工的损失（如现有办公大楼的租金等）。第一中标候选人与第二中标候选人投标报价差额损失不在投标人可以预见和应当预见的范畴中，因为招标人确定第二中标候选人为中标人不是必选项而是可选项，招标人完全可以选择重新招标。

（三）招标人应基于诚实信用原则，合理选择依序定标或重新招标，而不能放任损失进一步扩大

《民法典》第五百九十一条规定，当事人一方违约后，对方应当采取适当措施防止损失的扩大；没有采取适当措施致使损失扩大的，不得就扩大的损失请求赔偿。当事人因防止损失扩大而支出的合理费用，由违约方负担。

本案例中，第一中标候选人放弃中标，给招标人造成损失，理当赔偿，但该赔偿不应当也不必然等于第一中标候选人与第二中标候选人投标报价的差价。一是，第二中标候选人投标报价高于第一中标候选人投标报价的部分并不一定必须是招标人的损失。因为第一中标候选人可能确实存在因预算员编制预算有误，导致投标报价不合理，即该损失可能本身就不存在。二是，因第二中标候选人的投标报价与招标人心理预期差距较大时，招标人本可以选择重新招标，减少损失，但招标人偏采用确定第二中标候选人为中标人的方式让损失进一步扩大。根据《民法典》的规定，基于诚实信用原则，该损失不应由 A 公司承担（参考判例：福建省高级人民法院［（2014）闽民终字第 758 号］）。

二、公示期内放弃中标，且未造成招标人损失，但因招标人性质特殊，投标保证金不宜退还

《招标投标法实施条例》第三十五条第二款规定，投标截止后投标人撤销投标文件的，招标人可以不退还投标保证金。这里的“可以不”也可以理解为“可以”，即既可以退还，也可以不退还，由招标人根据情况自由裁量，比如因第一中标候选人放弃中标是否给招标人造成损失等。

需要注意的是，案涉项目的招标人性质特殊，属国家机关，如果退还投标保证金，将给国家造成 80 万元的损失，从防止国有资产流失角度出发，即使第一中标候选人放弃中标没有给招标人造成损失，但投标保证金仍不宜退还，否则将会面临巡视审计的风险。

【启示】

第一中标候选人放弃中标的，招标人可以按照评标委员会提出的中标候选人名单排序依次确定其他中标候选人为中标人，依次确定其他中标候选人与招标人预期差距较大，或者对招标人明显不利的，招标人可以重新招标，而不是要求放弃中标的第一中标候选人赔偿差额。招标人是国家机关、事业单位、国有企业等特殊主体时，不宜退还投标保证金。为减少争议，招标文件应当在招标文件中明确规定，发生此类情形的，投标保证金不予退还。

思考题

招标人在招标文件中规定，第一中标候选人放弃中标，招标人依序确定中标人的，由第一中标候选人承担最终确定的中标人投标报价高于第一中标候选人投标报价扣除投标保证金不予退还后的损失。问：该规定是否合理？

【案例 92】

已中标项目因故取消，招标人应赔偿中标人已支付的招标代理服务费吗？

关 键 词 不可抗力 / 公平原则 / 项目取消

案例要点

因不可抗力导致已发出中标通知书的项目取消，招标人不承担民事责任，但基于公平原则，招标人可以适当补偿中标人。

【基本案情】

招标人 A 的建设工程项目招标，与招标代理机构 B 公司签订委托代理合同，合同约定招标代理服务费由中标人承担，收费方式和收费标准在招标文件中载明。9 月 10 日招标人 A 向中标人 C 公司发出中标通知书，要求 30 日内签订合同。9 月 12 日，C 公司向招标代理机构支付招标代理服务费 3 万元。9 月 28 日，招标人 A 向中标人 C 公司发出通知，因政府规划调整的客观原因，本建设工程项目取消。C 公司收到通知后，以中标被取消为由，要求招标代理机构 B 公司返还招标代理服务费。

【问题引出】

问题一：招标代理机构是否应当返还中标人支付的招标代理服务费？

问题二：招标人是否应当赔偿中标人的招标代理服务费损失？

问题三：假定案涉项目非因不可抗力导致的取消，招标人是否应当赔偿中标人的招标代理服务费？

【案例分析】

一、招标代理机构已完成委托任务，无须退还招标代理服务费

关于招标代理服务费的支付主体，2002 年 10 月 15 日国家计委发布的《招标代理服务收费管理暂行办法》第十条第一款规定招标代理服务实行“谁委托谁付费”，即由招标人支付代理费。2003 年 9 月 15 日发布的《国家发展改革委办公厅关于招标代理服务收费有关问题的通知》，修改为“招标代理服务费用应由招标人支付，招标人、招标代理机构与投标人另有约定的，从其约定”。2016 年 1 月 1 日发布的《关于废止部分规章和规范性文件的决定》将上述文件予以废止。当前关于招标代理服务费到底由谁支付，2021 年 5 月 27 日国家发展改革委对此作出答复“目前国家层面对招标代理服务费的支付主体未作强制性规定。招标代理服务费应由招标人、招标代理机构与投标人按照约定方式执行”。

本案例中，招标代理机构已在招标文件中载明由中标人承担招标代理服务费，且招标人与招标代理机构之间的委托合同中也对该事项予以阐明。C 公司向招标人递交投标文件，说明 C 公司对于招标文件提出的“中标人承担招标代理服务费”这一事项是予以肯定和响应的。所以，在其成为中标人之际，就有义务缴纳上述费用。

《民法典》第九百二十八条第一款规定，受托人完成委托事务的，委托人应当按照约定向其支付报酬。因此，本案例中的招标代理机构 B 公司已完成招标代理业务，有权获得招标代理服务费，无须返还该费用。

二、因不可抗力导致项目取消，招标人不承担民事责任，但基于公平原则，应由招标人、中标人协商，对中标人予以适当补偿

《民法典》第一百八十条规定第一款，因不可抗力不能履行民事义务的，不承担民事责任。法律另有规定的，依照其规定。

本案例中，C 公司作为中标人在招标人未能与其签订合同情形下产生的信赖利益损失理应得到赔偿，但该建设工程项目最终未能实施，其原因并非招标人 A 主观故意，亦非招标 A 能够预见、克服的情况，更不属于招标 A 恶意磋商、隐瞒重要事实及提供虚假情况。因此在双方均无过错的情况下，招标人不承担赔偿责任。

《民法典》第五百三十三条规定，合同成立后，合同的基础条件发生了当事人在订立合同时无法预见的、不属于商业风险的重大变化，继续履行合同对于当事人一方明显不公平的，受不利影响的当事人可以与对方重新协商；在合理期限内协商不成的，当事人可以请求人民法院或者仲裁机构变更或者解除合同。人民法院或者仲裁机构应当结合案件的实际情况，根据公平原则变更或者解除合同。

招标人与招标代理机构之间为委托代理关系，招标代理机构在招标人的授权范围内从事招标代理业务，其招标代理服务费本应当由招标人承担。招标人利用其在招标中的优势地位，将本该由自己直接支付的招标代理服务费转嫁给由中标人间接支付，并在招标文件中明确规定。但中标项目取消后，投标人基于对招标人的信赖导致利益受损，基于公平原则，招标人应当与中标人协商，对中标人支付的招标代理服务费予以适当补偿（参考判例：新疆维吾尔自治区乌鲁木齐市中级人民法院［（2018）新 01 民终 2866 号］、湖南省衡南县人民法院［（2016）湘 0422 民初 1446 号］）。

三、非因不可抗力导致项目取消的，招标人应当赔偿中标人的招标代理服务费

《民法典》第五百八十四条规定，当事人一方不履行合同义务或者履行合同义务不符合约定，造成对方损失的，损失赔偿额应当相当于因违约所造成的损失，包括合同履行后可以获得的利益；但是，不得超过违约一方订立合同时预见到或者应当预见到的因违约可能造成的损失。该条款阐述了违约损害赔偿的范围，具体包括信赖利益损失与可得利益损失。信赖利益损失是指基于信赖利益产生的为准备履行或在履行中支出的费用。

《工程建设项目施工招标投标办法》第七十二条进一步规定，招标人在发布招标公告、发出投标邀请书或者售出招标文件或资格预审文件后终止招标的，应当及时退还所收取的资格预审文件、招标文件的费用，以及所收取的投标保证金及银行同期存款利息。给潜在投标人或者投标人造成损失的，应当赔偿损失。

综上所述，当招标人非因不可抗力原因终止招标时，导致合同无法继续履行，既造成中标人 C 公司后期合同履行完毕可能带来的利益受损，其前期为签订和履行合同所支付的招标代理服务费也付诸东流。中标人 C 公司有权请求招标人对上述损失进行赔偿。

【启示】

政府规划调整导致项目取消属不可抗力，因不可抗力不能签订合同，招标人可不承担民事责任；但招标投标本质是订立合同的过程，因此依据“公平原则”，招标人应与中标人协商处理招标代理服务费的补偿事宜。

思考题

1. 第一中标候选人支付招标代理服务费后，被查实存在虚假投标，招标人确定第二中标候选人为中标人，问：第一中标候选人支付的招标代理服务费，招标代理机构是否应当退还？

2. 第一中标候选人支付招标代理服务费后，被查实存在虚假投标，招标人选择重新招标，问：第一中标候选人支付的招标代理服务费，招标代理机构是否应当退还？第一中标候选人是否可以向招标人要求退还？

第四部分

异议与投诉

【案例 93】

对招标文件提疑问与提异议，是同一回事吗？

关 键 词 疑问 / 异议

案例要点

反映招标文件存在的遗漏、错误、含义不清和相互矛盾等问题属于提疑问，反映招标文件内容存在违法违规问题属于提异议。疑问与异议在受理和处理上存在差异，不能混淆。

【基本案情】

某市一中新建教学楼，采用施工总承包模式在市公共资源交易中心平台公开招标。招标文件对有关时间规定如下：通过电子交易平台免费下载招标文件时间为2023 年 6 月 2 日至 6 月 7 日 24：00 止；招标文件澄清截止时间为 2023 年 6 月 8 日 24：00 止；对招标文件提异议时间为 6 月 14 日 24：00 前；投标文件递交截止时间为 6 月 25 日 10：00。招标人因工作安排将投标文件递交截止时间推迟至 2023 年 7 月 12 日 10：00。7 月 1 日，获取招标文件的 A 企业，对招标文件评审办法中存在以本省行政区域的奖项作为加分项，通过书面形式向招标人提起疑问。招标人以超过招标文件规定提疑问和提异议的时限为由，对 A 企业反映的问题不予受理，由此产生争议。

【问题引出】

问题一：提疑问与提异议有何区别？

问题二：对招标文件提疑问和提异议能规定具体的截止日期吗？招标人不受理 A 企业异议是否存在问题？

【案例分析】

一、对招标文件提疑问与提异议的区别

招标人作为招标文件编制人，自身往往很难发现其编制的招标文件中存在的错漏，以及可能存在的一些不尽合理甚至不合法的规定和要求，潜在投标人从投标角度提出疑问和异议，有助于招标人及时纠正错误，完善招标文件，提高采购质量。但提疑问与提异议不同，两者不能混淆。

1. 针对的问题不同。疑问主要是针对资格预审文件和招标文件中可能存在的遗漏、错误、含义不清甚至相互矛盾等问题，一般针对普遍的共性问题。而异议则主要是针对资格预审文件和招标文件以及开标、评标等环节中可能存在的限制或者排斥潜在投标人、投标人，对潜在投标人、投标人实行歧视待遇、可能损害潜在投标人、投标人合法权益等违反法律法规规定和“三公”原则的问题，有的问题只是针对特殊的个性问题。

2. 提出的时间和回复的时间规定不同。疑问应当是在资格预审文件和招标文件规定的具体时间之前提出，按《招标投标法实施条例》第二十一条规定的时间回复。异议则应当是按《招标投标法实施条例》第二十二条、第四十四条和第五十四条规定的时间前提出和回复。当然，逾期提出的疑问和异议，如果问题确实存在，招标人也应当认真对待，依法及时纠正存在的问题，以避免损失扩大。

3. 回复的方式要求不同。疑问的回复应当以书面形式通知所有购买资格预审文件或者招标文件的潜在投标人，以保证潜在投标人同等获得投标所需的信息。异议的回复是否需要以书面形式通知所有购买资格预审文件或者招标文件的潜在投标人，法律法规未作明确的要求，在实践中需要根据具体问题具体对待。如果回答异议的问题涉及对资格预审文件、招标文件的修改，则应当以书面形式通知所有购买资格预审文件或者招标文件的潜在投标人。

综上所述，本案例中 A 企业反映招标文件评审办法中存在以本省行政区域的奖项作为加分项，属于以不合理条件限制、排斥潜在投标人或者投标人，是对招标文件提异议，而不是提疑问。

二、对招标文件提疑问和提异议能否规定具体的截止日期

法律法规对潜在投标人在什么时间前提疑问没有作明确的规定，《招标投标法实施条例》第二十一条只是规定了资格预审文件或招标文件澄清或者修改的内容可能影响资格预审申请文件或者投标文件编制的，招标人应当在提交资格预审申请文件截止时间至少 3 日前，或者投标截止时间至少 15 日前，以书面形式通知所有获取资格预审文件或者招标文件的潜在投标人；不足 3 日或者 15 日的，招标人应当顺延提交资格预审申请文件或者投标文件的截止时间。为保证招标投标活动的效率，招标人可以根据招标项目的具体情况，在招标文件中明确潜在投标人提疑问的具体截止时间，而此时间不会因招标人推迟资格预审申请文件提交或投标截止时间而顺延。

法律法规对提异议作了明确的时间规定。《招标投标法实施条例》第二十二条规定，“潜在投标人或者其他利害关系人对资格预审文件有异议的，应当在提交资格预审申请文件截止时间 2 日前提出；对招标文件有异议的，应当在投标截止时间 10 日前提出。”依据此条规定，异议人提异议的有效时间会随资格预审申请文件提交或投标截止时间的推迟而推迟。只要在投标截止时间 10 日前对招标文件提异议，招标人都应当受理。因此，招标文件中对提异议作具体的截止时间规定是错误的。

综上所述，本案例投标截止时间是2023年7月12日10：00。A企业于2023年7月1日对招标文件存在以不合理条件限制、排斥潜在投标人的问题提异议，是在法律规定的投标截止时间10日前提出的，招标人应当依法受理和处理。

【启示】

1. 提疑问和提异议都是向招标人提出，由招标人作出解答，均可能导致澄清和修改。但对具体问题是提疑问还是提异议不能混淆，要准确掌握两者在受理和处理上的区别。

2. 资格预审文件或者招标文件可以规定提疑问的具体截止时间，但对提异议的时间应表述为投标截止时间10日前提出，而不是规定一个具体的时间，以避免产生争议。

思考题

1. 某工程项目招标文件工程量清单中存在漏项和有的量不准确，分析潜在投标人是提疑问还是提异议？

2. 某依法必须进行招标的工程项目，招标文件资格条件要求投标人应当为本地企业或在本地设有分公司，分析某潜在投标人对此问题是提疑问还是提异议？

【案例 94】

异议与质疑，是同一回事吗？

关 键 词 异议 / 质疑

案例要点

工程建设项目（包括政府采购工程）采用招标方式的执行《招标投标法》，提异议按招标投标法律法规的规定处理；政府采购货物、服务项目采用招标方式的执行《政府采购法》，提质疑按政府采购法律法规的规定处理。

【基本案情】

某市公安局信息化系统工程（投资估算价：人民币 1000 万元），某招标代理机构在市公共资源交易中心平台采取资格后审方式公开招标，招标文件对有关时间规定如下：通过电子交易平台免费下载招标文件时间为 2022 年 7 月 1 日至 7 月 7 日（星期四）24：00 止；投标文件递交截止时间为 7 月 22 日 10：00。A 企业于 7 月 6 日下载招标文件，7 月 14 日对招标文件评审办法中“在本市设有固定办公场所的企业加 2 分”提出了质疑，招标人不予受理，理由是：依据《招标投标法实施条例》的规定，“潜在投标人或者其他利害关系人对招标文件有异议的，应当在投标截止时间 10 日前提出。”A 企业认为此项目是政府采购项目，依据《政府采购法》的有关规定应当受理，招标人回复，依据《招标投标法》第二条规定，“在中华人民共和国境内进行招标投标活动，适用本法。”由此产生争议。

【问题引出】

问题一：政府采购货物和服务项目采用招标方式是否适用《招标投标法》？

问题二：A 企业的质疑是否应当受理？

问题三：异议和质疑的受理与处理存在哪些差异？

【案例分析】

一、政府采购货物和服务项目采用招标方式是否适用《招标投标法》？

对于招标项目，要准确区分是政府采购项目还是非政府采购项目，因为两者适用的法律法规不同。政府采购项目适用政府采购的法律法规，非政府采购项目采用招标方式的适用《招标投标法》。依据《政府采购法》第四条的规定，政府采购工程进行招标投标的，适用《招标投标法》。那么，政府采购货物和服务项目采用招标方式是否适用《招标投标法》？

实务中，有观点认为只要项目采取了招标方式都要执行《招标投标法》的规定，依据是《招标投标法》第二条的规定，“在中华人民共和国境内进行招标投标活动，适用本法。”这种观点不完全正确。《政府采购法》第四条规定，“政府采购工程进行招标投标的，适用招标投标法。”言外之意是政府采购货物、服务进行招标投标的不适用《招标投标法》。两法规定不一致应执行谁？根据立法原则，普通法与特别法不一致的执行特别法，对于招标投标来说，《招标投标法》属于普通法，《政府采购法》属于特别法，当两者规定不一致时应当执行《政府采购法》。因此，政府采购货物和服务项目采用招标方式时不适用《招标投标法》。但值得注意的是，当《政府采购法》对招标投标活动没有规定的，应当执行《招标投标法》。

二、A 企业的质疑是否应当受理？

政府机关的信息化系统工程是属于建设工程项目还是政府采购货物、服务项目？根据《政府采购法》第二条的规定，政府采购中的工程是指建设工程，包括建筑物和构筑物的新建、改建、扩建、装修、拆除、修缮等。政府机关的信息化系统项目不属于建筑物与构筑物，也不属于工程建设有关的货物或服务。根据《招标投标法实施条例》第二条第二款规定，所称与工程建设有关的货物，是指构成工程不可分割的组成部分，且为实现工程基本功能所必需的设备、材料等；所称与工程建设有关的服务，是指为完成工程所需的勘察、设计、监理等服务。政府机关的信息化系统项目不属于为实现建设工程基本功能所必需的设备，也不属于勘察、设计、监理服务。因此，本案公安局信息化系统工程属于政府采购的货物与服务项目。A 企业的质疑是否受理应当依据政府采购法律法规的规定来判定。

《政府采购法》第五十二条规定，“供应商认为采购文件、采购过程和中标、成交结果使自己的权益受到损害的，可以在知道或者应知其权益受到损害之日起七个工作日内，以书面形式向采购人提出质疑。”A 企业于 7 月 6 日下载招标文件，于 7 月 14 日对招标文件评审办法中“在本市设有固定办公场所的企业加 2 分”提出了质疑，是在知道或者应知其权益受到损害之日起 7 个工作日内提出的，招标人应当受理。

三、关于异议和质疑受理及处理的差异分析

异议和质疑都属于投标人（供应商）向招标人（采购人）提出的招标（采购）文件和招标（采购）活动中存在违反法律法规规定的问题，是一种民事纠纷解决和救济的途径，但两者之间在受理和处理上存在诸多差异，实践中不能混淆。

异议和质疑的区别（差异对比表）

差异内容	异议	质疑
提出主体	主体包括投标人、潜在投标人、其他利害关系人	供应商（向采购人提供货物、工程或者服务的法人、其他组织或者自然人）
提出时限	资格预审文件：递交资格预审申请文件截止时间前 2 日提出；招标文件：递交投标截止时间前 10 日提出；对于开标的异议，应当当场提出；对于评标结果的异议，应当在公示期内提出	知道或者应知其权益受到损害之日起 7 个工作日内
提出和答复的方式	提出和答复方式均没有作出规定	提出和答复采用书面方式、全国统一法定格式
异议或质疑的针对事项	明确规定的有资格预审文件、招标文件、开标、评标结果	包括采购文件、采购过程和中标、成交结果
受理人	受理人为招标人	受理人为采购人和采购代理机构
答复对象	未对答复对象作出明确规定，一般仅限异议提出人	明确规定答复对象为质疑供应商和其他有关供应商
答复期限	收到异议之日起 3 日内予以答复	在收到供应商的书面质疑后 7 个工作日内作出答复
答复期间是否暂停	答复前，暂停招标投标活动	质疑事项可能影响中标、成交结果的，采购人应当暂停签订合同，已经签订合同的，应当中止履行合同

【启示】

1. 对于招标项目首先要准确区分是政府采购项目还是非政府采购项目。政府采购工程采用招标方式的执行《招标投标法》，政府采购货物和服务采用招标方式的执行《政府采购法》。

2. 工程项目（包括政府采购工程）采用招标方式的，对文件的异议按《招标投标法》的规定受理和处理，政府采购项目按《政府采购法》规定的质疑受理和处理。

思考题

1. 某政府机关老办公楼电梯采购与安装公开招标，A 企业下载招标文件后，发现对类似业绩存在规模要求，分析 A 企业维权是向招标人提异议还是提质疑？

2. 异议和质疑在针对事项、提出时限与答复时限上存在哪些差异？

【案例 95】

未购买（下载）招标文件的，能对招标文件提异议吗？

关 键 词 异议的主体资格

案例要点

未购买（下载）招标文件，对招标文件内容提起异议时，对已公告的内容提出异议应当受理，对需要通过购买（下载）招标文件后才知悉的内容提出异议不予受理。

【基本案情】

某市第一人民医院新建住院大楼资格后审招标，通过电子交易平台免费下载招标文件时间为 2023 年 4 月 1 日 0：00 至 4 月 6 日 24：00。2023 年 4 月 7 日，A 企业对招标文件评审办法中“所派项目经理近三年担任过医院类似项目的项目经理的有 1 个加 1 分，最多加 2 分”提出异议，认为将类似业绩界定为医院业绩，属于以特定行业业绩作为加分条件。招标人收到异议后，经审核发现 A 企业并没有下载招标文件，对是否应当回复异议意见不统一。

第一种意见：应当回复，认为 A 企业是潜在投标人，根据法律规定潜在投标人有权对招标文件提异议。

第二种意见：不应当回复，认为没有下载招标文件就不是潜在投标人，无权对招标文件提异议。

【问题引出】

问题一：法律法规对提异议的主体是如何规定的？

问题二：如何理解潜在投标人和利害关系人？

问题三：未购买（下载）招标文件，能否对招标文件的内容提异议？

【案例分析】

一、法律法规对提异议主体的规定

《招标投标法》第六十五条规定，投标人和其他利害关系人认为招标投标活动不符合本法有关规定的，有权向招标人提出异议或者依法向有关行政监督部门投诉。提异议的主体为“投标人和其他利害关系人”。《招标投标法实施条例》对提异议的主体资格针对不同的事项作出了不同的规定。第二十二条规定，对资格预审文件或招标文件提异议的主体是潜在投标人或者其他利害关系人；第四十四条规定，对开标情况提异议的主体是投标人；第五十四条规定，对评标结果提异议的主体是投标人或者其他利害关系人。

二、关于对潜在投标人和利害关系人的理解

“潜在投标人”这一概念在《招标投标法》中未出现，后在《工程建设项目施工招标投标办法》中出现，如第十六条规定，“招标人可以根据招标项目本身的特点和需要，要求潜在投标人或者投标人提供满足其资格要求的文件，对潜在投标人或者投标人进行资格审查；国家对潜在投标人或者投标人的资格条件有规定的，依照其规定。”将投标人与潜在投标人并列表述。依据《招标投标法》第二十五条第一款规定，“投标人是响应招标、参加投标竞争的法人或者其他组织。”但对“潜在投标人”法律法规并没有明确的定义。汉语词典对“潜在”的解释是“是指存在于事物内部不容易发现或发觉的。”在招标投标活动中“潜在投标人”是相对“投标人”而言的，是指有意愿参与投标竞争的法人或者其他组织，包括但不限于已购买（下载）资格预审文件或招标文件的法人或者其他组织；已通过资格预审的合格的申请人；已收到投标邀请书的特定法人或者其他组织。“潜在投标人”与“投标人”二者在时间上的分界点是投标截止时间。在投标截止时间前有意愿参与竞争的称为“潜在投标人”，投标截止时间后参与了投标竞争的称为投标人。

根据《招标投标法实施条例释义》，其他利害关系人是指投标人以外的，与招标项目或者招标活动有直接或者间接利益关系的法人、其他组织和自然人。主要有：一是有意参加资格预审或者投标的潜在投标人。二是投标人在准备投标文件时可能与符合招标项目要求的特定分包人和供应商绑定投标，这些分包人和供应商和投标人有共同的利益，与招标投标活动存在利害关系。三是投标人的项目负责人一般是投标工作的组织者，其个人的付出相对较大，中标与否与其个人职业发展等存在相对较大的关系，是招标投标活动的利害关系人。

三、没有购买（下载）招标文件，能否对招标文件的内容提异议的分析

招标文件一般包括下列内容：（1）招标公告或投标邀请书；（2）投标人须知；（3）合同主要条款；（4）投标文件格式；（5）采用工程量清单招标的，应当提供工程量清单；（6）技术条款；（7）设计图纸；（8）评标标准和方法；（9）投标辅助材料。从招标文件的内容看，有意愿参加投标的（即潜在投标人）并不需要购买（下载）招标文件就可以获取到招标公告的信息，如果发现招标公告的内容违反了法律法规的规定，则有权向招标人提出异议。除招标公告外，招标文件的其他内容则需要通过合法途径获取招标文件后，才能知晓其内容是否存在违反法律法规的规定或违反公开、公平、公正和诚实信用原则。如果没有通过合法途径购买（下载）招标文件，对招标文件中除已公告的内容外，对其他内容提异议不应当受理。理由如下：一是没有获取招标文件就不可能知晓招标文件未公告的内容，对不知晓的内容提异

议不符合逻辑。《招标投标法实施条例》第四十条第（二）项规定，不同投标人委托同一单位或者个人办理投标事宜的，视为投标人相互串通投标。尽管《招标投标法》没有明确规定潜在投标人依法获取了招标文件的，可以对该文件提出异议，但是参照《政府采购法》规定，潜在供应商已依法获取其可质疑的采购文件的，可以对该文件提出质疑。因此，虽然本案例适用于《招标投标法》，但在法理上是相通的。

综上所述，未购买（下载）招标文件的，能对招标公告的内容提异议，但不能对需要通过合法途径获取招标文件后才知晓的内容提异议。

【启示】

1.《招标投标法实施条例》明确了提异议主体，实践中招标人受理异议应当严格执行《招标投标法实施条例》的规定，提异议主体不符合法律规定的，招标人应当不予受理，否则属于程序违法。

2. 针对需要获取资格预审文件或招标文件后才能知晓的内容，没有通过合法途径购买（下载）资格预审文件或招标文件的，对所提异议不予受理。

思考题

1. 某工程项目采取资格预审招标，A企业未通过资格预审，请问能对招标文件提异议吗？

2. 某工程项目开标现场，A投标人代表未出具授权委托书，其可以提异议吗？

3. 某工程项目招标，A企业未递交投标文件，其可以对评标结果提异议吗？

4. 投标人的材料商、分包商可以提异议吗？

5. 联合体成员可以以自己名义提异议吗？

【案例 96】
弄虚作假投标属于提异议的事项吗？

关 键 词 提异议的事项

案例要点

招标文件将投标人拟派项目经理不得有在建项目作为资格条件，投标人拟派项目经理有在建项目而承诺无在建项目，属于弄虚作假，骗取投标资格。弄虚作假投标不属于提异议的事项。

【基本案情】

某高校新建教学楼采用资格后审公开招标，2023 年 3 月 5 日至 7 日中标候选人公示。第二中标候选人 B 企业在公示期间对第一中标候选人 A 企业所派项目经理是否有在建项目展开了调查核实，经调查核实 A 企业所派项目经理李某在外省某市有在建项目，3 月 8 日，B 企业向招标人提出异议，反映第一中标候选人 A 企业所派项目经理李某在外省某市有在建项目，并提供了网上公示的信息和李某作为项目经理正在组织施工的有关证据，招标人以过了提异议的时效为由不予受理。于是，B 企业于 3 月 9 日向市住房和城乡建设局投诉，市住房和城乡建设局以没有提异议为由不予受理。

【问题引出】

问题一：法律法规对提异议的事项是如何规定的？

问题二：对项目经理有在建项目投标时承诺无在建项目，属于提异议的事项吗？

问题三：本案行政监督部门不受理投诉正确吗？

【案例分析】

一、法律法规关于提异议的事项规定

异议是民事纠纷解决的其中一种途径，设立异议制度的本意在于加强当事人之间的相互监督，鼓励当事人之间加强沟通，及早友好地解决争议，避免矛盾激化，从而提高招标投标活动效率。但并不是招标投标活动的所有事项和纠纷，都适合通过异议途径来解决。

依据《招标投标法实施条例》第二十二条、第四十四条和第五十四条的规定，

可以提异议的事项是资格预审文件、招标文件、开标和评标结果这四项，其他事项所产生的争议不属于法定提异议的范畴。如，串通投标、弄虚作假投标、通过行贿手段谋取中标等违法行为不属于提异议的事项。可以提异议的事项中对于资格预审文件、招标文件主要是针对文件的内容提异议，文件的内容中实际上也包含了招标投标活动的程序。对开标主要是针对整个开标活动包括唱标内容提异议。对评标结果主要是针对评标结论是否符合招标文件规定的评标标准和方法提异议。中标候选人公示后，投标人或者其他利害关系人能够根据招标文件规定的评标标准和方法、开标情况等，作出评标结果是否符合有关规定的判断，如某中标候选人资格条件不符合规定或类似业绩打分存在问题等。投标人串通投标、弄虚作假投标、通过行贿手段谋取中标等违法行为都具有一定的隐蔽性，在公示期内很难查清和知晓。因此，在公示期内对中标结果提异议不包括对投标人违法行为的事项。

二、对项目经理有在建项目投标时承诺无在建项目是否属于提异议的事项分析

根据《注册建造师管理规定》第二十一条第二款规定，注册建造师不得同时在两个及两个以上的建设工程项目上担任施工单位项目负责人。该规定属于建筑活动的管理范畴，对注册建造师担任施工单位项目负责人的项目数量进行了严格限制，旨在加强对注册建造师的执业管理，促使其将主要的时间和精力投入某一项建设工程项目的施工管理上，以提高工程项目管理水平并保证工程质量、安全和工期。根据此规定，对于工程建设项目招标，一般会将对投标人拟派的项目经理（项目负责人）不得有在建项目作为投标人的资格条件，并要求其作出承诺。如果投标文件承诺没有在建项目，后经有关行政监督部门查实项目经理有在建项目，则应当按弄虚作假投标处理，理由是通过虚假承诺骗取了投标资格。依据《招标投标法实施条例》第四十二条规定，以“提供虚假的项目负责人简历和其他弄虚作假的行为”处理。

综上所述，对项目经理有在建项目投标书中承诺无在建项目，属于投标人弄虚作假的行为，弄虚作假投标不属于提异议的事项。本案例第二中标候选人 B 企业无须在公示期内向招标人提异议，行政监督部门以未提异议不受理投诉是错误的，属于行政不作为。

【启示】

招标投标活动中并不是所有争议的事项都要通过提异议解决，也不是对所有事项的投诉受理都需要以异议为前置条件。可以提异议的事项是资格预审文件、招标文件、开标和评标结果这四项，其他事项所产生的争议不属于法定提异议的范畴，也不属于受理投诉的前置条件。

思考题

1. 某项目在中标候选人公示期内，第二中标候选人发现第一中标候选人资质不符合招标文件的要求，是否需要先向招标人提异议后再向行政监督部门投诉?

2. 某项目在中标候选人公示期内，第二中标候选人发现第一中标候选人投标文件中的业绩存在弄虚作假，是否需要先向招标人提异议后再向行政监督部门投诉?

【案例 97】

超出异议时效的异议，招标人应当受理吗？

关 键 词 异议时限

案例要点

超出异议时效的异议，招标人不应当受理，受理属于程序违法，但不受理并不等于不处理，招标人应依据实事求是的原则处理。

【基本案情】

某国有房地产企业对开发的商品住宅楼精装修公开招标，资格预审后确定 9 家合格申请人参与投标竞争，9 家合格申请人于 2023 年 4 月 1 日至 5 日通过本市公共资源交易平台下载了招标文件。招标文件对卫生洁具等主要材料和设备均设定了 3 个品牌和型号，并明确不按招标文件所列品牌和型号投标的作否决投标处理，在评标结果公示前 9 家企业均未对此项规定提出异议和投诉。4 月 24 日至 26 日中标候选人公示，公示期内第二中标候选人 A 企业向招标人提出异议，认为招标文件指定品牌违反了《招标投标法》的有关规定。招标人认为过了提异议时限不予受理。于是 A 企业向市住房和城乡建设局提起投诉，诉求：“招标无效，招标人应修改招标文件后重新招标。”市住房和城乡建设局依据《工程建设项目招标投标活动投诉处理办法》第十二条第六项规定，投诉事项应先提出异议，没有提出异议的，不予受理投诉。

【问题引出】

问题一：招标人指定 3 个品牌是否属于限制、排斥潜在投标人或者投标人？

问题二：过了提异议时限所提异议应受理吗？

【案例分析】

一、关于招标人指定 3 个品牌的分析

依据《招标投标法实施条例》第三十二条第二款第五项的规定，限定或者指定特定的专利、商标、品牌、原产地或者供应商的属于招标人以不合理条件限制、排斥潜在投标人或者投标人的情形。《招标投标法》第十八条明确规定，招标人不得以不合理的条件限制或者排斥潜在投标人。招标人编制招标文件遇到技术规格难以描述清楚时，一般认为只要指定 3 家及以上的品牌就不属于违反《招标投标法》关

于“限制、排斥潜在投标人或者投标人”的规定。这种认识是错误的，无论指定多少种品牌，均属于“指定品牌”限制竞争的行为。

在招标实践中，有些材料、设备市场价格差异较大，而对某些技术规格、标准难以描述清楚时，允许引用某些品牌供应商的技术标准为例说明技术规格要求，但引用的品牌要具备可选择性。《工程建设项目施工招标投标办法》第二十六条和《工程建设项目货物招标投标办法》第二十五条均规定，如果必须引用某一生产供应者的技术标准才能准确或清楚地说明拟招标项目的技术标准时，则应当在参照后面加上“或相当于”的字样。评标委员会在判定投标人提供的其他产品是否属于同等档次品牌时，不是一个相对固定的标准，完全凭业界口碑以及评标专家的主观判断，所以很难把握尺度，极易产生认知标准上的不同。建议招标人还是尽量回归参数本身进行比较和判断，以避免主观判断产生较大的偏差。

二、对过了提异议时限所提异议将不被受理的分析

古希腊有一句谚语：“法律不保护躺在权利上睡觉的人。”法律只帮助积极主张权利的人，而不帮助怠于主张权利的人。权利上的睡眠者无视权利的存在，对其权利漠不关心，此种行为乃是对权利的亵渎，更是对法律的漠视，这类人是得不到法律的垂怜的。法律作出相关时效规定，意即敦促权利人及时行使自己的权利，避免长期躺在权利的温床上任性而为，以期保护交易安全、提高交易效率和维护法律关系的稳定性。《招标投标法实施条例》第二十二条、第四十四条和第五十四条对提异议的时限作出了明确规定。对提异议作出具体的时间规定是便于招标人有足够的时间采取必要的措施给予纠正，尽可能减少对正常招标投标程序的影响，避免事后纠正造成损失过大。实践中，提出异议的人应当充分重视法律规定的异议提出时限，避免异议权甚至投诉权因时效原因而灭失。本案例招标文件中对主要材料和设备均设定了 3 个品牌和型号，属于限制和排斥潜在投标人或者投标人，A 企业应当在投标截止时间 10 日前提出。在中标候选人公示后再对招标文件提异议，招标人应当不予受理，受理属于程序违法。

过了提异议时限，不受理，但并非不处理。招标人应当对异议反映的问题认真研究，如果属实，应当暂停招标投标活动，待异议反映的问题依法得到纠正后，再开展招标投标活动，避免损失扩大。

【启示】

实务中，异议人应当充分重视法律法规规定的异议提出时限，避免异议权甚至投诉权因时效原因而灭失。作为招标人对过了提异议时限所提异议应当不予受理，但不受理不是不处理，如果反映的问题属实，能采取补救措施的，应当采取补救措施予以纠正，避免损失扩大。

思考题

1. 申请人收到资格预审结果通知后，还能对资格预审文件中存在的歧视性条款提异议吗?
2. 在投标截止时间 2 日前，招标人收到异议应当如何处理?

【案例 98】

招标人在法定期限内未回复异议应如何处理？

关 键 词　异议回复时限 / 暂停招标投标

案例要点

招标人收到异议后未按法定时间回复异议的，由行政监督部门责令改正。异议答复前，应当暂停招标投标活动。

【基本案情】

某市某国有城投公司对市区某市政道路维修改造采取资格后审招标。招标文件规定：通过市公共资源交易平台免费下载招标文件时间为 2023 年 6 月 3 日 0：00 至 7 日 24：00；投标文件递交截止时间（开标时间）为 6 月 24 日 9：30。A 企业 6 月 5 日下载招标文件后，发现招标文件中对投标人资格条件的财务评审中有“近三年（2020 年、2021 年、2022 年）无亏损，以年度审计报告为准，成立不满三年的以成立以来的年度审计报告为准。”由于 A 企业 2022 年度存在亏损，认为招标文件要求企业无亏损是对亏损企业的歧视，于 6 月 12 日按招标文件载明的方法向招标人提出了异议，招标人收到异议后 3 日内未回复，异议人于 6 月 18 日向市住房和城乡建设局反映，市住房和城乡建设局责令招标人改正，招标人于 6 月 21 日进行了维持招标文件内容的回复，并阐述了理由，A 企业接受了回复意见，放弃投标，招标人如期组织了开标活动。

【问题引出】

问题一：未在法定时间内回复异议，应当如何处理？

问题二：如何理解异议答复前，应当暂停招标投标活动？

问题三：工程建设项目对投标人财务指标要求无亏损是否属于歧视性规定？

问题四：因招标人的原因在投标文件递交截止时间前一天才回复异议，投标文件递交截止时间（开标时间）是否一定要顺延？

【案例分析】

一、关于异议回复的时限要求

《招标投标法实施条例》第二十二条、第四十四条和第五十四条规定，对资格预审文件、招标文件及评标结果的异议，招标人应当自收到异议之日起 3 日内作出答复，作出答复前，应当暂停招标投标活动；对开标现场提出的异议，招标人应当当场作出答复，并制作记录。为保障异议人的合法权益、提高招标投标活动的效率和保证招标项目的实施进度，招标人应当在法定限期内履行对异议答复的义务。当招标人未在法定限期内答复异议的，提异议人应当及时维护其权益，主动向有关行政监督部门反映。有关行政监督部门应当依据《招标投标法实施条例》第七十七条第二款规定，招标人不按照规定对异议作出答复，继续进行招标投标活动的，由有关行政监督部门责令改正，拒不改正或者不能改正并影响中标结果的，依照本条例第八十一条的规定处理。

二、对暂停招标投标活动的理解

在实务中，暂停招标投标活动分为被动暂停和主动暂停两种。所谓被动暂停，是指有权部门依法作出的责令招标人暂停招标投标活动。所谓主动暂停是指招标人作出的暂停招标投标活动，包括因某种原因需要暂停或依法应当暂停。法律规定异议作出答复前，招标人应当暂停招标投标活动，属于依法应当主动暂停的情形。要求暂停招标投标活动的规定可以进一步强化招标人及时回复异议的义务，防止招标人故意拖延。根据《招标投标法实施条例释义》，暂停招标投标活动，是指异议一旦成立即受到影响的下一个招标投标环节的活动。暂停的具体期限取决于异议的性质、对资格预审文件和招标文件的影响以及招标人处理异议的效率。

例如，有关资格预审文件或者招标文件存在排斥潜在投标人、对投标人实行歧视待遇的异议成立的，应当在《招标投标法实施条例》第二十二条规定的时间内作出回复，并不得组织对资格预审申请文件评审或组织开标活动；招标人修改招标文件或者资格预审文件，且修改内容影响投标文件或者资格预审申请文件编制的，招标人应当按照《招标投标法实施条例》第二十一条规定顺延提交资格预审申请文件或者投标文件的截止时间，修改内容不影响投标文件或者资格预审申请文件编制的，则不需要顺延提交资格预审申请文件或者投标文件的截止时间；有关资格预审文件或招标文件的内容存在《招标投标法实施条例》第二十三条规定情形的异议成立，而又未及时给予纠正以致影响了资格预审结果或者潜在投标人投标的，招标人应当按照《招标投标法实施条例》第二十三条规定修改资格预审文件或者招标文件内容后重新组织招标。

三、关于工程建设项目对投标人财务指标要求无亏损是否属于歧视性规定的分析

“无亏损”实质上是要求企业财务上必须赢利，属于企业的利润指标。政府采购货物和服务项目对此明确不能设置为资格条件或者评审因素。《政府采购货物和服务招标投标管理办法》第十七条规定，“采购人、采购代理机构不得将投标人的注册资本、资产总额、营业收入、从业人员、利润、纳税额等规模条件作为资格要求或者评审因素。”设置规模条件会对中小企业形成差别待遇或者歧视待遇，目的是保护中小企业利益，促进中小企业的发展。但招标投标相关的法律法规并没有一概禁止招标人设置企业的利润指标。《工程项目招投标领域营商环境专项整治工作方案》规定，“招标人不得设置超过项目实际需要的企业注册资本、资产总额、净资产规模、营业收入、利润、授信额度等财务指标。”言外之意是可以设置与项目实际需要相符的企业注册资本、企业利润、授信额度等财务指标。主要考虑建设工程属于承揽合同，承揽合同是承揽人按照定作人的要求完成工作，交付工作成果，定作人支付报酬的合同。建设工程投资规模大，建设周期长，在建设过程中需要承包人有一定的周转资金来完成项目，而亏损企业难以做到，容易造成停工从而影响项目进度。工程建设项目无亏损对企业利润的要求实质是零利润，不存在设置了超过项目实际需要的企业利润指标。综上所述，工程建设项目对投标人财务指标要求无亏损并不属于歧视性规定。

四、关于异议回复推迟是否必然导致投标文件递交截止时间（开标时间）推迟的分析

实践中，招标人因各种原因不能按法定时间回复异议，那么异议回复推迟是否必然导致投标截止时间（开标时间）推迟？法律法规对此没有规定。一是取决于异议的解决是否对编制投标文件有影响。如本案例于 6 月 24 日开标，招标人于 6 月 21 日才回复异议，回复的意见是不修改招标文件，异议人接受。由于异议的解决对潜在投标人编制投标文件没有影响，招标人如期组织了开标活动。如果异议的回复可能影响投标文件编制的，招标人应当通过澄清文件以书面形式通知所有获取招标文件的潜在投标人，投标截止时间（开标时间）至少顺延至发出日起 15 日后。二是当异议转为投诉后，是继续开展招标投标活动，还是重新招标，按有关行政监督部门的投诉处理决定执行。

【启示】

1. 招标人应当在法定限期内履行对异议答复的义务。当招标人未在法定限期内答复异议的，提异议人应当及时维护其权益，主动向招标投标行政监督部门反映。

2. 对异议作出答复前，招标人应当暂停招标投标活动。暂停招标投标活动，是指异议一旦成立即受到影响的下一个招标投标环节的活动。

3. 异议回复后是否需要顺延投标文件递交截止时间取决于异议的解决是否影响潜在投标人编制投标文件。

思考题

1. 简述招标人未在法定限期内答复异议的法律责任。

2. 某项目招标文件规定，开标时间为 2 月 15 日 10：00，2 月 5 日招标人回复了某异议人的异议，分析开标时间是否应当顺延。

【案例 99】

招标代理机构可以受理和回复异议吗?

关 键 词 异议受理主体

案例要点

招标代理机构应当在招标人委托的范围内办理招标事宜，没有代理权、超越代理权或者代理权终止后，仍然实施代理行为，未经被代理人追认的，对被代理人不发生效力。

【基本案情】

某高校新建图书馆中央空调设备采购及安装采用资格后审公开招标。2015 年 3 月 2 日发布招标公告，3 月 2 日至 6 日出售招标文件，投标文件递交截止时间为 3 月 23 日 9:30。3 月 3 日 A 企业以“招标文件评标办法性能评审因素中，有 3 项技术参数正偏离加分（每项最高加 1 分，共计 3 分）是为某企业量身定制，存在明显不公正。”向招标人和招标代理机构同时提出了异议，招标人和招标代理机构没有协商沟通，各自对异议进行了回复。3 月 4 日招标人回复意见：“据不完全统计市场上能同时达到这 3 项技术参数正偏离指标的有 3 个品牌，能达到其中 2 项指标的有 6 个品牌，能达到其中 1 项性能指标的有 10 个品牌。因此，不存在是为某企业量身定制的加分项。”A 企业对回复不满，正打算投诉，结果 3 月 5 日收到招标代理机构的回复，表示接受异议，将对招标文件修改后再发澄清文件，A 企业放弃了投诉。招标代理机构将招标文件修改后送招标人审核盖章时，招标人代表明确表示不同意，并表示已向异议人进行了回复，异议人没有提起投诉。招标代理机构代表却说：“没有投诉是因为我们回复的是接受异议，同意修改招标文件。”招标人代表说：“你们在没有取得学校同意下对异议回复无效。因为代理合同中委托事项不包含受理和处理异议，而只是协助招标人处理招标投标活动争议。”此时招标代理机构才意识到回复异议不妥，3 月 16 日主动向 A 企业发出撤回异议回复的函，并明确应以招标人回复的异议为准。A 企业收到函后，于 3 月 17 日向市住房和城乡建设局提起了投诉。市住房和城乡建设局依据《招标投标法实施条例》第六十条和《工程建设项目招标投标活动投诉处理办法》第十二条第四项的规定，以超过投诉时效为由不予受理。同时对反映的问题进行了调查核实，认定招标文件量身定制的理由不成立。A 企业认为是因为招标代理机构的回复意见导致其超过投诉时效，对市住房和城乡建设局不受理投诉不服，向当地人民政府申请了行政复议，复议机关维持了市住房和城乡建设局的意见。

【问题引出】

问题一：本案例招标代理机构答复的异议有效吗？

问题二：如何认定招标文件属于量身定制？

【案例分析】

一、关于本案例招标代理机构答复的异议是否有效的分析

按照法律规定，招标人是受理异议的主体。实务中，招标代理机构能否受理和回复异议，主要看招标代理机构与招标人签订的委托代理合同的授权权限和范围。依据《招标投标法》第十三条第一款规定，招标代理机构是依法设立、从事招标代理业务并提供相关服务的社会中介组织。招标代理机构和招标人是委托代理关系。依据《民法典》第一百六十二条规定，代理人在代理权限内，以被代理人名义实施的民事法律行为，对被代理人发生效力。这是民法中代理的法律效力的规定。因此，如果委托代理合同的授权权限和范围中包括受理和处理异议，则招标代理机构可以受理和回复异议。

本案例招标人与招标代理机构的合同中并未授权招标代理机构受理和处理异议，只是协助招标人处理招标投标活动争议。《招标投标法》第十五条规定，招标代理机构应当在招标人委托的范围内办理招标事宜，并遵守本法关于招标人的规定。《民法典》第一百七十一条第一款规定，行为人没有代理权、超越代理权或者代理权终止后，仍然实施代理行为，未经被代理人追认的，对被代理人不发生效力。从法律规定看，招标代理机构只能在招标人委托的范围内办理招标事宜，否则属于无效代理。本案例招标代理机构受理和处理异议超越其代理权，违反了《招标投标法》第十五条的规定，依据《民法典》第一百七十一条规定，超越代理权对被代理人不发生效力。因此，本案例招标代理机构回复的异议无效。同时，本案例招标人已回复了异议，异议人应当以招标人回复的意见为准。

二、关于招标文件量身定制问题的分析

所谓量身定制是指招标文件含有倾向或者排斥潜在投标人的内容，为某一个特定的企业能中标而定制的招标文件。主要表现在资格条件和评分标准的设置是对某一个特定企业有利，对其他企业实行歧视待遇。量身定制违反了《招标投标法》第十八条第二款“招标人不得以不合理的条件限制或者排斥潜在投标人，不得对潜在投标人实行歧视待遇”和第二十条“招标文件不得要求或者标明特定的生产供应者以及含有倾向或者排斥潜在投标人的其他内容”的规定。在实务中，招标人经常会收到关于招标文件是为某企业量身定制的异议，这是招标投标争议解决的一大难点。招标投标鼓励竞争，但也防止过度竞争导致招标成本上升。是否属于量身定制需要

结合具体事实进行综合分析和判断，典型的量身定制表现为：设置的某评分项或加分项只有某一个特定的企业能得满分，或者设置的多项加分项，每一个加分项都有几家企业能得满分，但仅有 1 家特定的企业每项加分都能得满分。对此，招标人在设置评分项或加分项时要进行充分的市场调研和论证，确保设置的每一个评分项或加分项，市场上至少有 3 家企业能得到满分，同时避免设置的所有评分项或加分项中仅有 1 家特定的企业能得满分的情况发生。

实务中，针对评标中的加分项，经常有企业只要自己得不到满分就提出异议、投诉，认为招标文件是为某投标人量身定制。招标人只要能够用事实证明市场上的企业能得到满分，则不能认定为量身定制。试想，如果每项评审指标都是以满足基本条件为满分，招标人就会直接采用经评审的最低投标价法，没有必要采用综合评估法来择优选择中标人。

【启示】

1. 实务中，经常有很多异议人直接向招标代理机构提出异议。作为招标代理机构，如果没有获得招标人关于异议答复的授权，应当告知投标人向招标人提出异议，不能超越代理权限擅自答复投标人的异议。

2. 作为异议人，应当知道法律规定的异议主体是招标人，如果招标文件中没有明确向招标代理机构提异议，不应当向招标代理机构提出异议。实务中，发现招标人与招标代理机构对同一事项回复意见不一致的，应当通过提出疑问来维护自身的合法权益。

思考题

代理合同中对委托范围是协助招标人处理争议，招标代理机构收到异议后起草了异议回复，经招标人同意，招标代理机构向异议人回复是否有效？

【案例 100】

就同一事项能重复提异议吗？

关 键 词 重复异议

案例要点

对招标人回复的异议不满，异议人应当依法向有关行政监督部门投诉，因重复提异议，导致过了投诉时效，投诉不被受理的，责任应由异议人自己承担。

【基本案情】

某市人民医院急救综合楼净化工程公开招标，2023 年 6 月 3 日至 5 日中标候选人公示。6 月 3 日，第二中标候选人 B 企业向招标人提异议，反映第一中标候选人 A 企业类似业绩不应当得满分 4 分。理由是：招标文件要求的是近三年有完工的 4000 万元以上医院净化工程 1 个加 2 分，最高加 4 分。而第一中标候选人公示的业绩只有 1 个能满足招标文件的要求，另一个提供的是净化与医用气体智能化工程业绩（合同金额 4300 万元，其中医用气体智能化工程部分有 1000 万元）。认为评标委员会未按招标文件载明的评标标准和方法评标，诉求重新评标。当天招标人回复意见：“招标人无权对评标委员会的评审作出评判和纠正”。异议人对回复不满，6 月 10 日就同一事项再次提出异议，并增加了第一中标候选人奖项得分存在问题的事项。招标人回复：“已超过异议时限不予受理。”6 月 15 日 B 企业向市住房和城乡建设局（以下简称市住建局）投诉，市住建局以已过投诉时效不予受理。B 企业认为没有超过投诉时效 10 日，理由是依据法律规定异议答复期间不应当计算在投诉时效内，应当从 6 月 10 日后开始计算。市住建局认为异议答复期间只有 6 月 3 日 1 天。B 企业对市住建局不受理投诉不满，向当地人民政府申请了行政复议。复议机关受理后，经调查审核，维持了市住建局不受理投诉的决定。

【问题引出】

问题一：对同一事项能重复提异议吗？

问题二：对超过异议时限提异议，招标人回复不受理，是否计算为异议答复时间？

问题三：分析本案例行政监督部门不受理投诉是否正确？

【案例分析】

一、关于就同一事项是否能重复提异议的分析

法律要求招标人在规定时限内答复，但对答复质量未作要求。主要考虑异议回复应当体现效率原则，重在及时消除异议人的疑惑，过于强调回复的质量将延迟招标人的回复时间；异议并不是解决有关招标投标争议的最终手段，除非当事人接受有关异议的回复，异议人可以根据《招标投标法实施条例》第六十条规定寻求行政救济。因此，就同一事项投标人或者其他利害关系重复向招标人提异议，招标人没有回复的义务。

二、关于对超过异议时限提异议，招标人回复不受理，是否计算为异议答复时间的分析

根据《招标投标法实施条例》第六十条第二款的规定，投诉时效不包括异议答复时间。如果将异议答复时间计算在投诉时效内，则难以避免招标人故意拖延对异议的回复而导致异议人丧失投诉权的情况发生。该规定与《招标投标法实施条例》第二十二条和第五十四条规定的异议回复时间一致，有利于保证异议的及时回复和投诉人的投诉权。实务中，对异议处理时间经常因多次异议产生争议。如异议人第一次提起异议后，招标人进行了回复，异议人对回复不满，针对异议的回复再次就同一事项提异议，招标人回复是不受理。那么，异议的答复期间应当以收到异议日起至第一次回复异议日止计算。因为再次所提的异议是同一事项，招标人在第一次回复时就已处理完毕，第二次只是告知不受理，并不属于对所提异议的答复。当然，如果在有效的提异议时限内就不同的事项再次提异议，招标人应当回复，那么异议答复期间应以第二次回复日为终止时间。同理，异议人超出异议时限提异议，招标人回复不受理，不属于对异议本身内容的答复，只是针对提异议的行为的答复，不应当计算为异议的回复期。

三、关于本案例行政监督部门不受理投诉的分析

6 月 3 日 B 企业向招标人提异议，表明 B 企业已知道本次招标投标活动中存在不符合法律、行政法规规定的行为。当天招标人回复了异议，说明异议答复的时间为 1 天。6 月 10 日，B 企业第二次提起异议，属于已过异议时限提异议，招标人依法不受理，回复不受理，并不属于对异议内容的答复，这一期限不应当计算在异议答复期内。依据《招标投标法实施条例》第六十条第一款规定，投诉人应当在知道招标投标活动不符合法律、行政法规规定之日起 10 日内向有关行政监督部门投诉。根据计算应在 6 月 13 日前投诉，B 企业于 6 月 15 日向市住建局投诉，市住建局依据《工程建设项目招标投标活动投诉处理办法》第十二条第四项规定，超过投诉时效的不予受理，是正确的。

【启示】

法律并未对招标人回复异议的质量作出要求，异议人对异议回复不满意，应当根据《招标投标法实施条例》第六十条的规定寻求行政救济。实务中，经常有潜在投标人、投标人就同一事项反复向招标人提异议，与招标人不停地争辩，拖过了投诉时效，导致投诉权因时效原因而灭失。

思考题

1. 针对异议回复，异议人就同一事项提异议，招标人应当怎么处理?
2. 某项目中标候选人公示期为 3 月 3 日至 5 日，某投标人在 3 月 3 日第一次提异议，招标人于 3 月 4 日回复，3 月 5 日对不同的事项再次提异议，招标人于 3 月 10 日回复，异议人对回复不满，3 月 20 日为星期日，3 月 21 日向有关行政监督部门投诉，是否过了投诉时效?

【案例101】

未按交易中心规定的格式，所提异议不受理吗？

关 键 词 异议格式

案例要点

法律法规对提异议的格式未作规定，交易中心规定的提异议格式不具法律效力。只要提异议的主体和时限符合法律规定，招标人应当受理和处理。

【基本案情】

某市城投公司江滩园林绿化工程（一标段）采用资格后审公开招标，2023年4月2日在市公共资源交易平台发布招标公告。公告中对投标人资格要求：

1. 在中国境内合法注册的法人或其他组织，且经营范围包括市政公用工程或园林绿化工程（提供营业执照复印件）；2. 投标人须具备有效的安全生产许可证（提供安全生产许可证复印件）；3. 拟派的项目负责人应具备有效的二级及以上市政工程专业注册建造师证。A企业没有安全生产许可证，也没有具备注册建造师证的人员，8月3日下载招标文件后向招标人提出异议，招标人以异议的格式不符合市公共资源交易中心公布的“招标投标格式标准指南”中异议的格式要求不予受理，事由是：一是对异议事项没有提供必要的法律依据；二是异议函没有法定代表人或者其授权代表签字或者盖章，由此引发争议。

【问题引出】

问题一：未按交易中心规定的格式，所提异议是否应当受理？

问题二：针对本公告中的问题，潜在投标人应当如何写异议函？

问题三：对有些事项明知不公，却又找不到对应的法律条款作为依据，异议中如何写法律依据？

【案例分析】

一、关于未按交易中心规定的格式，所提异议是否应当受理的分析

法律法规未对异议和答复的形式进行统一规定和要求，主要是考虑效率原则，鼓励当事人以异议方式消除分歧。考虑到法律规定异议是投诉的前置条件，为保障异议的可追溯性，异议的提出和答复应尽可能采用书面形式，并应当妥善保存备查。同时，法律对异议的主体资格作了要求，异议人如果是法人的应当加盖单位公章，以证明其具备异议的主体资格。为规范和指导招标投标当事人开展招标投标活动，有的地方监管部门或交易中心出台了与招标投标活动相关的示范文本、标准指南等。示范文本、标准指南不是法律法规，没有普遍的约束力和强制执行力，只是一种指导性的文本。实务中，将示范文本、标准指南等同于法律法规，强制要求市场主体执行的，属于干涉和限制市场主体的自主权。因此，本案例招标人以异议人未按交易中心规定的异议格式提异议不受理是错误的，只要异议人提异议的主体合法，提异议的时限合法就应当受理。

二、如何规范地书写异议函

尽管招标投标法律法规对异议的格式未作要求，但在实务中，作为异议人应当尽可能规范地书写异议函。一是便于招标人能接受异议人的观点和意见，达到解决问题的目的；二是为投诉做好前期的准备工作。因为法律法规对投诉书的格式有严格的要求，未按法定格式进行投诉的将不被受理。就本案例而言，建议按下列格式书写异议函。

标题：关于对某市城投公司江滩园林绿化工程

（一标段）招标公告的异议函

某市城投公司：

我公司于 × 年 × 月 × 日通过某市公共资源交易平台下载了你公司江滩园林绿化工程（一标段）招标文件，有意愿参与该项目的投标。经对招标文件的学习与研究，我公司认为招标文件中对投标人的资格要求违反了招标投标相关法律法规的规定，存在限制和排斥潜在投标人或投标人，现提出如下异议：

（一）资格要求“投标人营业执照经营范围包括市政公用工程或园林绿化工程”违法

法律依据：《关于进一步规范招标投标过程中企业经营资质资格审查工作的通知》明确规定，“招标人在招标项目资格预审公告、资格预审文件、招标公告、招标文件中不得以营业执照记载的经营范围作为确定投标人经营资质资格的依据。”

（二）资格要求“投标人须具备有效的安全生产许可证”违法

法律依据：住房和城乡建设部《园林绿化工程建设管理规定》第三条规定，“园林绿化工程的施工企业应具备与从事工程建设活动相匹配的专业技术管理人员、技术工人、资金、设备等条件，并遵守工程建设相关法律法规。”并未要求园林绿化工程的施工企业须具备有效的安全生产许可证。2006年建设部《关于对广东省建设厅〈关于园林绿化企业申领安全生产许可证有关问题的请示〉的复函》文件，明确指出园林绿化企业不属于“建筑施工企业范围”无须办理安全生产许可证。《招标投标法实施条例》第三十二条第二款第二项规定，“设定的资格、技术、商务条件与招标项目的具体特点和实际需要不相适应或者与合同履行无关，属于以不合理条件限制、排斥潜在投标人或者投标人。”

（三）资格要求“拟派的项目负责人应具备有效的二级及以上市政工程专业注册建造师证”违法

法律依据：住房和城乡建设部《园林绿化工程建设管理规定》第四条规定，“园林绿化工程施工实行项目负责人负责制，项目负责人应具备相应的现场管理工作经历和专业技术能力。”并未要求项目负责人应具备注册建造师执业资格。《招标投标法实施条例》第三十二条第二款第二项规定，“设定的资格、技术、商务条件与招标项目的具体特点和实际需要不相适应或者与合同履行无关，属于以不合理条件限制、排斥潜在投标人或者投标人。”

综上所述，根据《招标投标法实施条例》第二十三条规定，“招标人编制的资格预审文件、招标文件的内容违反法律、行政法规的强制性规定，违反公开、公平、公正和诚实信用原则，影响资格预审结果或者潜在投标人投标的，依法必须进行招标的项目的招标人应当在修改资格预审文件或者招标文件后重新招标。”请求招标人修改招标文件中的资格条件后重新招标。

单位名称加盖公章，法定代表人签章

× 年 × 月 × 日

三、关于招标投标基本原则的运用分析

实务中经常会遇到，有些事项明知不公，却又找不到具体对应的法律条款作为依据，异议、投诉人在维权时感到难办和棘手。任何一部法律都不可能对现实中所有行为包罗万象，当有些行为找不到对应的条款作为依据时，要善于运用法律的基本原则来评判和解决实际问题。法律原则具有弥补具体法律规则缺失的作用，当法律规则缺失时，当事人、行政和司法裁判可援引相应的法律原则对有关事件作出判断和裁决。

【启示】

1. 示范文本、标准指南不是法律法规，没有普遍的约束力和强制执行力，只是一种指导性的文本。

2. 尽管招标投标法律法规对异议的格式未作要求，但在实务中，作为异议人应当尽可能规范地书写异议函。

3. 实务中，有些事项明知不公，却又找不到具体对应的法律条款作为依据时，以招标投标活动应当遵循的基本原则为依据。

思考题

1. 某工程建设项目招标，某潜在投标人在法定期限内对招标文件提异议，对异议事项全部是说不合理，并没有提出具体的法律依据，落款只有公司公章，没有法定代表人或委托代理人的签章，请问是否应当受理？

2. 某工程项目评标结果汇总完成后，招标人的评标委员会又重新打分，导致结果发生变化，这一行为违反了法律法规的哪一条款？

【案例 102】

招标人认定异议成立，可直接组织原评标委员会纠正吗？

关 键 词 异议成立 / 纠正

案例要点

异议成立，招标人不能直接责令原评标委员会改正。责令改正属于行政手段，只有行政机关才能行使责令改正权。

【基本案情】

某市新建市民之家电梯设备采购及安装公开招标，在中标候选人公示期间，第二中标候选人 B 公司向招标人提出异议，“反映第一中标候选人 A 公司所投产品有 2 项关键指标不能满足招标文件的技术要求，属于未影响招标文件的实质性要求，评标委员会应当否决其投标。”招标人收到异议后组织负责本项目招标的招标代理机构人员和本项目的设计人员，对 A 公司的投标文件进行了核查，认定异议人反映的问题属实。但对下一步如何对有关的问题予以纠正，产生了如下两种不同意见：

第一种意见：在中标候选人公示期间有关评标结果的异议，只要招标人认定成立，就可直接召集原评标委员会纠正，无须向有关行政监督部门报告。依据是：根据《招标投标法实施条例》第五十四条释义，“在中标候选人公示期间有关评标结果的异议成立的，招标人应当组织原评标委员会对有关的问题予以纠正，招标人无法组织原评标委员会予以纠正或者评标委员会无法自行予以纠正的，招标人应当报告行政监督部门，由有关行政监督部门依法作出处理，问题纠正后再公示中标候选人。”

第二种意见：不能直接召集原评标委员会纠正。在回复异议时告知异议人，“对评标委员会的评审意见，招标人无权裁判，也无权责令评标委员会纠正，请向有关行政监督部门投诉。”只有行政机关作出了责令评标委员会改正的决定后，招标人才能组织原评标委员会纠正。依据是：《招标投标法实施条例》第七十一条第（三）项规定，评标委员会成员不按照招标文件规定的评标标准和方法评标的，由有关行政监督部门责令改正。

【问题引出】

问题：对评标结果的异议成立，纠正评标结果，本案例中的两种意见，哪一种意见正确？

【案例分析】

在实务中，对同类型的异议因处理的方法不同，有的会得出两种不同的结果。本案例中两种意见看起来都有依据，感觉是《招标投标法实施条例》第五十四条的释义与第七十一的规定存在冲突，其实不然。如本案例第一种意见，“在中标候选人公示期间有关评标结果的异议，只要招标人认定成立的，就可以要求评标委员会纠正。”这是错误地理解了条例释义。条例对第五十四条的释义，是提醒招标人当异议成立时，招标人应当组织原评标委员会对有关的问题予以纠正，强调的是组织纠正。不能理解为异议是否成立都是由招标人来决定，更不能理解成招标人有权直接责令评标委员会纠正评标中的错误。实务中，有的招标人按照本案例的第一种意见直接组织原评标委员会纠正，经常会出现评标委员会不纠正，维持原评标结果的局面，招标人没有办法继续招标投标活动，只能再向有关行政监督部门反映评标情况。之所以产生这样的问题，是因为招标人没有按法定程序办事导致的。

《招标投标法实施条例》第七十一条规定，“评标委员会成员有下列行为之一的，由有关行政监督部门责令改正……（一）应当回避而不回避；（二）擅离职守；（三）不按照招标文件规定的评标标准和方法评标；（四）私下接触投标人；（五）向招标人征询确定中标人的意向或者接受任何单位或者个人明示或者暗示提出的倾向或者排斥特定投标人的要求；（六）对依法应当否决的投标不提出否决意见；（七）暗示或者诱导投标人作出澄清、说明或者接受投标人主动提出的澄清、说明；（八）其他不客观、不公正履行职务的行为。”依据此条规定，评标委员会成员是否存在没有按照招标文件规定的评标标准和方法评标，是否存在依法应当否决的投标未提出否决意见，应当由有关行监督部门调查核实后作出认定，如果存在，则由有关行政监督部门责令改正。责令改正属于行政手段，只有行政机关才能行使责令改正的权力。

综上所述，是否责令评标委员会成员改正评审错误，应当由有关行政监督部门调查后作出行政处理决定，本案例第二种意见正确。

【启示】

1. 对于工程建设项目，因评标委员会成员存在违法行为，对评标结果的异议成立的，应当由有关行政监督部门责令改正。

2. 实务中值得注意的是，对于政府采购货物、服务招标项目，按照《政府采购货物和服务招标投标管理办法》第六十四条的规定，采购人或者采购代理机构可以组织原评标委员会进行重新评审，重新评审改变评标结果的，应当书面报告本级财政部门。

思考题

某工程建设项目中标候选人公示期间，某投标人针对第一中标候选人的资格条件与招标文件要求不相符，提出了异议，招标人经复核，认为异议成立，直接组织原评标委员会进行纠正，后重新公示中标候选人，分析招标人在程序上是否存在问题。

【案例 103】

举报人能申请行政复议或提起行政诉讼吗？

关 键 词　投诉 / 举报 / 投诉主体

案例要点

不属于投诉的适格主体，投诉不受理。但任何单位和个人有权对招标投标活动中的违法行为进行举报，有监督管理职责的部门应当依法处理。

【基本案情】

某市地源热泵工程项目，采取资格后审公开招标，评标办法为综合评估法。对投标人类似业绩评审得分规定：投标人近五年（2016 年以来）承担过 3000 万元及以上地源热泵工程业绩的一个得 2 分，最多得 6 分，要求提供中标通知书、合同和竣工验收证明原件。2021 年 9 月 2 日至 4 日该项目发布中标候选人公示，公示期间有一自然人张某向市住房和城乡建设局（以下简称市住建局）投诉，反映第一中标候选人 A 公司类似业绩造假，并提供了网上查询的材料，A 公司投标文件中提供的 3 个类似业绩，其中有 2 个类似业绩金额与网上查询的金额不相符，网上查询的业绩金额均未达到 3000 万元，而投标文件中的业绩金额都是 3000 万元以上。市住建局要求投诉人提供与投诉项目有利害关系的相关证明，投诉人无法提供，自称是挂靠某施工企业参与本次投标的个人承包者。市住建局依据《工程建设项目招标投标活动投诉处理办法》第十二条第一项的规定，“投诉人不是所投诉招标投标活动的参与者，或者与投诉项目无任何利害关系的投诉不予受理。”以书面形式回复张某。同时，要求 A 公司对投诉事项作出解释。A 公司申辩没有造假，网上查询的是项目的中标价，而投标文件中提供的是合同结算价，并提供了结算凭证。市住建局没有再继续调查核实，招标人确定 A 企业中标。张某对市住建局不受理投诉和招标人确定 A 企业中标不服，于是向市纪律检查委员会（以下简称市纪委）举报，市纪委将举报材料转市住建局处理。市住建局再次启动调查程序，经调查核实，A 企业结算价格超过 3000 万元属实，但中标通知书和合同中的价格都只有 2000 多万元，投标文件中将原中标通知书与原合同中的金额均修改为结算金额，认定为弄虚作假投标，依法取消了 A 企业的中标资格，并作出相应的行政处罚。

【问题引出】

问题一：投诉与举报有何区别？

问题二：举报人能申请行政复议或提起行政诉讼吗？

问题三：本案例中存在哪些问题？

【案例分析】

一、关于投诉与举报的主要区别分析

《招标投标法实施条例》第六十条规定，“投标人或者其他利害关系人认为招标投标活动不符合法律、行政法规规定的，可以自知道或者应当知道之日起10日内向有关行政监督部门投诉。”依据本条规定，对招标投标活动进行投诉的主体，限于与该项目招标投标活动有利害关系的人，包括投标人和其他利害关系人。“投标人”是指响应招标、参加投标竞争的法人或者其他组织，以及参加依法招标的科研项目的投标的自然人。“其他利害关系人”是指投标人以外的，与招标项目或者招标活动有利害关系的法人、其他组织和自然人。与招标投标活动无利害关系的任何单位和个人有权对招标投标活动中的违法行为进行举报，对于举报有监督管理职责的部门应当依法处理。

招标投标法律法规规定的投诉与举报的区别，与最高人民法院行政法官专业会议纪要“关于投诉与举报的区分标准”是一致的。会议纪要对投诉与举报的区分标准是：公民、法人或者其他组织认为第三人实施的违法行为侵犯自身合法权益，请求行政机关依法查处的，属于《最高人民法院关于适用〈中华人民共和国行政诉讼法〉的解释》第十二条第五项规定的投诉。投诉人与行政机关对其投诉作出或者未作出处理的行为有法律上的利害关系。公民、法人或者其他组织认为第三人实施的违法行为侵犯他人合法权益或者国家利益、社会公共利益，请求行政机关依法查处的，属于举报。举报人与行政机关对其举报作出或者未作出处理的行为无法律上的利害关系。

投诉与举报除主体区别外，还存在以下区别：

一是投诉人必须署名而举报可以署名，也可以匿名。

二是投诉必须是在法定的时限范围内提出，而举报则没有时间限制。

三是提出投诉应当有明确的请求和必要的证明材料。举报不需要明确的请求，只要提出了有效的线索供有关机关查证即可。

四是在是否受理上存在差异。《工程建设项目招标投标活动投诉处理办法》第十二条规定了不予受理投诉的情形，举报没有法定的受理程序。

五是在处理时限上存在差异。《招标投标法实施条例》第六十一条第二款规定，“行政监督部门应当自收到投诉之日起3个工作日内决定是否受理投诉，并自受理投诉之日起30个工作日内作出书面处理决定。”举报根据《信访条例》第三十三条

的规定，信访事项应当自受理之日起 60 日内办结；情况复杂的，经本行政机关负责人批准，可以适当延长办理期限，但延长期限不得超过 30 日，并告知信访人延期理由。

六是在处理方式上存在差异。根据《工程建设项目招标投标活动投诉处理办法》第十六条的规定，在投诉处理过程中，行政监督部门应当听取被投诉人的陈述和申辩，必要时可通知投诉人和被投诉人进行质证。投诉人及投诉的事项对被投诉人不存在保密。对于举报人及举报事项应当严格保密。《信访条例》第四十四条第一款规定，行政机关工作人员违反本条例规定，将信访人的检举、揭发材料或者有关情况透露、转给被检举、揭发的人员或者单位的，依法给予行政处分。

七是在是否具有行政复议和行政诉讼救济权上存在差异。与招标投标活动有利害关系的人对投诉处理不服，可申请行政复议或提起行政诉讼。而无利害关系的人举报不具有申请行政复议或提起行政诉讼权。

二、举报人不具有申请行政复议或提起行政诉讼权的分析

《行政诉讼法》第二十五条第一款规定，行政行为的相对人以及其他与行政行为有利害关系的公民、法人或者其他组织，有权提起诉讼。《行政复议法》第十条、《行政复议法实施条例》第二十八条第二项亦规定了复议申请人的主体资格。利害关系应当是基于公法即行政法律规范、法律原则等确定的权利义务关系，对权利义务的影响与行政行为之间具有直接的关联性，而不包括因行政行为的间接关联而影响的权利义务。《最高人民法院关于举报人对行政机关就举报事项作出的处理或者不作为行为不服是否具有行政复议申请人资格问题的答复》指出："举报人为维护自身合法权益而举报相关违法行为人，要求行政机关查处，对行政机关就举报事项作出的处理或者不作为行为不服申请行政复议的，具有行政复议申请人资格。"最高人民法院发布的指导案例明确："举报人就自身合法权益受侵害向行政机关举报的，与行政机关的举报处理行为具有法律上的利害关系，具备行政诉讼原告主体资格。"投诉举报系基于维护自身合法权益，是判断投诉举报人与被诉行政行为是否具有利害关系的核心，无论是复议还是诉讼，只有基于维护自身合法权益这个核心目的，才属于与行政行为有利害关系。

三、关于本案例存在的问题分析

本案例张某不属于法定的"投标人或其他利害关系人"，不具备投诉的主体资格，市住建局不受理其投诉的做法正确。但对张某反映的招标投标活动中涉嫌违法的问题不认真调查核实，不作出处理意见存在问题。实务中有的认为不受理投诉就是不处理，这种观点是错误的。依据《招标投标法》第七条第一款和第二款的规定，"招标投标活动及其当事人应当接受依法实施的监督。有关行政监督部门依法对招标投标活动实施监督，依法查处招标投标活动中的违法行为。"依法查处招标投标活动中的违法行为是有关行政监督部门的法定职责。对投诉不受理，但对投诉书中所反映的问题及提供的违法行为的有效线索应当依据职责进行查处。本案例中市住建局

第一次处理时，只是要求第一中标候选人对有关情况作出解释，并以其结算金额的真实性默认其投标文件未弄虚作假，是典型的敷衍塞责。同时，市住建局对张某自称是挂靠某施工企业参与本次投标的线索未进行调查处理，属于行政不作为。

本案例中，张某不属于法定的“投标人或其他利害关系人”，反映招标投标中涉嫌违法问题，应当采取举报方式，当投诉不受理后应当向有关行政监督部门举报。实务中，有的单位或个人习惯向纪委部门投诉、举报。《招标投标法实施条例》第四条规定，“监察机关依法对与招标投标活动有关的监察对象实施监察。”是指监察机关履行招标投标领域的行政监察职责，应当遵守《行政监察法》和《行政监察法实施条例》等有关法律法规关于监察对象、监察权限、监察程序等方面的规定，避免交叉或责任不清。

【启示】

1. 与招标项目或者招标活动无利害关系的公民、法人或者其他组织不具备投诉主体资格，发现招标投标活动存在违法行为的应当向有关行政主管部门举报，而不是投诉。

2. 对于依法不受理的投诉，有关行政监督部门依据职责对反映的问题和有效的线索进行查处。

思考题

1. 与招标项目或者招标活动无利害关系的某自然人，举报招标投标活动中存在违法问题，对行政部门的举报处理结果不服，请问能申请行政复议吗？

2. 简述投诉与举报在受理程序上的差异。

【案例 104】

关于投诉时效的案例

关 键 词 投诉时效

案例要点

因投诉人投诉书递交的行政监督部门错误，导致投诉过了时效，有权处理的部门依法不予受理，其主要责任应当由投诉人承担。

【基本案情】

某市新建沿市区绕城公路，第四标段公开招标。2015 年 4 月 7 日至 9 日中标候选人公示。投标人 A 企业根据唱标报价计算，报价得分第一，且报价占比 70%，但中标候选人公示显示因其投标文件格式不符合招标文件的要求被否决。4 月 8 日，投标人 A 企业向招标人提出异议，反映评标委员会否决其投标存在问题，没有按招标文件规定的评标标准和方法进行评标，诉求：评标委员会重新评审。4 月 8 日招标人回复，“请向有关行政监督部门投诉。”收到异议回复后，4 月 18 日（星期五）A 企业向市住建局投诉，4 月 21 日市住建局书面回复，“本项目属于公路工程，请向市交通运输局投诉。”4 月 22 日市交通运输局收到 A 企业的投诉，4 月 23 日回复，“依据《招标投标法实施条例》第六十条规定，此投诉已过投诉时效。依据《工程建设项目招标投标活动投诉处理办法》第十二条第四项的规定，决定不予受理。”投诉人不服，申请行政复议。复议书中阐述理由：一是招标文件没有明示投诉部门；二是在投诉时效内已向市住建局投诉，市住建局应当将投诉件转市交通运输局处理。复议机关认为投诉人投诉书递交的行政监督部门错误，导致投诉过了时效，有权处理投诉的部门不予受理，其主要责任应当由投诉人自己承担，维持了市交通运输局不予受理投诉的处理决定。

【问题引出】

问题一：投诉时效怎么计算？

问题二：工程建设项目招标投标活动的行政监督职责是如何划分的？

问题三：本案例中，投诉人、招标人和有关行政监督部门存在哪些问题？

【案例分析】

一、关于投诉时效的分析

《招标投标法实施条例》第六十条对投诉时效作出了明确的规定，“投标人或者其他利害关系人认为招标投标活动不符合法律、行政法规规定的，可以自知道或者应当知道之日起10日内向有关行政监督部门投诉。投诉应当有明确的请求和必要的证明材料。就本条例第二十二条、第四十四条、第五十四条规定事项投诉的，应当先向招标人提出异议，异议答复期间不计算在前款规定的期限内。”《工程建设项目招标投标活动投诉处理办法》第十二条第四项规定，超过投诉时效的投诉不予受理。10天内提出投诉是基于效率考虑和维护法律关系的稳定性。本条规定所称的“应当知道”应当区别不同的环节，一般认为：资格预审公告或者招标公告发布后，投诉人应当知道资格预审公告或者招标公告是否存在排斥潜在投标人等违法违规情形；投诉人获取资格预审文件、招标文件一定时间后应当知道其中是否存在违反现行法律法规规定的内容；开标后投诉人应当知道投标人的数量、名称、投标文件提交、标底等情况，特别是是否存在《招标投标法实施条例》第三十四条规定的情形；中标候选人公示后应当知道评标结果是否存在违反法律法规和招标文件规定的情形；招标人委派代表参加资格审查或者评标的，资格预审评审或者评标结束后，即应知道资格审查委员会或者评标委员会是否存在未按照规定的评标标准和方法评审或者评标的情况；招标人委派代表参加资格审查或者评标的，招标人收到资格预审评审报告或者评标报告后，即应知道资格审查委员会或者评标委员会是否存在未按照规定的评标标准和方法评审或者评标的情况；等等。

在计算投诉时效时需要注意两个问题：一是异议回复时间不计算在投诉时效内。二是根据《民法典》第二百零一条规定，按照年、月、日计算期间的，开始的当日不计入，自下一日开始计算。根据《民法典》第二百零三条规定，期间的最后一日是法定休假日的，以法定休假日结束的次日为期间的最后一日，期间的最后一日的截止时间为24时；有业务时间的，停止业务活动的时间为截止时间。

二、关于招标投标活动的行政监督及有关部门的具体职权法划分

《招标投标法》第七条规定：“有关行政监督部门依法对招标投标活动实施监督，依法查处招标投标活动中的违法行为。对招标投标活动的行政监督及有关部门的具体职权划分，由国务院规定。”《招标投标法实施条例》第四条规定：“国务院发展改革部门指导和协调全国招标投标工作，对国家重大建设项目的工程招标投标活动实施监督检查。国务院工业和信息化、住房城乡建设、交通运输、铁道、水利、商务等部门，按照规定的职责分工对有关招标投标活动实施监督。县级以上地方人民政府发展改革部门指导和协调本行政区域的招标投标工作。县级以上地方人民政府有关部门按照规定的职责分工，对招标投标活动实施监督，依法查处招标投标活动

中的违法行为。县级以上地方人民政府对其所属部门有关招标投标活动的监督职责分工另有规定的，从其规定。”《国务院办公厅印发国务院有关部门实施招标投标活动行政监督的职责分工意见的通知》第三条规定：“对于招投标过程（包括招标、投标、开标、评标、中标）中泄露保密资料、泄露标底、串通招标、串通投标、歧视排斥投标等违法活动的监督执法，按现行的职责分工，分别由有关行政主管部门负责并受理投标人和其他利害关系人的投诉。按照这一原则，工业（含内贸）、水利、交通、铁道、民航、信息产业等行业和产业项目的招投标活动的监督执法，分别由经贸、水利、交通、铁道、民航、信息产业等行政主管部门负责；各类房屋建筑及其附属设施的建造和与其配套的线路、管道、设备的安装项目和市政工程项目的招投标活动的监督执法，由建设行政主管部门负责；进口机电设备采购项目的招投标活动的监督执法，由外经贸行政主管部门负责。”

三、本案例中，投诉人、招标人和行政监督部门存在的问题分析

作为投诉人应当在投诉时效内主张权利，避免投诉权因时效原因而灭失。本案例招标人在 4 月 8 日对异议进行了回复，投诉时效从 4 月 9 日开始计算，依据《招标投标法实施条例》规定投诉时效为 10 日。由于 4 月 19 日是星期六，为法定休息日，有效投诉期限应顺延至 4 月 21 日。本案例投诉人在 4 月 22 日提起投诉，过了投诉时效。《招标投标法实施条例》《国务院办公厅印发国务院有关部门实施招标投标活动行政监督的职责分工意见的通知》以及《公路工程建设项目招标投标管理办法》等法律法规都明确了公路工程招标投标活动的行政监督主体是交通运输行政主管部门。作为投标人应当学法知法懂法，将投诉受理主体弄错，应承担主要责任。

作为招标人，应当在招标文件中公布受理异议和投诉的部门及联系人和联系方式，积极引导招标投标活动当事人和相关利害关系人按照法定程序维护其权益。实行电子招标投标的，应当支持系统在线提出异议和投诉，跟踪处理进程。本案例招标人未在招标文件中公布受理投诉的部门，对投诉人因投诉受理部门错误导致过了投诉时效，负有一定的责任。

作为招标投标有关行政监督部门，应当加强对招标投标活动的监管，对招标文件存在的问题应当及时地指出和纠正。同时，有关行政监督部门应当建立招标投标执法联动机制，对投诉人投诉的事项不属于本部门职责的应当建立投诉转办机制。本案例投诉人因投诉受理机关错误导致过了投诉时效，住房和城乡建设部门和交通运输部门负有一定的责任。

【启示】

作为投标人应当学习招标投标相关法律法规，依法行使正当权利，维护合法权益；作为招标人、招标代理机构应当规范招标文件的编制，确保招标文件合法合规、科学合理；作为招标投标监管部门应当加强对招标文件合法合规的监管，建立联动机制，维护招标投标市场主体的合法权益。

思考题

某房屋建筑工程，第二中标候选人在中标候选人公示期间于3月1日（星期二）向招标人提起异议，3月8日（星期三）招标人回复至异议人指定的邮箱，异议人没有关注该邮件，到3月20日（星期一）才向行政监督部门投诉，请计算是否过了投诉时效。

【案例 105】

对虚假投标的投诉，须异议前置吗?

关 键 词 虚假投标 / 评标结果 / 违法行为 / 异议前置

案例要点

投诉投标人存在弄虚作假行为，不等同于对评标结果的投诉，不属于法定异议前置的范围。

【基本案情】

2016 年 12 月 6 日，某政府投资工程发布中标候选人公示，A 公司为第一中标候选人，公示内容包括中标候选人的业绩、奖项、评委评分情况等。公示时间为 2016 年 12 月 6 日至 2016 年 12 月 8 日。

2016 年 12 月 9 日，投标人 B 公司的项目经理小明以自己名义书面向行政监督部门提起投诉，称第一中标候选人拟派项目经理类似业绩造假，诉求取消第一中标候选人的中标资格。

2016 年 12 月 13 日，行政监督部门立案受理投诉。2016 年 12 月 28 日，行政监督部门经调查后认定被投诉人 A 公司拟派项目经理类似业绩造假属实，根据《招标投标法实施条例》第六十八条规定，取消 A 公司中标资格。

A 公司不服，向人民法院提起诉讼。理由是投诉人 B 公司项目经理小明于 2016 年 12 月 9 日向行政监督部门提出投诉，诉求取消 A 公司的中标资格，该投诉所主张的理由，无论 A 公司虚假投标情形是否存在，其投诉指向是 A 公司的中标候选人资格，实质是对评标结果的投诉，应当在中标候选人公示期间先向招标人提出异议。行政监督部门受理 B 公司项目经理小明的投诉并作出处理决定的行为，违反了异议前置的法定程序，应当予以撤销。

【问题引出】

问题一：虚假投标的投诉应当异议前置吗?

问题二：B 公司项目经理以个人名义提起投诉，应当受理吗?

【案例分析】

一、招标投标异议前置程序适用的范围

根据《招标投标法实施条例》第六十条第二款规定，就本条例第二十二条、第四十四条、第五十四条规定事项投诉的，应当先向招标人提出异议，异议答复期间不计算在前款规定的期限内。同时第二十二条规定，潜在投标人或者其他利害关系人对资格预审文件有异议的，应当在提交资格预审申请文件截止时间 2 日前提出；对招标文件有异议的，应当在投标截止时间 10 日前提出。第四十四条第三款规定，投标人对开标有异议的，应当在开标现场提出，招标人应当当场作出答复，并制作记录。第五十四条第二款规定，投标人或者其他利害关系人对依法必须进行招标的项目的评标结果有异议的，应当在中标候选人公示期间提出。

由此可知，潜在投标人或其他利害关系人对资格预审文件、招标文件、开标及评标结果有异议的，应当先向招标人提出异议，只有对招标人的异议答复不满意时，才可向行政监督部门投诉。其中对资格预审文件以及招标文件有异议，是指潜在投标人或其他利害关系人认为资格预审文件、招标文件的内容可能违反法律、行政法规的强制性规定，违反公开、公平、公正和诚实信用原则，影响资格预审结果或者潜在投标人投标。资格预审文件和招标文件是由招标人编制的，若潜在投标人和其他利害关系人对其内容存在异议，招标人经审查之后确定异议成立的，可依据招标文件或资格预审文件中规定的程序及期限进行澄清和说明。

对开标存在异议主要是指对投标文件的提交、开标程序等存在异议，投标人应当在开标现场提出，招标人经审查后确定异议成立的，应当及时纠正，或者提交评标委员会进行确认。

对评标结果存在异议主要是指对评标委员会是否按照招标文件规定的评标标准和方法进行评标等存在异议。若经招标人审查异议成立的，招标人将要求评标委员会进行改正，无法改正的，也可请求行政监督部门进行纠正。

上述情况均是招标人有权利进行处理的事项，招标人先行处理，从而减少行政负担，避免浪费行政资源。

二、对投标人违法行为的投诉不属于异议前置范畴

根据《招标投标法实施条例》第六十条第一款规定，投标人或者其他利害关系人认为招标投标活动不符合法律、行政法规规定的，可以自知道或者应当知道之日起 10 日内向有关行政监督部门投诉。从投诉的对象来看，既包括招标行为，也包括投标行为，即招标人（包括其委托的评标委员会）以及投标人的行为均受行政监督部门的监督。

《招标投标法实施条例》第六十条第二款规定的针对资格预审文件和招标文件、开标以及评标结果的三种异议必须前置，都属于投诉人对招标人或评标委员会的行为不服而提起投诉的情形，并不涉及对投标人存在其他行为不服而提起投诉的情形。

投诉人针对投标人在投标过程中串通投标、弄虚作假、行贿等违法行为的投诉均属于投标人的行为，该类投诉与对评标结果的投诉之间可能存在一定的关联性（如投标人弄虚作假骗取中标），也可能不存在关联性（如认为评标委员会错误评标、应当否决但未否决），二者有所区别。投标人违法投标可能但不必然导致评标结果不公正，而且违法的投标人在未被推荐为中标候选人的情况下也不一定会影响评标结果，故对投标人在投标过程中违法行为的投诉并不完全等同于对评标结果的投诉，如果将二者混为一谈，也会使行政监督部门实际操作中出现混乱。

三、投标人 B 公司项目经理小明属其他利害关系人，可以依法提起投诉

关于招标投标程序中的具备投诉资格的主体，《招标投标法实施条例》第六十条规定明确为“投标人或者其他利害关系人”。何为“其他利害关系人”，现行招标投标法律及行政法规并未予以解释，参考国家发展改革委法规司等编著的《中华人民共和国招标投标法实施条例释义》，其将“其他利害关系人”解释为：其他利害关系人是指投标人以外的，与招标项目或者招标活动有直接或者间接利益关系的法人、其他组织和自然人。主要有：一是有意参加资格预审或者投标的潜在投标人。在资格预审公告或者招标公告存在排斥潜在投标人等情况，致使其不能参加投标时，其合法权益即受到侵害，是招标投标活动的利害关系人。二是在市场经济条件下，只要符合招标文件规定，投标人为控制投标风险，在准备投标文件时可能采用订立附条件生效协议的方式与符合招标项目要求的特定分包人和供应商绑定投标，这些分包人和供应商与投标人有共同的利益，与招标投标活动存在利害关系。三是投标人的项目负责人一般是投标工作的组织者，其个人的付出相对较大，中标与否与其个人职业发展等存在相对较大的关系，是招标投标活动的利害关系人。四是招标投标活动的主要当事人，即招标人是招标项目和招标活动毫无疑义的利害关系人。

本案例的投诉主体是投标人 B 公司拟派的项目经理小明，本次招标活动的成败对其利益有直接影响，属于本次招标投标活动的其他利害关系人，其依法提起的投诉，行政监督部门应当受理（参考判例：泉州市中级人民法院［（2019）闽 05 行终 100 号］、成都市中级人民法院［（2016）川 01 行终 853 号］、重庆市高级人民法院［（2017）渝行终 715 号］）。

【启示】

对投标人存在弄虚作假、提供虚假证明材料嫌疑的投标行为的投诉，不能等同于对评标结果的投诉，不属于法定异议前置的范围。

思考题

第一中标候选人 A 公司因虚假投标，取消中标候选人资格后，招标人应当重新组织评标委员会评标还是可以依《招标投标法实施条例》第五十五条的规定，依序选择第二中标候选人或重新招标？

【案例106】

第三中标候选人弄虚作假需要重新评审吗?

关 键 词 弄虚作假 / 重新评审

案例要点

非评标委员会及其成员的过错，组织原评标委员会重新评审无法律法规依据。投标人弄虚作假、串通投标等违法行为应当由有关行政监督部门依法作出处理。

【基本案情】

某市第一人民医院新建门诊大楼，采取施工总承包资格后审招标。经评标委员会评审推荐：第一中标候选人A企业；第二中标候选人B企业；第三中标候选人C企业。公示期间，第二中标候选人B企业向招标人提起异议，反映第三中标候选人投标文件中所报业绩存在弄虚作假。招标人回复，“弄虚作假不属于异议事项，请向有关行政监督部门投诉。”于是B企业向市住房和城乡建设局（以下简称市住建局）提起投诉，诉求是：召集原评标委员会重新评标，否决第三中标候选人C企业的投标，重新计算报价得分后重新推荐中标候选人。市住建局受理后，经调查，投诉情况属实，但对是否需要召集评标委员会重新评标意见不统一：

第一种意见：支持投诉人的诉求。理由：C企业弄虚作假投标应由评标委员会否决其投标。因C企业被否决投标后，评标基准价变化会导致投标人的报价得分变化，需要根据新的得分情况由评标委员会重新推荐中标候选人。

第二种意见：不支持投诉人的诉求。理由：C企业弄虚作假投标是在评标完成之后发现的，评标委员会并无过错，召集评标委员会重新评审无法律法规依据。应当由行政监督部门作出取消C企业第三中标候选人资格的处理，招标人依法确定中标人。

【问题引出】

问题一：责令原评标委员会改正的情形及法律依据是什么?

问题二：评标完成后，查实投标人存在违法行为的应如何处理？本案例哪种意见正确?

【案例分析】

近年来，招标投标活动投诉处理案件中出现一种怪现象，当第一中标候选人不存在任何问题时，第二中标候选人转而投诉第三中标候选人或其他投标人存在违法问题，诉求明确，要求重新评标，重新计算评标基准价，重新推荐中标候选人。此类投诉是否构成重新评标或责令原评标委员会改正?

实务中容易将重新评标与责令评标委员会改正混淆。评标具有主观的判断性，同样的投标文件，评标委员会第二次评审结论可能会与第一次评审不一致，因此，评标具有一次性的特点，只有当评标委员会成员评审出现错误时才责令改正。如果自身无法改正或不改正，则评标无效，更换评标委员会成员后重新评标或重新招标。

一、责令原评标委员会改正的情形及法律依据

《招标投标法实施条例》第七十一条规定，“评标委员会成员有下列行为之一的，由有关行政监督部门责令改正；情节严重的，禁止其在一定期限内参加依法必须进行招标的项目的评标；情节特别严重的，取消其担任评标委员会成员的资格：（一）应当回避而不回避……”本条是关于评标委员会成员违法行为法律责任的规定。评标委员会成员有上述违法行为时，应及时予以纠正，以保证评标的客观公正性。情节是否严重需要从是否存在主观故意，违法评标所导致的后果等方面进行判断。如果招标人无法组织原评标委员会予以纠正或者评标委员会无法自行予以纠正的，则由行政监督部门认定评标无效，由招标人组建新的评标委员会重新进行评标。

二、评标完成后，查实投标人存在违法行为的处理分析

评标完成后，查实中标候选人或其他投标人存在串通投标、弄虚作假、行贿等违法违规行为的，不属于责令评标委员会改正的事项和范畴。理由如下：

（一）《招标投标法》第四十条规定，“评标委员会应当按照招标文件确定的评标标准和方法，对投标文件进行评审和比较。”根据此条规定，评标委员会是依据投标文件提供的资料进行评审，实质是一种形式上的评审，如果在评标过程中发现串通投标、弄虚作假，则应当否决其投标。《评标委员会和评标方法暂行规定》第二十条规定，“在评标过程中，评标委员会发现投标人以他人的名义投标、串通投标、以行贿手段谋取中标或者以其他弄虚作假方式投标的，该投标人的投标应作废标处理。”串通投标、弄虚作假具有很强的隐蔽性，很难在评标过程中发现。事后行政监督部门查出弄虚作假，不属于评标委员会没有按照招标文件规定的评标标准和方法评标，不属于《招标投标法实施条例》第七十一条规定的责令评标委员会改正的情形。本案例第三中标候选人弄虚作假投标，违反了《招标投标法》第三十三条规定，依据《招标投标法》第五十四条规定中标无效。由于本案例是第三中标候选人弄虚作假，由有关行政监督部门依法取消其中标候选人的资格。

《招标投标法实施条例》第八十一条，规定了无效的三种情形，即招标无效、投标无效和中标无效。何种无效应当根据违法行为及其被查处的时点来确定，投标人弄虚作假投标在评标阶段被发现，则属于投标无效；在中标公示期间被发现，则取消其中标资格；在中标通知书下发后被发现，则中标无效。

（二）《招标投标法实施条例》第五十五条规定，国有资金占控股或者主导地位的依法必须进行招标的项目，招标人应当确定排名第一的中标候选人为中标人。排名第一的中标候选人放弃中标、因不可抗力不能履行合同、不按照招标文件要求提交履约保证金，或者被查实存在影响中标结果的违法行为等情形，不符合中标条件的，招标人可以按照评标委员会提出的中标候选人名单排序依次确定其他中标候选人为中标人，也可以重新招标。本条规定了中标候选人被查实存在影响中标结果的违法行为等情形，不符合中标条件的，招标人可以按照评标委员会提出的中标候选人名单排序依次确定其他中标候选人为中标人，也可以重新招标，并未规定评标委员会应当重新评标。一是考虑评标委员会是一个临时组织，提交评标报告后，评标工作结束，评标委员会解散，只有存在《招标投标法实施条例》第七十一条列举的情形时，才由招标人重新召集原评标委员会来纠正错误，保证评标结果的公平、公正性。二是对中标候选人的违法行为可由有关行政监督部门作出认定，构成法定的中标无效的，依法取消其中标资格。

（三）招标投标过程实质上是合同成立的要约与承诺的过程。本案例第一中标候选人并不存在违法情形，根据《招标投标法实施条例》第五十五条规定，应当确定第一中标候选人为中标人。根据合同相对性原则，在作为合同双方的招标人与中标人均不存在导致合同无效的违法情形下，未中标的其他投标人作为合同双方以外的第三人，其单方违法行为只影响其自身的投标效力，不影响招标人与中标人之间的合同效力。

综上所述，本案例第二种意见正确。对投诉人重新评标的诉求不予支持，行政监督部门对第三中标候选人存在弄虚作假的行为依法作出处理，招标人依法确定中标人。

【启示】

1. 只有符合《招标投标法实施条例》第七十一条规定的情形时，才由有关行政监督部门责令评标委员会改正。如果自身无法改正或不改正，则评标无效，更换评标委员会成员后重新评标或重新招标。

2. 投标人存在违法行为在评标阶段被发现，由评标委员会作出投标无效的处理；在中标公示期间被发现，由有关行政监督部门取消其中标资格；在中标通知书下发后被发现，由有关行政监督部门作出中标无效的处理。

思考题

某工程项目公开招标，招标文件资格条件规定：投标人所派项目经理不得有在建项目，并要求作书面承诺。在投诉有效期内第二中标候选人投诉第一中标候选人所派项目经理有在建项目，要求重新评标，由评标委员会否决其投标。某行政监督部门经调查核实，投诉情况属实，要求评标委员会重新评审，否决第一中标候选人的投标，是否正确？

【案例 107】

对视同串通投标认定的案例

关 键 词 重新评审 / 串通投标

案例要点

评标阶段，评标委员会依据《招标投标法实施条例》的规定，以视同串通投标否决投标人投标。事后经行政监督部门调查串通投标不成立，无须责令评标委员会改正评标。

【基本案情】

某县水库除险加固工程资格后审公开招标，评标办法采用经评审的最低投标价法。A、B 等 7 家公司参与了该项目的投标，A 公司的投标报价最低。评标期间，发现 B 公司的投标文件中关于除险加固的技术方案与 A 公司的技术方案存在大量的雷同内容，评标委员会依据《招标投标法实施条例》第四十条第四项规定“不同投标人的投标文件异常一致或者投标报价呈规律性差异的，视为投标人相互串通投标”。认定 A、B 两家公司相互串通投标，否决了 A、B 两家公司的投标。中标候选人公示期间，A 公司对评标委员会以串通投标否决其投标提出异议，认为自己没有串通投标的行为。招标人回复：“串通投标不属于异议事项，请向县水利湖泊局投诉。”于是 A 公司提起投诉，并在投诉书中反映：3 个月前本公司一名从事投标文件编制的员工李某离职到邻县 B 公司工作，中标候选人公示时，我公司才得知是因为与 B 公司串通投标被否决。于是专门派人到邻县 B 公司找李某询问情况，他承认在 B 公司制作投标文件时，将曾经在我公司使用过的类似水库除险加固施工组织设计方案套用在此项目中，导致 B 公司的施工组织设计方案与我公司施工组织设计方案部分雷同，并提供了曾经投标类似水库除险加固施工组织设计方案及其他相关证据材料。 诉求：评标委员会重新评审该项目。县水利湖泊局经调查核实，A 公司所反映的情况属实，同时也未发现 A、B 两家公司串通投标的其他证据，认定 A、B 两家公司串通投标的事实依据不充分，未给予 A、B 公司行政处罚。但对是否组织原评标委员会重新评审的意见不一致。

第一种意见：认为评标委员会未履行澄清职责，应当组织重新评审，纠正评标错误。

第二种意见：评标委员会的评审并无过错，责令评标委员会改正或重新组建评标委员会评标无法律依据，维持原评标结果。

【问题引出】

问题：案例中哪一种意见正确？

【案例分析】

串通投标隐蔽性强，认定难，查处难。这是串通投标屡禁不止的原因之一。为有效打击串通投标行为，《招标投标法实施条例》采用了“视为”这一立法技术。对于有某种客观外在表现形式的行为，评标委员会、行政监督部门、司法机关和仲裁机构可以直接认定投标人之间存在串通。该条例第四十条规定：“有下列情形之一的，视为投标人相互串通投标：（一）不同投标人的投标文件由同一单位或者个人编制；（二）不同投标人委托同一单位或者个人办理投标事宜；（三）不同投标人的投标文件载明的项目管理成员为同一人；（四）不同投标人的投标文件异常一致或者投标报价呈规律性差异；（五）不同投标人的投标文件相互混装；（六）不同投标人的投标保证金从同一单位或者个人的账户转出。”本案例评标委员会发现A、B两家公司投标文件中提供的技术方案大量雷同，属于不同投标人的投标文件异常一致的情形，依据《招标投标法实施条例》第四十条规定，认定A、B两家公司视同串通投标，据此否决其投标，客观事实清楚，法律依据充分，评标委员会并无不当。

同时，投标文件出现视同串通投标的情形时，并不属于法定的澄清事项。《评标委员会和评标方法暂行规定》第十九条第一款规定，“评标委员会可以书面方式要求投标人对投标文件中含义不明确、对同类问题表述不一致或者有明显文字和计算错误的内容作必要的澄清、说明或者补正。澄清、说明或者补正应以书面方式进行并不得超出投标文件的范围或者改变投标文件的实质性内容。”第二十一条规定，“在评标过程中，评标委员会发现投标人的报价明显低于其他投标报价或者在设有标底时明显低于标底，使得其投标报价可能低于其个别成本的，应当要求该投标人作出书面说明并提供相关证明材料。投标人不能合理说明或者不能提供相关证明材料的，由评标委员会认定该投标人以低于成本报价竞标，其投标应作废标处理。”据此，法定的澄清只限于含义不明确、对同类问题表述不一致、有明显文字和计算错误以及投标报价可能低于其个别成本的四种情形。《招标投标法实施条例》第四十条规定的视同串通投标的情形不属于法定的澄清事项。

《招标投标法实施条例释义》对《招标投标法实施条例》第四十条的解释是：“视为是一种将具有不同客观外在表现的现象等同视之的立法技术，是一种法律上的拟制。尽管如此，视为的结论并非不可推翻和不可纠正。评标结束后投标人可以通过投诉寻求行政救济，由行政监督部门作出认定。”条例释义并没有强制要求评标委员会要给予投标人澄清、说明的机会。串通投标隐蔽性强，认定难，查处难，评标委员会在短时间内根据投标人的澄清也很难作出判断，既然《招标投标法实施条例》

第四十条已对串通投标的外在表现形式作出了明确的规定，只要符合法定视为串通投标的表现形式，评标委员会就可以直接认定为串通投标。若事后经过行政监督部门调查，认定串通投标不成立，这并不属于《招标投标法实施条例》第七十一条规定的应当责令评标委员会改正的情形。

综上所述，本案例中市水利湖泊局调查后，对 A、B 两家公司串通投标不予认定，但评标委员会评审结论有效，对 A 公司要求重新评审的诉求不予支持，维持原评标结果。本案例第二种意见正确（参考判例：江苏省盐城市中级人民法院[（2017）苏 09 行终 154 号] 行政判决书）。

【启示】

1. 评标委员会评标时，只要符合法定视为串通投标的客观表现形式，就可以直接认定为串通投标，事后查实不属于串通投标的，不属于评标委员会成员没有客观、公正评审的情形，维持原评标结果。

2. “视为”是一种法律上的拟制，视为的结论并非不可推翻和不可纠正。评标结束后投标人可以通过投诉寻求行政救济，由行政监督部门作出认定。

思考题

某新建桥梁项目，评标时发现 A、B 投标人技术方案部分雷同，评标委员会依据《招标投标法实施条例》规定，以不同投标人投标文件异常一致视同串通投标，否决 A、B 投标人投标，并向市交通运输局报告。市交通运输局经调查核实，A、B 投标人在上个月曾就类似工程有过联合投标经历，导致投标文件的技术方案异常一致的情形，未认定其串通投标。请问是否需要评标委员会改正评标错误？

【案例 108】

因招标文件实质性要求前后不一致，评标委员会评审错误引发的投诉

关 键 词 实质性要求 / 不一致

案例要点

招标文件实质性内容前后不一致，导致评标工作无法进行的，应当停止评标工作；对潜在投标人投标和中标结果未造成实质性影响的，应当以有利于投标人的原则进行评标。

【基本案情】

某省高校新建图书馆工程采用施工总承包资格后审招标，招标文件须知前附表中对项目质量要求为合格，并创省优质工程奖。招标文件须知正文部分对项目质量要求为详见前附表；招标文件专用合同条款中对项目质量要求为合格。本项目共有 28 家企业参加投标竞争，其中有 14 家投标人质量目标响应为合格，另外 14 家响应为合格，并创省优质工程奖。评标委员会评标时发现招标文件对质量目标的要求前后不一致的问题，招标人代表和评标专家经讨论达成一致意见，按招标文件前附表要求进行评审，质量目标响应为合格的 14 家被否决投标。中标候选人公示期间，被否决的 14 家投标人中有 5 家向招标人提出异议，招标人回复，“对评标专家的评审结论，招标人无权作出评判，请向有关行政监督部门投诉。” 5 家投标人分别向市住房和城乡建设局（以下简称市住建局）提起投诉。投诉理由是：招标文件专用合同条款要求的质量目标是合格，专用合同条款是合同的组成部分，否决投标的理由不成立，评标委员会没有按招标文件载明的评标标准和方法评标，诉求重新评标。市住建局受理投诉后，对应当怎么处理产生了两种不同的意见：

第一种意见：维持原评标结果。理由是投标人没有响应招标文件须知中对质量目标的要求，应当否决其投标。

第二种意见：同意投诉人的意见，支持投诉人的诉求，责令评标委员会改正。

【问题引出】

问题：案例中哪一种意见正确？

【案例分析】

一、招标文件中的实质性内容属于合同文件中的格式条款

合同文件有格式条款和非格式条款。合同文件中的格式条款应受到《民法典》格式条款规则的特别规制。《民法典》第四百九十六条第一款规定:“格式条款是当事人为了重复使用而预先拟定，并在订立合同时未与对方协商的条款。”格式条款有三大特点,(1)制定格式条款的目的是重复使用;(2)单方制定;(3)不可协商。格式条款最主要的特征在于“单方制定、不可协商。格式条款的使用者预先将自己的意志表达于文字，与之缔结合同的对方当事人并不参与合同条款的制定，也没有进行协商的余地，因而只能对之表示全部接受或不接受”。招标文件的实质性内容是由招标人单方制定，投标文件必须对招标文件的实质性要求和条件作出响应，不可协商，否则否决其投标。《最高人民法院关于适用〈中华人民共和国民法典〉合同编通则若干问题的解释》第九条规定，合同条款符合民法典第四百九十六条第一款规定的情形，当事人仅以合同系依据合同示范文本制作或者双方已经明确约定合同条款不属于格式条款为由主张该条款不是格式条款的，人民法院不予支持。

因此，招标文件的实质性内容符合格式条款的本质特征，具备单方制定和不可协商的特性，应受《民法典》格式条款的规制。

二、对格式条款有两种以上解释的处理规定

《民法典》第四百九十八条规定，对格式条款的理解发生争议的，应当按照通常理解予以解释。对格式条款有两种以上解释的，应当作出不利于提供格式条款一方的解释。对格式条款进行解释，应注意通常解释规则和不利解释规则的适用顺序。首先应适用通常解释规则，在通常解释规则的基础上再适用不利解释规则。即对争议格式条款先按照通常理解予以解释，如果按照通常理解只有唯一的解释，那么这就是格式条款的解释结果，没有必要也不应再适用不利解释规则进行解释。本条规定，对格式条款“有两种以上解释的”，应当作出不利于提供格式条款一方的解释。即不利解释规则的适用条件是对格式条款有两种以上解释。

招标文件“前附表”作为招标文件中除招标公告外最前面的章节，包含诸如招标范围、资格条件、工期、质量要求、开标时间、投标有效期、投标保证金等招标文件的实质性内容。这些内容需要投标人在投标文件中作出实质性响应，如果投标人不响应就会否决其投标。招标文件的专用合同条款属于合同文件的组成部分，投标人应当对专用合同条款作出响应，否则否决其投标。本案例招标文件对质量目标这一实质性要求，存在前附表与专用合同条款的要求不一致，产生了两种不同的解释。根据《民法典》第四百九十八条规定，应当作出不利于提供格式条款一方的解释。本案例对投标人质量目标按合格要求评审。

综上所述，第二种意见正确，由市住建局责令评标委员会改正。

【启示】

招标文件实质性内容前后不一致，导致评标工作无法进行的，应当停止评标工作；对潜在投标人投标和中标结果不造成实质性影响的，以有利于投标人原则评标。如果招标文件对解释顺序有规定的，按招标文件的解释顺序执行。

思考题

某工程项目资格后审招标，招标文件前附表要求申请人提供资质证、安全生产许可证和注册建造师证原件，否则否决其投标。提供的原件表也只要求以上 3 个证书。但在评标办法的资格评审中多了一个类似业绩要提供原件审核，评标委员会依据评标办法评审，本项目 36 家投标人，有 18 家投标人没有提供类似业绩原件被否决投标，评标委员会评审是否存在问题？

【案例109】

在中标候选人公示期间对招标文件内容投诉应如何处理？

关 键 词 投诉 / 招标文件 / 中标候选人公示

案例要点

并非招标人编制的招标文件的内容违反法律、行政法规的强制性规定，违反公开、公平、公正和诚实信用原则，就一定需要责令招标人修改招标文件后重新招标。

【基本案情】

某市新建行政服务中心大厅装饰装修公开招标，资格预审后确定9家合格申请人参与投标竞争。招标文件对主要材料和设备均设定了3个品牌和型号，并明确不按招标文件所列品牌和型号投标的作否决投标处理。中标候选人公示期间，第二中标候选人A企业向招标人提异议，认为招标文件指定品牌违反了《招标投标法》的有关规定。招标人认为过了提异议的时限不予受理。A企业于是向市住房和城乡建设局（以下简称市住建局）投诉，反映招标文件指定品牌属于限制排斥投标，诉求招标无效，招标人应当修改招标文件后重新招标。市住建局受理了投诉，经调查情况属实，作出如下处理决定：

一是依据《招标投标法实施条例》第二十三条的规定，责令招标人修改招标文件后重新招标。

二是依据《招标投标法》第五十一条的规定，给予招标人行政处罚一万元。

并向投诉人回复了处理结果，投诉人表示非常满意。

【问题引出】

问题一：分析本案例行政监督部门的处理存在哪些问题？

问题二：中标通知书下发后发现招标文件内容违法的，应当如何处理？

【案例分析】

一、对本案例行政监督部门的处理存在的问题分析

本案例行政监督部门受理投诉和责令招标人修改招标文件后重新招标存在以下问题：

一是本案例受理投诉属于程序违法。根据《招标投标法实施条例》第六十条规定，投标人或者其他利害关系人认为招标投标活动不符合法律、行政法规规定的，可以自知道或者应当知道之日起 10 日内向有关行政监督部门投诉。投诉应当有明确的请求和必要的证明材料。就本条例第二十二条、第四十四条、第五十四条规定事项投诉的，应当先向招标人提出异议，异议答复期间不计算在前款规定的期限内。《工程建设项目招标投标活动投诉处理办法》第十二条第（四）项规定，超过投诉时效的投诉不予受理；第（六）项规定，投诉事项应先提出异议，没有提出异议的投诉不予受理。本案例投诉人的投诉已超过投诉时效，对招标文件应先提出异议也没有提出异议，属于法定不受理的情形。行政监督部门受理法定规定不应当受理的投诉的，属于程序违法。

二是本案例适用法律依据错误。并非招标人编制的招标文件的内容违反法律、行政法规的强制性规定，违反公开、公平、公正和诚实信用原则，就必然导致招标人修改招标文件后重新招标。适用《招标投标法实施条例》第二十三条规定，应当同时满足两个条件。一是资格预审文件或者招标文件内容违法。二是违法内容影响了资格预审结果或者潜在投标人投标。所谓影响是指已经造成影响，其时点是资格预审评审结束后或者投标文件提交截止后即开标后才发现。在此之前发现的违法行为影响资格预审结果或者潜在投标人投标：如具备资格的潜在投标人未能参加资格预审或者未能参加投标、已经通过资格预审的申请人或者投标人没有充分竞争力，等等。由于本案例采用的是资格预审，指定 3 个品牌是在资格预审结束后招标文件中出现的内容，对资格预审结果没有影响。同时，指定 3 个品牌对潜在投标人是一视同仁的，并不存在歧视性，所有投标人都是在同等条件下竞争，对中标结果未造成实质性影响。因此，并不适用《招标投标法实施条例》第二十三条规定的重新招标的情形。

三是不符合合理行政的原则 。行政主体在实施行政行为时，有多种可供选择的手段达到行政目的，行政主体应该尽可能采取对相对人损害最小的手段。本案例对招标人存在的违法行为可以依据《招标投标法》第五十一条的规定进行处罚，达到教育招标人的目的 。

综上所述，本案例行政监督部门责令招标人重新招标，适用法律依据错误，也不符合合理行政的原则。

二、中标通知书下发后发现招标文件内容违法的，应当如何处理的分析

依法必须进行招标的项目，在确定中标人前发现资格预审文件或者招标文件存在《招标投标法实施条例》第二十三条规定情形的，招标人应当修改资格预审文件或者招标文件的内容后重新招标；如果中标人确定后，合同已经订立或者已经开始实际履行的，应当根据《招标投标法实施条例》第八十一条的规定办理。《招标投标法实施条例》第八十一规定，依法必须进行招标的项目的招标投标活动违反招标投标法和本条例的规定，对中标结果造成实质性影响，且不能采取补救措施予以纠正的，招标、投标、中标无效，应当依法重新招标或者评标。本条规定为认定相关行为的效力提供了法律依据。根据本条规定，认定招标、投标、中标无效的，应当满足三个条件。一是存在违法行为。二是对中标结果造成实质性影响。所谓实质性影响，就是由于该违法行为的发生，未能实现最优采购目的，包括应当参加投标竞争的人未能参加、最优投标人未能中标等。对中标结果造成的影响，包括已经造成的和必然造成的。比如招标文件规定的评标标准明显偏向特定投标人，即便是在评标过程中发现的，也可以认定招标无效，不需要等到中标候选人推荐出来后再进行认定。三是不能采取补救措施予以纠正。具体来说，就是违法行为已经发生，相关影响已经造成或者必然造成。何种无效应当根据违法行为及其被查处的时点来确定。如招标文件内容违法，在中标通知书下发前，依据《招标投标法实施条例》第二十三条处理，构成招标无效的，招标人重新招标；中标通知书下发后，依据《招标投标法实施条例》第八十一条规定处理，对中标结果造成实质性影响的，构成中标无效的，招标人重新招标。

综上所述，对招标文件的内容违法，在中标通知书下发前是否认定重新招标，关键看违法的内容是否影响资格预审结果或者潜在投标人投标；中标通知书下发后是否认定中标无效，关键看违法的内容是否对中标结果造成了实质性影响。

【启示】

在中标通知书下发前发现招标文件内容违法，依据《招标投标法实施条例》第二十三条规定处理；中标通知书下发后发现招标文件内容违法，依据《招标投标法实施条例》第八十一条规定处理。

思考题

某依法必须进行招标的工程项目，招标文件规定：近三年获得本省建筑奖项的加2分，上年度本市纳税表彰的先进企业加2分。中标候选人公示期间，有人投诉招标文件存在排斥外省企业，有关行政监督部门应当如何处理？

【案例 110】

因项目负责人存在在建工程所引发的投诉

关 键 词 项目负责人变更 / 在建工程

案例要点

项目负责人只要经发包方同意变更就有效。若同一时段某投标人同时中了两个标，因所派项目负责人是同一人的，是否一定要放弃其中一个标，需要根据具体情况确定。

【基本案情】

某市职业技术学院新建教学大楼，采取资格预审有限数量制进行施工招标。2021 年 9 月 19 日，资格审查委员会在市交易中心进行了资格评审，按预审文件规定推荐了 9 家合格申请人。10 月 24 日，预审合格的 9 家企业在投标截止时间前均递交了投标文件。同日评标委员会在市交易中心进行了评标，推荐 A 企业为第一中标候选人，B 企业为第二中标候选人，C 企业为第三中标候选人。10 月 28 日至 30 日中标候选人公示，公示期间招标人收到 C 企业的异议，反映 A 企业拟派的项目负责人李某在外省 E 市存在在建项目，并提供了网上公告的证据；反映 B 企业拟派的项目负责人王某同时在本省 F 市中了一个标，并提供了 10 月 26 日中标公告的证据，属于有在建项目。招标人回复，“投标人弄虚作假投标不属于异议事项，请向市住房和城乡建设局（以下简称市住建局）投诉。”C 企业于 11 月 1 日向市住建局提起投诉，诉求：取消第一中标候选人和第二中标候选人的中标资格。市住建局受理后，经调查核实，情况如下：

一是第一中标候选人 A 企业所派项目负责人李某有在建项目的事实不成立。李某在 E 市所承担的工程已于 2021 年 7 月 20 日经发包人同意办理了变更，只是未到当地建设行政主管部门办理备案手续，网上没有更正项目负责人。

二是第二中标候选人 B 企业近日在 F 市中了一个标，所派的项目负责人与本次投标的项目负责人王某是同一人的情况属实，但 B 企业是在参加本项目投标之后中的标，因此，不能认定王某有在建项目，也不能认定 B 企业属于弄虚作假投标。

市住建局根据调查情况，作出了维持评标结果处理决定，对取消第一中标候选人和第二中标候选人的中标资格的诉求不予支持。投诉人接受了处理意见。

【问题引出】

问题一：项目负责人变更未到建设行政主管部门备案是否有效？

问题二：某企业在同一时段中了两个标，所派的项目负责人为同一个人时怎么处理？

【案例分析】

一、关于项目负责人变更未到建设行政主管部门备案是否有效的分析

在业内对项目负责人变更没有在建设行政主管部门备案和网上变更是否有效一直存在争议。2017 年 8 月，住房和城乡建设部就《关于〈注册建造师执业管理办法〉有关条款解释的请示》复函安徽省住房城乡建设厅，明确了项目负责人变更只要发包方同意就有效。住房和城乡建设部的复函内容："根据《注册建造师执业管理办法》第十条规定，建设工程合同履行期间变更项目负责人的，经发包方同意，应当予以认可。企业未在 5 个工作日内报建设行政主管部门和有关部门及时进行网上变更的，应由项目所在地县级以上住房城乡建设主管部门按照有关规定予以纠正。"《国务院办公厅关于推广行政备案规范管理改革试点经验的通知》附件 3 对行政备案的定义：行政备案是指行政机关根据公民、法人或者其他组织依法报送的相关材料，经审核予以存档备查的行为，对行政备案事项，不得规定经行政机关审查同意，企业和群众方可从事相关特定活动。这一通知进一步明确了行政备案只是告知性备案，不具备审查批准的权利。综上分析，市住建局的处理意见正确。

二、企业在同一时段中了两个标，所派的项目负责人是同一个人时怎么处理的分析

法律没有禁止投标人派相同的项目负责人同时在不同的项目中投标，只是规定注册建造师不得同时担任两个及以上建设工程施工项目负责人。招标文件一般规定的是所派的项目负责人不得有在建项目。那么何谓项目在建？签订合同后到合同约定的工程验收合格前为项目在建。或未验收但项目业主已实际使用的，以实际使用开始日视为工程验收合格日。为了有效地认定项目负责人是否存在在建项目，有的地方行业主管部门出台了相关的规定，地方行业部门有规定的执行地方行业部门的规定；如果在招标文件中对在建项目进行了明确定义的，以招标文件的定义为准。

某企业在同一时段先后中了两个标，所派项目负责人是同一人，不属于项目负责人有在建项目。那么是否可以在中标通知书下发后变更其中一个项目的项目负责人？也就是能否同时中两个标？需要根据具体的实际情况进行分析。实务中主要有以下三种情形：

第一种情形：地方行业主管部门有明确规定的执行地方行业主管部门的规定。如《湖北省住房和城乡建设厅关于进一步加强房屋建筑和市政工程项目标后履约行为监督管理的通知》中规定："中标通知书发出后或者未经招标的工程合同签订

后，中标人投标书、合同中确定的派驻现场施工、监理有关人员应当全面履行合同约定的义务，不得随意更换。发生下列情形之一，由施工单位、监理单位申请，经建设单位同意、工程所在地建设行政主管部门批准，方可变更”。这一规定明确中标通知书发出后，可以变更项目负责人。再如，武汉市城乡建设局发布的《市建委关于进一步规范房屋建筑和市政基础设施工程项目招标投标活动的若干规定》中第二十七条规定：“一个项目经理不得同时在两个及两个以上的建设工程项目上担任施工单位项目负责人。投标人拟派的项目经理同时参加两个以上的工程项目投标时，若同时中标，应当在中标后告知招标人，并按照投标文件中承诺拟派的项目经理的同等标准进行更换。中标通知书发出后，投标人拟派的项目经理即在企业数据库中锁定，在承担中标项目施工任务期间，不得参加新的项目投标。工程项目完成竣工验收后办理备案前，中标人可提出申请，经招标人书面同意后解锁。投标人中标后，直至中标的工程项目完工，不得无故更换投标文件中承诺的拟派项目经理。因不可抗拒的原因需要更换项目经理的，应当事前征得建设单位书面同意后，再按相关规定办理变更登记手续。”这是针对投标人拟派的项目负责人同时参加两个以上的工程项目投标时，若同时中标怎么处理的一个具体规定，这一规定的言外之意是可以同时中两个标。前提是更换的项目负责人要与承诺拟派的项目负责人具备同等的标准。根据 2023 年 12 月 4 日最高人民法院发布的《最高人民法院关于适用〈中华人民共和国民法典〉合同编通则若干问题的解释》，明确了中标通知书自到达中标人时，合同成立并生效。因此，中标通知书下发后，是可以变更项目负责人的。当然，如果地方行业主管部门明确规定不能同时中两个标的，应当执行地方规定。

第二种情形：招标文件对此有明确约定的执行招标文件的约定。如有的招标文件明确约定，投标人拟派的项目负责人同时参加两个以上的工程项目投标时，若同时中标，只能选择其中一个项目。那么投标人应当遵守招标文件的约定，放弃其中一个标。两个项目中，只要其中一个项目约定了只能选择其中一个中标，投标人应当遵守约定。招标是要约邀请，投标是要约，投标文件应当响应招标文件的实质性要求。如果招标文件与地方规定不一致的，执行招标文件的规定，因为招标文件规定并未违反法律、行政法规的强制性规定，这一规定是有效的。

第三种情形：地方行业主管部门和招标文件对此均未作出规定。中标通知书下发后，有一方项目建设单位同意投标人变更项目负责人是否有效？从法律层面讲，变更项目负责人经发包方同意，应当为有效。但是，同意变更项目负责人会有审计、巡视（巡察）和行业主管部门监督检查的风险。因为，根据《招标投标法实施条例》第三十八条规定，投标人发生合并、分立、破产等重大变化不再具备招标文件规定的资格条件或者其投标影响招标公正性的，投标无效。对第三种情形分两类情况分析：

第一类是在评标办法中对项目负责人的学历、资历、能力、业绩等未作具体的加分项规定，只是合格性的定性评审。如典型的是招标人采用经评审的最低评标价法。项目负责人只是对资格条件起作用，对是否能中标并不起关键性作用。更换的项目负责人与承诺拟派的项目负责人是否具备同等的标准容易判断，只要对资格条件不产生影响，对招标的公正性就不会产生影响。对项目负责人只是合格性的定性评审的，在中标通知书下发后更换项目负责人，只要更换的项目负责人满足招标文件的资格条件，项目业主承担的风险很小，或没有风险。对投标人来说，也就可以同时中两个标。

第二类是评标办法中对项目负责人除定性评审要求外，还对其学历、资历、能力、业绩等作了具体的加分项规定，也就是项目负责人对评标结果起到关键性作用。这种情况下，在中标通知书下发同意变更项目负责人的，项目业主将承担一定的风险。根据《招标投标法实施条例》第三十八条规定，“投标人发生合并、分立、破产等重大变化的，应当及时书面告知招标人。投标人不再具备资格预审文件、招标文件规定的资格条件或者其投标影响招标公正性的，其投标无效。”项目负责人的变化也属于投标文件的重大变化。《招标投标法实施条例释义》指出：“通过资格预审的申请人或者投标人发生本条规定的重大变化，是否影响其资格条件，应当由招标人组织资格审查委员会（限于国有资金占控股或主导地位的依法必须进行招标的项目）或者评标委员会进行评审并作出认定。资格审查委员会或者评标委员会应当依据资格预审文件（已进行资格预审的）或者招标文件（未进行资格预审的）规定的标准进行复核，既不能降低也不能提高审查标准，否则不公平。资格复核不合格的投标无效包括两层意思：一是采用资格预审方式的，投标人在提交投标文件前发生本条规定的重大变化，资格复核不合格的，该投标人失去投标资格。二是已经提交了投标文件的投标人，在确定中标前发生可能影响资格条件的重大变化，经复核确认后其投标无效。”

案涉项目在中标通知书下发后，变更项目负责人，不可能召集评标委员会来认定，而招标人擅自同意变更项目负责人，是否影响招标公正性，只是项目业主单方的意见和判断，不具公正性，易被审计、巡视（巡察）和行业主管部门监督检查认定存在问题。因此，在项目负责人对评标结果起到关键性作用的情形下，项目业主同意变更要慎重。当两个项目均不同意变更项目负责人时，投标人只能放弃其中一个。由于是因客观原因导致的放弃中标，招标人和行政监督部门应当与无故放弃中标区别对待，不应给予其行政处罚。

【启示】

项目负责人在履行合同期间变更的，要及时到建设行政主管部门和有关部门进行网上变更，避免引发投诉和不必要的争议。中标通知书下发后，项目业主同意变更项目负责人的要慎重，除符合《注册建造师执业管理办法》外，还需要考虑是否影响招标公正性，如果影响招标公正性的，则不能同意更换。

思考题

某工程建设项目采用经评审的最低投标价法，对项目负责人只要求具备建筑工程类二级注册建造师，A企业中标。中标通知书下发后，发包方认为中标人投标文件中所派项目经理太年轻，类似业绩的经历不丰富，希望更换一个类似业绩经历丰富的项目经理。中标人按发包方的要求，在签订合同时更换了项目经理，请问是否存在问题？

【案例 111】

因所有中标候选人均存在问题，招标人选择重新招标引发的投诉

关 键 词 中标候选人 / 重新评审 / 重新招标

案例要点

对中标候选人存在的问题要具体问题具体对待，若是评标委员会评审错误，则应当依法责令评标委员会改正。若是中标候选人存在违法行为，构成中标无效的，取消中标资格。

【基本案情】

某县县级公路改造项目，县交通投资公司采用资格后审公开招标。评标办法为综合评估法，有 10 家企业参与投标竞争。经评标委员会评审，推荐第一中标候选人为 A 企业，第二中标候选人为 B 企业，第三中标候选人为 C 企业。评标报告提交招标人后，经审核发现三个中标候选人均存在问题。A 企业所派项目负责人注册建造师注册单位是其母公司；B 企业所报类似业绩中有 2 个与网络查询的业绩不相符，存在弄虚作假，且 2 个业绩都参与了评分；C 企业的安全生产许可证已过有效期，不符合招标文件的资格要求。于是向县交通运输局报告并申请重新招标。县交通运输局经调查核实，招标人反映的情况属实，同意招标人重新招标。由于本项目在中标候选人公示前发现了问题，没有进行中标候选人公示，有投标人向招标人询问，招标人如实告知。3 家投标企业对招标人不依法公示中标候选人向县交通运输局提起投诉，后招标人对中标候选人进行了公示，并对县交通运输局同意本项目重新招标的决定一并进行了公示。3 家投诉人对县交通运输局同意招标人重新招标的处理决定不服，向市交通运输局申请行政复议。市交通运输局经调查审核，依法撤销县交通运输局的处理决定，要求县交通运输局对评标委员会的评审错误依法予以纠正。于是县交通运输局责令评标委员会改正，但评标委员会对 B 企业是否推荐其为中标候选人意见不统一，有部分评标委员会成员认为只是改正评标中对 A、C 企业应当否决没有否决的错误，B 企业弄虚作假不属于评标错误。有部分评标委员会成员认为县交通运输局已查实其弄虚作假就不能再推荐为中标候选人，最后达成一致意见重新推荐了 3 家中标候选人。

【问题引出】

问题一：谁是重新招标或重新评审选择权的主体？

问题二：中标候选人存在问题是否一定要重新评审？

问题三：本案例存在哪些问题？

【案例分析】

一、关于重新招标或重新评标（评审）选择权的主体分析

（一）当招标投标活动出现下列情形时，行政监督部门与招标人均无权选择，依法应当重新招标。

一是投标人少于 3 个的，依据《招标投标法》第二十八条的规定以及《招标投标法实施条例》第四十四条的规定，依法重新招标。

二是依法必须进行招标的项目所有投标均被否决的，依据《招标投标法》第四十二条的规定，依法重新招标。

三是通过资格预审的申请人少于 3 个的，依据《招标投标法实施条例》第十九条的规定，依法重新招标。

四是依法必须进行招标的工程建设项目货物招标和勘察设计招标同意延长投标有效期的投标人少于 3 个的，依据《工程建设项目货物招标投标办法》第二十八条和《工程建设项目勘察设计招标投标办法》第四十八条的规定，依法重新招标。

（二）当建设工程项目评标环节中出现有效投标不足 3 个的情形时，依据《评标委员会和评标方法暂行规定》第二十七条的规定，因有效投标不足 3 个使得投标明显缺乏竞争的，评标委员会可以否决全部投标。投标人少于 3 个或者所有投标被否决的，招标人在分析招标失败的原因并采取相应措施后，应当依法重新招标。

（三）当国有资金占控股或者主导地位的依法必须进行招标的项目，出现第一中标候选人查实存在违法情形时，中标无效，依据《招标投标法》第六十四条和《招标投标法实施条例》第五十五条的规定，是依次确定中标人还是选择重新招标由招标人决定。

（四）当招标人编制的资格预审文件、招标文件的内容违反法律、行政法规的强制性规定，违反公开、公平、公正和诚实信用原则，影响资格预审结果或者潜在投标人投标的，由有关行政监督部门依据《招标投标法实施条例》第二十三条的规定，责令招标人修改招标文件后重新招标。

（五）当依法必须进行招标的项目的招标投标活动违反《招标投标法》及其实施条例的规定，对中标结果造成实质性影响，且不能采取补救措施予以纠正的，招标、投标、中标无效时，是依法应当重新招标还是重新评标，由有关行政监督部门依据《招标投标法实施条例》第八十一条的规定作出处理决定。

（六）当评标活动出现下列情形时，由行政监督部门作出重新评标（评审）的意见。

一是依据《招标投标法实施条例》第四十八条第三款的规定，“评标过程中，评标委员会成员有回避事由、擅离职守或者因健康等原因不能继续评标的，应当及时更换。被更换的评标委员会成员作出的评审结论无效，由更换后的评标委员会成员重新进行评审。”对此条中规定的应当回避没有回避、擅离职守和不客观公正评审等其他违法情形的，由有关行政监督部门依据《招标投标法实施条例》第七十一条的规定，更换评标委员会重新评审。出现因健康原因不能继续评标的，招标人重新抽取评标专家重新评审，事后报有关行政监督部门备案。

二是依据《招标投标法实施条例》第七十条的规定，当出现违法确定或者更换的评标委员会成员作出的评审结论无效，由有关行政监督部门决定依法重新进行评审。

三是评标委员会成员有《招标投标法实施条例》第七十一条规定的情形时，由有关行政监督部门责令原评标委员会成员改正。

（七）当出现下列情况应当重新组建评标委员会评标：

一是当评标委员会的组成违法时，应重新组建评标委员会评标，原评标委员会的评审结论无效。评标委员会的组成违法情形包括但不限于：评标委员会的专家成员不是从合法的评标专家库内的相关专家名单中确定；不是通过随机抽取方式确定；技术、经济等方面的专家少于成员总数的三分之二；评标前评标委员会成员的名单已经泄露且对评标结果造成实质性的影响等。

二是有关行政监督部门责令原评标委员会成员改正，原评标委员会成员拒绝改正的，应当重新组建评标委员会评标。

二、中标候选人存在问题是否一定要重新评审的分析

中标候选人存在问题是否一定要重新进行评审,要具体问题具体分析。依据《招标投标法实施条例》第五十五条的规定，国有资金占控股或者主导地位的依法必须进行招标的项目，排名第一的中标候选人放弃中标、因不可抗力不能履行合同、不按照招标文件要求提交履约保证金，或者被查实存在影响中标结果的违法行为等情形，不符合中标条件的，招标人可以按照评标委员会提出的中标候选人名单排序依次确定其他中标候选人为中标人，也可以重新招标。因为上述违法行为，是评标专家根据自身的专业能力和专业水平在评标时无法发现其存在虚假投标、串通投标情形的，并非评标委员会的过错，评标结果是有效的。若本案例中，是第一中标候选人经查实存在影响中标结果的违法行为，则招标人依据《招标投标法实施条例》第五十五条的规定，可以选择重新招标，投诉不成立。如果是评标委员会没有按招标文件规定的评标标准和方法评标，评标结果是无效的，依据《招标投标法实施条例》第七十一条的规定，应当责令改正。如本案例第一、第三中标候选人存在的问题属于评标委员会应当否决没有否决的，由有关行政监督部门责令评标委员会成员改正。

三、本案例中，招标人和行政监督部门的做法分析

一是招标人在中标候选人公示前，发现评标存在的问题和中标候选人存在的违法问题，实质是对评标委员会和投标人进行的投诉，县交通运输局应当按投诉处理程序依法处理，并作出投诉处理决定。对属于评标委员会没有按招标文件规定的标准和方法评标的问题，依据《招标投标法实施条例》第七十一条的规定处理。对中标候选人存在的弄虚作假的问题，依据《招标投标法》第五十四条的规定处理。招标人依据投诉处理决定依法组织评标委员会纠正评标错误后，再重新公示中标候选人。如果中标候选人均属于违法行为，则不属于评标委员会的错误，不需要责令改正，但要依法公示中标候选人，并将查实的情况一并公告，然后招标人选择重新招标。因此，本项目不公示中标候选人违反了《招标投标法》及其实施条例的规定。同时，县交通运输局认定所有中标候选人的中标资格均被取消是错误的，本案例只有第二中标候选人弄虚作假中标资格被取消，第一、第三中标候选人属于评标委员会成员应当否决没有否决的情形，不属于取消中标资格的情形。

二是责令评标委员会成员改正，评标委员会成员只对评审存在错误的改正，而不是全部重新评审。本案例第二中标候选人 B 企业弄虚作假不属于评标委员会改正的事项，B 企业若再次进入中标候选人序列，由县交通运输局依法作出处理，取消其中标资格。

【启示】

1. 对重新评标（评审）和重新招标的决定权和选择权，要严格按照法律法规的规定进行，不然会导致越权，从而影响招标投标活动的公平、公正性。

2. 中标候选人存在问题，是否选择重新评审，要根据具体情况确定，只有属于评标委员会的过错时，才责令评标委员会改正。

思考题

某工程建设项目采用经评审的最低投标价评标法，中标候选人公示后，第一中标候选人被查实存在影响中标结果的违法行为，第二、第三中标候选人查实属于评标委员会评审错误，招标人直接选择重新招标，是否存在问题？

【案例112】

承诺不实或提供了不真实信息就一定属于弄虚作假、骗取中标吗?

关 键 词 承诺不实/弄虚作假/骗取中标

案例要点

对中标没有任何实质性影响的不实承诺和不真实信息，不构成法律法规规定的弄虚作假情形，以弄虚作假骗取中标处理属于适用法律错误。

【基本案情】

某市某市政工程项目招标，招标文件评审办法对类似业绩打分要求：企业近三年完成中标金额3000万元市政综合业绩项目（提供合同和竣工验收证明材料）1个加1分，最多加3分。同时，在招标文件提供的格式中要求投标人填写近三年承包的工程建设项目败诉情况，并在备注中提示：隐瞒实情，视同弄虚作假。但投标人的败诉情况并未作为评标内容。中标候选人公示期间，第三中标候选人C企业向市住房和城乡建设局（以下简称市住建局）提起投诉，投诉第一中标候选人A企业近三年有一项目因劳务分包的诉讼败诉，而A企业在败诉栏中填写的是无败诉情况，有意隐瞒实情，依据招标文件规定，视同弄虚作假，应取消其中标资格。投诉第二中标候选人B企业公示的5个类似业绩中有1个类似业绩的中标金额存在造假，与网络上查询的不一致，网络上公示的金额是2930万元，中标候选人公示的中标金额是3050万元。投诉人诉求：取消第一和第二中标候选人的中标资格。市住建局经调查核实，投诉人投诉情况属实。依据《招标投标法》第五十四条和招标文件的约定，以弄虚作假取消第一和第二中标候选人的中标资格，考虑违法行为轻微，没有造成后果，免于行政处罚。第一与第二中标候选人对处理结果不服，分别提起行政复议。复议机关经调查审核，认定市住建局适用法律依据错误，撤销行政处理决定，要求重新作出处理。

【问题引出】

问题：承诺不实或提供了不真实信息就一定属于弄虚作假、骗取中标吗?

【案例分析】

判断投标文件中承诺不实或提供了不真实的信息，是否属于弄虚作假骗取中标，关键看承诺不实或提供的信息不真实的内容，是否属于招标文件的实质性要求，如资格条件、否决投标的条款等；是否属于评标评审标准中的形式评审、资格评审、响应性评审的内容和评分标准中的评分项；以及是否对中标结果造成实质性影响。如果是，则对其他投标人会造成不公，属于弄虚作假、骗取中标。如果不属于上述情形，认定为弄虚作假、骗取中标，属于适用法律依据错误。

《招标投标法》第五十四条规定，“投标人以他人名义投标或者以其他方式弄虚作假，骗取中标的，中标无效”。至于何为“以其他方式弄虚作假”，《招标投标法实施条例》第四十二条第二款作了五项具体的规定：“（一）使用伪造、变造的许可证件；（二）提供虚假的财务状况或者业绩；（三）提供虚假的项目负责人或者主要技术人员简历、劳动关系证明；（四）提供虚假的信用状况；（五）其他弄虚作假的行为。”这两个规定均属于列举式法律规定，其中“以其他方式弄虚作假”和“其他弄虚作假的行为”则为兜底条款。而对列举式法律规定的兜底条款，只能作“只含同类”的同类解释。该两条规定明确列举的弄虚作假行为均是严重的弄虚作假行为，均为涉及资格、能力上弄虚作假，均会导致对中标结果造成实质性影响，对其他投标人造成不公，对中标工程也存在难以按时保质保量完成的风险。按照同类解释规则，“以其他方式弄虚作假”和“其他弄虚作假的行为”，应与前述明确列举的弄虚作假行为同类，即“性质相同、手段相似、后果相当”。

本案例对投标人是否有败诉，未列入评标委员会评审内容中，投标人承诺有或无，对评标结果都不会造成实质性影响，纠正这种失误或者错误也不会影响其他投标人，属于投标文件的细微偏差，而不能简单归类于弄虚作假。第二中标候选人的情形，与《招标投标法实施条例释义》对《招标投标法实施条例》第四十二条释义中所列举的典型案例类似。释义中特别强调弄虚作假应当区别于失误和错误，并举了一个典型的例子，如资格预审文件或者招标文件仅要求提供两项类似项目业绩，但资格预审申请人或者投标人提供了四项，其中有一项或者两项包含虚假信息，由于其他两项业绩已经足以证明其资格条件或者竞争力，纠正这种失误或者错误也不会影响其他投标人，可以按照细微偏差给予修正，而不能简单归类于弄虚作假。

综上所述，投标人承诺不实或提供了不真实的信息，如果对评标结果不产生任何影响，不能简单地认定为弄虚作假、骗取中标。

【启示】

有关行政监督部门应当严格区分弄虚作假与投标人的失误和错误，对中标结果无实质性影响的失误和错误，不能简单归类于弄虚作假。

思考题

某工程建设项目招标文件规定，在最近三年内发生重大工程质量问题（以相关行业主管部门的行政处罚决定或司法机关出具的有关法律文书为准）无资格参加投标，A 中标人在投标的上一年度发生重大工程质量问题，有司法机关出具的有关法律文书为证，但该中标人在投标时承诺无，请问是否属于弄虚作假、骗取中标?

【案例 113】

行政监督部门未经调查取证不得作出投诉处理决定

关 键 词 调查取证 / 投诉处理决定

案例要点

行政监督部门受理投诉后，应当调取、查阅有关文件，调查、核实有关情况，充分听取被投诉人的陈述和申辩。违反法定程序作出的行政处理决定无效。

【基本案情】

某市第一人民医院新建住院大楼电梯设备采购及安装公开招标，对电梯设备的主要性能指标和技术参数在招标文件的技术部分作了明确的要求。经评标委员会评审推荐：第一中标候选人 A 公司、第二中标候选人 B 公司、第三中标候选人 C 公司。招标人收到评标报告后，经组织代理机构复核，认定第一中标候选人所投设备有一项主要性能指标未达到要求。于是招标人向市住房和城乡建设局（以下简称市住建局）申请复评，市住建局要求先公示中标候选人再提出复评，招标人公示后提出了复评申请。市住建局书面回复，同意招标人组织原评标委员会进行复评。原评标委员会经复评后维持原评标结果，招标人对此不满意，向市住建局再次提出申请，并要求重新组建评标委员会评标。市住建局在未进行调查取证和核实的情况下，作出同意招标人重新组建评标委员会评标的决定。经重新评标，原第一中标候选人 A 公司被否决投标。A 公司对此不服，遂向当地人民政府申请行政复议，认为重新评标违法，提出请求撤销市住建局作出的同意招标人重新评标的行政处理决定，并维持第一次评标结果的诉求。

市人民政府行政复议机关受理后，经调查核实，认为市住建局前后两次受理招标人的申请，其实质都属于受理招标人对评标委员会的投诉。而在处理投诉的整个过程中，未体现其依据《工程建设项目招标投标活动投诉处理办法》第十四条第一款的规定，“行政监督部门受理投诉后，应当调取、查阅有关文件，调查、核实有关情况。”也未体现其依据第十六条的规定，“在投诉处理过程中，行政监督部门应当听取被投诉人的陈述和申辩，必要时可通知投诉人和被投诉人进行质证。”本案例被投诉人除评标委员会成员外，还涉及直接利害关系人第一中标候选人 A 公司。在复议机关调查中，虽然市住建局提供了其在行政程序中向招标人调查及对评标报告审核等证据，但上述证据不能足以证明其作出的行政行为程序合法，且从行政管理应当遵公平、公正的原则出发考虑，在评标委员会和招标人对中标结果存在较大争议的情况下，应当对中标结果进行全面、客观的审查，要充分听取评标委员会及直接利害关系人A公司的陈述和申辩。同时，本案例对产品性能的认定属于专业性强、情况复杂，需要向有关专业技术部门咨询和组织业内专家咨询论证。复议机关最终认定行政行为未尽调查之责，违反法定程序。依据《行政复议法》第二十八条第一款第三项第三目的规定，撤销市住建局作出的重新评标的行政处理决定，要求重新作出行政行为。

【问题引出】

问题一：招标人反映评标存在问题属于投诉吗？

问题二：对投诉处理法定程序的规定有哪些？

【案例分析】

一、招标人向有关行政监督部门反映评标存在问题，其实质属于投诉评标委员会

《招标投标法实施条例》第六十条第一款规定，“投标人或者其他利害关系人认为招标投标活动不符合法律、行政法规规定的，可以自知道或者应当知道之日起10日内向有关行政监督部门投诉。”本条规定的投诉主体与《招标投标法实施条例》第二十二条规定的异议主体的区别在于，投诉主体应当包括招标人。招标人是招标投标活动的主要当事人，是招标项目和招标活动毫无疑义的利害关系人。但是招标人不得滥用投诉，招标人能够投诉的应当限于那些不能自行处理，必须通过行政救济途径才能解决的问题。典型的是投标人串通投标、弄虚作假，资格审查委员会未严格按照资格预审文件规定的标准和方法评审，评标委员会未严格按照招标文件规定的评标标准和方法评标，投标人或者其他利害关系人的异议成立但招标人无法自行采取措施予以纠正等情形。例如投标人或者其他利害关系人有关某中标候选人存在业绩弄虚作假的异议，经招标人核实后情况属实，而评标委员会又无法根据投标文件的内容给予认定，评标时又缺少进行查证的必要手段，如果由招标人自行决定或者自行否决又容易被滥用，必须向行政监督部门提出投诉，由行政监督部门依法作出认定。

本案例招标人反映第一中标候选人的产品主要性能不满足招标文件的技术要求，评标委员会没有否决其投标，属于评标委员会涉嫌没有按招标文件规定的标准和方法评标，实质是对评标委员会的投诉，申请复评属于投诉的诉求。市住建局应当按《工程建设项目招标投标活动投诉处理办法》规定的程序进行调查核实后，再作出是否同意招标人诉求的行政处理决定。同时，在招标投标法律法规体系中没有复评这一概念。复评是实务中一种口头的习惯用语。所谓复评，不是要求原评标委员会再评一次，评标是一次性的。在招标投标法律法规体系中只有重新评审、责令改正、重新评标三个概念。重新评审，是指评标委员会成员因法定事由（如回避）被更换后，其评审无效，由更换的成员重新评审；责令改正是评标委员会成员出现《招标投标法实施条例》第七十一条所规定的情形时，经有关行政监督部门调查属实，由有关行政监督部门责令改正；重新评标是指评标委员会存在违法行为，无法自行纠正时，评标无效，由重新组建的评标委员会评标。本案例同意复评的行政决定意思不清楚。复评就会产生两种结果，一是维持，二是改正。正因为行政决定意思不清楚，才导致原评标委员会作出维持原评标结果的复评意见。正确的做法是调查核实后，要么不支持招标人复评的诉求，维持评标结果；要么支持招标人复评的诉求，责令原评标委员会改正评标错误。

二、投诉处理应当严格依照法律法规规定的程序进行

依法对招标投标活动实施监督，依法处理招标投标投诉案件，查处招标投标活动中的违法行为，是招标投标行政监督部门的法定职责。处理招标投标投诉的行政程序应当符合法律法规的规定，这也是依法行政的应有之义。行政监督部门处理投诉事项时是否必须履行调查、听证和质证程序，也是招标投标行政案件中常见的争议焦点，结合上述案例阐释这一问题。

依据《招标投标法实施条例》第四条的规定，县级以上地方人民政府有关部门按照规定的职责分工，对招标投标活动实施监督，依法查处招标投标活动中的违法行为。处理投诉是行政监督部门履行行政监督职责的主要工作，处理投诉的行政程序必须符合法律法规的规定。对此，《工程建设项目招标投标活动投诉处理办法》第十四条规定："行政监督部门受理投诉后，应当调取、查阅有关文件，调查、核实有关情况。对情况复杂、涉及面广的重大投诉事项，有权受理投诉的行政监督部门可以会同其他有关的行政监督部门进行联合调查，共同研究后由受理部门作出处理决定。"第十五条规定："行政监督部门调查取证时，应当由两名以上行政执法人员进行，并做笔录，交被调查人签字确认。"第十六条规定："在投诉处理过程中，行政监督部门应当听取被投诉人的陈述和申辩，必要时可通知投诉人和被投诉人进行质证。"也就是说，行政监督部门受理投诉后，应当调取、查阅有关文件，调查、核实有关情况。行政监督部门调查取证时，应当由 2 名以上行政执法人员进行，并做笔录，交被调查人签字确认。在投诉处理过程中，行政监督部门应当听取被投诉人的陈述和申辩，必要时可通知投诉人和被投诉人进行质证。这些规定属于行政程序法，行政程序合规是行政行为的基本要求，是确保行政处理结果合法的基本保障，只有经过周密地调查取证，行政监督部门才能查清事实，依法作出正确的投诉处理决定。如果程序上违法，则该具体行政行为违反法定程序，作出的行政投诉处理决定也就无效。

本案例中，市住建局对工程建设项目招标投标活动投诉处理具有法定职责。受理投诉后，应当听取被投诉人评标委员会及利害关系人第一中标候选人的陈述和申辩；对专业技术问题应当向有关质量技术监督部门和有关专家咨询后，再作出明确的行政处理决定，第一次同意招标人复评和第二次同意招标人重新评标，均违反法定程序。因此，市住建局违反法定程序作出的投诉处理决定无效。

【启示】

招标人反映评标情况，其实质属于投诉。行政监督部门受理投诉后，应当调取、查阅有关文件，调查、核实有关情况。对情况复杂、涉及面广的重大投诉事项，有权受理投诉的行政监督部门可以会同其他有关的行政监督部门进行联合调查，共同研究后由受理部门作出处理决定。

思考题

某工程建设项目招标，招标人经审核认定第一中标候选人的业绩存在弄虚作假的情形，于是召集原评标委员会否决其投标，重新推荐中标候选人，招标人的做法是否存在问题？请简述正确的做法。

【案例 114】

中标无效一定要重新招标吗？

关 键 词 中标无效 / 重新招标

案例要点

中标通知书已发出，查实中标人存在弄虚作假，中标无效，可依法从其他中标候选人中选择中标人，也可选择重新招标，由招标人自行决定。

【基本案情】

某县中小河流治理采用综合评分法公开招标，中标候选人公示期内未收到异议，招标人发出中标通知书。在发出中标通知书的第二天，招标人收到县水利局暂停招标投标活动的通知，告知收到第二中标候选人的投诉，投诉中标人 A 公司投标文件中所报业绩存在弄虚作假，并提供了有效线索，现正在调查中。后经县水利局调查核实，确认 A 公司弄虚作假投标属实。县水利局依据《招标投标法》第五十四条规定，确认 A 公司中标无效，并依据《招标投标法实施条例》第八十一条的规定要求招标人重新招标。由于河流治理的季节性强，招标人重新招标不能满足本项目的工期要求，同时，选择第二中标候选人作为中标人也有法律依据，《招标投标法》第六十四条规定，“依法必须进行招标的项目违反本法规定，中标无效的，应当依照本法规定的中标条件从其余投标人中重新确定中标人或者依照本法重新进行招标。”于是招标人向县水利局报告，希望本项目不重新招标，直接确定第二中标候选人为中标人。县水利局接受了招标人的意见，书面撤销重新招标的处理决定，改为由招标人自行决定。

【问题引出】

问题一：中标无效的情形有哪些？

问题二：中标无效后，招标人是否只能选择重新招标？

【案例分析】

一、关于中标无效的情形分析

《招标投标法》规定中标无效的情形有六种：一是依据《招标投标法》第五十条规定，违规代理导致的中标无效。二是依据《招标投标法》第五十二条规定，招标人泄露相关信息导致的中标无效。三是依据《招标投标法》第五十三条规定，串通投标导致的中标无效。四是依据《招标投标法》第五十四条规定，弄虚作假导致的中标无效。五是依据《招标投标法》第五十五条规定，违法谈判导致的中标无效。六是依据《招标投标法》第五十七条规定，招标人违法确定中标人的导致中标无效。

《招标投标法实施条例》第八十一条规定，依法必须进行招标的项目的招标投标活动违反招标投标法和本条例的规定，对中标结果造成实质性影响，且不能采取补救措施予以纠正的，招标、投标、中标无效，应当依法重新招标或者评标。

除《招标投标法》和《招标投标法实施条例》已有规定外，实践中可能导致中标无效的其他违法行为主要包括但不限于以下几种情形：

一是招标人或者招标代理机构接受未通过资格预审的单位或者个人参加投标。

二是招标人或者招标代理机构接受应当拒收的投标文件。

三是评标委员会的组建违反《招标投标法》和《招标投标法实施条例》的规定。

四是评标委员会成员有《招标投标法》第五十六条，以及《招标投标法实施条例》第七十一条、第七十二条所列行为之一。

以上行为，如果在中标通知书发出前发现并被查实的，责令改正，重新评标；如果在中标通知书发出后发现并被查实，且对中标结果造成实质性影响的，中标无效。

二、中标无效后，招标人是否只能选择重新招标

中标无效后，招标人不是只能选择重新招标，可以有以下三种选择：一是从其余投标人中重新确定中标人；二是选择重新评标；三是选择重新招标。依据《招标投标法》第六十四条规定，“依法必须进行招标的项目违反本法规定，中标无效的，应当依照本法规定的中标条件从其余投标人中重新确定中标人或者依照本法重新进行招标。”此条赋予招标人两种选择权，但并不表示招标人可自由选择，应当根据具体情况进行选择，同时选择时不得违反公开、公平、公正和诚实信用的基本原则。如招标人泄露相关信息导致的中标无效，则招标人应当选择重新招标。再如招标人在评标委员会依法推荐的中标候选人以外确定中标人的，对中标候选人显然是不公的，违反了公平、公正和诚实信用的原则，应当依法选择中标人。而本案例属于弄虚作假导致的中标无效，中标无效不代表评标结果无效，招标人依据《招标投标法》第六十四条规定，可以直接选择排名第二的中标候选人作为中标人，也可以选择重新招标。当然，依据《招标投标法实施条例》第八十一条规定，招标、投标、中标无效，应当依法重新招标或者评标。对于中标无效的除重新招标外，还可选择重新评标。对是否选择重新评标由有关行政监督部门根据情况决定。如属于评标委员会违法，包括组建违法、评标时违法等，为了提高招标投标效率，保证招标投标活动的公平、公正性，也可以选择重新评标。

实务中值得注意的是：一是国有资金占控股或者主导地位的依法必须进行招标的项目，出现中标无效后，招标人应当依据《招标投标法实施条例》第五十五条的规定，依据中标候选人的排名次序选择中标人。二是如果已签订合同或合同已开始

履行，认定中标无效，则合同无效，可依法解除合同。但是招标人是否能选择其他中标候选人为中标人，存在争议。《招标投标法》的修改意见是可以选择其他中标候选人为中标人。

【启示】

实务中，导致中标无效的原因是多种多样的，既有中标人自身的原因，也有招标人、招标代理机构和评标人的原因。因此，中标无效后，招标人是选择其他中标候选人为中标人，还是选择重新评标、重新招标，要依据具体情况作出判定，但选择不得违反公开、公平、公正和诚实信用的基本原则。

思考题

某工程建设项目在中标通知书发出后，招标人发现中标人的资质不符合本项目招标文件的规定，是由评标委员会评审错误导致的，招标人向有关行政监督部门报告。有关行政监督部门调查后，确认属实，招标人选择了重新招标，是否存在问题?

【案例 115】

以投诉处理代替行政处罚程序引发的争议

关 键 词 投诉处理 / 行政处罚

案例要点

投诉处理是依申请的行政行为，投诉处理决定不得超出投诉人的投诉请求。行政监督部门在处理投诉过程中发现被投诉人及其相关人存在违法违规行为的，应当另行启动行政监督程序。

【基本案情】

2023 年 11 月 2 日某政府投资新建市政道路工程招标，投资估算价 420 万元。招标文件规定，投标人近三年至少有一个类似工程业绩（以投标截止日 2023 年 11 月 23 日往前起算），提供中标通知书或合同等相关证明材料。投标人 A 公司在投标文件中提供了一个 2023 年 2 月中标的某市政道路工程的中标通知书、合同协议书，但未提供竣工验收证明等相关材料。评标委员会认为，A 公司虽然提供了一个类似业绩，但该工程中标通知书注明的是工期为 10 个月，推断该工程未完工，不符合招标文件规定的资格条件，否决其投标。A 公司以“招标文件仅规定了投标人必须提供类似业绩，但并未规定必须是已通过竣工验收的类似业绩，招标文件存在歧义，应当作出有利于投标人的解释，评标委员会否决不当”为由向行政监督部门提起投诉。行政监督部门调查后发现，A 公司承揽的该工程确在投标截止日前已实际完工，正在开展验收。评标委员会认为类似业绩是指已完工并通过验收的合格业绩，因此即便 A 公司投标文件中提供的该工程已完工，但因未通过验收，仍不应当属于类似业绩。行政监督部门在调查中还发现，A 公司存在虚假投标行为。

2023 年 12 月 12 日，市住房和城乡建设局作出投诉处理决定：A 公司投诉成立，但因存在虚假投标行为，投标无效，并对 A 公司处以罚款 2 万元（投标报价的千分之五）。A 公司不服，向人民法院提起诉讼。人民法院以市住房和城乡建设局“以投诉处理程序代替行政处罚程序，属程序不当”为由撤销投诉处理决定。

【问题引出】

问题一：评标委员会否决 A 公司投标是否正确？

问题二：行政监督部门能直接认定 A 公司投标无效吗？

问题三：行政监督部门处理投诉的边界是什么？

【案例分析】

一、评标委员会否决 A 公司投标不正确

本案例的焦点在于因招标文件对“类似业绩”证明材料设置不合理，导致对 A 公司“已完工程业绩”是否属于“类似业绩”存在争议。

类似业绩通常是指投标人在过去履约完成的类似性质、范围和规模、技术标准的项目。这些业绩应与目标采购项目的性质相符，涵盖与目标采购项目类似的项目范围，且为已完成的业绩。考察投标人的类似业绩是招标投标过程中的重要环节，是评估投标人承接招标项目能力和水平的重要依据。评标委员会通过评价投标人以往的类似项目业绩，可以综合考评投标人在技术、经济、管理等方面的实力和经验，从而对其承接招标项目的能力和水平作出准确的判断。类似业绩如何证明呢？中标通知书只能证明招标人向中标人发出了承诺，但受各种因素限制，中标人最终不一定与招标人签订合同，因此中标通知书只能作为类似业绩的旁证，但不能作为核心证据。合同协议书是招标人与中标人签订的正式书面合同，但合同协议书无法证明中标人履约质量，因此通常情况下招标人会要求提供竣工验收报告（竣工验收证明）或“四库一平台”的业绩等作为主要的证明材料，有些甚至要求同时提供合同协议书和竣工验收报告（竣工验收证明）等。

案涉项目，招标文件规定的投标人资格条件为“投标人必须在近三年内至少有一个类似业绩”，且仅要求提供中标通知书或合同协议书。投标人 A 公司按照规定提供了符合招标文件要求的相关证明材料。《招标投标法》第四十条规定，评标委员会应当按照招标文件确定的评标标准和方法，对投标文件进行评审和比较。《评标委员会和评标方法暂行规定》第十七条第一款规定，评标委员会应当根据招标文件规定的评标标准和方法，对投标文件进行系统的评审和比较。招标文件中没有规定的标准和方法不得作为评标的依据。因此，评标委员会不得以招标文件没有明确要求的“该工程必须通过竣工验收”为由否决其投标。

二、行政监督部门无权直接认定 A 公司投标无效

案涉项目存在两个违法行为，一是评标委员会没有依法履职，没有按照招标文件规定的评标标准和方法评审；二是 A 公司存在虚假投标行为。第一个违法行为由行政监督部门责令改正；第二个违法行为将导致投标无效。在重新评标的情况下，根据《招标投标法实施条例》第五十一条第七项“有下列情形之一的，评标委员会应当否决其投标：（七）投标人有串通投标、弄虚作假、行贿等违法行为”的规定，否决 A 公司因虚假投标导致其投标文件无效的主体应当是评标委员会，而不是行政监督部门。

三、行政监督部门投诉处理应遵守“不告不理”原则

行政监督部门开展投诉处理是“依申请”而不是“依职权”的行政行为。一方面，

投诉处理是被动的行政行为，发起方只能是投诉人；另一方面，投诉处理应当遵循“诉A处理A，诉B处理B”的原则，即投诉处理不能超出投诉人的投诉内容及诉讼请求的范围。但必须指出，行政监督部门在投诉处理过程中发现招标人、投标人、评标专家存在违法违规行为的，有权依职权启动行政调查，并依法作出行政处罚，构成犯罪的移交司法机关、纪检监察部门。

案涉项目，行政监督部门在处理投诉时发现了A公司存在虚假投标行为，应当依法启动相应的行政处罚执法程序，投诉处理中调查的相关资料可以作为行政处罚的证据，不得以投诉处理程序代替行政处罚程序。

【启示】

招标人在设置投标人资格条件时，应当结合设置资格条件的目的要求投标人提供相关的证明材料；评标委员会应当根据国家和招标文件的规定进行评审，国家和招标文件没有规定的，不得作为评标依据；行政监督部门在处理投诉时发现当事人或相关人有违法违规行为的，应当启动行政执法程序，不得以投诉处理决定代替行政处罚决定。

思考题

案涉项目，如果投标人A公司没有虚假投标，投标文件提供的类似业绩实际也未竣工。问：该投标文件是否有效？

【案例 116】

纸质文件与电子标书不一致引发的投诉

关 键 词 纸质文件 / 数据电文

案例要点

纸质文件与数据电文不一致，由于招标文件明确是以电子投标文件评标，应当以电子标书为准。

【基本案情】

某市某银行办公大楼项目装饰装修工程（估算价 8000 万元），采取全流程电子标招标。有 26 家单位参加了投标。评标委员会在评审时，招标人评标代表提出，A 公司纸质投标文件中未提供综合单价分析表，并说明招标补充文件中有投标人提问："综合单价分析表是否需要打印？" 招标人明确回答："综合单价分析表需要打印"。招标人以 A 公司文件不齐全，缺少重要组成部分，属于未响应招标文件实质性要求为由，向评标委员会提出要求否决 A 公司投标。评标委员会经集体讨论决定，以 A 公司未响应招标文件实质性要求，否决其投标。中标候选人公示期间，A 公司向招标人提出异议，招标人回复，"你公司投标文件未响应招标文件实质性要求，评标委员会否决其投标。" A 公司对异议回复不满，于是向市住房和城乡建设局（以下简称市住建局）提起投诉，市住建局受理后，经调查核实，情况如下：

1. 第一中标候选人在电子投标文件商务标部分已标价工程量清单中提供了《综合单价分析表》，但在纸质标书中却未提供的情况属实。同时，招标补充文件中确有投标人提问："综合单价分析表是否需要打印？"，招标人回答："综合单价分析表需要打印"。

2. 招标文件投标人须知前附表"投标文件份数"中规定："（一）加密电子投标文件上传至交易平台，作为投标文件正本。（二）与上传的电子投标文件内容完全一致的纸质投标文件一份，作为投标文件副本。（三）因系统原因所有投标人上传的电子投标文件均无法解密时方采用纸质投标文件开标"。

3. 本项目成功解密了投标人上传的电子投标文件，顺利完成开标，未启用纸质投标文件，纸质投标文件没有作为评审依据。《电子招标投标办法》第六十二条规定："电子招标投标某些环节需要同时使用纸质文件的，应当在招标文件中明确约定；当纸质文件与数据电文不一致时，除招标文件特别约定外，以数据电文为准。"

4. 本项目招标文件中无有关综合单价分析表的任何规定，招标文件前附表“3.5 实质性响应招标文件及评审打分资料”中未涉及有关“综合单价分析表”的内容；前附表“10. 否决投标的情形”中明确除本条规定以外，招标文件中其他条款均不得作为否决投标文件的依据。

市住建局根据调查情况，认定A公司在纸质投标文件中未提供综合单价分析表属于细微偏差，评标委员会认定为实质性没有响应招标文件要求与事实不符，否决A公司投标，无法律依据和招标文件依据，属于随意否决投标。依据《招标投标法实施条例》第七十一条的规定，作出责令评标委员会改正的行政处理决定。

【问题引出】

问题：是否只要投标文件没有响应招标文件的任何一项要求都属于实质性没有响应，应当否决投标吗？

【案例分析】

《评标委员会和评标方法暂行规定 》第二十四条规定，“评标委员会应当根据招标文件，审查并逐项列出投标文件的全部投标偏差。投标偏差分为重大偏差和细微偏差。”第二十五条规定，“下列情况属于重大偏差：（一）没有按照招标文件要求提供投标担保或者所提供的投标担保有瑕疵；（二）投标文件没有投标人授权代表签字和加盖公章；（三）投标文件载明的招标项目完成期限超过招标文件规定的期限；（四）明显不符合技术规格、技术标准的要求；（五）投标文件载明的货物包装方式、检验标准和方法等不符合招标文件的要求；（六）投标文件附有招标人不能接受的条件；（七）不符合招标文件中规定的其他实质性要求。 投标文件有上述情形之一的，为未能对招标文件作出实质性响应，并按本规定第二十三条规定作废标处理。招标文件对重大偏差另有规定的，从其规定。”第二十六条第一款规定，“细微偏差是指投标文件在实质上响应招标文件要求，但在个别地方存在漏项或者提供了不完整的技术信息和数据等情况，并且补正这些遗漏或者不完整不会对其他投标人造成不公平的结果。细微偏差不影响投标文件的有效性。”

根据以上规定，评标委员会否决投标要符合以下三个条件之一：一是法律、行政法规、规章规定应当否决投标的；如《招标投标法实施条例》第五十一条规定了否决投标的情形；《评标委员会和评标方法暂行规定 》第二十条规定了投标人以他人的名义投标、串通投标、以行贿手段谋取中标或者以其他弄虚作假方式投标的，该投标人的投标应作废标处理。第二十五条规定了重大偏差的情形等。二是招标文件明确规定应当否决投标的情形。三是没有响应招标文件的实质性内容、条件和要求。在实务中，评标委员会经常以没有响应招标文件的实质性要求来否决投标，存在滥用实质性要求，随意否决投标的问题。何谓招标文件的实质性内容、条件和要求？一是招标文件明确否决投标的条款是实质性要求。二是招标文件的形式评审、资格评审、响应性评审的内容为实质性内容。三是投标函（包括价款、质量、工期、投标有效期）及投标函附录（对专用合同条款的响应）为实质性内容。四是《民法典》第四百八十八条规定的合同的实质性内容，包括合同标的、数量、质量、价款或者报酬、履行期限、履行地点和方式、违约责任和解决争议方法等，属于招标文件的实质性内容。除此之外，招标文件没有明确为实质性内容的，评标委员会不得随意以没有响应招标文件实质性内容为由否决投标。

本案例中，A公司纸质投标文件中未提供综合单价分析表，不属于法律、行政法规明确要否决投标的事由；尽管招标人要求纸质文件中需打印综合单价分析表，但并未明确不打印的否决投标，因此，不属于招标文件约定否决投标的事由；《建设工程工程量清单计价规范》GB 50500—2013也未将综合单价分析表及相关内容列为强制性条文，因此，不构成实质性内容。同时，此项目采用的是电子评标，明确依据电子标书评审，依据《电子招标投标办法》第六十二条规定，当纸质文件与数据电文不一致时，除招标文件特别约定外，以数据电文为准。综上所述，市住建局责令招标人改正事实清楚，适用法律正确。

【启示】

在实务中，经常有招标人、评标委员会、投标人认为只要某投标人标书没有响应招标文件任何一项要求，都属于实质性没有响应，这种观点是错误的。只有法律、行政法规规定应当否决投标和招标文件约定应当否决投标的，才属于没有响应招标文件的实质性要求，才能否决其投标，否则，属于没有按招标文件规定的标准和方法评标。

思考题

某工程建设项目招标，招标文件资格要求中并未要求投标人应当具有质量管理体系认证证书，也未规定投标人未提供质量管理体系认证证书的否决投标。但在投标人基本情况格式的备注中，投标人应附营业执照、资质证书、安全证书和质量管理体系认证证书扫描件。结果15家投标人中有5家投标人未提供质量管理体系认证证书扫描件。评标委员会评标时，以未实质性响应招标文件要求否决了这5家投标人的投标，是否存在问题?

【案例117】

未下载招标文件的潜在投标人可以投诉吗？

关 键 词 排斥潜在投标人

案例要点

招标公告存在排斥潜在投标人内容的，潜在投标人无须下载招标文件，即可对招标公告内容提出异议、投诉。

【基本案情】

某房屋建筑工程招标，总建筑面积4万平方米，总投资约2亿元，其中装饰装修工程约6000万元。2018年3月4日招标人发布招标公告，要求潜在投标人必须同时具备建筑工程施工总承包二级且同时具备装饰装修专业承包二级资质。A公司只有建筑工程施工总承包三级资质，因对招标公告中投标人资格条件不满向招标人提出异议并在规定时间内向行政监督部门提起投诉。行政监督部门以A公司未在规定时间内下载招标文件，与投诉项目无利害关系为由不予受理。

【问题引出】

问题一：投诉应当受理吗？

问题二：投诉是否成立？

【案例分析】

一、投诉应当受理

《工程建设项目招标投标活动投诉处理办法》第十二条规定，有下列情形之一的投诉，不予受理：(一)投诉人不是所投诉招标投标活动的参与者，或者与投诉项目无任何利害关系；(二)投诉事项不具体，且未提供有效线索，难以查证的；(三)投诉书未署具投诉人真实姓名、签字和有效联系方式的；以法人名义投诉的，投诉书未经法定代表人签字并加盖公章的；(四)超过投诉时效的；(五)已经作出处理决定，并且投诉人没有提出新的证据；(六)投诉事项应先提出异议没有提出异议、已进入行政复议或行政诉讼程序的。

本案例中，行政监督部门以投诉人未下载招标文件，不是本项目的利害关系人为由拒绝受理投诉。一方面，投诉人投诉的是招标公告而不是招标文件，未下载招标文件仅表明投诉人不是所投诉招标投标活动的参与者，但并不等于其不是所投诉项目的利害关系人，行政监督部门不应以是否下载招标文件作为判断投诉人是否具有投诉主体资格的标准；另一方面，正是基于招标公告中设置的投标人资格条件可能存在排斥潜在投标人情形，导致影响潜在投标人参与竞争，从而进一步影响中标结果。故投诉人属于与本项目有利害关系的潜在投标人，依法享有提起投诉的主体资格。

需要强调的是，未下载招标文件的潜在投标人，仅能对招标公告提出异议或投诉，不能对后续招标投标活动提出异议或投诉。

二、招标人以不合理的资格条件限制、排斥潜在投标人，投诉成立

本案例中招标项目总建筑面积 4 万平方米，根据《关于简化建筑业企业资质标准部分指标的通知》规定，建筑工程施工总承包三级资质可承揽建筑面积 8 万平方米以下；要求潜在投标人必须具备建筑工程施工总承包二级不合理。

本项目中含有近 6000 万元的装饰装修工程，但根据《建筑业企业资质等级标准》总则规定，施工总承包工程应由取得相应施工总承包资质等级的企业承担。取得施工总承包资质的企业可以对所承接的施工总承包工程内各专业工程全部自行施工，也可以将专业工程依法进行分包。因此本项目招标公告中投标人资格条件既要求具备施工总承包资质，同时具备专业承包资质不合法，属排斥潜在投标人。

《招标投标法实施条例》第三十二条第二款第二项规定，招标人有下列行为之一的，属于以不合理条件限制、排斥潜在投标人或者投标人:（二）设定的资格、技术、商务条件与招标项目的具体特点和实际需要不相适应或者与合同履行无关。为进一步优化营商环境，国家发展改革委印发的《关于印发〈工程项目招投标领域营商环境专项整治工作方案〉的通知》第二部分也作出规定，招标人不得设定明显超出招标项目具体特点和实际需要的过高的资质资格、技术、商务条件或者业绩、奖项要求。

【拓展思考】

假定本案例中的建筑面积为 79000m^2，招标人要求资格条件为建筑工程施工总承包二级资质，潜在投标人 A 公司对此提出异议，该异议是否成立？

分析：建筑工程施工总承包二级资质可以承揽建筑面积 8 万平方米以上 15 万平方米以下的建筑工程，本项目建筑面积 79000m^2，招标人要求投标人资格条件为建筑工程施工总承包二级资质，属较高资格条件而非过高资格条件，不属于明显超出资格条件要求，因此一般情况下是可以的。但是需要注意的是，部分省市对此有严格限制的，也应当遵守。实践中应当灵活掌握，不可机械处理。例如《浙江省人民政府关于进一步加强工程建设项目招标投标领域依法治理的意见》规定，“招标人应严格执行资质管理规定，按照完成工程所需的最低要求设置投标人资质条件”。

【启示】

无救济则无权利。允许投标人或利害关系人依法提起异议或投诉的根本目的是创造一个公开、公平、公正的招标投标环境。招标公告涉嫌违法，潜在投标人行使救济权是其天然的权利。

思考题

建设工程招标，潜在投标人对招标公告中投标人资格条件不满，是否必须先异议后投诉？

第五部分

合同签订

【案例 118】

招标人要求中标人降价引发的争议

关 键 词 订立合同 / 背离合同实质性内容

案例要点

招标人不得与中标人签订背离合同实质性内容的协议，违规签订协议的，因违反法律法规的强制性规定，合同无效。

【基本案情】

某依法必须进行招标的政府投资工程，采用公开招标方式。经评审，A 公司被推荐为第一中标候选人。公示期结束后，招标人向 A 公司提出，A 公司的投标报价比第二中标候选人的投标报价高 230 万元，要求按第二中标候选人的投标报价作为签约合同价，否则视为放弃中标。A 公司不服，向行政监督部门提起投诉。

【问题引出】

问题一：A 公司的投诉没有异议前置，行政监督部门是否应当受理？

问题二：招标人要求中标候选人降价是否合理？

问题三：招标人要求中标候选人降价应承担什么法律责任？

问题四：如果第一中标候选人同意降价，双方按降价后的价格签订合同，该合同是否有效？

【案例分析】

一、对定标行为的投诉无须异议前置

根据《招标投标法实施条例》第六十条第二款的规定，只有对招标文件投诉、开标现场的投诉、评标结果的投诉三种情况下需要异议前置。本案例中，A 公司对招标人不按规定定标的投诉不属于依法必须异议前置的三种情形之一，因此 A 公司没有异议直接提起投诉符合法律规定。

二、招标人要求中标候选人降价不合理

有观点认为，《招标投标法》第四十三条规定，在确定中标人前，招标人不得与投标人就投标价格、投标方案等实质性内容进行谈判。案涉项目是确定中标人之后就投标价格进行的谈判，因此不违反法律规定。这种观点是片面的，也是错误的。

《招标投标法》第四十六条第一款规定，招标人和中标人应当自中标通知书发出之日起三十日内，按照招标文件和中标人的投标文件订立书面合同。招标人和中标人不得再行订立背离合同实质性内容的其他协议。

《招标投标法实施条例》第五十七条第一款规定，招标人和中标人应当依照招标投标法和本条例的规定签订书面合同，合同的标的、价款、质量、履行期限等主要条款应当与招标文件和中标人的投标文件的内容一致。招标人和中标人不得再行订立背离合同实质性内容的其他协议。

《民法典》第四百八十八条规定，承诺的内容应当与要约的内容一致。受要约人对要约的内容作出实质性变更的，为新要约。有关合同标的、数量、质量、价款或者报酬、履行期限、履行地点和方式、违约责任和解决争议方法等的变更，是对要约内容的实质性变更。

根据上述相关法律规定，投标报价属于合同的实质性内容，招标人利用优势地位强迫第一中标候选人降低合同金额，违反招标投标的公平、公正、诚实信用原则以及合同订立的意思自治原则，不利于维护中标合同的严肃性、促进中标合同适当履行、打击不法招标投标行为、保持招标投标市场繁荣稳定的立法目的。

三、招标人迫使第一中标候选人降价属于不按规定签订合同，依法承担相应的法律责任

《招标投标法实施条例》第七十五条规定，招标人和中标人不按照招标文件和中标人的投标文件订立合同，合同的主要条款与招标文件、中标人的投标文件的内容不一致，或者招标人、中标人订立背离合同实质性内容的协议的，由有关行政监督部门责令改正，可以处中标项目金额 5‰以上 10‰以下的罚款。

四、第一中标候选人自愿接受降价的，合同亦无效

《民法典》第一百五十三条第一款规定，违反法律、行政法规的强制性规定的民事法律行为无效。因此，尽管《民法典》保护当事人的意思自治，契约自由，但该意思自治不是无限制的意思自治，即在一定规范范围内的意思自治，契约自由原则。当违反法律、行政法规的强制性规定时，意思自治无效。

《民法典》第一百四十三条第（二）项规定，具备下列条件的民事法律行为有效：（二）意思表示真实。因此即使第一中标候选人自愿降价，一方面该自愿并非其真实意思表示，仅是投标人为了中标而不得已的一种无奈选择；另一方面也因违反法律法规的强制性规定导致合同无效（参考判例：最高人民法院［（2018）最高法民终 244 号］)。

【启示】

招标的本质是一次性的竞争，中标人的投标报价是其真实意思表示。招标人在定标或签订合同时要求中标候选人或中标人降价属于修改合同的实质性内容，违反了招标投标的公正性。

思考题

在签订合同时，哪些属于可以签订变更或修改的内容？

【案例 119】

中标人承诺降价是否有效？

关 键 词 修改合同实质性内容 / 真实意思表示

案例要点

中标人以让利等方式变相降低工程价款的单方承诺，构成对中标结果的实质性修改，该承诺无效。

【基本案情】

2016 年 3 月 1 日，甲公司通过公开招标投标中标某依法必须进行招标的工程项目，中标金额 4500 万元。2016 年 3 月 12 日甲公司依据招标投标文件与招标人市城投公司订立《建设工程施工合同》，合同约定，本工程采用固定单价，据实结算方式。2016 年 4 月 1 日，甲公司向招标人市城投公司出具一份《承诺书》，承诺对该工程予以让利，具体内容为：在原中标合同基础上整体让利 3%。

2017 年 8 月 15 日，工程经竣工验收合格，但双方因工程款结算产生争议纠纷。招标人市城投公司要求按让利后的价格据实结算，但甲公司不予认可。

【问题引出】

问题一："让利承诺书"是否具有法律性质？

问题二：让利承诺是否有效？

【案例分析】

一、"让利承诺书"属于"黑合同"

建设工程"黑白合同"又称"阴阳合同"，它是指建设工程施工合同的当事人就同一建设工程签订的两份或两份以上实质性内容相异的合同。通常把经过招标投标并经备案的正式合同称为"白合同"，把实际履行的协议或补充协议称为"黑合同"。本案例所讲的"让利承诺书"本质上属于"黑合同"。

二、"让利承诺书"无效

《招标投标法》第四十六条第一款规定，招标人和中标人应当自中标通知书发出之日起三十日内，按照招标文件和中标人的投标文件订立书面合同。招标人和中标人不得再行订立背离合同实质性内容的其他协议。

2021年1月1日起施行的《最高人民法院关于审理建设工程施工合同纠纷案件适用法律问题的解释（一）》第二条第二款规定，招标人和中标人在中标合同之外就明显高于市场价格购买承建房产、无偿建设住房配套设施、让利、向建设单位捐赠财物等另行签订合同，变相降低工程价款，一方当事人以该合同背离中标合同实质性内容为由请求确认无效的，人民法院应予支持。

有观点认为，一方面，“让利承诺书”是双方当事人之间真实意思表示，应当认定有效；另一方面，中标人单方让利承诺不符合“另行签订合同”表现形式，因此不能依据上述规定认定单方让利无效。

笔者认为上述观点是错误的，承包人的让利行为在本质上是对建设工程施工合同价款的实质性变更，应当认定为无效。理由有以下几点：第一，“让利承诺书”本质上是“黑合同”的一种表现形式，虽然是承包人单方作出的民事行为，但发包人接受承诺的过程使承诺书的内容变成双方的合意，具备了合同的形式。第二，“让利承诺书”有违招标投标活动公平、公开、公正、诚实信用的原则。招标人与中标人按照招标文件和中标人的投标文件订立《建设工程施工合同》后，中标人单方出具“让利承诺书”，承诺对承建工程予以大幅让利，该“让利承诺书”构成对工程价款的实质性变更，违反《招标投标法》第四十六条第一款的规定，违背了招标投标的目的和初衷。第三，“让利承诺书”有可能给工程质量带来隐患，侵害社会公共利益。

实践中，招标人和中标人在中标合同之外，很可能双方并未另行签订合同，而招标人为了降低工程价款，控制建造成本，同时还为了规避招标投标法律的相关规定，所以通常要求中标人出具单方承诺以让利等方式变相降低工程价款。中标人迫于中标的压力，只得以单方承诺的方式向招标人让利变相降低工程价款，而等到工程结算时，再以单方承诺并非真实意思表示为由，既可以请求按照中标合同确定权利义务，也可以请求确认承诺无效来维护自身权益（参考判例：最高人民法院[（2014）民一终字第259号]）。

【启示】

招标人与中标人按照招标文件和中标人的投标文件订立《建设工程施工合同》后，中标人出具“让利承诺书”，承诺对承建工程予以大幅让利，实质上是对工程价款的实质性变更，应当认定该承诺无效。

思考题

某非依法必须进行招标的房屋建筑工程，采用公开招标方式确定中标人。在签订合同时，中标人主动提出让利。问：该让利是否有效？

【案例 120】

总公司中标，分公司签订合同引发的争议

关 键 词 订立合同 / 行政许可 / 公平原则

案例要点

总公司中标，由分公司签订合同的，属签订背离合同实质性内容的协议，违反公平原则。

【基本案情】

某政府投资的房屋建筑工程项目，投资估算价 3000 万元，采用公开招标方式招标。经开标、评标、定标，A 公司被确定为中标人。签订合同时，A 公司提出由 A 公司的分公司签订并履行合同。招标人对此形成两种意见：

第一种意见认为：公司依法设立的分公司不具有法人资格，其民事责任由总公司承担。总公司中标后，可以委托它的下属分公司以总公司的名义签订合同，相关民事责任仍由总公司承担。

第二种意见认为：分公司不具备建筑工程施工总承包资质，因此不能作为合同的签订主体。

【问题引出】

问题一：总公司中标，分公司签订合同是否有效？

问题二：总公司中标，由分公司履约有效吗？

问题三：假定本项目属于非依法必须进行招标的工程，采用直接发包方式，发包人可以直接与分公司签订合同吗？

【案例分析】

一、总公司中标，分公司签订合同违法

《招标投标法》第四十六条第一款规定，招标人和中标人应当自中标通知书发出之日起三十日内，按照招标文件和中标人的投标文件订立书面合同。招标人和中标人不得再行订立背离合同实质性内容的其他协议。

《招标投标法实施条例》第七十五条规定，招标人和中标人不按照招标文件和中标人的投标文件订立合同，合同的主要条款与招标文件、中标人的投标文件的内

容不一致，或者招标人、中标人订立背离合同实质性内容的协议的，由有关行政监督部门责令改正，可以处中标项目金额 5‰以上 10‰以下的罚款。

依据上述规定，中标项目应由招标人和中标人签订合同。也就是说，合同双方当事人应该是招标人、中标人。案涉项目中标人是 A 公司，而不是 A 公司的分公司。因此，分公司不得以自己名义与招标人签订合同。即使该分公司有总公司的授权，其合法身份也只能是总公司签订合同的授权代表，而不是合同签订的主体。当总公司中标，以分公司名义签订合同时，属于改变了合同的主体，违反《招标投标法》第四十六条第一款的规定。

二、总公司中标，分公司履约有效

《招标投标法》第四十八条第一款规定，中标人应当按照合同约定履行义务，完成中标项目。中标人不得向他人转让中标项目，也不得将中标项目支解后分别向他人转让。

总公司中标，分公司履约是否有效的关键在于界定“分公司”是否属于他人。

《公司法》第十三条第二款规定，公司可以设立分公司。分公司不具有法人资格，其民事责任由公司承担。

《民法典》第七十四条规定，法人可以依法设立分支机构。法律、行政法规规定分支机构应当登记的，依照其规定。分支机构以自己的名义从事民事活动，产生的民事责任由法人承担；也可以先以该分支机构管理的财产承担，不足以承担的，由法人承担。

由此可见，分公司和总公司本就是一体，分公司对于总公司来说，是其分支机构而不是类似“子公司”般独立存在的法人，所以，分公司对于总公司来说并不属于他人。所以总公司中标的项目是可以交由分公司履行的。

需要注意的是，总公司中标，分公司履约需要看两点，一是招标文件是否有限制条款。如果招标文件中明确约定“不可以由分公司履约”，那么总公司投标并且中标，视为对该条款的认可，这种情况下，就不能由分公司履约，应遵守招标文件的规定；二是必须取得招标人的同意，因为总公司中标，分公司履约本质上构成对合同文件的实质性变更，因此必须取得招标人的同意。

总公司中标，分公司履约在实践中有两种方式：

（一）采取总公司、分公司、发包人签订三方补充协议的方式，约定由分公司履行合同

根据《公司法》第十三条，《公司登记管理条例》第四十五条和第四十六条等的规定，分公司作为总公司的分支机构，是总公司内部的一个组成部分，是总公司基于财税和经营便利等原因，根据总公司的意志所设立的对外从事总公司部分经营业务的机构，且分公司的经营范围不得超出总公司的经营范围，因此总公司、分公司与招标人签订三方协议，由分公司代为履行合同合法有效（参考判例：最高人民法院在［（2018）最高法民终 407 号］）。

（二）采用内部承包

内部承包合同是指总公司对外承揽工程后，把工程的施工和管理交给分公司完成的合同。依照《公司法》第十三条的规定，分公司没有独立的法人资格，其权利与义务均为总公司来承担。因此，首先，内部承包并不属于法律禁止的转包情形。其次，也不属于挂靠资质或违法分包的情形。

需要说明的是，采用总公司投标，分公司履约的，在投标时，投标文件中的项目管理机构尽可能使用分公司的相关人员，一方面对其他投标人而言公平公正，另一方面避免违反行政监督部门要求中标后不得随意变更、撤离项目经理、总监和所有关键岗位人员的规定，降低巡视审计问责的风险。

三、直接发包的工程，可以分公司名义签订并履行合同

最高人民法院（2014）民申字第 924 号裁判要旨:《中华人民共和国公司法》第十三条规定，公司可以设立分公司。设立分公司，应当向公司登记机关申请登记，领取营业执照。分公司不具有法人资格，其民事责任由公司承担。分公司营业执照表明，分公司在经营范围内有权代表总公司与发包人签订建设工程施工合同，而无须总公司再行特别授权。

【启示】

总公司中标，分公司签订合同，系对合同主体的实质性变更。合同主体变更直接影响建设工程质量及合同履行，该变更行为既影响招标投标的公平性，同时也背离了合同的实质性内容，应当予以禁止。建议在招标文件中明确“投标单位中标后必须以公司名义签署合同，不允许以分公司名义签署合同”。

思考题

非依法必须进行招标的房屋建筑工程项目，采用邀请招标方式邀请 5 家公司的分公司参与投标，问：该邀请招标是否有效？

【案例121】

未按时递交履约保证金引发的争议

关 键 词 履约保证金 / 实际行为

案例要点

中标人逾期递交履约保证金，但招标人以实际接收行为予以认可的，不得取消其中标资格。

【基本案情】

某市政府投资的市政建设工程招标，招标人为市住房和城乡建设局（以下简称市住建局）。招标文件规定：中标人应在收到中标通知书之日起15日内提交履约保证金800万元（总投资的10%），允许使用保函或现金等方式。2022年11月10日B公司收到中标通知书，但截至11月25日，B公司未按规定提交履约保证金。11月30日B公司向市住建局发出《承诺函》承诺：我司承诺务必于2022年12月8日17:30前将履约保函原件送达贵司，在12月8日前提交履约保函，如逾期未提供，我司将按招标文件约定承担相应责任。招标人市住建局未作出明确意思表示同意或拒绝B公司逾期提供保函。12月8日B公司向市住建局提交由A市建设银行出具的800万元履约保函，市住建局予以接收。12月12日，市住建局以B公司未在规定时间内提交履约保证金为由，取消其中标资格，不予退还投标保证金800万元。

【问题引出】

问题一：B公司申请延期递交履约保证金，是否构成合同文件的实质性修改？

问题二：市住建局取消B公司中标资格是否合法？

问题三：市住建局不予退还B公司投标保证金是否合法？

【案例分析】

一、申请延期递交履约保证金，不构成对合同文件的实质性内容修改

根据《招标投标法实施条例》第五十七条规定，合同的标的、价款、质量、履行期限等主要条款，属于中标合同的实质性内容。为维护国家、集体、第三人合法权益，招标人和中标人不得另行签订协议予以变更。

履约保证金的提交期限变更，不损害国家、集体、第三人的合法权益，不影响招标投标的公平公正，因此不属于中标合同的实质性内容。根据《民法典》第五百四十三条规定，当事人协商一致，可以变更履约保证金的提交期限。

二、市住建局取消 B 公司中标资格不合法

B 公司虽然没有在招标文件及中标通知书要求的时限内，向市住建局提交履约保证金，亦未与市住建局签订合同，但就逾期提供保函，B 公司于 11 月 30 日向市住建局递交了《承诺函》，承诺将于 12 月 8 日 17:30 前提交履约保函，该《承诺函》送达市住建局后，市住建局未作出明确意思表示，同意或拒绝 B 公司逾期提供保函。12 月 8 日，市住建局接收了 B 公司按照上述《承诺函》载明时限提交的履约保函。市住建局在收到 B 公司的《承诺函》后未予明确表态的默示行为，虽然不能单独作为认定其同意 B 公司逾期提交履约保证金的事实依据，但结合其事后实际接收了 B 公司按照《承诺函》载明期限内提交的履约保函的行为，应当认为，市住建局对 B 公司逾期提交履约保证金的行为予以接受，双方当事人以实际行为变更了原合同约定的履约保证金提交期限的约定。

根据招标文件的约定，双方当事人应在中标人提交履约保证金后签订建设施工合同，故在双方未作出相反意思表示的情况下，履约保证金提交期限顺延后，签约期限应作相应合理顺延。在市住建局以默示表示同意变更履约保证金的提交期限，并实际接受了 B 公司逾期提交的履约保证金的情况下，招标投标文件约定的招标人取消中标人的中标资格条件尚未成立。市住建局取消 B 公司中标资格，违反了双方的合同约定，应承担相应的违约责任。

三、市住建局不予退还投标保证金不合法

根据《招标投标法实施条例》第七十四条规定，中标人无正当理由不与招标人订立合同，在签订合同时向招标人提出附加条件，或者不按照招标文件要求提交履约保证金的，取消其中标资格，投标保证金不予退还。本案例中，由于双方以实际履行行为表明对 B 公司延期提供履约保证金达成了合意，故不应认为 B 公司无正当理由未按要求提交履约保证金、拒签合同协议书，市住建局违法取消 B 公司中标资格后，应将 B 公司缴纳的投标保证金予以退还（参考判例：最高人民法院［（2014）民一终字第 155 号］）。

【启示】

履约保证金设立的主要目的是让合同产生法律效力，对中标人的投标行为在法律上进行相应的约束。当投标人未在规定期限内提交履约保证金的，应当承担相应的法律后果，但履约保证金递交期限不属于合同的实质性内容，经招标人、中标人双方达成一致，可以就递交期限、递交形式等作相应的变更。

思考题

中标人未在规定期限内提交履约保证金，但以招标人在招标文件中规定的履约保证金超出法律规定的限额为由抗辩的，招标人是否有权取消其中标资格？

【案例 122】

发包人变更合同主体引发的争议

关 键 词 概括转让 / 缔约过失责任

案例要点

发包人变更合同主体属于合同概括转让，非经中标人同意，转让无效。

【基本案情】

某国有企业 A 公司投资 1 亿元新建厂房，采用招标方式采购。9 月 10 日招标人发放的中标通知书到达 B 公司。9 月 20 日中标人 B 公司收到招标人 A 公司将签订合同主体变更为 A 公司下属的 C 子公司的通知。B 公司明确表示回复，要么由 A 公司签订合同，要么 B 公司放弃中标，A 公司向 B 公司赔偿损失。

【问题引出】

问题一：中标人 B 公司放弃中标是否需要承担法律责任？

问题二：B 公司放弃中标，招标人 A 公司需要赔偿其损失吗？

【案例分析】

一、中标人 B 公司放弃中标，无须承担法律责任

（一）招标人 A 公司变更合同主体，中标人 B 公司有权放弃中标

招标采购活动中，招标文件是要约邀请，投标文件是要约，中标通知书是承诺。要约和承诺构成合同。招标人在签订合同时变更签订合同主体的，属合同的概括转让，根据《民法典》第五百五十五条规定，当事人一方经对方同意，可以将自己在合同中的权利和义务一并转让给第三人。因此 A 公司未经 B 公司的同意，不得将合同概括转让。

案涉项目招标人 A 公司变更合同主体，该重大变化直接影响中标人的预期利益。不同发包人的能力、信誉等均会不同，招标人变更合同主体的，因发包人的能力（财务能力、管理能力等）不足可能影响合同履行。比如中标人需要考察新的发包人的项目资金准备是否充沛、是否存在长期拖欠工程款的历史记录、变更对中标人权利义务产生的重大影响，因此 B 公司可以根据招标人合同主体变更的具体情况自主决定是否放弃中标。

（二）合同主体变更不属于合同实质性内容的变更

《招标投标法实施条例》第五十七条第一款规定，招标人和中标人应当依照招标投标法和本条例的规定签订书面合同，合同的标的、价款、质量、履行期限等主要条款应当与招标文件和中标人的投标文件的内容一致。招标人和中标人不得再行订立背离合同实质性内容的其他协议。

《第八次全国法院民事商事审判工作会议（民事部分）纪要》第三十一条规定，招标人和中标人另行签订改变工期、工程价款、工程项目性质等影响中标结果实质性内容的协议，导致合同双方当事人就实质性内容享有的权利义务发生较大变化的，应认定为变更中标合同实质性内容。

《最高人民法院关于审理建设工程施工合同纠纷案件适用法律问题的解释（一）》第二条第一款规定，招标人和中标人另行签订的建设工程施工合同约定的工程范围、建设工期、工程质量、工程价款等实质性内容，与中标合同不一致，一方当事人请求按照中标合同确定权利义务的，人民法院应予支持。

主流观点认为：发包人合同转让不属于合同实质性内容的变更。首先，从文义解析的角度看，《招标投标法实施条例》第五十七条、《第八次全国法院民事商事审判工作会议（民事部分）纪要》第三十一条约束的主体是“招标人和中标人”，而变更发包人系原发包人与新发包人之间的债权债务概括转移，该法律关系并非发生在原发包人（即招标人）和承包人（即中标人）之间，故合同主体变更不宜由变更合同实质性内容相关条款约束；其次，从体系解析的角度看，《民法典》合同编第六章的标题为“合同的变更与转让”，显然“变更”与“转让”属两个对立概念，变更发包人实为合同权利义务的概括转让，发包人的变更并未违反《招标投标法》及《施工合同司法解释》的立法目的，不属于变更合同实质性内容的范畴；最后，从立法目的角度看，招标人和中标人不得再行订立背离合同实质性内容的其他协议的立法本意是避免招标人利用优势地位，迫使中标人在价款等方面作出让步，从而保护中标人的合法权益不受侵犯。实践中，国有企业大量存在统采分签的采购模式，但会在采购文件中以醒目的方式明确告知。

需要注意的是，发包人因分立、合并、解散等发生法定承继主体情形，发包人名称出现变化，不属于发包人主体资格转让。

（三）中标人 B 公司无须承担法律责任

《招标投标法实施条例》第七十四条规定，中标人无正当理由不与招标人订立合同，在签订合同时向招标人提出附加条件，或者不按照招标文件要求提交履约保证金的，取消其中标资格，投标保证金不予退还。对依法必须进行招标的项目的中标人，由有关行政监督部门责令改正，可以处中标项目金额 10‰以下的罚款。

本案例中，因招标人变更合同主体，中标人 B 公司从风险防控的角度出发，拒绝签订合同合理合法，因此无须承担任何法律责任。

二、招标人 A 公司应当赔偿中标人 B 公司的损失

2023 年 12 月 4 日，最高人民法院发布了《最高人民法院关于适用〈中华人民共和国民法典〉合同编通则若干问题的解释》(以下简称《民法典合同编司法解释》)。

(一)《民法典合同编司法解释》出台前的观点

观点一：中标通知书发出时，合同成立并生效

持该观点的人认为，招标投标活动是招标人与投标人为缔结合同而进行的活动。招标人发出招标通告或投标邀请书是一种要约邀请，投标人进行投标是一种要约，而招标人确定中标人的行为则是承诺。承诺生效时合同成立。因此尽管《招标投标法》第四十六条第一款规定，招标人和中标人应当自中标通知书发出之日起 30 日内，按照招标文件和中标人的投标文件订立书面合同。招标人和中标人不得再行订立背离合同实质性内容的其他协议。但该规定的签订书面合同，仅是从行政管理的角度提出的要求，是为了行政监督部门便于对招标投标活动进行有效管理而作出的制度安排，即使不另行签订书面合同也不影响合同的成立，当事人发出中标通知书后，不能再实质性地修改，书面合同文本只是一种进一步的合同确认形式（参考判例：最高人民法院［(2016) 最高法民再 11 号］、［(2019) 最高法民申 2241 号)］。

观点二：中标通知书发出时，合同成立，签订书面合同后，合同生效

持该观点的人认为，投标文件是要约，中标通知书为承诺的表现形式之一，中标通知书发出后，承诺生效，产生合同成立的效力。但因未满足《招标投标法》第四十六条第一款规定的“订立书面合同”这一要件，故合同尚未生效。

上述两种观点有一个无法回避的问题在于：《民法典》关于以通知方式作出的承诺是到达主义而不是发出主义。

《民法典》第四百八十三条规定，承诺生效时合同成立，但是法律另有规定或者当事人另有约定的除外。第四百八十四条规定，以通知方式作出的承诺，生效的时间适用本法第一百三十七条的规定。第一百三十七条第二款规定，以非对话方式作出的意思表示，到达相对人时生效。

根据上述规定，招标投标活动中，招标是要约邀请，投标是要约，中标通知书是承诺。当中标通知书到达要约人时，承诺生效。

观点三：中标通知书到达中标人时，合同既未成立也未生效

持该观点的人认为中标通知书是承诺，本应自到达中标人时生效。但《民法典》第四百八十三条规定，承诺生效时合同成立，法律另有规定或者当事人另有约定的除外。但对招标投标项目来说，招标人和中标人需要签订书面合同，合同自双方签名、盖章或按指印时成立属于合同成立的例外情形。

《招标投标法》第四十六条第一款规定，招标人和中标人应当自中标通知书发出之日起 30 日内，按照招标文件和中标人的投标文件订立书面合同。招标人和中标人不得再行订立背离合同实质性内容的其他协议。《民法典》第四百九十条第一款规定，当事人采用合同书形式订立合同的，自当事人均签名、盖章或者按指印时

合同成立。

（二）《民法典合同编司法解释》出台后最高人民法院意见

1. 中标通知书自到达中标人时，合同成立

《民法典合同编司法解释》在承诺何时生效的问题上采用到达主义，或称为送达主义。即承诺的意思表示到达要约人时生效，合同成立。

《民法典合同编司法解释》第四条第一款规定，采取招标方式订立合同，当事人请求确认合同自中标通知书到达中标人时成立的，人民法院应予支持。合同成立后，当事人拒绝签订书面合同的，人民法院应当依据招标文件、投标文件和中标通知书等确定合同内容。

根据上述规定，中标通知书的法律性质终于可以定纷止争了，中标通知书自到达中标人时，合同成立。

2. 中标通知书自到达中标人时，合同生效

中标通知书发出后，合同成立了，但该合同是否生效？是否以签订书面合同为生效条件？

首先，《民法典》第五百零二条规定，依法成立的合同，自成立时生效，但是法律另有规定或者当事人另有约定的除外；其次，《招标投标法》第四十六条第一款规定的招标人中标人必须在 30 日内签订书面合同，只是对招标人与中标人之间的业已成立的合同关系的一种书面细化和确认，其目的是履约的方便以及对招标投标进行行政管理的方便，不是合同成立的实质要件。《民法典合同编司法解释》第十六条第二款规定，法律、行政法规的强制性规定旨在规制合同订立后的履行行为，当事人以合同违反强制性规定为由请求认定合同无效的，人民法院不予支持。但是，合同履行必然导致违反强制性规定或者法律、司法解释另有规定的除外。

综上所述，《民法典合同编司法解释》实施后，中标通知书自到达中标人后，合同成立并生效。

为帮助大家更好地理解《民法典合同编司法解释》的具体规定，最高人民院在公布解释的同时，还配套发布了 10 个典型案例，典型案例一对中标通知书到达中标人后合同是否生效作出了回答。

【启示】

除招标人发生分立、合并外，原则上在签订合同时的主体不得随意变更。企业集中采购采用统采分签形式的，招标人应当在招标文件中明确，并在合同条款中约定本项目的签订合同主体。

思考题

招标人发生分立、合并的，中标人拒绝签订合同是否合法？

附　录

书中引用文件名称及简称对比表

序号	名称	简称
1	《中华人民共和国招标投标法》	《招标投标法》
2	《中华人民共和国招标投标法实施条例》	《招标投标法实施条例》
3	《中华人民共和国政府采购法》	《政府采购法》
4	《中华人民共和国政府采购法实施条例》	《政府采购法实施条例》
5	《中华人民共和国建筑法》	《建筑法》
6	《中华人民共和国民法典》	《民法典》
7	《中华人民共和国价格法》	《价格法》
8	《中华人民共和国优化营商环境条例》	《优化营商环境条例》
9	《中华人民共和国政府投资条例》	《政府投资条例》
10	《中华人民共和国标准施工招标文件 2007 年版》	《标准施工招标文件》（2007 年版）
11	《中华人民共和国标准设计施工总承包招标文件（2012 年版）》	《标准设计施工总承包招标文件》（2012 年版）
12	《中华人民共和国招标投标法实施条例释义》	《招标投标法实施条例释义》
13	《中华人民共和国行政处罚法》	《行政处罚法》
14	《中华人民共和国刑法》	《刑法》
15	《中华人民共和国公司法》	《公司法》
16	《中华人民共和国全民所有制工业企业法》	《全民所有制工业企业法》
17	《中华人民共和国个人独资企业法》	《个人独资企业法》
18	《中华人民共和国审计法》	《审计法》
19	《中华人民共和国行政许可法》	《行政许可法》
20	《中华人民共和国安全生产许可证条例》	《安全生产许可证条例》
21	《中华人民共和国招标投标法（修订草案送审稿）》	《招标投标法（修订草案送审稿）》
22	《中华人民共和国公务员法》	《公务员法》
23	《中华人民共和国信访条例》	《信访条例》
24	《中华人民共和国行政诉讼法》	《行政诉讼法》
25	《中华人民共和国行政复议法》	《行政复议法》
26	《中华人民共和国行政复议法实施条例》	《行政复议法实施条例》
27	《中华人民共和国行政监察法》	《行政监察法》
28	《中华人民共和国行政监察法实施条例》	《行政监察法实施条例》
29	《中华人民共和国公司登记管理条例》	《公司登记管理条例》
30	《中华人民共和国价格管理条例》	《价格管理条例》
31	《中华人民共和国合同法》	《合同法》